黄河流域径流变化与趋势预测

周祖昊　严子奇　刘佳嘉　张学成
韩振宇　王　康　刘艳丽　王富强　等　著

科学出版社
北京

内 容 简 介

本书基于流域水循环二元演化机理，分析了黄河流域径流演变规律及成因，开展了黄河流域水文产沙试验与机理研究，开发了多因子驱动的黄河流域分布式水沙模型，评价了不同时期黄河流域天然河川径流量并定量解析了各驱动因子的贡献，预测了黄河流域未来30～50年降水、气温和径流过程，研究成果可为新形势下黄河流域生态保护与高质量发展提供支撑。

本书既可作为水文、水资源、气候、水土保持、泥沙等领域科研人员、学者及研究生的参考用书，也可为相关领域的管理和工程技术人员提供借鉴。

图书在版编目(CIP)数据

黄河流域径流变化与趋势预测／周祖昊等著. —北京：科学出版社，2021.6

ISBN 978-7-03-066784-7

Ⅰ.①黄…　Ⅱ.①周…　Ⅲ.①黄河流域-地面径流-研究　Ⅳ.①P331.3

中国版本图书馆CIP数据核字（2020）第220991号

责任编辑：王　倩／责任校对：樊雅琼
责任印制：吴兆东／封面设计：无极书装

科学出版社 出版
北京东黄城根北街16号
邮政编码：100717
http://www.sciencep.com
北京虎彩文化传播有限公司 印刷
科学出版社发行　各地新华书店经销
*
2021年6月第　一　版　开本：787×1092　1/16
2021年6月第一次印刷　印张：16
字数：370 000

定价：198.00元

（如有印装质量问题，我社负责调换）

前　言

随着气候变暖和人类活动影响加剧，全球水资源发生重大变化，有关水资源演变的研究已成为世界水文水资源研究领域的热门课题。黄河是我国北方重要的河流，河川径流量占全国的2%，却承载了全国15%的人口、15%的耕地和14%的GDP，其水资源变化不仅直接关系到流域内的水安全，对周边区域的可持续发展也具有重要影响。研究表明，近几十年来，受气候变化和大规模水利水保工程建设等活动影响，黄河流域实测径流量呈显著下降趋势，且下游比上游衰减更显著，其中人类活动是主要影响因素。除了实测径流量以外，根据历次黄河流域水资源评价成果，黄河流域水资源量也呈下降趋势，减少的原因除了气候变化以外，还有影响巨大的取用水和水土保持等人类活动。由于高强度人类活动影响下的流域水循环具有“自然-社会”二元属性，从流域“自然-社会”二元水循环系统中分离出天然河川径流量十分困难，所以目前有关黄河实测径流量衰减定量解析的研究成果较多，针对天然河川径流量历史演变和未来趋势开展的定量研究还不够深入，这种情况不利于黄河流域水资源的认知、保护和利用。

在国家重点研发计划项目“黄河流域水沙变化机理与趋势预测”课题五“未来30-50年黄河流域径流变化趋势预测”（2016YFC0402405）的支持下，中国水利水电科学研究院、国家气候中心、黄河水文水资源科学研究院、水利部交通运输部国家能源局南京水利科学研究院、武汉大学、华北水利水电大学等单位组成联合研究团队，基于流域水循环二元演化机理，围绕黄河天然河川径流量的演变和预测，从规律认知、机理研究、模型构建、评价归因、预测分析五个方面开展研究，提出了四项创新成果，具体如下：

（1）多因子驱动的黄河流域分布式水沙模型。针对黄河流域源区冻土广泛分布、黄土高原沟壑纵横、水保工程规模巨大、全流域水利工程众多等特征，在WEP-L二元水循环模型基础上进行改进，构建了多因子驱动的黄河流域分布式水沙模型（MFD-WESP）。通过耦合黄河源区基于“积雪-土壤-砂砾石层”连续体水热耦合模拟模块、黄土高原基于三级汇流结构的水沙耦合模拟模块、考虑水库调度规则的水库调蓄模拟模块，提高了模型对黄河流域不同分区水循环过程模拟的精度。此外，为了提高模型计算速度和效率，基于OpenMP架构提出了产汇流并行算法。

（2）黄河流域水资源评价及演变归因。采用构建的多因子驱动的黄河流域分布式水沙模型，对黄河主要干流控制断面天然河川径流量的历史变化进行动态评价。结果表明，除唐乃亥站之外，黄河各断面天然河川径流量均呈减小趋势。对花园口断面而言，相比于

1956～1979 水平年，2000 水平年和 2016 水平年天然河川径流量分别衰减 80.2 亿 m^3 和 114.6 亿 m^3。采用多因素归因分析方法，分析气候、下垫面（包括植被、梯田、淤地坝）及经济社会用水 3 个因素对 2016 水平年和 1956～1979 水平年天然河川径流量减少的贡献率。结果表明，对花园口以上区域而言，气候变化贡献率只占 24.4%，经济社会取用水占 50.6%，下垫面变化占 25.0%，各区域表现形式各不相同。

（3）黄河流域未来 30～50 年气候集合预估。基于对 5 个较优的 CMIP5 全球气候模式的空间降尺度，形成 6 组中等温室气体排放情景（RCP4.5）下的高分辨率未来气候变化预估结果。集合预估显示，相对于 1956～2016 年，黄河流域 2050 水平年（2041～2060 年平均）气温增加 2.02℃，2070 水平年（2061～2080 年平均）气温增加 2.55℃。未来 30～50 年黄河流域年降水量都将增加，这与 IPCC 第五次评估报告的相关结论一致；2050 水平年降水量增加 6.1%，2070 水平年降水量增加 9.2%，但增加的量值存在较大的不确定性。未来强降水量和频次在多数地区增多，且随时间推移增幅扩大。

（4）黄河流域径流集合预估。根据《黄河流域综合规划》确定未来水土保持和经济社会用水的水平，以 6 组气候模式的预估结果为气候边界，对未来水平年黄河流域径流量进行长系列计算，通过贝叶斯加权获取集合预估结果和置信区间。对于天然河川径流量来说，虽然降水持续增加，但在下垫面改变以及气温增温影响下的蒸发量增加的幅度较降水更大，导致 2050 水平年和 2070 水平年天然河川径流量较 2016 水平年继续减少。计算分析表明，2050 水平年花园口断面天然河川径流量为 425 亿 m^3，较 2016 水平年减少 28 亿 m^3；2070 水平年花园口断面天然河川径流量 434 亿 m^3，较 2016 水平年减少 19 亿 m^3。总体来讲，未来黄河天然河川径流量衰减主要发生在上游产水区（兰州以上），气候变化是径流衰减的主导因素。

通过研究可以发现，虽然黄河流域未来 30～50 年呈降水增加、温度升高的暖湿化趋势，但蒸发量增加的幅度大于降水增加的幅度，水资源仍将进一步衰减。为了适应未来气候变化，黄河流域应采取遏制减水、深度节水、刚性控水、适度增水、强化管水、立法护水六大治理措施，保障生态保护与高质量发展国家战略的实施。

本书是课题研究成果的总结。全书共分为 8 章，各章主要撰写人如下：第 1 章，严子奇、刘佳嘉、韩振宇、高歌、郝春沣、刘水清、李霞、郑金丽、关铜垒、韦瑞深；第 2 章，张学成、李东、杨向辉、李金明、王坤；第 3 章，王康、王富强、张婧、李佳、刘琳；第 4 章，刘佳嘉、周祖昊、蔡静雅、刘扬李、秦泽宁、向东；第 5 章，刘佳嘉、周祖昊、徐东坡、朱熠明、王鹏翔、刘清燕；第 6 章，高歌、刘艳丽、韩振宇、孙周亮、王坤；第 7 章，严子奇、周祖昊、刘佳嘉、韩振宇、高歌、姜欣彤、韩宁、张学成、李东；第 8 章，周祖昊、严子奇、刘佳嘉、韩振宇、刘艳丽、王明娜。全书由周祖昊、严子奇统稿。

在课题研究和书稿编写过程中，得到王浩院士、胡春宏院士、王光谦院士、倪晋仁院士、宁远教授级高级工程师、高安泽教授级高级工程师、陈效国教授级高级工程师、黄自强教授级高级工程师、李文学教授级高级工程师、梅锦山教授级高级工程师、张红武教授、郭熙灵教授级高级工程师、李义天教授、贾绍凤研究员、贾仰文教授级高级工程师的悉心指导，得到刘晓燕教授级高级工程师、穆兴民研究员、高健翎教授级高级工程师、安催花教授级高级工程师、高文永教授级高级工程师、左仲国教授级高级工程师、傅旭东教授、李鹏教授、张晓明教授级高级工程师、夏润亮教授级高级工程师、冉启华教授、徐梦珍教授等专家学者的大力支持和帮助，得到各研究单位领导、同事和研究生的大力支持，在此一并表示感谢！本书的出版得到国家重点研发计划项目“黄河流域水沙变化机理与趋势预测”课题五“未来30-50年黄河流域径流变化趋势预测”（2016YFC0402405）的资助，得到中国水利水电科学研究院流域水循环模拟与调控国家重点实验室的支持，特此表示感谢！

受时间和水平限制，本书难免存在疏漏之处，恳请读者批评指正！

作　者

2021年6月24日

目　　录

第1章　概　　述

1.1　研究背景

随着气候变暖和人类活动影响加剧，全球水资源发生重大变化，有关水资源演变的研究已成为世界水文水资源研究领域的热门课题。黄河是我国北方重要的河流，河川径流量占全国的2%，却承载了全国15%的人口、15%的耕地和14%的GDP，其水资源变化不仅直接关系到流域内的水安全，对周边区域的可持续发展也具有重要影响。研究表明，近几十年来，受气候变化和大规模水利水保工程建设等活动影响，黄河流域实测径流量呈显著下降趋势，且下游比上游衰减更显著，其中人类活动是主要影响因素。除了实测径流量以外，根据历次黄河流域水资源评价成果，黄河流域水资源量也呈下降趋势，减少的原因除了气候变化以外，还有影响巨大的取用水和水土保持等人类活动。由于高强度人类活动影响下的流域水循环具有“自然-社会”二元属性，从流域“自然-社会”二元水循环系统中分离出天然河川径流量十分困难，所以目前有关黄河实测径流量衰减定量解析的研究成果较多，针对天然河川径流量历史演变和未来趋势开展的定量研究还不够深入，这种情况不利于黄河流域水资源的认知、保护和利用。

1.2　国内外研究现状

1.2.1　流域水循环演变规律与归因研究进展

近年来，气候变化及其对水资源分布及径流过程的影响受到越来越多的关注（Held and Soden，2006）。联合国政府间气候变化专门委员会（Intergovernmental Panel on Climate Change，IPCC）第五次评估报告指出，近百年全球气候变暖毋庸置疑，人类对气候系统的影响是明确的，而且这种影响在不断增强；观测表明，在许多区域，降水变化和冰雪融化正在改变水文系统，影响水资源和水质，且随着温度上升，气候变化对水资源造成的风险将显著增加（IPCC，2013a）。不仅地球气候系统本身正经历着显著的变化，与其紧密相关的水资源系统也呈现出新的特点，水循环及其伴生过程的演变规律发生改变，体现在水分运移的水平通量和垂直通量、径流性水资源的构成、污染物运移以及生态演替等方面，由此带来的资源、环境和生态问题也日益突出（Wang，2013a）。除了地球气候系统和水资源系统，依赖且又影响二者的人类社会经济系统也发展迅速，其影响日益加深，三大系统彼此之间存在着直接或间接的相互影响和双向反馈机制。在这个综合系统中，开展变化环境下的水循环要素演变规律研究、归因分析及未来趋势预测，对多时空尺度的水循环演变进行动态模拟和变异分析，解析气候变化及人类活动等对水循环变异的影响机理和贡献率，是当前水科学研究的热点（Allen and Ingram，2002；Oki and Kanae，2006；Barnett et al.，2008；Piao et al.，2010；Bao et al.，2012）。

水循环要素时空演变规律主要采用统计学方法（Zhang et al.，2007；Burn and Elnur，2002），如用于趋势检验的线性回归方法、Mann-Kendall秩次相关检验（Yue et al.，2002）、趋势变异分级法（谢平等，2014）等，用于突变性检验的Pettitt方法（Pettit，2011）、Hurst系数（Koutsoyiannis，2003）、R/S分析（谢平等，2010），以及用于周期性检验的周期图检验法（桑燕芳和王栋，2008）、谱分析（赵利红，2007）、小波分析（郝春沣等，2010）等。水循环要素时空演变规律及归因分析的研究主要包括水循环表征要素的时空变异检验。

水循环影响要素的成因机理解析通常基于水文模拟（水文模型法）及数理统计（统计分析法），或者选取除影响因子外的其他自然地理和水文特征较为相似的参证流域，通过试验观测获得不同气候条件或水资源开发利用方式下参证流域的径流过程，也可以直接观测本流域在不同环境下的径流变化（试验流域法），进而采用指纹检测或者差值比较来对比影响要素分离前后的数据系列及其特征值，量化因变量各影响要素的贡献率，国际上的相关研究多集中在气候变化的归因分析（Stott et al.，2010）以及气候变化和人类活动两个因素对径流量影响的归因分析（Hidalgo et al.，2009；Mondal and Mujumdar，2012；Wang et al.，2013a）。在国内的相关研究中，谢平等（2012）使用实际降雨、径流资料对“基准期”和“措施期”分别建立回归方程估算“措施期”天然径流量，得出乌力吉木仁河流域人类活动影响的贡献率为76%。Gao P等（2011，2013）使用降水、径流双累积曲线法定量分析了黄河流域以及渭河流域人类活动和气象要素变化对径流和泥沙产生量的影响，结果表明，人类活动是主要影响因素。Bao等（2012）采用基于单元网格的可变下渗能力（variable infiltration capacity，VIC）模型对中国北方海河流域和滦河流域的三个子流域径流变化进行了归因分析，定量确定了气候变异和人类活动对流域径流衰减的贡献率。陈利群和刘昌明（2007）利用SWAT模型和VIC模型分别模拟分析了黄河河源区土地覆被变化和气候变化对径流的影响。王国庆等（2006，2008）使用SIMHYD模型分离计算了汾河流域和三川河流域径流变化中气候变化和人类活动的影响量，研究表明人类活动影响是径流减少的主要原因。丁相毅（2010）对气候模式输出结果进行降尺度并用于水文模型模拟，采用指纹分析法，探索了多因素变化对地表水资源的影响。刘佳嘉（2013）在变化环境下渭河流域水循环分布式模拟的基础上，提出了多因素归因分析方法，考虑气象要素、水土保持、农业灌溉取水以及工业生活取水等影响因子，完成了渭河流域水循环演变的多因素归因分析。谢瑾博等（2016）利用考虑地下水取用水与灌溉影响的全球陆-气耦合模式进行数值模拟，基于最优指纹法分析探讨中国东部季风区黄河、淮河、海河、珠江、长江、松花江流域水循环变化（地表温度、降水、径流、蒸散发）及归因。赵天保等（2016）基于观测资料和国际耦合模式比较计划第五阶段（CMIP5）多模式的历史试验（考虑所有驱动因子）以及单因子强迫气候归因试验结果，估算了温室气体、气溶胶、土地利用及自然因素等外强迫在中国区域气候变化中的相对贡献。Jia 等（2012）基于 WEP 模型，采用基于指纹的归因方法，考虑自然变异和人类活动等因素，完成了海河流域 1961 ~2000 年径流显著衰减的归因分析，认为人类活动在海河流域径流变化中占有 60% 的贡献率。

在诸多归因方法中，统计分析法对水文气象观测资料要求较高，应用相对简单，局限于中小尺度流域，对于大尺度流域归因分析比较困难；试验流域法有利于揭示土壤-植被-大气相互作用的机理，但试验周期长，难于实施，不适合大尺度流域；水文模型法是基于物理过程模拟量化驱动因子的贡献率，物理概念清晰，分析精度较高，但模型不确定性问题比较突出。

1.2.2　流域分布式水文模型研究进展

流域分布式水文模型是随着数据资料描述精细程度以及模拟应用要求而不断发展和完善的。从最早的经验模型到概念性模型再到半分布式和基于物理机制的分布式模型，从只关注流域出口径流过程到综合考虑区域蒸发、下渗、土地利用影响等多因素，流域分布式水文模型对地形、植被、气候等资料的要求越来越细致，对水文物理过程描述也越来越接近客观世界。由于计算机功能的加强和地理信息系统（geographic information system，GIS）等相关技术的发展，分布式水文模型得到了迅速发展。Hewlett 和 Nutter（1970）提出了森林流域的变源面积模拟模型（VSAS），以分块和分层的形式分别模拟地表径流和地下径流。Beven 和 Kirkby（1979）提出的 TOPMODEL 模型则能够反映地形的空间变化对产汇流过程的影响，且模型中的参数均具有明确的物理意义。SHE 模型是基于水动力学方程的首个分布式水文模型（Abbott et al.，1986），是由丹麦水力研究所、英国水文研究所和法国 SOGREAH 公司等联合开发的，该模型不仅考虑了流域地形的细致划分，还包括降雨截留、蒸散发、坡面汇流、融雪以及地下水地表水交换等水文过程。Mike-SHE 模型则是在 SHE 模型基础上进行改进（Zheng，2008），它可以模拟多种陆地水文过程：水流运动、泥沙运动和水质变化，该模型也因为具有很高的综合性而被广泛采用。随后还出现了针对小流域水文模拟的 SWAM 模型（Decoursey，1982）以及暴雨洪水管理模型 SWMM 模型等（Huber and Dickinson，1998）。SWAT 模型（Arnold and Allen，1992；Arnotd et al.，1995）是美国农业部农业研究所开发的一套适用于复杂大流域的水文模型，该模型物理机制明确，结合 GIS 和遥感（remote sensing，RS）技术可以进行复杂流域模拟以及长系列模拟。此外，在吸取前人经验基础上，新的分布式水文模型不断涌现，如 Liang 和 Lettenmaier（1994）开发的 VIC 模型、Berstrom（1995）开发的 HBV 模型、美国陆军工程兵团水文工程中心（Hydrologic Engineering Center，United States Army Corps of Engineers，USACE-HEC）（2006）开发的 HEC-HMS 模型等。

国内分布式水文模型的发展相对国外起步较晚，但发展较快。国内学者对分布式水文模型的研究开始于对国外模型的应用，其中 SWAT 模型和 TOPOMODEL 模型应用较为广泛。随后，国内学者的研究开始向自主开发更适用于国内的分布式水文模型发展，其中应用较为广泛的模型有：贾仰文等开发的 WEP 模型，该模型强化了对植物耗水与热输送过程的模拟，以及在此基础上发展的适用于大流域水文模拟的二元水循环模型 WEP-L（Jia et al.，2006）；杨大文开发的基于流域地貌特征的分布式 GBHM 模型（Yang et al.，1998）；郭生练等（2000）开发的基于 DEM 的分布式水文物理模型，该模型引入植物蓄积容量来描述植物截留过程；任立良（2000）基于 DEM 开发的分布式新安江模型；夏军等（2003）在建立的基于 DEM 的分布式时变增益水文模型，该模型将水文系统非线性理论同水文模拟相结合；刘志雨开发的以 DEM 为平台，应用数值分析建立相邻网格单元时空关系的分布式水文模型 YOPKAPI 模型（Liu，2002）；雷晓辉等（2014）开发的流域综合分布式水文模拟——EasyDHM 模型。国内分布式水文模型的研究主要是在研究学习国外相关模型的基础上进行深入发展的。本质而言，国内外分布式水文模型描述流域水循环过程所采用的方程大体相似，在模型构建方面相差不大。国内模型的优势在于国内模型在模型参数以及模型结构方面更加适合国内流域水循环过程的模拟。

目前关于流域水土保持措施影响的研究较多，这些研究大多都集中在坡面试验，在模型中往往采用经验公式进行模拟。虽然陆面点尺度的试验研究成果比较多，但水文过程存在着时空尺度效应，流域层面的减水效果并不是点尺度减水效果的简单累加，相关机理研究不足，从而导致水循环过程中水土保持措施效应模拟不精确。此外，采用经验公式并不能反映水土保持措施对局部微地形的改变作用，以及其同其他驱动因子（如降雨、人工取水）之间不同时间尺度的耦合作用。因此，为了准确模拟气候变化、水土保持措施、用水调控、下垫面变化对流域水循环的影响，需要综合考虑多种因子耦合影响下的水循环过程，这也是本书的研究重点和突破点。通过本书研究，预期能够提出一种多因子耦合驱动的分布式水文模型，用于反映水土保持措施建设对黄河水循环过程的影响，从而提高流域水循环径流过程模拟预测精度，预测未来流域径流过程。

1.2.3 未来气候预估研究进展

全球气候模式（global climate model，GCM）是进行气候变化预估的重要工具，但由于计算机资源限制，其分辨率普遍较低，单个格点多在百千米尺度，其预估结果用于影响评估时多需要空间降尺度。目前主要有两种降尺度法：一种是统计降尺度法；另一种是动力降尺度法，两种方法各有利弊。统计降尺度法通过在大尺度模式结果与观测资料（如环流与地面变量）之间建立联系，得到降尺度结果。这种方法的计算量小，可以得到非常小尺度上的信息，还可以得到一些区域气候模式不能直接输出的变量。但统计降尺度法对观测资料的需求较大，如需要足够长的时间序列以调试和验证模型，在没有当代观测的地方较难进行未来气候变化的预估，此外所得到的变量之间缺乏物理协调性。以往的研究多采用 Delta 方法，Delta 方法是较为常见的基于均值订正的统计降尺度方法，其简便易行，但一般仅适用于对平均态的订正。分位数映射法，可以克服 Delta 方法这一缺陷，能对概率分布方面的误差进行订正，可有效地用于日尺度数据的处理（Gudmundsson et al.，2012；王林和陈文，2013；周林等，2014；Cannon et al.，2015）。

动力降尺度法一般使用区域气候模式进行。动力降尺度法的基本思路是，在全球模式或再分析资料提供的大尺度强迫下，用高分辨率有限区域数值模式，模拟区域范围内对次网格尺度强迫（如复杂地形特征和陆面非均匀性）的响应，从而得到更高空间尺度上气候信息的细节。相比统计降尺度法而言，动力降尺度法有比较明确的物理意义，可以捕捉到较小尺度的非线性作用，所提供的气候变量之间具有协调性，并且能够应用于全球任何地方而不受观测资料的限制。此外，动力降尺度法能够再现非均匀下垫面对中尺度环流系统的触发，体现大尺度背景场和局地强迫之间的非线性相互作用。动力降尺度法的缺点主要是计算量大，另外其所使用的物理参数化方案在用于未来气候模拟时，有可能超出其设计范围，当然这也是全球模式存在的问题。相比全球模式，区域气候模式由于具有更高的分辨率，可以在很大程度上提高对中国和东亚地区气候的模拟能力，特别是在季风降水方面（Gao X J et al.，2001，2012，2013；许吟隆和 Jones，2004；Yu et al.，2010；Zou and Zhou，2013）。国际理论物理中心（Abdus Salam International Centre for Theoretical Physics，ICTP）所发展的 RegCM 系列模式，在东亚和中国地区有广泛的应用（Gao and Giorgi，2017）。

在对全球气候模式的未来预估结果进行空间降尺度之前，特别是对于统计降尺度，需要对全球气候模式的模拟结果进行评估。目前已有大量东亚、中国或子区域 CMIP 模式的评估工作（许崇海等，2007；江志红等，2008，2009；Xu et al.，2012；Qu et al.，2013；Jiang and Tian，2013；陈晓晨等，2014），但由于黄河流域的气候受特定的局地环流、地形、下垫面等因素的影响，以前这些研究工作选择的全球气候模式未必能够较好地适用于黄河流域。仅有少量研究针对黄河流域进行了评估，如王国庆等（2014）以均值、标准差和倾向率为指标，对 7 个 CMIP5 模式在黄河流域的模拟能力进行了评估，但其以区域平均值为评估基础，未能全面考虑空间分布、逐日序列的变化等其他特征。

以往黄河流域未来气候变化预估研究多基于 SRES 情景，且采用单个模式的预估结果（刘绿柳等，2008；Liu et al.，2011；Xu et al.，2011；Wang et al.，2017）；SRES 未来情景设计早在 2000 年左右就已完成，目前气候变化研究中其多被更新的典型浓度路径（RCP）情景所替换，且采用多个模式的集合预估结果，能定量评估未来预估的不确定性（Taylor et al.，2012；IPCC，2013）。当前已有的研究主要是对气候模式的降水模拟能力进行评估（林朝晖等，2018），或者基于气候模式对相关指标的未来变化进行预测（杨肖丽等，2017；王国庆等，2014），但从上述研究中只能获得相关指标的可能结果，为了能够尽可能覆盖所有可能结果，需要在黄河流域开展多气候模式筛选，综合统计降尺度和动力降尺度，进行多模式集合预估以降低未来气候预测的不确定性。

1.2.4 未来径流预测及其不确定性研究进展

对未来气候情境下的径流预测，多采用全球气候模式的情景预测结果与水文模型的耦合方案。例如，Sevinc（2009）利用 IPCC 第四次评估报告公开发布的气候变化情景预测结果，结合水量平衡模型，预测未来气候变化下地表水资源在 2030 年前将可能减少 20%，但是到2050年和2100年将分别增加35%和50%。Nijssen等（2001）采用4种气候模式情景预测结果与VIC模型耦合，预测2025年和2045年全球九大流域的水文循环的变化趋势。Ellis等（2008）、Edwin（2007）、Christensen和Lettenmaier（2007）也进行了大量的研究。我国学者在2000年后也逐步开始关注未来径流预估的问题。郭靖和郭生练（2009）采用气候模式和VIC模型进行耦合，在统计降尺度法下，预测未来汉江流域降水、径流均呈增加趋势。郝振纯等（2006）构建了考虑融雪和冻土影响的大尺度分布式水文模型，并与气候模式预测结果进行耦合，对黄河河源区的水循环以及水文水资源对气候变化的响应过程进行评估。鞠琴和郝振纯（2011）采用IPCC气候模式预测了长江流域未来径流变化趋势，定量分析了宜昌、大通站的月径流变化幅度。朱悦璐和畅建霞（2015）将CanESM2气候模式与VIC模型进行耦合，预测了未来渭河流域径流整体减少的变化趋势。此外，张世法等（2010）、刘吉峰等（2008）也对陆-气耦合中的降尺度和不确定性问题开展了研究。在气候模式方法之外，姚文艺等（2013）采用周期叠加的方法推求黄河花园口断面未来逐年天然径流量，预测2050年以前黄河来水总体呈偏枯趋势。这些研究表明目前国内在径流预测方面，陆-气耦合的方法适用较多，同时，趋势分析、周期分析等统计学方法仍然在发挥重要作用。这些研究中，不确定性问题是一个共性问题，如何量化评价径流模拟预测精度是目前国内径流预测的重要方向。

尽管基于陆-气耦合的水文预测是当前的研究热点，但通过全球气候模式与水文模型的耦合来评估未来水资源情势，存在着较多的不确定性因素，对于一个水循环系统模型来说，其不仅仅包括输入信息和输出信息，还有模型结构或模型方程公式、初始条件、模型参数以及其他的模型组成部分，由此可知，水循环系统模型模拟的不确定性来源大体上可以分为4类（尹雄锐等，2006；Renard et al.，2010）：模型输入资料不确定性、模型结构不确定性、模型参数不确定性，以及用于率定资料的不确定性。这些不确定性问题直接影响了水循环系统模型模拟的不确定性，特别是陆-气耦合的大尺度水循环模拟系统，其模拟结果还受气候模式预测的不确定性和陆面过程的不确定性以及两者耦合过程的不确定性的影响。现有的众多不确定性研究方法大体上可以分为两大类：一类是普适似然不确定性估计（generalized likelihood uncertainty estimation，GLUE）方法；另一类是贝叶斯方法。

Beven和Freer（2001）在提出流域水文模型参数的“异参同效”现象后，针对模型的不确定性问题提出GLUE方法，该方法是基于Hornberger和Spear的区域敏感性分析（regionalized sensitivity analysis，RSA）方法发展起来的，其结合蒙特卡罗随机取样和贝叶斯理论，对不同参数组合的模型进行不确定性分析，这也是目前应用较为广泛的方法。Montanari（2005）通过人工方式生成长系列的河道流量数据，研究了大样本时各种假定对GLUE方法不确定性分析的影响，结果表明GLUE方法往往低估了水文模型模拟所产生的不确定性。针对GLUE方法自身理论结构的缺陷，其主观判断参数可行域阈值和推求参数后验分布不具有明显的统计特征。Blasone和Vrugt（2008）的采样方法可代替GLUE方法中的蒙特卡罗随机取样，其优点是可以推导出具有明显统计学意义的后验分布，该方法分别应用在丹麦Tryggevalde流域和北美密西西比河的Leaf流域的NAM模型（nedbor-afstromnings-model）、HYMOD模型（Hydrologic Model）和SAC-SMA模型（sacramento soil moisture accounting model）中，模拟效果较好。舒畅等（2008）将GLUE方法用于新安江模型参数的不确定性研究中，选用水文特征不同的两个流域——东江的九州流域和黄河的卢氏流域，结果表明方法具有可行性和广泛的适应性。卫晓婧等（2009）认为SCEM-UA方法过度依赖模型结构，而忽略了模型输入等因素的不确定性影响，提出了融合马尔可夫链-蒙特卡罗（Markov Chain-Monte Carlo，MCMC）算法的GLUE方法，在汉江玉带河流域的应用表明其能够提供更优良的预测区间，从而更合理地反映水文模型的不确定性。

1975年，贝叶斯方法首次被用来分析水文统计模型参数的不确定性问题，随后开始在水文科学和水文不确定性问题上广泛应用。Krzysztowicz（1999）建立了一套基于贝叶斯理论框架的水文预报系统——贝叶斯概率预报系统（Bayesian forecasting system，BFS），其最大特点是不直接处理模型结构和参数的不确定性，而是处理其输出误差，可以和其他预报模型相结合，但其无法量化预测过程的不确定性及误差来源的不确定性影响；Kuczera和Kavetski（2006）、Thyer等（2009）应用贝叶斯总误差分析（Bayesian total error analysis，BATEA）方法分别对水文模型资料输入、模型结构、模型参数和模型预测等引起的不确定性问题进行分析，特点是将各种不确定性因素作为随机变量，通过构成系统“集束”预报集，进行统计分析，定量评价模型不确定性。Thiemann等（2006）提出了递归贝叶斯估计（Bayesian Recursive Estimation，BaRE）方法，该方法可以对模型参数和预测结果进行不确定性分析，结果以概率的形式表示，可以解决缺资料流域的水文预报不确定性问题。Kuczera和Parent（1998）采用MCMC算法中的Metropolis方法，比较三种不同条件下的蒙特卡罗方法，结果得出基于Metropolis算法的方法在大样本和复杂条件下更佳。Ajami等（2007）提出了基于综合输入资料、模型参数与结构的不确定性的贝叶斯不确定性估计量（integrated Bayesian uncertainty estimator，IBUNE），其可以有效区分各种不同因素的不确定性影响。针对贝叶斯方法收敛速度缓慢，且容易陷入参数空间局部最优的问题，程春田和李向阳（2007）应用贝叶斯理论提出了并行自适应的Metropolis（parallel adaptive Metropolis，PAM）算法来解决新安江模型参数优化的不确定性问题，计算的参数后验分布结果为区间预报提供了条件；李明亮（2012）构建了水文模型系统的层次贝叶斯模型，并提出基于马尔可夫链-蒙特卡罗混合采样策略的求解方法，在土壤参数模拟、山洪预报中验证了贝叶斯模型的有效性。

对于气候-水文模拟中存在的组合不确定性问题，目前国际上较多采用贝叶斯模型平均（Bayesian model averaging，BMA）方法来进行评估。BMA方法与其他多模型综合方法一样，是各个模型预报结果的加权平均。但不同的是，BMA方法还能计算模型间和模型内的误差。20世纪90年代中期，BMA方法在统计学中盛行，Madigan等（1996）和Raftery（1995）首次提出将这个方法应用于综合预报。接着，Hoeting等（1999）更加详尽地研究了BMA方法。在很多研究中，BMA方法被证实是一种相比于其他模型组合方法，能够得到更准确和可靠的预报的方法（Raftery 1995；Raftery and Zheng，2003；Raftery et al.，2005；Hoeting et al.，1999）。近几年来，水文学者也将它应用于水文模型，如地下水模型（Wierenga et al.，2003）和降雨-径流模型（Ajami et al.，2006，2007；Montgomery and Nyhan，2010；Vrugt and Robinson，2007；Zhang et al.，2009）。对于气候模式、水文模型等多系统联动下的径流预测不确定性分析，Dong 和 Xiong（2013）利用BMA方法，分别研究了不同气候模式对降雨模拟的不确定性，以及不同降尺度方法对降雨模拟的不确定性。

以上方法在概念性水文模型或分布式物理水文模型中得到很好的应用，但是对于大型复杂水文系统模型的应用显得不足，如大尺度陆-气耦合水文模型，由于其结构更为复杂、模型参数众多（不仅包括水文参数，还有陆面模式和气候模式参数），以及内部相互作用和相互影响非常显著、模块之间的不确定性等众多因素影响，以上方法很难有效地实现模型参数优化及不确定性分析，其巨大的计算量也是其难以解决的问题。此外，对于生态水文、坡面动力学、河道水动力学等多因子耦合的大尺度分布式水文模型，如何考虑系统相互作用、协同演变的过程，如何减小不同系统之间的传递误差，减少复杂系统预测结果的不确定性，也是下阶段重点解决的问题。

综上所述，①对于水循环演变及归因，统计分析法对水文气象观测资料要求较高，应用相对简单，但分析局限于中小尺度流域，对大尺度归因分析比较困难；试验流域法有利于揭示土壤-植被-大气相互作用的机理，但试验周期长，难以实施，不适合大尺度流域；水文模型法基于物理过程模拟量化驱动因子的贡献率，物理概念清晰，分析精度较高，但模型不确定性问题比较突出。②对于水循环模型，为了准确模拟气候变化、水土保持措施、用水调控、下垫面变化对流域水循环的影响，需要综合考虑多种因子耦合影响下的水循环过程，构建多因子耦合驱动的分布式水文模型，用于反映气候变化和人类活动对黄河水循环过程的影响。③对于未来气候预估，需要在黄河流域开展多气候模式筛选，综合统计降尺度和动力降尺度，进行多模式集合预估以降低未来气候预测的不确定性。④对于未来径流预测及其不确定性，需要针对生态水文、坡面动力学、河道水动力学等多因子耦合的大尺度分布式水文模型，考虑系统相互作用、协同演变的过程，以及不同系统之间的传递误差，建立陆-气耦合全链条的集预估与不确定分析于一体的方法，以减少复杂系统预测结果的不确定性。

第2章 黄河径流演变规律及成因分析

将黄河流域划分为龙羊峡以上、龙羊峡—兰州、兰州—河口镇、河口镇—龙门、龙门—三门峡、三门峡—花园口、花园口以下、内流区八个二级水资源分区，深入分析1956~2016年黄河流域降水-径流-水资源总量演变规律及影响因素，为预测未来黄河径流提供支撑。

2.1 黄河流域降水变化特点

针对黄河流域降水变化，选取1245个雨量站1956~2016年逐月降水量系列进行分析。其中，龙羊峡以上采用了25个雨量站，龙羊峡—兰州采用了178个雨量站，兰州—河口镇采用了240个雨量站，河口镇—龙门采用了178个雨量站，龙门—三门峡采用了447个雨量站，三门峡—花园口采用了102个雨量站，花园口以下采用了68个雨量站，内流区采用了7个雨量站。

黄河流域多年平均降水量计算主要采用等值线量算法，并采用网格法、泰森多边形法等进行比较、合理性分析。黄河流域不同时段各区降水量计算成果见表2-1。黄河流域1956~2016年多年平均降水量452.2mm（折合总降水量3598亿m^3）。受气候、地形等因素的综合影响，降水量在面上的变化比较复杂，1956~2016年降水量最多的二级区是三门峡—花园口，多年平均降水量为651.8mm；其次是花园口以下和龙门—三门峡，多年平均降水量分别为642.0mm和541.6mm；降水量最少的是兰州—河口镇，多年平均降水量仅为261.9mm。

表2-1 黄河流域不同时段各区降水量统计

二级区	计算面积/万km^2	多年平均降水量/mm			
		1956~2000年	2001~2016年	1956~2016年	1980~2016年
龙羊峡以上	13.20	485.4	505.8	490.7	499.1
龙羊峡—兰州	9.10	501.0	509.8	503.3	501.1
兰州—河口镇	16.43	261.9	258.2	261.0	254.4
河口镇—龙门	11.13	432.8	482.2	445.8	439.8
龙门—三门峡	19.08	539.6	547.5	541.6	532.9
三门峡—花园口	4.17	652.8	649.1	651.8	640.7

续表

二级区	计算面积/万 km^2	多年平均降水量/mm			
		1956～2000 年	2001～2016 年	1956～2016 年	1980～2016 年
花园口以下	2.24	641.7	642.9	642.0	624.2
内流区	4.23	277.5	286.4	279.9	272.2
黄河流域	79.58	448.8	461.6	452.2	447.5

2.1.1 年内分配

黄河流域降水量的年内分配极不均匀。夏季降水量最多，大部分地区最大月降水量出现在 7 月；冬季降水量最少，最小月降水量出现在 12 月；春秋介于冬夏之间，一般秋雨大于春雨。连续最大 4 个月降水量占全年降水量的 68.3%。

黄河流域全年降水量主要集中在汛期，大部分地区连续最大 4 个月降水量出现在 6～9 月，只有青海的兴海、贵德一带，出现在 5～8 月，且 5 月降水量与 9 月降水量基本接近。连续最大 4 个月降水量占全年降水量比例的变化趋势与水汽入侵方向一致，由南部的 60% 逐渐向北增大至 80% 以上。全流域大部分地区连续最大 4 个月降水量占全年降水量的 70%～80%。黄河上游的黑河、白河及洮河中下游、龙门—花园口大部分地区连续最大 4 个月降水量占全年降水量的 60%～70%。7 月和 8 月降水最丰，这两个月流域平均降水量达 184.5mm，占全年降水量的 41.3%，而且由南向北逐渐增大。12 月至次年 3 月，是流域内降水量最少的时期，连续最大 4 个月降水量仅占全年降水量的 6% 左右，且降水分配不均，容易发生春旱。

2.1.2 年际变化

与多年平均降水量（1956～2016 年平均）相比，黄河流域 1956～1969 年偏丰 3.5%，1970～1979 年和 1980～1989 年平水，1990～2000 年偏枯 5.6%，2001～2016 年偏丰 2.1%。黄河及主要支流不同年代降水量对比情况分析结果见表 2-2。

表 2-2 黄河及主要支流不同年代降水量统计

河流	计算面积/万 km^2	多年平均降水量/mm					
		1956～1969 年	1970～1979 年	1980～1989 年	1990～2000 年	2001～2016 年	1956～2016 年
黄河	75.35	478.1	455.6	458.5	435.9	471.4	461.8
湟水	3.29	516.8	510.1	528.8	506.2	529.2	519.0
大通河	1.51	521.9	512.4	545.1	519.6	542.9	529.2

续表

河流	计算面积/万 km^2	多年平均降水量/mm					
		1956～1969 年	1970～1979 年	1980～1989 年	1990～2000 年	2001～2016 年	1956～2016 年
大夏河	0.70	522.1	544.2	513.5	513.2	535.1	526.1
洮河	2.56	576.4	588.9	564.7	539.6	565.8	567.1
窟野河	0.87	435.8	419.8	363.7	377.8	430.4	409.5
无定河	3.03	416.8	359.9	359.8	324.1	442.0	388.0
汾河	3.98	547.2	501.6	494.9	461.7	521.9	509.1
渭河	13.49	573.9	538.3	564.1	498.3	550.4	546.7
泾河	4.55	527.4	499.3	509.0	472.9	523.4	508.9
北洛河	2.70	557.1	506.7	518.9	467.3	519.7	516.6
伊洛河	1.89	733.9	661.7	735.8	634.6	684.7	691.6
沁河	1.36	653.9	603.2	581.4	568.1	611.2	607.0
大汶河	0.91	755.7	705.2	612.6	727.5	717.7	708.9

2.2 实测径流变化特点

根据水利普查，截至 2011 年底，黄河流域共有水文站 381 余处、水位站约 65 处、雨量站 2313 处，基本上控制了黄河各河段的水情和雨情。本书收集整理了 353 个水文断面的 1956～2016 年实测径流量日、月、年系列资料，其中对 1956 年以后设站的个别站点的径流量数值进行了插补延长。采用的资料都是正式刊印的黄河水文年鉴资料，其中未刊印的 1991～2005 年系列资料通过与相关省（自治区）水文资料交换得到。

黄河干支流主要断面实测径流量统计成果见表 2-3。可以看出，与 1956～2000 年多年平均径流量相比，2001～2016 年，除支流大汶河戴村坝基本持平外，其余黄河干支流断面实测径流量都有明显的减少，干流水文断面实测径流量减少幅度在 9.3%～48.7%。黄河河源区（干流唐乃亥断面以上）2001～2016 年多年平均径流量 185.1 亿 m^3，较 1956～2000 年多年平均径流量减少了 9.3%；黄河中游干流三门峡断面 2001～2016 年多年平均径流量为 220.6 亿 m^3，较 1956～2000 年多年平均径流量减少了 38.4%；干流花园口断面 2001～2016 年多年平均径流量为 255.4 亿 m^3，较 1956～2000 年多年平均径流量减少了 34.6%；黄河干流利津断面 2001～2016 年多年平均径流量为 161.7 亿 m^3，较 1956～2000 年多年平均径流量减少了 48.7%。黄河最大支流渭河华县断面 2001～2016 年多年平均径流量为 49.6 亿 m^3，较 1956～2000 年多年平均径流量减少了 29.6%；支流窟野河温家川断面减少幅度甚至达到了 63.9%。

表 2-3 1956～2016 年黄河干支流主要断面实测径流量统计成果

断面	多年平均径流量/亿 m³			
	1956～2000 年	2001～2016 年	1956～2016 年	1980～2016 年
干流唐乃亥	204.0	185.1	199.0	197.0
干流贵德	207.2	180.4	200.2	193.8
干流兰州	313.1	283.5	305.3	290.0
干流下河沿	307.7	267.0	297.0	277.9
干流石嘴山	281.4	229.7	267.8	246.2
干流河口镇	222.0	163.0	206.5	181.2
干流龙门	272.8	184.6	249.7	212.3
干流三门峡	357.9	220.6	321.9	265.5
干流花园口	390.6	255.4	355.2	295.6
干流利津	315.4	161.7	275.1	186.6
湟水民和	16.2	14.7	15.8	15.2
大通河享堂	28.5	24.8	27.5	27.1
大夏河折桥	9.2	6.4	8.5	7.0
洮河红旗	47.0	38.1	44.7	39.9
窟野河温家川	6.1	2.2	5.1	3.6
无定河白家川	12.0	8.2	11.0	9.0
汾河河津	10.7	5.0	9.2	5.4
渭河华县	70.5	49.6	65.0	55.6
泾河张家山	17.5	10.5	15.7	13.2
北洛河（水+状）头	8.7	6.1	8.0	7.3
伊洛河黑石关	26.7	18.4	24.5	20.4
沁河武陟	8.2	5.0	7.3	4.8
大汶河戴村坝	10.3	9.9	10.2	7.7

2.3 天然径流量计算

根据《水资源评价导则》（SL/T 238—1999）要求，单站河川天然径流量（简称天然径流量）计算，采用下式计算：

$$W_{天然} = W_{实测} + W_{还原} \tag{2-1}$$

$$W_{还原} = W_{地表用水耗损量} + W_{分洪} + W_{库蓄} \tag{2-2}$$

$$W_{地表用水耗损量} = W_{农灌} + W_{工业} + W_{生活} + W_{生态} + W_{引水} \tag{2-3}$$

式中，$W_{天然}$为水文断面河川天然径流量；$W_{实测}$为水文断面实测径流量；$W_{还原}$为水文断面以上还原水量；$W_{地表用水耗损量}$为地表用水耗损量；$W_{分洪}$为河道分洪决口水量，分出为正，分入为负；$W_{库蓄}$为大中型水库蓄水变量，增加为正，减少为负；$W_{农灌}$为农业灌溉耗水量；$W_{工业}$为工业耗水量；$W_{生活}$为生活耗水量（包括城镇居民用水、农村居民用水、城镇公共用水等）；$W_{生态}$为生态耗水量；$W_{引水}$为跨流域（或跨区间）引水量，引出为正，引入为负。

2.3.1 地表用水耗损量计算

地表用水耗损量是指毛用水量在输水、用水工程中，通过蒸腾蒸发、土壤吸收、产品带走、居民和牲畜饮用等多种途径消耗掉和滞留在池塘湖泊沟道等不能回到河道的水量。其中，农业灌溉耗水量是指在农田、林果、草场引水灌溉过程中，因蒸发消耗和渗漏损失而不能回归到水文站以上河道的水量。工业耗水量和生活耗水量包括用户消耗水量和输排水损失量，为取水量与入河废污水量之差。

从区域来看，黄河上游地表用水耗损量稳步上升，至 20 世纪 80 年代后期以后基本稳定；黄河中游和下游起伏较大（主要是河南 1959 年和 1960 年），之后地表用水耗损量稳步上升。全流域来看，地表用水耗损量于 1989 年达到顶峰 345 亿 m^3，之后略有下降，2003 年降至 248 亿 m^3，之后又缓慢回升。1956～2015 年，黄河流域地表用水耗损量上中下游逐年对比情况见图 2-1。

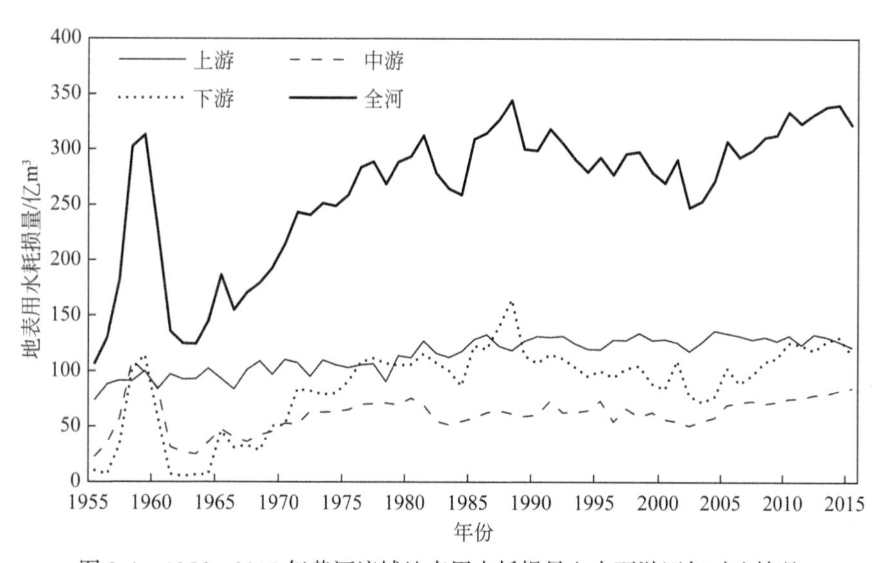

图 2-1 1956～2015 年黄河流域地表用水耗损量上中下游逐年对比情况

2.3.2 水库蓄水变量计算

根据对黄河流域各省（自治区）大中型水库工程数据的统计，结合水利普查成果，2012 年黄河流域建成大中型水库共 267 座，总库容 795.4 亿 m^3（其中 2001 年以来黄河流域新建成大中型水库 60 座，总库容 196.7 亿 m^3），2012 年全流域建成大型水库 35 座（干流 11 座)，库容最多的区域为兰州以上，库容为 376.4 亿 m^3，占全流域大中型水库库容的 47.3%；其次为龙门—花园口，库容为 275.1 亿 m^3，占全流域大中型水库库容的 34.6%。2012 年全流域建成中型水库 232 座，库容最多的区域是河口镇—三门峡，该区域库容为 39.0 亿 m^3，占全流域中型水库库容的 54%、占全流域大中型水库库容的 4.9%。此外，本书收集整理了龙羊峡、刘家峡、万家寨、三门峡、小浪底、陆浑、故县及东平湖八大水库投入运用以来的逐月蓄水动态资料。

2.3.3 单站天然径流量还原计算结果

单站实测径流量加上地表用水耗损量和水库蓄水变量，即可得到单站天然径流量。黄河干支流主要断面天然径流量还原计算结果见表 2-4。黄河干流利津断面 2001 ~ 2016 年平均天然径流量的 459.2 亿 m^3（其中单站实测径流量 161.7 亿 m^3，占天然径流量的 35%，还原水量 297.5 亿 m^3，占天然径流量的 65%），与 1956 ~ 2000 年均值相比减少了 19%。

表 2-4　黄河干支流主要断面天然径流量还原计算结果

断面	年均天然径流量/亿 m^3			
	1956 ~ 2000 年	2001 ~ 2016 年	1956 ~ 2016 年	1980 ~ 2016 年
干流唐乃亥	205.1	186.3	200.2	198.2
干流贵德	212.0	184.2	204.7	200.2
干流兰州	333.0	310.1	327.0	316.7
干流下河沿	334.9	304.0	326.8	315.5
干流石嘴山	336.5	306.3	328.6	317.0
干流河口镇	335.8	293.5	324.7	311.8
干流龙门	389.3	323.7	372.1	348.7
干流三门峡	503.9	409.4	479.1	442.9
干流花园口	563.9	453.4	534.9	492.4
干流利津	568.6	459.2	539.9	495.8
湟水民和	20.5	22.4	21.0	21.5
大通河享堂	29.0	29.6	29.1	29.6
大夏河折桥	9.9	8.4	9.5	8.3
洮河红旗	48.3	41.6	46.5	42.4
窟野河温家川	6.3	3.1	5.4	4.1

续表

断面	年均天然径流量/亿 m^3			
	1956～2000 年	2001～2016 年	1956～2016 年	1980～2016 年
无定河白家川	12.8	10.8	12.3	10.9
汾河河津	22.1	13.9	20.0	15.7
渭河华县	85.4	70.2	81.4	75.3
泾河张家山	19.0	13.8	17.6	16.0
北洛河（水+状）头	9.2	7.7	8.8	8.3
伊洛河黑石关	31.4	23.9	29.5	26.3
沁河武陟	14.5	10.8	13.5	11.5
大汶河戴村坝	15.3	14.2	15.0	12.9

2.3.4 天然径流量系列一致性处理

人类活动改变了流域下垫面条件，导致入渗、径流、蒸发等水平衡要素发生一定的变化，从而造成径流的减少（或增加）。下垫面变化对产流的影响非常复杂，而在半干旱半湿润地区，许多流域的径流因下垫面变化而衰减的现象已经非常明显，必须予以考虑，以保证系列成果的一致性。本书是将黄河天然径流量 1956～2016 年逐年系列一致性处理至 2001～2016 年下垫面条件下的 1956～2016 年逐年系列。

黄河上游和下游影响河川径流量的因素主要是水利工程建设引起的水面蒸发损失影响量和河段自然损失量等因素，本书采用了成因分析方法和河段水量平衡方法进行对比分析。

黄河中游影响河川径流量的因素较多，如水土保持建设、能源开发、水利工程建设、地下水开采影响等。其中，水土保持建设、能源开发等对河川径流量的影响在目前尚未有好的定量计算方法，因此黄河中游侧重对降水径流关系方法进行一致性处理，以反映这些影响因素的综合影响。不过降水径流关系方法受主观性影响较大，进而会影响修订量级，修订的具体数值大小会对黄河中游重要支流径流影响的敏感性产生一定的影响。年降水径流关系分析方法，主要侧重河口镇—龙门的支流分析、泾渭河和汾河等。

黄河干流主要断面和主要支流把口断面系列一致性处理后的天然径流量结果见表 2-5。可以看出，经过系列一致性处理，在 2001～2016 年下垫面条件下，黄河花园口断面 1956～2016 年均值为 484.2 亿 m^3，利津断面为 490.0 亿 m^3，分别较黄河流域第二次水资源调查评价成果（简称二调成果）（1980～2000 年下垫面条件下的 1956～2000 年均值）532.8 亿 m^3和 534.8 亿 m^3减少了 9.1% 和 8.4%。将二调成果直接延长至 2016 年，花园口断面和利津断面 1956～2016 年均值分别为 512 亿 m^3和 515 亿 m^3，分别较二调成果减少了 3.9% 和 3.7%。

表 2-5 黄河干流主要断面和主要支流把口断面天然径流量调查评价成果

断面	多年平均天然径流量/亿 m³				
	二调成果	本书研究成果			
		1956 ~ 2000 年	2001 ~ 2016 年	1956 ~ 2016 年	1980 ~ 2016 年
干流唐乃亥	205.1	205.1	186.3	200.2	198.2
干流贵德	209.6	209.6	184.2	202.9	199.4
干流兰州	329.9	328.9	310.1	324.0	315.4
干流下河沿	330.9	322.8	304.0	317.9	310.2
干流石嘴山	332.5	325.1	306.3	320.2	312.0
干流河口镇	331.7	312.3	293.5	307.4	300.2
干流龙门	379.1	344.5	323.7	339.0	328.9
干流三门峡	482.7	444.6	409.4	435.4	417.8
干流花园口	532.8	495.2	453.4	484.2	463.7
干流高村	533.8	499.7	457.9	488.8	459.9
干流利津	534.8	501.0	459.2	490.0	469.1
洮河红旗	48.3	48.3	41.6	46.5	42.4
大通河享堂	29.0	29.0	29.6	29.1	29.6
湟水民和	20.5	20.5	22.4	21.0	21.5
大夏河折桥	9.9	9.9	8.4	9.5	8.3
窟野河温家川	5.5	4.4	3.1	4.1	3.5
无定河白家川	11.5	9.1	10.8	9.6	9.6
北洛河（水+状）头	9.0	9.0	7.7	8.6	8.2
泾河张家山	18.5	18.5	13.8	17.2	15.9
渭河华县	80.9	80.9	70.2	78.1	73.2
汾河河津	18.5	18.5	13.9	17.3	14.6
伊洛河黑石关	28.3	28.3	23.9	27.2	25.2
沁河武陟	13.0	13.0	10.8	12.4	11.0
大汶河戴村坝	11.8	11.8	14.2	12.4	12.5

2.4 天然径流量特征及演变特点

2.4.1 水资源贫乏

黄河流域 1956 ~ 2016 年平均降水量为 3480 亿 m³，相当于降水深 461.8mm，约有 85.7% 消耗于地表水体、植被和土壤的蒸散发以及潜水蒸发，只有 14.1% 形成了河川径流量，即 490.0 亿 m^3，约占全国河川径流量的 2%，居全国七大江河第五位（小于长江、珠江、松花江和淮河），却承担着全国 15% 的耕地面积和 12% 人口的供水任务，同时还承担着向流域外调水及一般清水河流所没有的输沙任务，黄河属于资源性缺水河流。

据统计，截至 2016 年底，黄河流域内常住人口约 1.2 亿。人均年径流量 408m^3，不到全国人均年径流量的 25%，居全国七大江河第五位。亩①均年径流量 201m^3，仅占全国亩均年径流量的 17%，居全国七大江河第六位。

2.4.2 地区分布不均衡

从表 2-5 可以看出，黄河多年平均天然径流量 490.0 亿 m^3，主要来自黄河河源区（指唐乃亥以上，占 40.9%），其余依次为唐乃亥—兰州（占 25.3%）、龙门—三门峡（占 19.7%）和三门峡—花园口（占 10.0%）。

2.4.3 年内分配不均

黄河河川天然径流量，最大月径流量在 8 月（占 15.9%），最小月径流量在 1 月（占 2.4%），连续最大 4 个月径流量在 7 ~ 10 月（汛期，占 57.9%）。黄河支流来水大部分由降水补给（汛期来水一般占 52% 以上），也有部分支流来水由降水和地下水等共同补给（如无定河，其年内分配比较均匀，汛期来水占 43.3%）。

2.4.4 年际变化大，连续枯水段时间长

黄河天然径流量年际变化大，1956 ~ 2016 年，最大年天然径流量为 947.2 亿 m^3（1964 年），最小年天然径流量为 246.2 亿 m^3（2002 年），最大最小值之比为 3.8，年际变差系数（C_v）为 0.24。

黄河干流唐乃亥断面和花园口断面 1956 ~ 2016 年逐年天然径流量对比情况见图 2-2。唐乃亥断面出现了 1969 ~ 1974 年连续枯水段（平均天然径流量 176.7 亿 m^3）、1990 ~ 1998 年连续枯水段（平均天然径流量 170.0 亿 m^3）和 1961 ~ 1968 年连续丰水段（平均天然径流量 232.2 亿 m^3）。花园口断面出现了 1969 ~ 1974 年连续枯水段（平均天然径流量 417.3 亿 m^3）、1990 ~ 2002 年连续枯水段（平均天然径流量 394.7 亿 m^3）和 1961 ~ 1968 年连续丰水段（平均天然径流量 601.4 亿 m^3）。

黄河干流利津断面 1956 ~ 2016 年逐年降水量与天然径流量对比情况见图 2-3。总体来看，利津断面降水量与天然径流量逐年对应关系基本一致。从天然径流量逐年变化来看，出现了 1969 ~ 1974 年连续枯水段（平均天然径流量 422.5 亿 m^3）、1991 ~ 2002 年

---

① 1 亩≈666.7m^2。

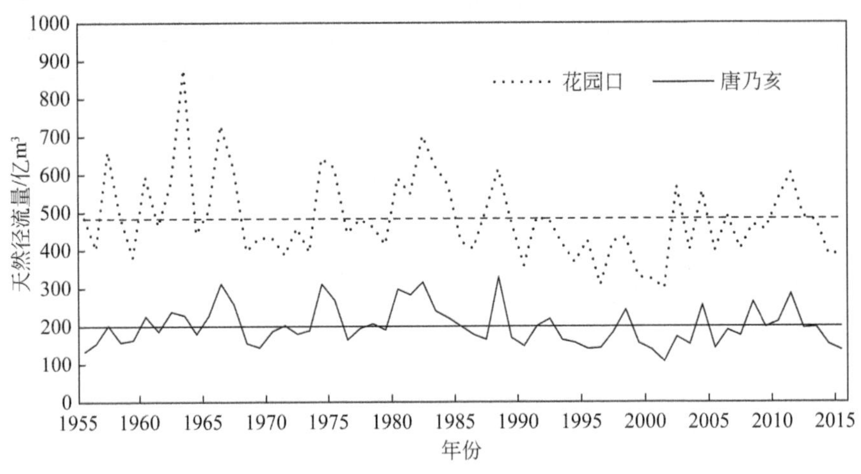

图 2-2　黄河唐乃亥断面和花园口断面 1956～2016 年逐年天然径流量对比情况

连续枯水段（平均天然径流量 385.8 亿 m³）和 1961～1968 年连续丰水段（平均天然径流量 613.3 亿 m³）。

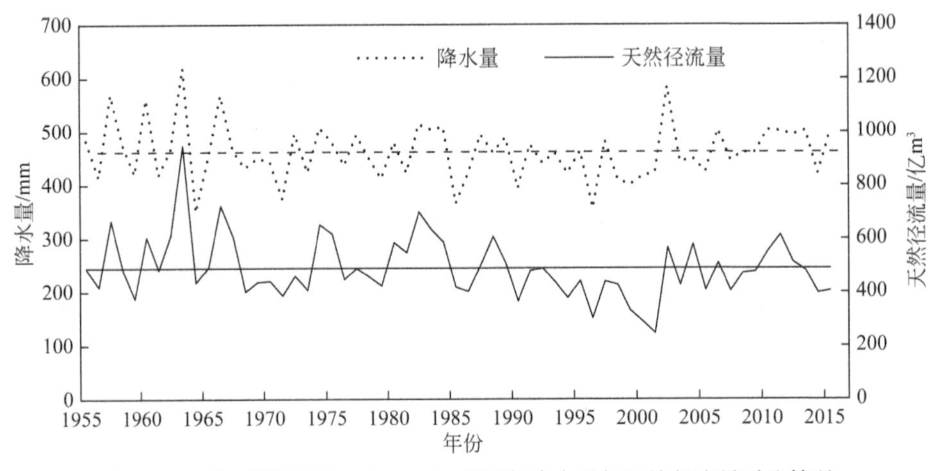

图 2-3　黄河利津断面 1956～2016 年逐年降水量与天然径流量对比情况

2.4.5　沿程自然损失大

从 1956～2016 年多年平均情况来看，黄河二级区地表水资源量与对应断面区间河川天然径流量差值两次评价成果对比情况见表 2-6。分区地表水资源量与断面区间河川天然径流量出现差值是因为分区地表水资源量指各三级区数值累计，断面区间河川天然径流量指断面天然径流量数值间差值，两者之间存在河道水面蒸发损失、水库蒸发损失、湖泊蒸发损失、河道渗漏等因素影响。本次评价中，分区地表水资源量与断面区间河川天然径流量差值为 90.9 亿 m³，主要表现在兰州—河口镇、龙门—三门峡、花园口以下等。

表 2-6　黄河流域分区地表水资源量与对应断面区间河川天然径流量差值对比

河段	本专题研究成果			
	降水量 /mm	分区地表水资源量 /亿 m^3	断面区间河川天然径流量/亿 m^3	差值 /亿 m^3
唐乃亥以上	490.7	203.5	200.2	3.3
唐乃亥—兰州	503.3	127.4	123.8	3.6
兰州—河口镇	261.0	15.9	-16.6	32.5
河口镇—龙门	445.8	40.6	31.6	9.0
龙门—三门峡	541.6	116.4	96.4	20.0
三门峡—花园口	651.8	52.4	48.8	3.6
花园口以下	642.0	24.6	5.8	18.8
黄河	461.8	580.9	490.0	90.9

2.5　径流变化成因与合理性分析

关于黄河天然径流量，目前比较成熟的有三个成果：第一个是国务院“八七”黄河分水方案成果（国务院 1987 年批复），采用的是 1919 ~ 1975 年系列，利津断面多年平均天然径流量为 580 亿 m^3，反映的是 1956 ~ 1979 年下垫面条件下的成果；第二个是黄河流域综合规划修编成果（国务院 2012 年批复）即二调成果，采用的是 1956 ~ 2000 年系列，利津断面多年平均天然径流量为 534.8 亿 m^3，反映的是 1980 ~ 2000 年下垫面条件下的成果；第三个是黄河流域水文设计成果修订成果（水利部 2019 年批复），采用的是 1956 ~ 2010 年系列成果，利津断面多年平均天然径流量为 482.4 亿 m^3，反映的是 1980 ~ 2010 年下垫面条件下的成果。本书黄河干流主要断面天然径流量研究成果与三个成果的对比情况见表 2-7。本书成果与国务院“八七”黄河分水方案成果相比，利津断面多年平均天然径流量减少了约 90.0 亿 m^3。

表 2-7　黄河干流主要断面四个成果比较

断面	多年平均天然径流量/亿 m^3				
	国务院“八七”黄河分水方案成果（56 年系列）1919 ~ 1975 年	黄河流域综合规划成果（45 年系列）1956 ~ 2000 年	黄河流域水文设计成果修订成果（55 年系列）1956 ~ 2010 年	本专题成果（61 年系列）1956 ~ 2016 年	
				成果	较“八七”成果
兰州	322.6	329.9	320.8	324.0	-2.8
河口镇	312.6	331.7	313.5	307.4	-9.4
龙门	385.1	379.1	352.2	339.0	-47.7
三门峡	498.4	482.7	435.1	435.4	-63.0
花园口	559.2	532.8	480.8	484.2	-75.0
利津	580.0	534.8	482.4	490.0	-90.0

这里通过成因分析和黄河流域水资源调查评价三次评价成果比较两种途径进行本次河川天然径流量调查评价成果合理性分析。

2.5.1 成因分析

黄河天然径流量四个成果系列对比来看，四个系列多年平均降水量基本持平，说明降水量变化不是引起黄河天然径流量减少的主要原因，主要原因是人类活动的影响，影响因素如下所示。

2.5.1.1 地下水过量开采影响

1980 年，黄河流域地下水开采量为 80.4 亿 m^3，之后地下水开采量呈逐渐递增趋势，目前黄河流域地下水开采量达到了 130.7 亿 m^3，较 1980 年增加了 50.3 亿 m^3。根据黄河流域第一次水资源调查评价成果，黄河流域自然条件下地下水与地表水之间不重复计算量 82 亿 m^3；1980 年以后，由于山丘区地下水开采量增加引起山丘区地下水开采净消耗量增加，加上平原地区降水入渗及河道补排关系变化影响，黄河流域地下水与地表水之间不重复计算量达到了 119 亿 m^3，说明黄河流域目前地下水与地表水之间不重复计算量较 1956 ~ 1979 年均值 82 亿 m^3 增加了 37 亿 m^3。地下水与地表水之间不重复计算量增加，主要是地下水开采量增加引起降水入渗补给增大，主要发生在河口镇—龙门、龙门—三门峡、三门峡—花园口及花园口以下，说明受地下水开采量增加影响的河川径流量在 30 亿 m^3 以上。

2.5.1.2 水土流失治理影响

经过 70 年坚持不懈的水土流失治理，黄土高原水土保持取得了举世瞩目的巨大成效。截至目前，水土保持累计投资 560 多亿元，初步治理水土流失面积超 22 万 km^2，其中基本农田超 500hm^2，造林 1122 万 hm^2，种草 229 万 hm^2，封禁 374 万 hm^2。建设淤地坝 5.9 万座，其中骨干坝 5800 多座。大规模的水土保持措施发挥了显著的生态、经济和社会效益。

黄河流域综合规划中指出，黄河流域水土流失治理造成河川天然径流量减少 10 亿 ~ 30 亿 m^3，主要在河口镇—龙门和龙门—三门峡。目前，国家“十三五”重点研发计划正对此进行进一步深入研究。

2.5.1.3 大型水库工程新增水面蒸发渗漏损失影响

目前，黄河干流修建了龙羊峡、李家峡、刘家峡、盐锅峡、八盘峡、大峡、青铜峡、三盛公、万家寨、天桥、三门峡、小浪底、西霞院等大中型水利枢纽。根据黄河流域水利普查，截至 2012 年，黄河流域建成大中型水库共 267 座，总库容 795.4 亿 m^3，主要在兰州以上和三门峡—花园口，库容分别达到了 380 亿 m^3 和 160 亿 m^3。

由于水利枢纽修建，水面蒸发损失增加了 20 亿 ~ 30 亿 m^3。其中，2001 年以来新增大中型水利枢纽 60 座，总库容 196.7 亿 m^3，估算其新增的水面损失在 6.0 亿 m^3 左右。

2.5.1.4 煤炭开采影响

目前，人们在煤矿开采造成的河川径流量减少原因上形成共识，即煤矿开采形成的裂隙导水带、地面沉降带波及地表，形成裂缝、崩塌、沉降等地面变形，作为补给来源的地表水、地下含水层的径流动态发生改变，地下水位发生变化，补给、径流、排泄途径发生改变。虽然人们已经认识到煤矿开采影响河川径流量，然而受多因素影响，目前的研究结果难以定量回答煤矿开采对河川径流量的影响。不过有一点可以肯定，煤炭开采过程中利用的疏干水量将影响河川天然径流量 2% 左右。

河流非汛期河川基流量减少，这主要是地表水利用、地下水开采影响及煤炭开采对河川径流量的影响造成的。其中，地表水利用、地下水开采影响基本可以定量，因此利用非汛期河川基流量减少总量扣除地表水利用量、地下水开采影响量，基本可以判断煤炭开采对河川径流量的影响。以窟野河为例，2010 年该流域煤炭实际开采量已经达到了近 1.8 亿 t，根据《窟野河流域综合规划》研究成果，受窟野河煤炭开采影响的河川径流量（约 0.35 亿 m^3）占人类活动影响减少量的 17% 左右。

受煤炭开采影响的河段主要是河口镇—龙门、龙门—三门峡及三门峡—花园口。

2.5.1.5 雨水利用影响

根据黄河流域综合规划成果，黄河流域目前利用雨水数量在 1 亿 ~2 亿 m^3。

2.5.1.6 生态环境改善等方面的影响

目前，宁夏科学划定了全区 24 处湿地公园湿地生态保护红线，面积近 200km^2；内蒙古近些年新增了包头黄河国家湿地公园、乌海黄河湿地等。这些湿地公园新增了水面蒸发损失。

总体来看，1956 ~ 2016 年人类活动及下垫面变化综合影响造成黄河天然径流量减少 90.0 亿 m^3，基本符合黄河流域实际情况。

2.5.2 三次地表水资源量评价结果比较

截至 2020 年，黄河流域比较系统的水资源调查评价共进行了三次：1988 年完成了黄河流域第一次水资源调查评价，评价系列为 1956 ~ 1979 年，反映了 1956 ~ 1979 年下垫面条件下的成果；2008 年完成了黄河流域第二次水资源调查评价，评价系列为 1956 ~ 2000 年，反映了 1980 ~ 2000 年下垫面条件下的成果；2019 年完成了黄河流域第三次水资源调查评价，评价系列为 1956 ~ 2016 年，反映了 2001 ~ 2016 年下垫面条件下的成果。

黄河流域地表水资源量多年平均值由第一次评价的 662.0 亿 m^3减少到第三次评价的 583.6 亿 m^3，减少了 78.4 亿 m^3（11.8%）。这意味着 1956 ~ 2016 年，人类活动及下垫面变化的综合影响，导致黄河流域地表水资源量多年平均值减少了近 79 亿 m^3。这与黄河天然径流量多年平均值在 1956 ~ 2016 年因下垫面变化影响减少近 90 亿 m^3相差不大。这也从另一侧面说明了本书研究成果——黄河利津断面多年平均河川天然径流量为490.0亿m^3，基本符合黄河目前的实际情况。

2.6 本章小结

经过实测还原、系列一致性处理等，黄河多年平均天然径流量490.0亿m^3，折合径流深65.0mm，平均年径流系数0.14。黄河2001～2016年平均天然径流量459.2亿m^3，1980～2016年平均天然径流量469.1亿m^3，分别较多年平均值偏少6.3%和4.3%。

与国务院“八七”黄河分水方案黄河多年平均天然径流量580亿m^3相比，本书研究成果减少了近90亿m^3，这是2001～2016年降水量变化、人类活动及下垫面变化综合影响的结果。其中，人类活动影响因素主要包括地下水过量开采、水土流失治理、水利枢纽工程建设、煤炭开采、雨水利用等。

众多影响黄河天然径流量因素中，地下水开采的影响可以通过压减地下水开采量进行控制；水利水土保持建设、能源开发、雨水利用等因素将进一步持续；同时，生态环境改善引起自然损失量增加。今后人类活动影响黄河河川径流量的主要因素将是水利水土保持建设、能源开发、雨水利用、生态景观改善等。据此预计，今后一段时期内，黄河多年平均天然径流量将维持在500亿m^3左右甚至更少。

黄河天然径流量具有水资源贫乏、地区分布不均衡、年内分配不均、年际变化大、连续枯水段时间长、沿程自然损失大等特点。

第 3 章 黄河流域水文产沙试验与机理研究

根据黄河流域分布式水沙模型构建和参数率定的要求，在黄河河源区（玛曲）、上游高产沙区（清水河流域）、盖沙区（杭锦淖尔）和沟壑区（延安）4 个重点区域，针对下垫面关键水文过程和参数，开展现场试验和监测，以满足不同下垫面条件下水沙过程物理机理描述以及参数支持的需求。

3.1 黄河流域不同地貌区水沙试验点布设

在黄河河源区、上游高产沙区、盖沙区和沟壑区，针对黄河流域分布式水沙模型构建关键机理和参数率定开展了现场试验与测试（图 3-1）。

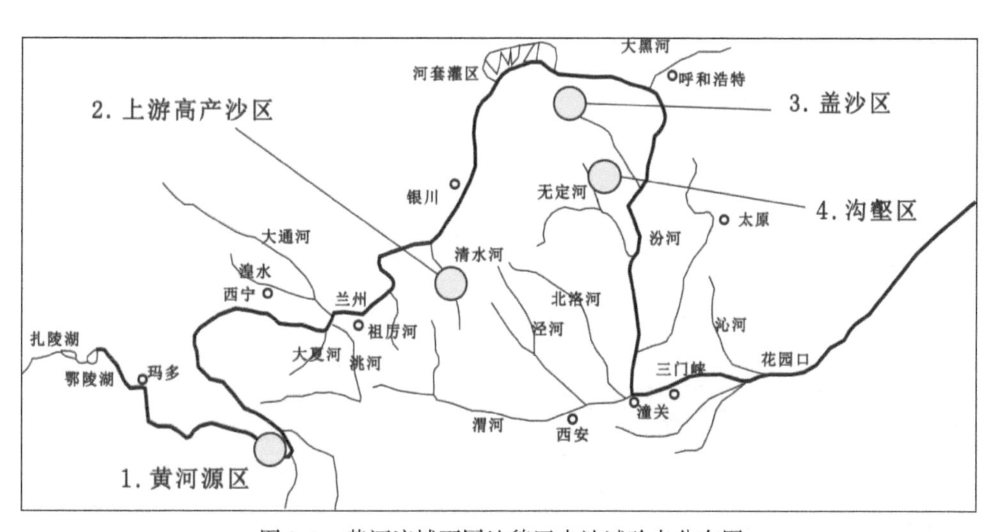

图 3-1 黄河流域不同地貌区水沙试验点分布图

在黄河河源区，选择典型下垫面，监测季节性冻融过程中下垫面水热耦合过程及其对径流过程和组分变化的影响机理。

在上游高产沙区，分别在流域上游、中游和下游选择典型汇流区，测定降雨过程中汇流区的径流和泥沙来源，基于无人机技术测定主要干支流坡面参数，以及土壤水动力参数，通过降雨前后的下垫面测量，进行泥沙入河量的识别。

在黄河流域盖沙区，测定下垫面参数，并且在汛期对降雨过程中汇流区水文和泥沙通量过程，以及下垫面中的水文通量进行测量，测定盖沙区地形参数、坡面参数，以及降雨条件下坡面汇流沟道参数。

在黄土高原沟壑区，选择典型小流域，对林地、草地、梯田和淤地坝4种不同下垫面条件下的水文过程进行连续监测，采用无人机测定不同下垫面的植物生理过程参数，测定不同降雨强度条件下的水沙入河通量过程，测定水文单元水沙过程的基本参数，包括泥沙源强，以及林地、草地、淤地坝和梯田4种下垫面的滞留能力，径流沟道尺度等模型关键参数。

3.2 黄河河源区冻土水热耦合试验和机理研究

3.2.1 现场试验

试验区位于黄河河源区——玛曲（102.079 86°E，33.996 32°N），海拔3480m。试验区如图3-2所示，在土壤冻结前开挖工作剖面，在最大冻结深度以上的深度区域埋设测量土壤液态水含量、温度和基质势的TDR、PT100和TensionMark传感器，原状回填后，将传感器与自动测量装置连接，实现自动监测，试验情况如图3-3（a）~（c）所示。①开挖工作剖面，用于安装土壤液态水含水率、土壤温度和土壤基质势测量传感器，根据分布式水文模型水热耦合要求，在0~2.0m深度位置，逐层安装土壤液态水含水率、土壤温度和土壤基质势测量传感器，如图3-3（a）所示。②考虑到土壤液态水含水率、土壤温度和土壤基质势测量传感器要长期在野外进行连续过程监测，采用标准野外工作机箱对其进行防护，以保障仪器安全，土壤液态水含水率、土壤温度和土壤基质势测量传感器全部接入测量采集器后，进行全自动数据采集，如图3-3（b）所示。③调试土壤液态水含水率、土壤温度和土壤基质势测量系统，考虑到黄河河源区高原的

图3-2　黄河河源区现场试验与监测位置

实际条件，在实验室条件下完成了监测系统的选型以及整合，对自动监测数据有效性进行现场检查，如图 3-3（c）所示。④在整个试验期间，对土壤水热过程进行全自动化监测，如图 3-3（d）所示。

(a) 传感器布设

(b) 将传感器接入自动数据采集设备

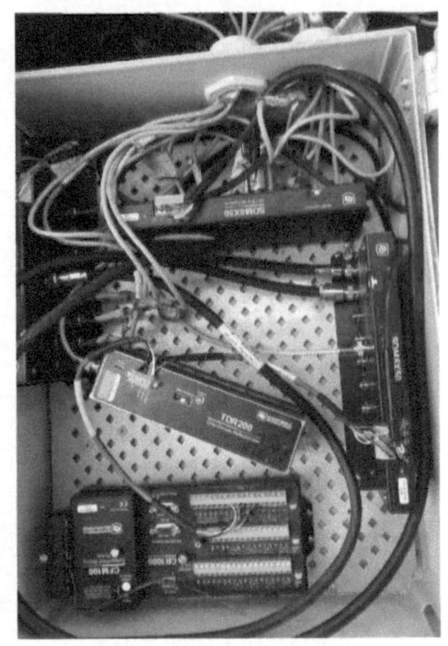

(c) 自动化监测下垫面水热耦合过程

(d) 安装调试设备

图 3-3　黄河河源区冻融过程中对水文和水循环的影响机理试验与监测

3.2.2　季节性冻融区关键水文过程计算模块构建

黄河流域分布式水文模型中，对于季节性冻融过程，采用的模块机理如图 3-4 所示。分布式水沙模型中，考虑到黄河源区季节性冻融期中下垫面土壤水热耦合过程显著地影响了地表径流过程，结合黄河源区分布式模型中下垫面雪被-土壤-松散岩层概化特征，重点测定了雪被厚度温度变化、土壤-松散岩层水热耦合变化，获取了雪被-土壤-松散岩层水热物理及动力学参数（包括土壤热容量、热传导系数、不同冰含量下的土壤水力传导度等），并为模型验证提供试验数据的支撑。

将图 3-4 所示的冻融期水文模块应用于黄河源区，需考虑源区的气候和下垫面特点进

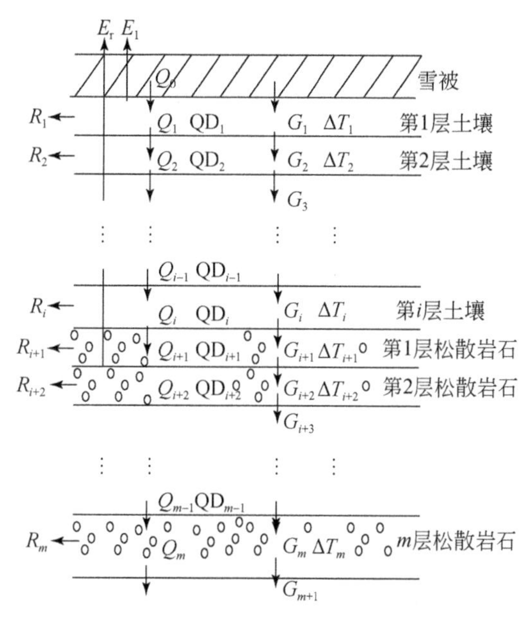

图 3-4　黄河河源区土壤水热耦合模型构建示意图

行机理性修正，具体如下。

黄河河源区季节性冻融过程中下垫面水热过程及其对水文和径流特性的影响与青藏高原和东北地区的季节冻土区都有显著的差异性，主要表现在：

（1）青藏高原季节性冻融区主要位于高海拔地区，覆盖土层砂粒含量高，土壤发育不充分，土壤覆盖层厚度有限，因此，土壤-砂粒介质中的迁移主要受流动通道的影响。而黄河河源区土壤的黏粒和粉粒含量占明显的比例，土壤的黏粒含量以及对水分的作用能力较强，在冻结和融化过程中，土壤中径流的形成主要取决于势能梯度（包括水势和温度势）的最大传输方向。

（2）与东北地区相比，黄河源区季节性冻融过程对径流过程影响的差异性在于：冻土形成主要受上边界温度、辐射、气压、水汽压等因素的影响，在东北地区，这些因素通过影响水相变化过程，以及改变水均衡条件影响径流过程，而在黄河源区，除了以上原因之外，高原气象条件进一步通过影响水体相变的能量-质量转化关系以及水均衡作用机制来响径流过程。

此外，监测资料表明，在黄河河源区，水热动态对于土壤水文和径流过程的影响还表现在另外两个方面：①由于下垫面介质条件的复杂性，以及冻土中仅有液态水能够发生移动的特性，描述土壤基质势传导能力的水力传导度，描述松散裂隙介质中的水流流速的通透性参数，以及液态水含水率对水流迁移通量的影响参数，都不再是非冻结状态下的独立函数关系，而表现出相互影响、相互作用的性质。②在冻结和融化过程中，冻土温度-液态水含水率并未表现出单一的非线性关系，并且在土壤黏性增加的情况下，相同温度条件下的液态水含水率的变化范围也表现出增加的趋势，进而影响液态水的含量及其产生的通量。

基于黄河河源区以上水热动态特征及其对水文过程的影响，在机理上对现有的冻土水热耦合模块进行修正。考虑到以上因素，构建能够反映黄河河源区的土壤水热耦合模型。

土壤水热耦合模型设定土壤冻融时只有液态水发生运移，由于多孔介质中非线性水流运动和土壤-砾石结构特性，流动主要表现出局部流动特性，即在整个流场内，仅部分区域（活动性）发生流动。这种情况下，土壤水分流方程为

$$C(S_a)\frac{\partial h}{\partial t}=\frac{\partial}{\partial z}\left[K(S_a)\left(\frac{\partial h}{\partial z}-1\right)\right] \tag{3-1}$$

式中，S_a为活动性流场液态水饱和度（液态水体积与饱和含水率之比）；t 和 z 分别为时间坐标和空间坐标（垂直向下为正）。活动性流场液态水饱和度 S_a与整个流场平均液态水饱和度 S_e关系可用区域比f_a表示。活动性流场内的基质势 h 和非饱和水力传导曲线 K 的函数分别为

$$S_a=S_e/f_a \tag{3-2}$$

$$h=f_p\ (S_e/f_a) \tag{3-3}$$

$$K=f_K\ (S_e/f_a) \tag{3-4}$$

式中，f_p 和f_K 分别为基质流条件下的土壤水分特征曲线和非饱和水力传导度函数。

式（3-1）将体积平均法模拟区域内的平均变化与“过滤”方法（模拟时将非活动性流场区域过滤）相结合，描述黄河河源区高砾石含量情况下的局部流动特性。在黄河河源区，活动性流场主要是流动通道的渗透性能造成的，因而在冻融条件下，活动性流场内水流运动方程可表示为

$$C(S_a)\frac{\partial H}{\partial t}=\frac{\partial}{\partial z}\left[K_f(S_a)\left(\frac{\partial H}{\partial z}-1\right)\right]+K_T\frac{\partial h_T}{\partial z}-\frac{\rho_i}{\rho_l}\frac{\partial\theta_i}{\partial t} \tag{3-5}$$

式中，θ_i为液态水含冰率；ρ_l和ρ_i分别为液态水的密度和冰的密度；K_T为温度水力传导度，描述温度梯度形成的水流通量；K_f为温度变化对土壤水力传导度的影响；H 为土壤基质势 h 和土壤温度势 h_T之和。平衡状态下，土壤温度势表示为温度的函数：

$$h_T=\frac{L_f}{g}\ln\frac{T_m-T}{T_m} \tag{3-6}$$

式中，L_f为土壤孔隙中水由液态转变为固态所释放出的潜热（0.34×10^5 J/kg）；T_m为纯水的冻结温度（273.15K）；g 为重力加速度（9.8m/ s^2）。

温度对水力传导度的影响可表示为

$$K_f(S_a)=10^{-\frac{\Omega\theta_i}{\varphi}}K(S_a) \tag{3-7}$$

式中，φ 为土壤孔隙率；Ω 为反映土壤中冰体存在导致流动长度增加对非饱和水流通量响应的阻抗系数。

温度水力传导度可表示为

$$K_T=K_f\left(h_T G\frac{1}{\eta_0}\frac{d\eta}{dT}\right) \tag{3-8}$$

式中，G 为修正因子；η 和 η_0分别为温度 T 和参考温度（25℃）下的表面张力（71.89g/s^2）。

温度的函数表示为

$$\eta = 75.6 - 0.1425T - 2.38\times10^{-4}T^2 \tag{3-9}$$

根据能量平衡原理，冻融系统中每一层土壤的能量变化都用于系统内的土壤温度变化和水分相态变化，在非活动流场区，影响土壤介质温度的变化，而在活动性流场，则同时影响流动水体的相态变化和介质温度的变化。假设土壤各向均质同性，并忽略土壤中的水汽迁移，活动流场区的土壤热动力学方程可表示为

$$C_v \frac{\partial T_{act}}{\partial t} - L_f\rho_i \frac{\partial \theta_i}{\partial t} = \frac{\partial}{\partial z}\left[\lambda \frac{\partial T_{act}}{\partial z}\right] - C_w \frac{\partial q_1 T_{act}}{\partial z} - S_T \tag{3-10}$$

式中，等式左侧为活动性流场区内由温度变化以及水分相态变化造成的热量变化量；等式右侧为活动性流场区由温度梯度、液态水传输形成的热量传递通量，以及活动性流场和非活动性流场之间由温度梯度形成的热量传递通量，活动性流场区和非活动性流场区没有水流交换，其热量通量主要为温度梯度形成的热量传递通量。

在非活动性流场，土壤热动力学方程可表示为

$$C_v \frac{\partial T_{inact}}{\partial t} - L_f\rho_i \frac{\partial \theta_0}{\partial t} = \frac{\partial}{\partial z}\left[\lambda \frac{\partial T_{inact}}{\partial z}\right] + S_T \tag{3-11}$$

$$S_T = \lambda \frac{T_{act} - T_{inact}}{\delta} \tag{3-12}$$

式中，θ_0为非活动区的土壤液态水含水率；q_1为液态水通量（液态水含水率和流速的乘积）；C_v、C_w和λ分别为土壤体积热容量、土壤中液态水的热容量和热传导率；S_T为活动性流场区和非活动性流场区的热通量；T_{act}和T_{inact}分别为活动性流场区和非活动性流场区的土壤温度；δ为平均传输距离。

常规土壤条件下，活动性流场区域内平均含水率随总含水率的增加而表现出非线性增加的趋势。土壤冻结和融化过程中，液态水含水率可仍然表示为f_a（活动区域面积在流场中所占的比例）的函数：

$$f_a = S_e^{\gamma} \tag{3-13}$$

式中，γ为反映活动性区域随土壤平均液态水饱和度S_e变化的函数。

3.2.3 参数分析

（1）土壤体积热容量：

$$C_v = (1 - \theta_s)C_s + \theta_1 C_1 + \theta_i C_i \tag{3-14}$$

（2）热传导系数计算参考了 IBIS 模型：

$$\lambda = \lambda_{st}(56^{\theta_1} + 224^{\theta_i})$$

$$\lambda_{st} = 1.50\omega_{rock} + 0.30\omega_{sand} + 0.265\omega_{silt} + 0.250\omega_{clay} \tag{3-15}$$

式中，C_v为土壤体积热通量；C_s、C_1和C_i分别为土壤中固体颗粒、液态水和冰的含量；θ_1和θ_i分别为含水率和含冰率。其余参数如表 3-1 所示。

土壤热动力学基础参数如表 3-1 所示。

表 3-1　土壤热传导和热容量参数

热传导率参数	取值	符号
水热导率/[W/(m·K)]	0.57	λ_l
冰热导率/[W/(m·K)]	2.2	λ_i
土壤砂粒热导率/[W/(m·K)]	8.8	$\lambda_{\%sand}$
土壤黏粒热导率/[W/(m·K)]	2.29	$\lambda_{\%clay}$
土壤基质热容量/[MJ/(m³·K)]	0.9	c_s
水热容量/[MJ/(m³·K)]	4.2	c_l
冰热容量/[MJ/(m³·K)]	1.9	c_i

活动性流场区和非活动性流场区的平均传输距离 δ 取值为活动性流场区直径；水力传导度 K_f 的阻抗系数 Ω 和温度水力传导度 K_T 中的修正因子 G，主要取决于土壤质地；对于黏粒和粉粒，Ω 分别取值为 41.84 和 38.9，G 分别取值为 6.9 和 5.4。

3.3　黄河上游高产沙区汇水产沙试验和机理研究

3.3.1　现场试验

清水河流域位于宁夏青铜峡上游，是黄河流域上游的高产沙区之一。流域内地形平坦，下垫面以农业旱作物种植区为主。清水河流域上游、中游和下游的下垫面特性、产沙机理以及河道中水沙过程都有着显著的差异性。上游和中游地表地形平缓，沟道与地面之间的高度在 8～10m，地表存在着多个明显的汇流沟道，田间并没有明显的拦蓄设施对降雨后的入沟径流过程进行拦蓄，径流通过坡面沟道直接进入主干沟道。河道边坡立面倒塌、坡面沟道冲刷是沟道泥沙的主要来源。下游汇流区产汇流情况与黄土高原沟壑区（延安）淤地坝类似，汇流区内设置拦蓄坝体，滞留降雨形成入渗补给土壤水，暴雨时，通过埋设在地下的排水暗管将超过田间滞蓄能力的水排出，下游无明显产沙源。

根据分布式水文和产沙模型构建的需求，分别在清水河流域上游、中游和下游选择汇流区，开展现场试验，为清水河下垫面条件下的模块机理验证和参数分析提供试验数据支撑。清水河试验情况如图 3-5 所示。

测定内容如下所示。

（1）沟道和下垫面参数，包括坡面沟道、干流沟道参数（边坡、坡长、底坡宽度、坡降等）。

（2）采用无人机进行坡面沟道参数（坡面沟道密度）测定，如图 3-5（a）所示。

（3）降雨过程中，采用多普勒流速仪在设置断面进行流速测定，并取样测定泥沙含量。

（4）沟道塌陷体（包括体积、塌陷角度、塌陷体高度）测量，如图3-5（b）所示。应用降雨前后的沟道对比监测确定产沙量。采用两种方法对一次降雨后，进入河道的泥沙量进行监测。方法1：在汇流区出口位置，通过流量和含沙量监测，确定汇流区内进入河道的泥沙量。方法2：采用无人机对降雨前和降雨后的下垫面典型区域进行监测，进行图像标准化，确定产沙区域和产沙体积。选择典型汇流区，采用两种方法对4个降雨过程的下垫面产沙量进行测定，如图3-5（c）所示。

（5）试验同期气象参数、下垫面土壤水动力参数测定等。

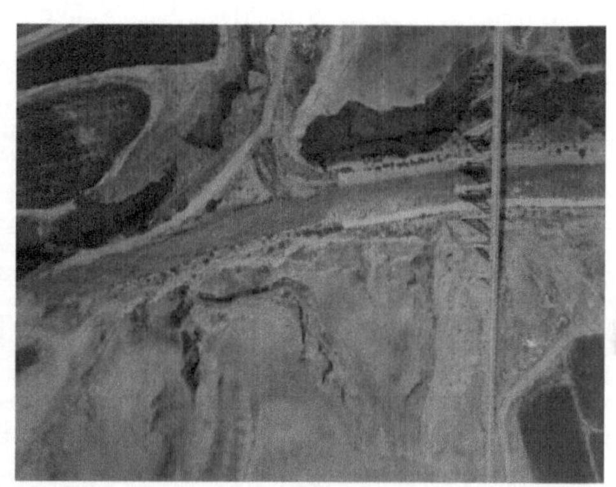

(a) 沟道参数测定

(b) 降雨后沟道径流量和塌陷体测量

(c) 基于无人机测定沟道密度

图3-5　清水河流域现场监测与试验

3.3.2 清水河流域水沙特性解析

清水河流域泥沙主要来源于中游和上游，其地面显著高于河道，降雨期内，汇流区径流冲刷和坡面坍塌导致大量泥沙进入河道；由于坡面拦截和地下水排水的过滤作用，下游在降雨–地表径流过程中的泥沙入河量较小。由于主要产流区域与主要产沙区域不同，流域产沙过程和产水过程表现出显著的不同步性。根据清水河流域内各监测断面的汇流区特性，采用特征工程方法分析断面水沙通量的不同步过程，以期提高分布式模型中下垫面水沙物理过程模拟的有效性和精度。

3.3.2.1 基于特征工程方法的清水河流域水沙特性分析

对自变量进行筛选的过程称为特征工程，其目的是更好地对数据进行解析，进而能够有效地掌握径流和泥沙特性。在清水河流域，河道断面水沙通量来源于汇流区内不同的位置，径流条件和径流过程亦不相同，显然自变量的组合比单独的自变量能更有效地描述清水河流域水沙过程。

对原始数据进行优化以更好地描述水文和泥沙数据之间的特征关系，具体包括以下 3 个步骤。

（1）特征构建：从原始数据中构建新变量。

（2）特征提取：将原始变量按照某种标准变换得到能够更好地反映数据关系的变量。

（3）特征选择：在整个自变量集（降雨、下垫面土壤、坡度、土地利用类型等）中找到和因变量（径流和泥沙含量）有关的变量子集，从而达到降维并增加模型估计稳定性和可解释性的效果。

在汇流区内的空间物理特征数据在一定时间内不变，或者变化级很小的情况下，空间数据不具有时间特征关系，需要将空间数据转换成新的特征项并应用到时序模型中。

径流曲线法（SCS）产流模型反映不同土壤类型、不同土地利用方式及前期土壤含水量对降雨径流的影响。

$$Q = \frac{(P - 0.2S)^2}{P + 0.8S} \tag{3-16}$$

式中，Q 为单位面积径流量（mm）；P 为降雨量（mm）；S 为反映前期降雨对当期降雨的影响的参数。

SCS 产流模型引用了一个无因次参数来综合反映土地利用、土壤类型、前期土壤含水量，即径流曲线值（CN）来推求 S：

$$S = \frac{25\ 400}{\text{CN}} - 254 \tag{3-17}$$

将不同时间空间数据特征对径流曲线值 CN 的影响的集合，作为基准模型的特征输入。选择长短期记忆人工神经网络（LSTM）为时间序列基础模型，基于特征工程与 LSTM 的时空数据融合，对水沙过程进行模拟（或预测），方法如图 3-6 所示。

特征提取是用不同变量的组合代替原变量。构建新的特征，原始特征转换为一组具有

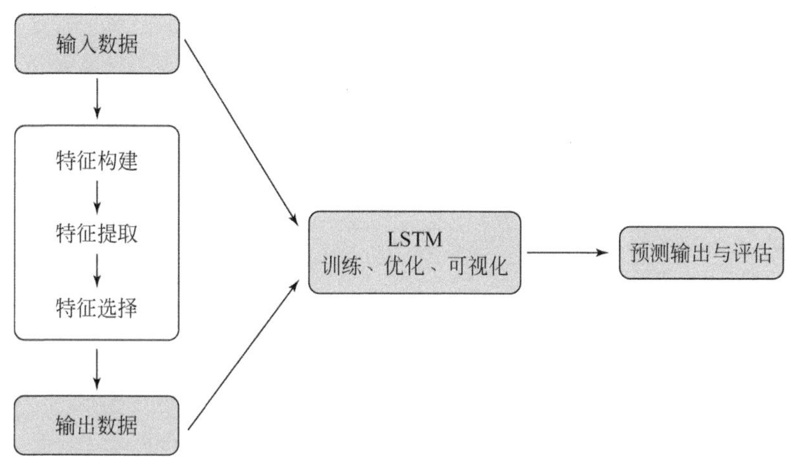

图 3-6　水沙特征构建过程示意图

明显物理意义或者统计意义的特征。通过分析特征取值来减少原始数据中某个特征的取值个数等。特征选择的主要目的就是删除无信息变量或冗余变量，从而达到降维的效果。特征选择将能够有效地提升模型预测效果。

采用 LSTM 方法分别对两个目标变量（径流通量与泥沙通量）进行模拟，以 MSE 为度量指标对模拟结果进行评估。LSTM 主要考虑原始的影响因子数据，即坡度、高程、土地利用方式、土壤类型、径流路径长度等，没有使用其他新因子。基于特征工程的方法不仅以 LSTM 作为基础模型，还利用数据间的空间关系物理模型对数据解析方法进行改进。考虑到 LSTM 无法捕获的空间关系，根据无人机遥控监测下垫面结果加入了空间关系。

图 3-7 和图 3-8 是分别基于特征工程的 LSTM 模型和加入了数据空间关系后的 LSTM 模型模拟径流和泥沙通量与实测值的比较，以及计算收敛过程的比较，虽然径流和泥沙通

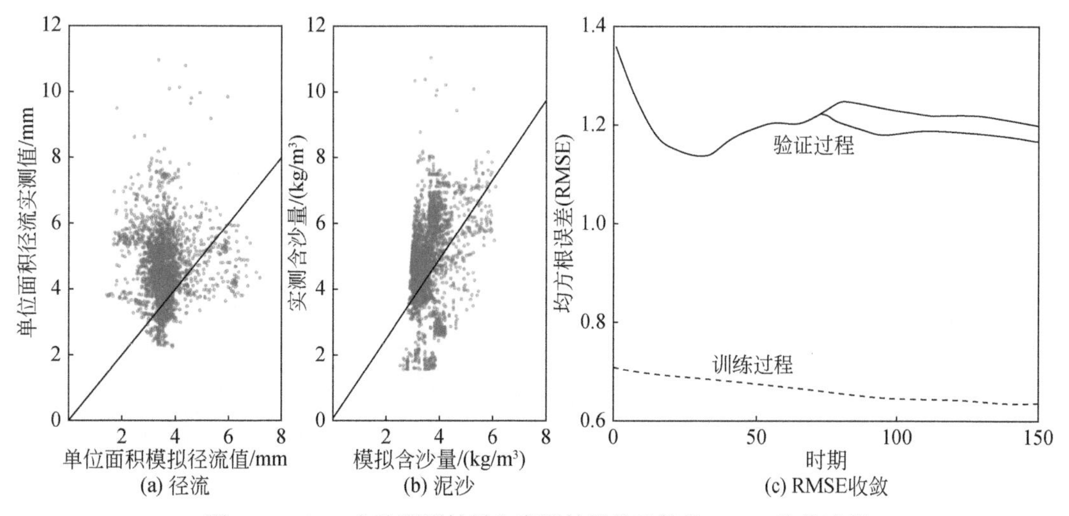

图 3-7　LSTM 方法预测结果和实测结果的比较及 RMSE 收敛过程

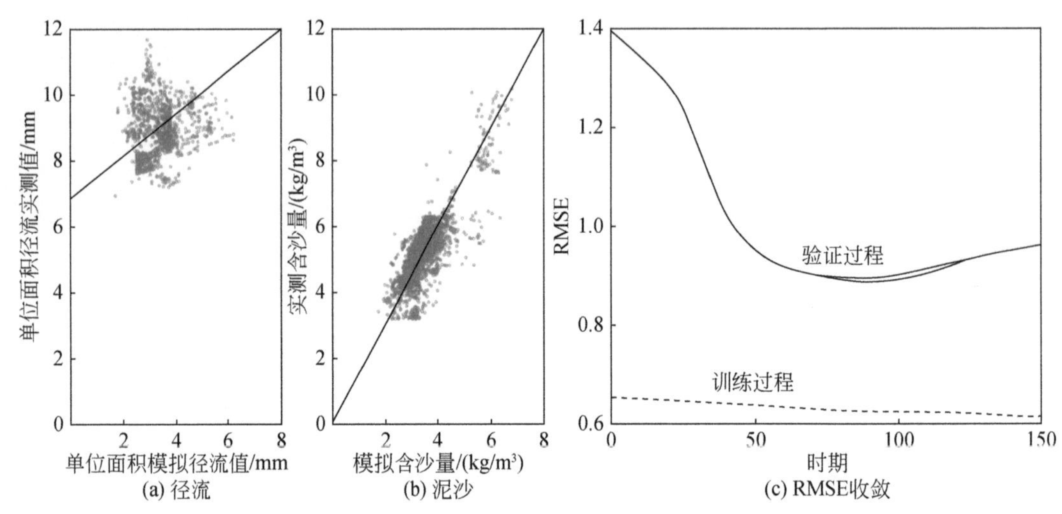

图 3-8　增加空间关系后 LSTM 方法预测结果和实测预测结果的比较及 RMSE 收敛过程

量绝大部分聚拢在回归线附近，但是传统 LSTM 仍有部分散点分布在较偏离的位置。当预测泥沙通量时，模拟结果的 MSE 为 0. 374，模型的 R^2 为 0. 565。

3. 3. 2. 2　基于损失函数的清水河流域水沙特性分析

3. 3. 3. 1 节提出的方法对特征径流和泥沙含量的解析精度有限，因此进一步考虑清水河流域的空间差异性，在损失函数中添加空间非一致项，对空间非一致预测做出惩罚。损失函数为单个样本的误差的函数，目标函数具体结构如图 3-9 所示。假设样本数据特征项为 x_i，$x_i \in (x_1, x_1, \cdots, x_N)$，目标变量为 y_i，$y_i \in (y_1, y_1, \cdots, y_N)$，存在模型 $f(x)$，设定目标函数为

$$\arg \min \mathrm{Loss}[y_i, f(x_i)] + \lambda \Gamma(w) \tag{3-18}$$

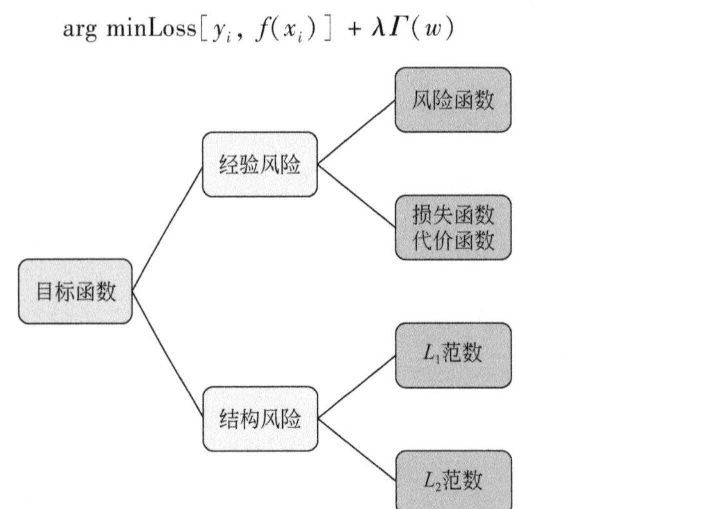

图 3-9　目标函数具体结构

式中，$\mathrm{Loss}[y_i, f(x_i)]$ 为损失函数，用于描述模型与训练数据的契合程度；$\lambda\Gamma(w)$ 为结构风险函数，用于描述模型的某些性质；λ 为正则化常数，用于对二者分析进行折中。信息有助于削减假设空间，从而降低最小化训练误差的过拟合风险。L_p 范数为常用的正则化项，其中 L_2 范数倾向于 w 的分量取值尽量均衡，即非零分量个数尽量稠密，而 L_0 范数和 L_1 范数则倾向于 w 的分量取值尽量稀疏，即非零分量个数尽量少。用于构建空间模型的标准方法是在训练集上，最小化其模型预测的经验损失，同时保持低模型复杂度。

在径流和泥沙出现非一致解析的情况时，用于构建空间模型的标准方法是在训练集上，最小化其模型预测的经验损失，同时保持低模型复杂度，表示为

$$\arg\min\mathrm{Loss}(\widehat{Y}, Y) + \lambda\Gamma(w) \tag{3-19}$$

$$\mathrm{Loss}(\widehat{Y}, Y) = \frac{1}{n}\sum_{i=1}^{n}(\widehat{Y} - Y)^2 \tag{3-20}$$

$$\lambda\Gamma(w) = \lambda_1\|w\|_1 + \lambda_2\|w\|_2 \tag{3-21}$$

$$S(X, Y) = 0 \tag{3-22}$$

$$D(X, Y) > 0 \tag{3-23}$$

式中，n 为样本数；$S(X, Y)$ 和 $D(X, Y)$ 分别表示空间关系和时间延迟关系。

使用均方误差作为损失函数形式，L_1、L_2 为范数权重。又令目标变量 Y 和其他附带空间信息的影响因子 X 之间的空间关系为 S。将空间信息载入网络训练中的损失函数，根据前文的研究，采用坡度、降雨、径流路线长度、径流量与泥沙之间的关系作为空间的方程。降水量 P、坡度 slope、土壤主要水动力参数等作为样本空间特征集 X，径流量和泥沙作为目标变量 Y，即可满足空间 $S(X, Y)=0$，将其加入空间损失函数中，用以下附带空间信息的损失函数来评估空间信息在模型预测 $\widehat{Y}$ 中是否被遵循：

$$\mathrm{Loss.\ space} = \frac{1}{n_t}\sum_{t=1}^{n_t} S(\widehat{Y}) \tag{3-24}$$

令

$$\mathrm{Loss.\ delay} = \frac{1}{n_t}\sum_{t=1}^{n_t}\mathrm{Relu}(|\widehat{Y} - Y_{t+d_{\mathrm{delay}}}| - 10) \tag{3-25}$$

式中，n_t 为某个时间 t 的样本数；d_{delay} 表示实际滞后天数。Relu（）为整数线性单位函数。与传统的损失函数相比，基于空间信息以及滞后信息的完整目标函数可以表述为

$$\arg\min\mathrm{Loss}(\widehat{Y}, Y) + \lambda\Gamma(w) + \lambda_{\mathrm{space}}\mathrm{Loss.\ space} + \lambda_{\mathrm{delay}}\mathrm{Loss.\ delay} \tag{3-26}$$

式中，λ_{space} 和 λ_{delay} 分别为各部分权重，决定了与经验损失和模型复杂性相比，最小化空间不一致性和最小化滞后不一致性的相对重要性。

损失函数包括的参数如下所示。

（1）λ：用于对经验风险、结构风险分析进行权重折中，取值为 0.3。

（2）λ_{space}：决定了与经验损失和模型复杂性相比，最小化空间不一致性的相对重要性，取值为 0.8。

（3）λ_{delay}：决定了与经验损失和模型复杂性相比，最小化滞后不一致性的相对重要性，取值为 0.6。

使用近似判断惩罚来约束 LSTM 模型，预测的径流结果和泥沙结果如图 3-10 所示，对比构建特征工程 LSTM 结果（图 3-8）可以看出，增加损失函数后，LSTM 模型对径流和泥沙过程的解析精度明显提高。

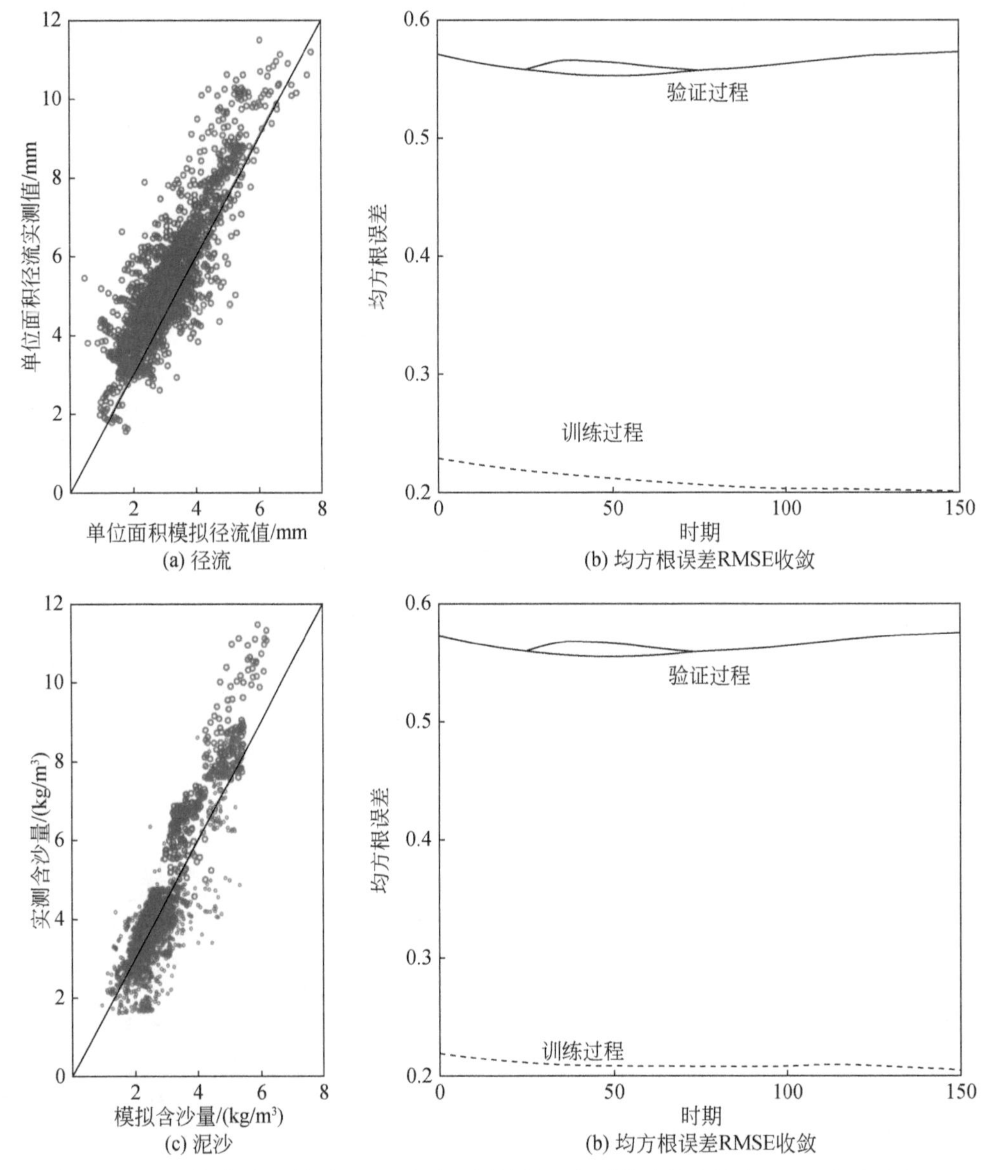

图 3-10　增加损失函数后 LSTM 方法预测结果和实测结果的比较及 RMSE 收敛过程

针对径流的预测输出，基于特征工程与基于损失函数的改进 LSTM 模型较优于原始 LSTM 模型，而对比为基于特征工程时空数据融合数据解析方法，基于损失函数的 LSTM 模型则进一步空间关系与滞后关系，并基于时空数据融合的约束条件，有效地提升了数据的解析精度。

3.3.3 清水河流域沟道参数测定结果

根据现场调查和试验结果，清水河流域沟道以坡面冲沟和干沟为主，监测区内基本上没有发现坡面沟道（包括坡面冲沟和坡面切沟）。根据清水河子流域同心—固原段现场监测结果，沟道基本参数如表 3-2 所示。

表 3-2 清水河流域沟道基本参数

沟道名称	密度条/km	沟道长度/m	沟底坡度/%	底宽/m	边坡/%	测量位置
坡面沟道	62.5±17.8	34.8±16.9	0.25±0.18	1.4±0.8	45.8±12.4	36
干沟	0.04±0.02	0.68±0.44	0.04±0.02	2.85±1.15	44.5±10.8	8

3.4 黄河盖沙区地表-盖沙层水文试验和机理研究

3.4.1 现场试验

盖沙区位于黄河包头下游以南，库布齐沙漠、鄂尔多斯东胜区地表为厚度为超过 50cm 的盖沙，盖沙以下为土壤。由于风沙已经将原有的沟壑填充，盖沙区内没有非常明显的沟壑，盖沙区的水沙入河过程主要发生在汛期，降雨后，地表径流沿着冲刷的地表沟道入河，河道中泥沙以超过 2μm 的砂粒为主。由于盖沙区较强的渗透性，表层沙性覆盖层以下土壤的渗透系数要显著地超过土层，盖沙层下的土壤层实际是半不透水层，降雨后入渗水在沙层中以水平渗流的形式运动并最终进入河道，造成入河径流表现出快速的地表径流过后，长时间拖尾的过程特性。

现场试验于 2018 年 7 ~ 8 月在黄河乌拉特前旗下游——包头南部的盖沙区进行，所选择的典型小流域（基本水文单元）位于杭锦淖尔乡内，多年平均降水量为 175mm。选择典型汇流区对下垫面土壤水文过程，以及降雨条件下的径流过程进行监测。

针对盖沙区的水文机理而开展的理论研究和试验研究都非常有限，需要研发全新的物理模块来描述盖沙区的特性。为保证盖沙区水文模块具有完备的物理机制及参数支撑，选择典型汇流区，采用无人机对降雨前后下垫面进行照相，同时在汇流区出口位置设置断面，对径流通量进行连续过程监测。基于时空监测数据融合分析盖沙区基本水文单元降雨-径流关系。

盖沙区现场试验情况如图 3-11 所示。小流域（基本水文单元）监测断面位置设置在流动相对稳定的位置，降雨过程中利用多普勒流速仪测定流量。

(a) 盖沙区基本情况　(b) 流量监测设备安装

(c) 降雨后盖沙区下垫面径流通道　(d) 监测断面位置

(e) 流量监测　(f) 河道尺度参数监测

图 3-11　黄河流域盖沙区现场试验与监测

测定内容主要包括沟道的参数和典型下垫面的水文过程，为分布式模型在盖沙区水文单元内的水文过程模拟提供参数支撑及水文过程验证资料。

测定参数主要包括沟道的参数（沟道长度、坡降、边坡比降），下垫面参数包括土壤粒径、水力传导度等。

3.4.2 盖沙区计算模块机理耦合与模拟方法修正

盖沙区是黄河流域水文模型构建的空白点。现有的模型根据各等高带的高程计算坡面径流、坡度与曼宁（Manning）糙率系数（各类土地利用的均值），采用运动波法将坡面径流由流域的最上游端追迹计算至最下游端，各条河道根据有无下游边界条件采用运动波法或动力波法由上游端至下游端进行汇流计算。将地下水流动分为山丘区和平原区，分别进行数值解析，并考虑其与地表水、土壤水及河道水的水量交换。

试验结果表明，黄河盖沙区的水文径流特性与现有的方法存在着较大的差异性。这种差异性主要表现在以下 4 个方面。

（1）盖沙区表层覆盖了厚度 50cm 以上的沙层，将原沟壑填平。地形相对比较平坦，径流通道为宽浅型通道，且整个降雨过程中，径流量发生显著变化的情况下，主要径流路径发生明显的摆动。

（2）降雨后，汇流区出口位置径流维持较长时间的拖尾，由于地下水出口有一定的滞后性，根据监测情况，判断盖沙区表层覆盖沙层的渗透性显著高于土层，在覆盖沙层交界面形成了一个连续的弱透水层，覆盖沙层中的饱和水以低速沙层渗流的形式向河道汇集。

（3）由于盖沙层较强的渗透性，在不同的下垫面状态，其径流和泥沙的启动降雨强度、坡面的滞留能力，以及入河路径变化造成的径流和泥沙通量关系的变化等，都与现有的模块基础有所差异。

（4）盖沙层在很大程度上截断了下覆土层的蒸发，改变了下垫面的水文过程，在模块水文计算中，也需要考虑对现有模块在水文和水循环过程中的影响。

考虑到盖沙区以上特点，降雨-径流过程实际上是地表坡面径流、盖沙层中的水平渗流叠加的产流过程，以及下垫面状态不断变化影响下的地表径流产沙过程，需要考虑不同物理模型之间在下垫面水文状态变化后的过程耦合，以及盖沙层对水文过程的影响，对水文过程计算模块进行修正。

3.4.2.1 盖沙区植物 ET 计算模块机理修正模型

基于现有模块中计算植物蒸散量的彭曼-蒙特斯（Penman-Monteith）公式进行修正，购进能够描述盖沙层物理机制的 ET 蒸散发模型。

对于盖沙区。土壤-植物-大气连续体（SPAC）系统可分为大气边界层、植物叶片层、盖沙层和土壤表层 4 层结构。

大气边界层能量平衡方程为

$$R_{n}=R_{np}+R_{nm} \tag{3-27}$$

式中，R_{n}、R_{np}和 R_{nm}分别为到达大气边界层的能量、植物冠层截留的能量和透过植物冠层到达盖沙层的能量。

植物冠层能量平衡方程为

$$R_{np}=H_{p}+L_{T} \tag{3-28}$$

式中，H_p和L_T分别为用于冠层温度增加的显热消耗和用于植物蒸腾的潜热消耗。

盖沙层的能量平衡方程为

$$R_{nm}=G_m+H_m \tag{3-29}$$

式中，G_m和H_m分别为透过盖沙层形成的土壤热通量和盖沙层温度增加的显热消耗。

地表层能量平衡方程为

$$G_m=G_s+L_E \tag{3-30}$$

式中，G_s和L_E分别为土壤热通量和用于土壤蒸发的潜热消耗。

在土壤表层，植物蒸发经历两个阶段：第一个阶段，水由液态转化为气态，并且聚集在蒸发面上。此时，显热通量可表示为

$$L_E=\frac{\rho c_p}{\gamma}\frac{h_r e^*(T_s)-e_s}{r_s} \tag{3-31}$$

式中，e^*为温度T_s下的饱和水汽压；e_s为盖沙层饱和水汽压。

第二个阶段，水汽在蒸发面上的扩散。由于土壤表层以上的沙层覆盖，这种情况下，水汽扩散与表层形成干土情况下的蒸发过程类似。

水汽由土壤表层向盖沙层扩散所形成的蒸发通量可表示为

$$L_E=D_v\frac{e_s-e_m}{\delta} \tag{3-32}$$

水汽在盖沙层中扩散，并进入大气的蒸发通量为

$$L_E=\frac{\rho c_p}{\gamma}\frac{e_m-e_a}{r_{av}} \tag{3-33}$$

式中，δ为盖沙层厚度；D_v为水汽在盖沙层中的扩散系数。由于蒸发过程是连续的，没有质量损失和转移，式（3-20）~式（3-22）所确定的蒸发通量相等。通过式（3-31）、式（3-32）及饱和水汽压-温度关系方程，消除土壤层和盖沙层的中间变量（即e_m和e_s），进行求解。

式（3-32）可写为

$$-\frac{\delta}{D_v}L_E+e_s=e_m \tag{3-34}$$

将式（3-34）代入式（3-33），得

$$L_E=\frac{\rho c_p}{\gamma}\frac{e_s-\frac{\delta}{D_v}L_E-e_a}{r_{av}} \tag{3-35}$$

移项后得

$$L_E\left(1+\frac{\delta}{D_v r_{av}}\right)=\frac{\rho c_p}{\gamma}\frac{e_s-e_a}{r_{av}} \tag{3-36}$$

盖沙区修正 Penman- Monteith 公式：

$$E_{PM}=\frac{(R_n-G)\Delta+\rho_a C_p\delta_e/\left[\left(1+\frac{\sigma}{D_v r_a}\right)r_a\right]}{\lambda\left[\Delta+\gamma\left(1+r_c/\left[\left(1+\frac{\sigma}{D_v r_a}\right)r_a\right]\right)\right]} \tag{3-37}$$

式中，σ 为盖沙层厚度；D_v 为水汽在盖沙层中的扩散系数。

3.4.2.2 盖沙区多路径径流条件下的流动过程解析

降雨后地表径流过程实际上不是地表快速水文过程和盖沙层渗流慢速水文过程等过程叠加的结果。分别采用模型对不同的水文过程进行描述，以及过程叠加，基于堆叠（Stacking）方法对盖沙区不同流动条件下的水文过程进行解析。

采用 Stacking 方法实现模型融合，提升盖沙区不同模型结果叠加模拟泛化能力及径流过程的数据解析。Stacking 方法是一种集成学习技术，用于将地表和盖沙层模型的模拟组合成一个单独的模型，也称为元分类器。所有单独的模型都在完整的训练数据集上进行单独训练，并进行微调以获得更高的准确度。对每种模型都考虑偏差和方差权衡，基本模型及其选择概率确定后，基于输出训练元分类器实现多模型集成模拟。Stacking 方法实现多模型模拟坡面径流和盖沙层流动过程的解析如图 3-12 所示。

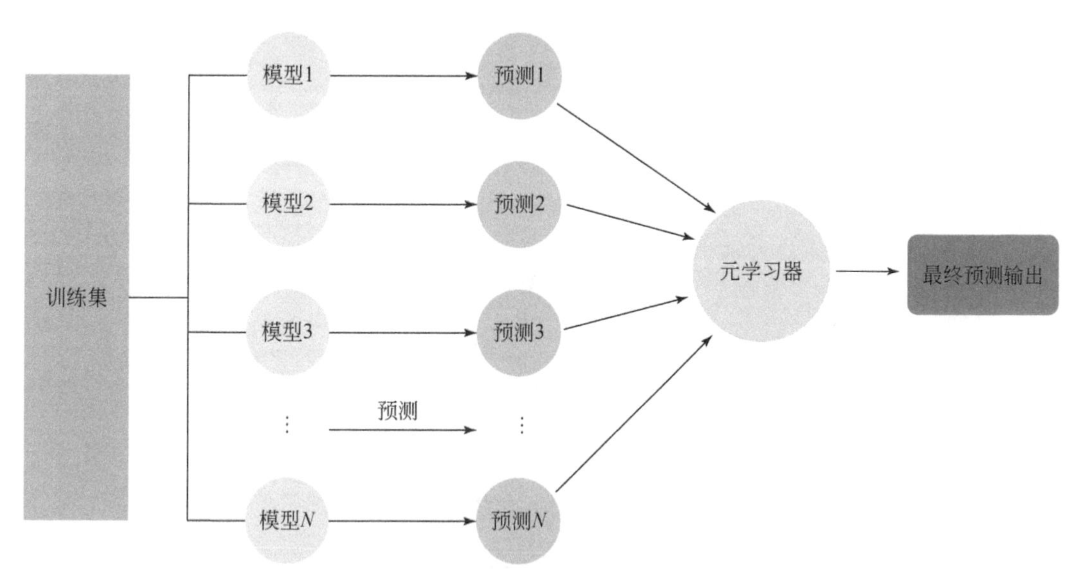

图 3-12 Stacking 方法实现多模型模拟（预测）坡面径流和盖沙层流动过程的解析图

Stacking 过程按顺序进行，基于第一次降雨的数据在阶段 1 训练模型并进行了调整。来自阶段 1 的每个模型的模拟（预测）概率作为输入推送到阶段 2 的所有模型，用于模拟第二次降雨的径流过程。然后对阶段 2 处的模型进行调整，并将相应的输出推送到阶段 3 的模型，对第三次降雨的径流过程进行模拟，以此类推。此过程基于 Stacking 层数多次发生。最后阶段通过组合前面层中存在的所有模型的输出来提供最终输出。

盖沙区降雨-径流模型集合模拟方法具体实现方法如下所示，具体实现方法如下。

（1）将数据样本进行训练样本选择，获得训练集样本 T，并通过 K 折交叉验证对训练集样本进行划分。

（2）采用 LightGBM 方法和 XGBoost 方法对交叉检验的样本进行预测，获得预测结果

P_1、P_2，在此基础上加入目标特征转化为元特征向量 Xmeta。

对于训练集 $X = \{(x_i, y_i)\}_{i=1}^{n}$，LightGBM 旨在找到一个近似值 $\widehat{f}(x)$ 到特定函数，使特定损失函数 $L[y, f(x)]$ 的期望值最小化：

$$\widehat{f} = \arg\min_{f} E_y, xL[y, f(x)] \tag{3-38}$$

LightGBM 为集成了样本集合 T 中全部样本的 $\sum_{t=1}^{T} f_t(X)$ 近似最终模型，即

$$f_T(X) = \sum_{t=1}^{T} f_t(X) \tag{3-39}$$

回归树结构表示为 $q(x)$，$q \in \{1, 2, \cdots, \hat{J}\}$，其中 $\hat{J}$ 表示叶数，q 表示树和的决策规则。可以看出，$q(x)$ 表示矢量叶节点的样本重量。因此，LightGBM 将在步骤 t 以加法形式进行训练，如式（3-40）所示：

$$\Gamma_t = \sum_{i=1}^{n} L[y_i, F_{t-1}(x_i) + f_t(x_i)] \tag{3-40}$$

目标函数用牛顿方法快速逼近：

$$\Gamma_t \cong \sum_{i=1}^{n} \left[g_i f_t(x_i) + \frac{1}{2} h_i f_t^2(x_i)\right] \tag{3-41}$$

式中，g_i和 h_i为损失函数的一阶和二阶梯度统计量。用 $\hat{J}$ 表示叶的样本集，得

$$\Gamma_t \cong \sum_{j=1}^{J} \left[\left(\sum_{i \in I_j} gi\right) w_j + \frac{1}{2}\left(\sum_{i \in I_j} h_i + \lambda\right) w_j^2\right] \tag{3-42}$$

对于树结构 $q(x)$，每个叶节点的最佳叶重量群众 w_j^* 和极端值 Γ 的 k 为

$$w_j^* = -\frac{\sum_{i \in I_j} gi}{\sum_{i \in I_j} h_i + \lambda} \tag{3-43}$$

$$\Gamma_T^* = -\frac{1}{2} \sum_{j=1}^{J} \frac{\left(\sum_{i \in I_j} g_i\right)^2}{\sum_{i \in I_j} h_i + \lambda} \tag{3-44}$$

Γ_T^* 是衡量树结构质量的函数，添加拆分后的目标函数是

$$\Gamma = \frac{1}{2}\left[\frac{\left(\sum_{i \in I_L} g_i\right)^2}{\sum_{i \in I_L} h_i + \lambda} + \frac{\left(\sum_{i \in I_R} g_i\right)^2}{\sum_{i \in I_R} h_i + \lambda} - \frac{\left(\sum_{i \in I} g_i\right)^2}{\sum_{i \in I} h_i + \lambda}\right] \tag{3-45}$$

式中，I_L和 I_R分别为不同分支的样本集。目标函数最优的情况下，获取预测结果 P_1。

GBDT 算法通过在迭代过程中逐个增加弱分类器 $f_i(X)$，从而使损失函数 $L[y, f(x)]$ 不断减少。最终确定复合模型的结构。

XGboost 算法函数 $\Omega(f)$ 控制模型的过拟合。XGboost 的目标函数为

$$\min Obj = \min L_F mX, Y + \Omega f + C = \min \sum i_l y_l, \hat{y}i + \sum t\Omega f_t + C \tag{3-46}$$

式中，ω 和 $\hat{J}$ 分别为叶数的函数和叶节点输出结果。每个子决策树模型可以表示为

$$\Omega f_t = \gamma T + 12\lambda \sum j = 2T_{wj} \tag{3-47}$$

通过预估模式迭代，损失函数逐渐减小，目标函数扩展为泰勒二阶序列。确定极值的二阶导数来最小化目标函数：

$$f_t(x)^* = -\sum_{i \in ly} \partial y^t - 1ly_i,\ y^{t-1} \sum_{i \in l_y} \partial y^t - 12l_{y_i},\ y^{t-1} + \lambda \tag{3-48}$$

式中，i_t为循环的计数范围，其算法参数设置；l_y 表示样本集；y^{t-1}表示 t-1 时刻的 y 值；复合决策树模型在均衡条件下具有最小的目标函数，从而确定 P_2。元特征向量作为元分类器的输入，获得最终元分类器预测结果；使用元分类器测试样本进行更多样本的模拟（预测），获得预测的各项指标参数。

采用2018年测定的4次降雨过程中降雨、径流监测数据对XGBoost方法和LightGBM方法的计算结果进行比较分析。其中，地表径流过程模拟方法如下所示。

（1）基本产流方程。

$$Q = \frac{(P - 0.2S)^2}{P + 0.8S} \tag{3-49}$$

式中，P 为降水量（mm）（扣除产生地表径流之前的降雨损失）；Q 为降雨形成的径流量（mm）；S 为降雨发生前潜在的入渗量（mm）。SCS 产流模型引用了一个无因次参数，即径流曲线值（CN），来推求 S：

$$S = \frac{25\ 400}{\mathrm{CN}} - 254 \tag{3-50}$$

式中，CN 为反映土地利用、土壤类型、前期土壤含水量的一个综合指标。

（2）覆盖沙层径流过程模拟方法如下。

覆盖沙层储水量可移动水量为

$$\mathrm{SW_e} = \frac{H\phi_d L}{2} \tag{3-51}$$

式中，覆盖沙层的平均水力厚度（H）：

$$H = \frac{2\mathrm{SW_e}}{\phi_d L} \tag{3-52}$$

覆盖沙层出流通量可表示为

$$Q_1 = Hv_1 \tag{3-53}$$

式中，$v_1 = K_{sat}\sin(\alpha)$，为覆盖沙层中的水平渗流流速；$K_{sat}$为覆盖沙层的饱和水力传导度；$\alpha$ 为坡面盖沙区渗流坡降；$\mathrm{SW_e}$为覆盖沙层储水量；ϕ_d为覆盖沙层的可移动水量（饱和含水率与田间持水率之差）。

根据降雨过程中的实测数据，分别采用 XGBoost 和 LightGBM 两种方法计算地表径流过程和其覆盖沙层渗出过程，并基于实测径流过程进行模型训练，模拟结果和实测径流过程的比较如表 3-3 所示。迭代过程中不同方法误差收敛过程如图 3-13 和图 3-14 所示。

表 3-3　三种试验方法的评估度量指标结果

试验方法	MSE	RMSE	R^2
XGBoost	1.694	1.302	0.585
LightGBM	1.010	1.005	0.697

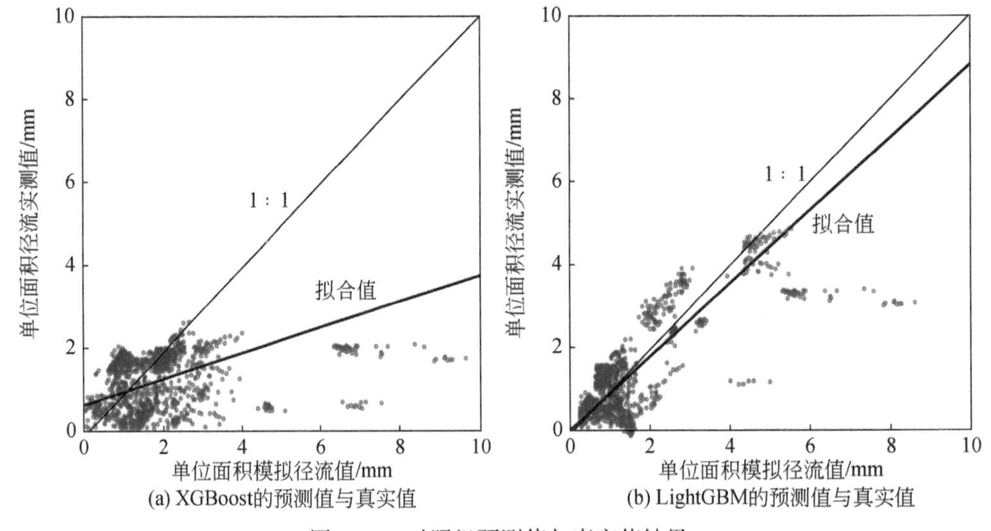

图 3-13　对照组预测值与真实值结果

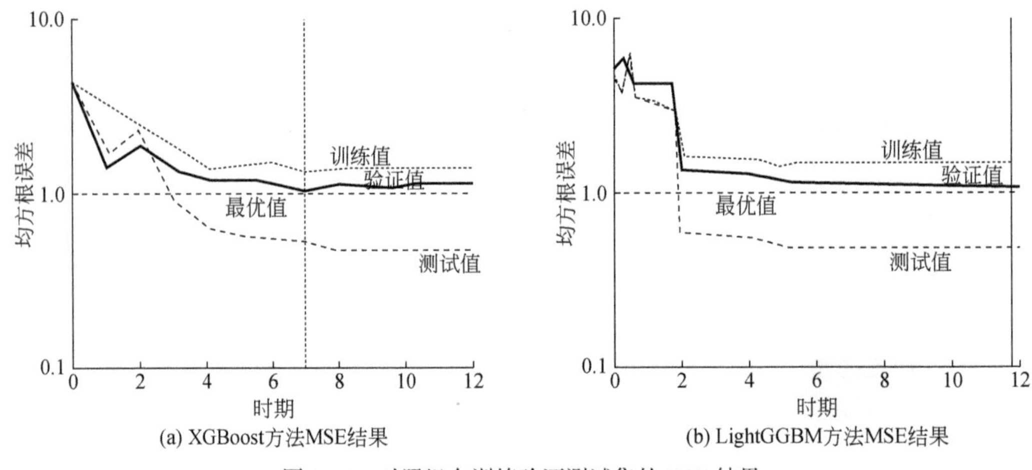

图 3-14　对照组在训练验证测试集的 MSE 结果

3.4.3　盖沙区参数分析

盖沙区参数包括坡面沟道参数、蒸发量 ET 计算中沙层参数和盖沙区径流过程模拟参数三个方面的参数。根据现场测量结果，盖沙区沟道和盖沙层对 ET 计算的影响参数分别如表 3-4 和表 3-5 所示。

表 3-4　盖沙区沟道参数

沟道	断面宽度/m	沟深/m	纵向比降	边坡	（长度/面积）/m^{-1}
末级沟道	42.2±10.4	0.32±0.14	0.02～0.1	基本垂直	0.24
汇流沟道	74±18	0.44±0.65	0.002～0.01	基本垂直	0.18
干沟	140±22	0.8±0.27	0.0002～0.04	基本垂直	0.15

表 3-5　盖沙层对 ET 计算的影响参数

参数符号	参数意义	单位	取值
δ	盖沙层厚度	m	0.48±0.22*
D_v	盖沙层水汽传导率	m^2/s	0.042±0.008

*为测定结果平均值

3.5　黄土高原沟壑区梯田-淤地坝水文试验和机理研究

3.5.1　现场试验

选择典型小流域，于 2017 年 4～10 月对林地、草地、梯田和淤地坝 4 种不同下垫面条件下的水文过程进行连续监测，完成了分布式水文模型基本水文单元尺度的水文过程监测，采用无人机测定了不同下垫面的植物生理过程参数，测定了不同降雨强度条件下的水文通量过程，开展了数据解析方法研究，为关键技术创新“空天地一体化的水文参数测定技术”提供支撑。试验情况如图 3-15 所示。

(a) 黄土高原沟壑区下垫面参数及水文过程监测

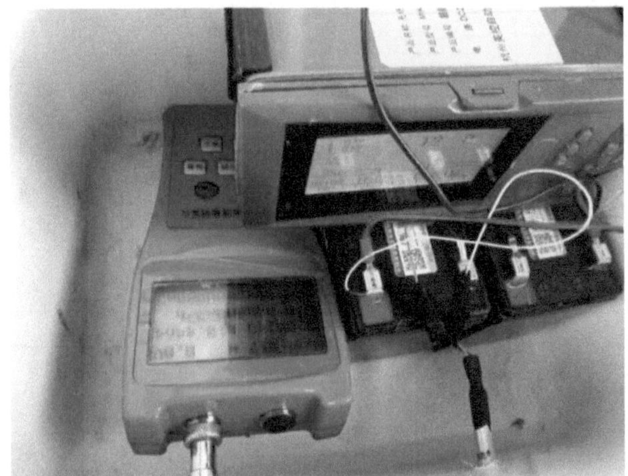

(b) 径流过程自动化监测

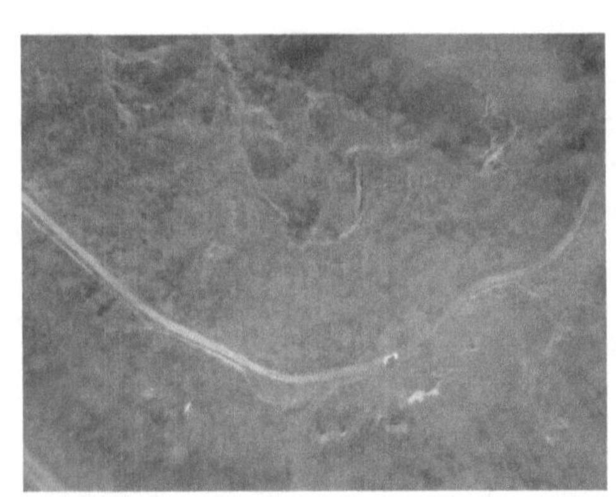
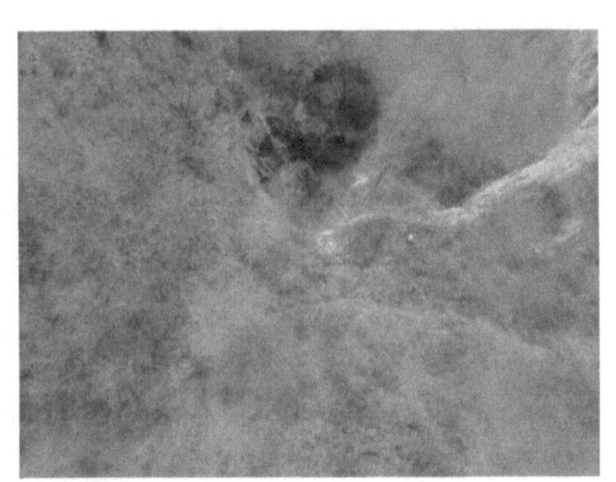

(c) 沟道参数测定

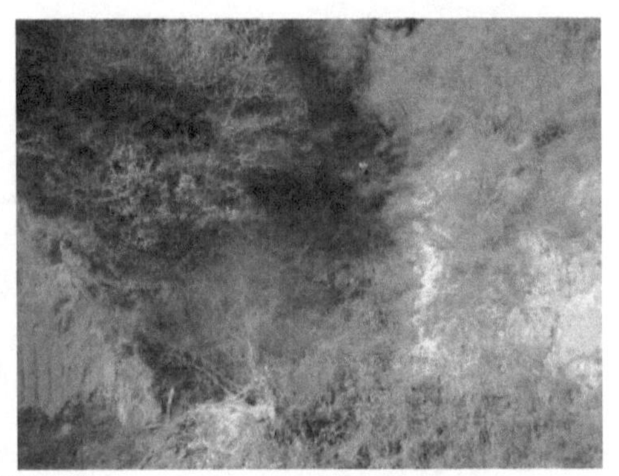

(d) 下垫面参数测定

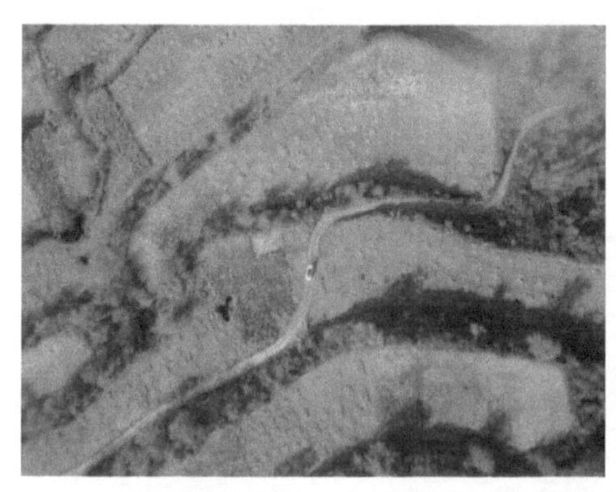

(e) 梯田塌陷区测定。在卫星图中对区域位置和面积进行识别，现场重点测定了梯田中的水土流失源和立面角度等参数

(f) 采用无人机技术对小流域下垫面植被生理参数进行测定

图 3-15　黄土高原下垫面参数测定

3.5.2　黄土高原沟壑区下垫面识别

黄土高原沟壑区不同土地利用下垫面土壤水动力参数测定结果如表 3-6 所示，黄土高原沟壑区土壤水动力参数如表 3-7 所示。

沟道参数采用激光测距仪测定沟道顶点与测量位置之间的距离和夹角，确定测算的平均坡度以及沟道的长度；采用同样的方法测定沟道的坡降、沟道的底宽，沿沟道方向，每条沟道测定 8 ~ 10 个断面。在此基础上，结合无人机影像解析，最终确定沟道参数（图 3-16）。

表 3-6　黄土高原沟壑区土壤水动力参数

下垫面类型	取样深度/cm	样本数	粒径分布/%			容重/(g/cm³)	土壤水动力参数				
			砂粒	粉粒	黏粒		θ_s/(cm³/cm³)	θ_r/(cm³/cm³)	α/(1/cm)	n	K_s/(10⁻⁴cm/s)
梯田	0～30	14	46.20±10.64	43.06±11.84	10.74±3.27	1.30	0.442±0.04	0.045±0.001	0.0094±0.004	1.544±0.08	4.32±0.48
	>30		46.75±9.88	43.67±8.42	9.58±2.21	1.42	0.415±0.01	0.042±0.002	0.0112±0.002	1.515±0.042	3.24±0.84
林草地	0～30	12	46.45±12.24	43.17±9.44	10.38±3.04	1.38	0.403±0.04	0.044±0.005	0.0179±0.022	1.462±0.08	5.22±3.48
	>30		44.21±10.57	44.14±12.48	11.65±1.98	1.46	0.416±0.06	0.044±0.002	0.0112±0.0182	1.506±0.11	4.42±8.64
淤地坝	0～20	6	60.12	36.64	2.24	1.16	0.422	0.033	0.0204	1.425	19.24
	20～40		27.66	63.10	9.13	1.24	0.411	0.051	0.0045	1.716	10.24
	>40		24.49	64.97	10.54	1.28	0.406	0.054	0.0047	1.718	9.28

注：土壤水动力参数采用 Van Genuchten 方程进行描述；淤地坝取样位置为坝后、坝尾和坝中，各两个位置；林草地取样位置为坡顶、坡中和坡脚三个位置；梯田在不同等高线位置取样；田间持水率为饱和含水率的84.73%（均值）

表 3-7 黄土高原沟壑区沟道参数

沟道类型	坡面沟道		冲沟		切沟	
	下垫面类型		下垫面类型		下垫面类型	
参数	梯田	林草地	梯田	林草地	梯田	林草地
沟道坡度/(°)	66.8±12.4	45.2±22.4	22.6±14.5	20.8±21.2	52.5±12.8	34.5±21.8
底宽/m	0.12±0.14	0.24±0.11	1.02±0.54	1.24±0.54	1.5±2.8	1.6±3.2
沟深/m	0.08±0.10	0.14±0.22	0.84±0.52	0.98+1.22	14.2±8.4	28.4±12.7
沟道边坡坡度	8.4±5.2	15.4±8.4	NA	NA	NA	NA
沟道汇流面坡度/(°)	NA	NA	38.7±12.2	33.5±14.8	68.4±9.8	62.4±17.5
长度/km	1.04	1.00	1.14	1.16	1.08	1.32
密度/km	0.82	0.34	NA	NA	G	G

注：表中数据为均值±标准差；沟道长度为与坡面长度的倍数关系；G 表示切沟可直接根据 GoogleMap 确定密度；NA 表示该项无参数

(a) 无人机CCD采集图像

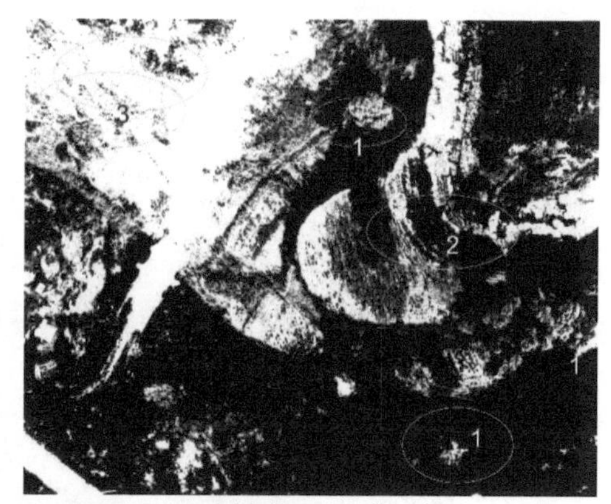

(b) 无人机CCD图像分析

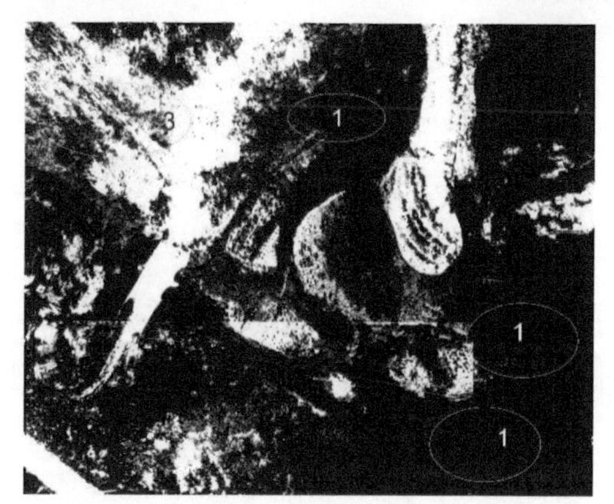

(c) 基于图像解析的误差控制

图 3-16 基于无人机影像的沟道参数解析

3.5.3 梯田坡面–入渗流动路线二维数据解析方法

监测数据分析表明，在非汛期和汛期单次降水量小于 20mm 的情况下，试验区所在的子流域基本不产流。降雨后，由于地表径流形成的快速水文过程，小流域出口位置监测的流量出现明显的峰值，随后有很长的拖尾过程，造成这种长时间拖尾过程的直接原因在于梯田近坡面渗出面出流、大孔隙集中渗出面出流、基质流渗出面出流，以及淤地坝土壤水库调蓄水文过程的叠加。因此，进一步耦合梯田的水文过程，则基本水文单元水文过程如图 3-17 所示。这样模型就能够在描述快速地表径流过程基础上，进一步耦合梯田等人为因素造成的影响，从而能够更为精确地模拟下垫面变化条件下的水文和产沙过程。

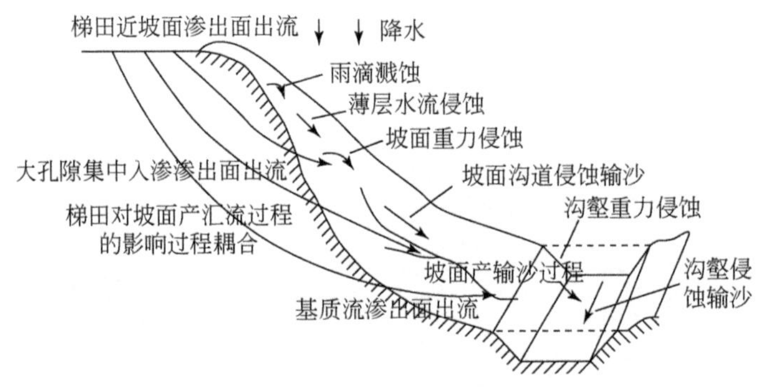

图 3-17 梯田对坡面过程的影响叠加

在分布式水文模型基本水文单元中，确定由于黄土高原梯田近坡面渗出面出流、大孔隙集中渗流以及坡面基质渗出流等下垫面不同的流动通量，以及不同水流驱动条件下的坡面产沙通量，对于提升基本水文单元模拟有效性具有重要的意义。通过阵列式布置，分析多个测点含水率变化的连续测量结果，确定水势场；通过二维实验数据解析，实现下垫面土壤中流动过程的解析。

考虑到沟壑区梯田下垫面水流运动的非线性和不稳定性，采用插值的方法对未检测点进行物理量估计不合理，采用指示性变量 t_{jk} 定义不同测量位置之间的状态：

$$t_{jk}(h) = \frac{E[V_j(x)V_j(x+h)]}{E[V_j(x)]} \tag{3-54}$$

式中，h 为状态在空间的步长；式中分子部分为测量值在空间步长下的变化，这样能够对不同的测量值（势、通量以及浓度）进行标准化处理，并且理论上，能够通过矩阵的形式实现多测量值的关联：

$$T(h_\phi) = \begin{vmatrix} t_{11}(h_\phi) & \cdots & t_{1K}(h_\phi) \\ \vdots & & \vdots \\ t_{K1}(h_\phi) & \cdots & t_{KK}(h_\phi) \end{vmatrix} \tag{3-55}$$

在两个测量时段，由于水分运动迁移、系统的状态发生变化，通过状态变化的速率矩阵，建立状态变化关系：

$$r_{jk,\ \phi} = \frac{\partial t_{jk}(0)}{\partial h_{\phi}} \tag{3-56}$$

这样在测量点位，就能够基于前一个监测时段和即时的状态监测值，确定各监测值随时间的变化趋势，以及变化相关性。

构建优化函数，

$$\min \left\{ O = \sum_{i=1}^{M} \sum_{j=1}^{K} \sum_{k=1}^{K} \left[t_{jk}(h_l)_M - t_{jk}(h_l)_S \right]^2 \right\} \tag{3-57}$$

式中，K 为监测变量的数目；M 和 S 分别为时间和空间的关联的监测点数量，根据时间状态趋势和空间状态趋势对监测点的估计达到最优，确定不同点位之间不同测定值之间在时间和空间的关联。基于阵位监测，实现有效的数据解析，进而实现势和水流通量的路径解析。

多采样点联合数据分析的提出是基于土壤水运动区域分析的要求、单采样点典型数据的分析，明确了对土壤基质势数据的分析方法，而多采样点联合数据分析为描述土壤水运动方向及轨迹提供了必要的研究手段，明确各个采样点之间的数据关联，利用土壤基质势与土壤水运动之间的关系实现区域联合分析，能够更全面地进行土壤水运动轨迹拟合。

图 3-18 和图 3-19 分别为种植小麦和玉米两种作物梯田的界面土壤水势的变化，图 3-20 为黄土高原梯田下垫面条件下的二维监测点的监测土壤含水率的变化过程，其中监测点包括：C3、C4、D1-R、D2、D3、D4、E1-L、E2。

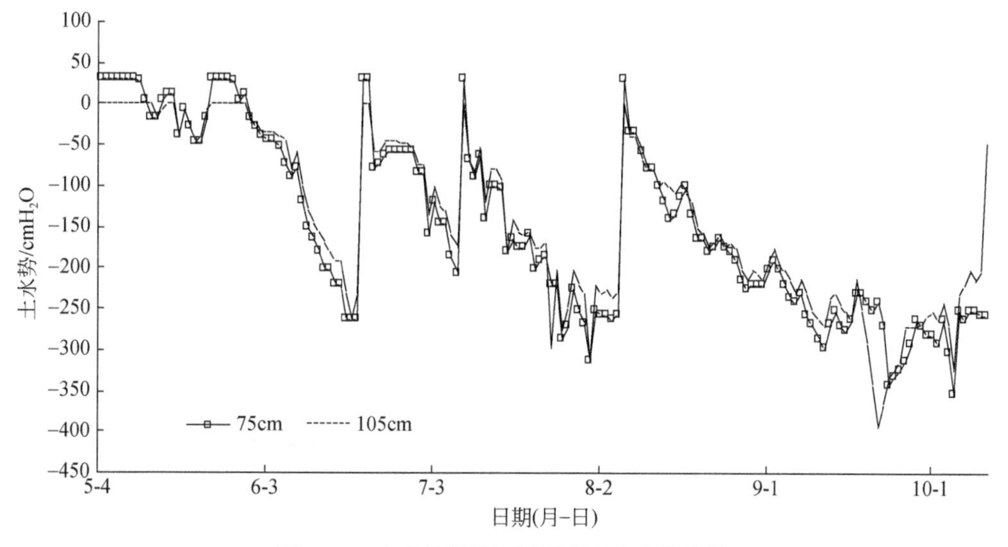

图 3-18　小麦种植带下界面上下土水势变化

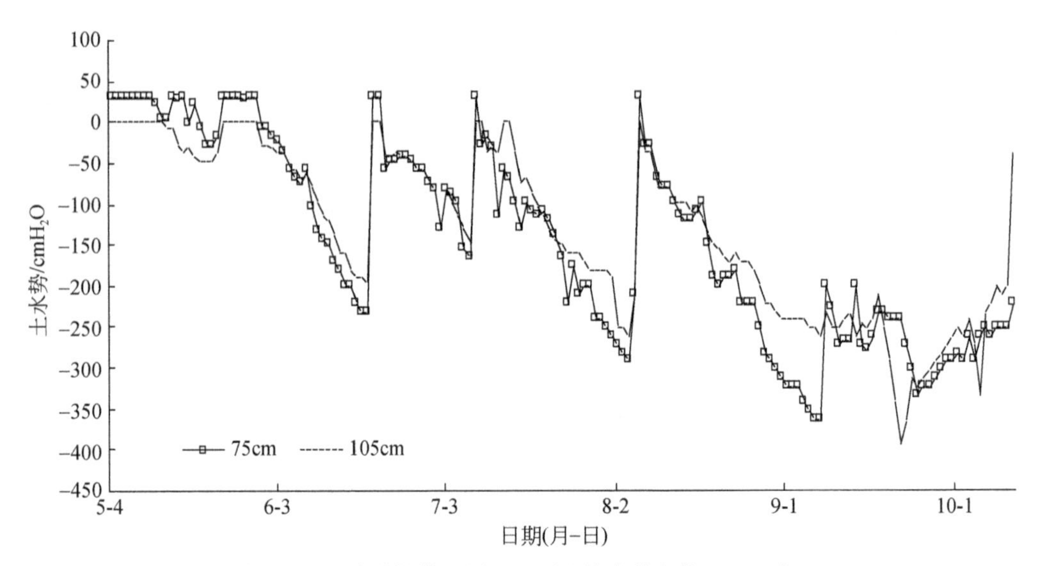

图 3-19　玉米种植带下界面上下土壤水势变化（2017 年）

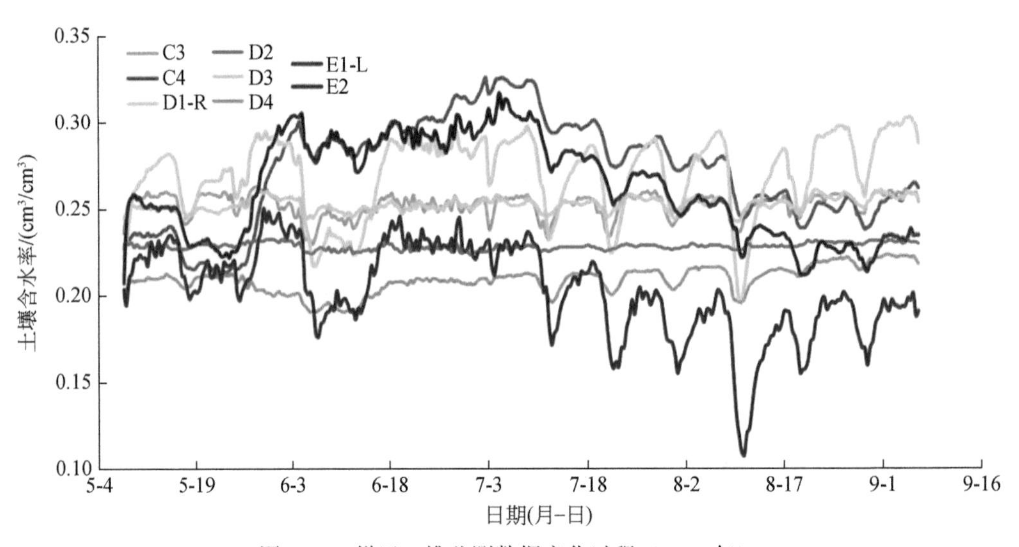

图 3-20　梯田二维监测数据变化过程（2017 年）

归一化的处理使得数据范围在一个整体的范围内变化。在土壤基质势周期性变化的过程中，最小值出现的位置是一致的。监测至 97h，D1-R 和 E1-L 上升，两个采样点位于地表，监测至 145h，由于发生降雨，位于第一层以及第二层（D1-R、D2、E1-L、E2）的数据发生显著上升，相对较深的位置（C3、C4、D3、D4）土壤基质势变化并不大，数据曲线变化幅度很小。降雨后深层土壤中 C4 采样点的土壤基质势减小，E2 采样点数据同样减小，但位于同一层的 C3、D2 数据并没有明显变化，表明水流方向是朝向 C4 以及 E2 方向，即 E2 位置的土壤基质势变化是降雨下渗造成的，C4 位置的数据变化是孔隙渗吸造成的，可以确定土壤水的流向朝向渗出面。

E2 采样点的土壤基质势最大，降雨后的土壤基质势变化趋势与 D1-R、E1-L 类似，根据采样点的位置分布来看，只有小部分入渗土壤水流过 E2 采样点，大部分的土壤水运动方向为朝向渗出面。D4 位于深层土壤，此处的土壤基质势较大且降雨对其影响很小，可以认为流过 D4 位置的土壤水量并没有改变，降雨改变的是土壤水的流动速度。D3 采样点的土壤基质势的表现同样如此，土壤深度、温度造成土壤基质势范围差。D1-R 的土壤基质势变化较为明显，人工降雨影响显著，在 230h 左右，C4 采样点土壤基质势低于 D1-R 采样点，说明该区域中，降雨的水流方向最终流向为 C4 方向。

引入热力图对土壤状态连续变化过程进行描述。热力图通过高亮的形式显示方格中的监测参数的差异以及对应方格所在的位置区域，其动态显示能够更好地展现土壤水的运动过程，更加清晰地表现土壤水的流向，与此同时，用不同颜色来表示梯度变化对水分聚集以及流动过程的影响。

结合土壤基质势的测量位置，利用热力图可以很好地分析土壤中水分的分布以及土壤水的流向。利用 MATLAB 绘制土壤基质势分布和含水率变化，如图 3-21 和图 3-22 所示。其中，峰值越高表示土壤基质势越大，根据土壤基质势与土壤水运动的关系，确定水流运动主控梯度方向。

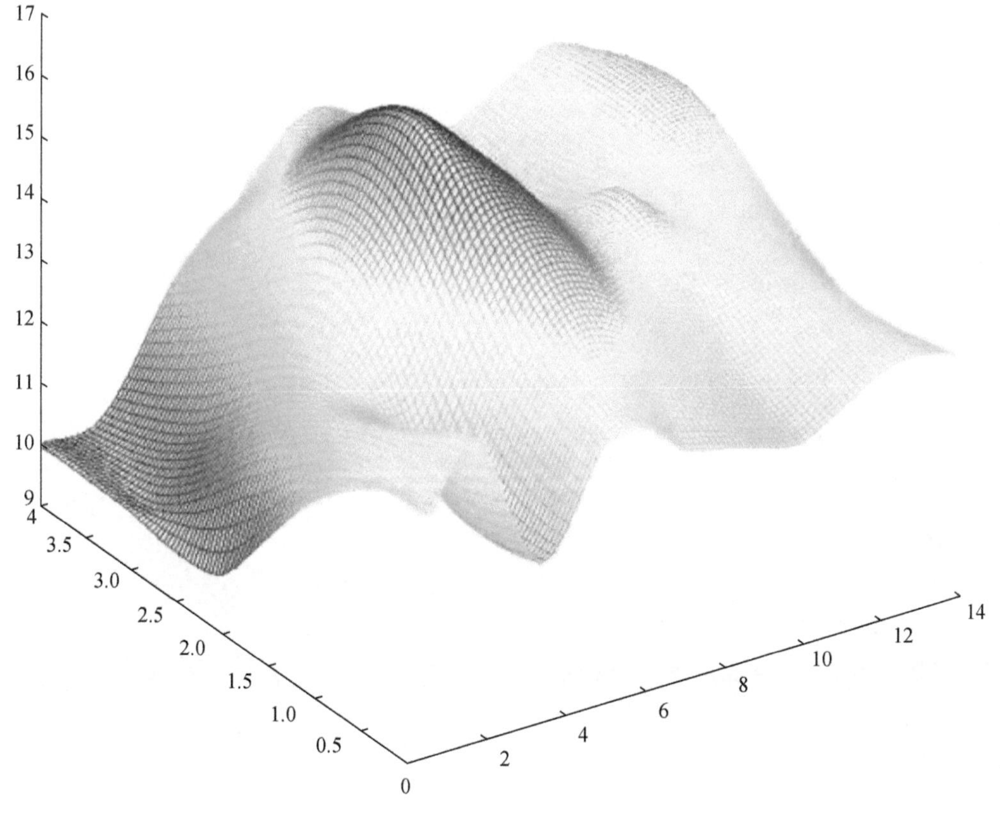

图 3-21　梯田土壤基质势热力图

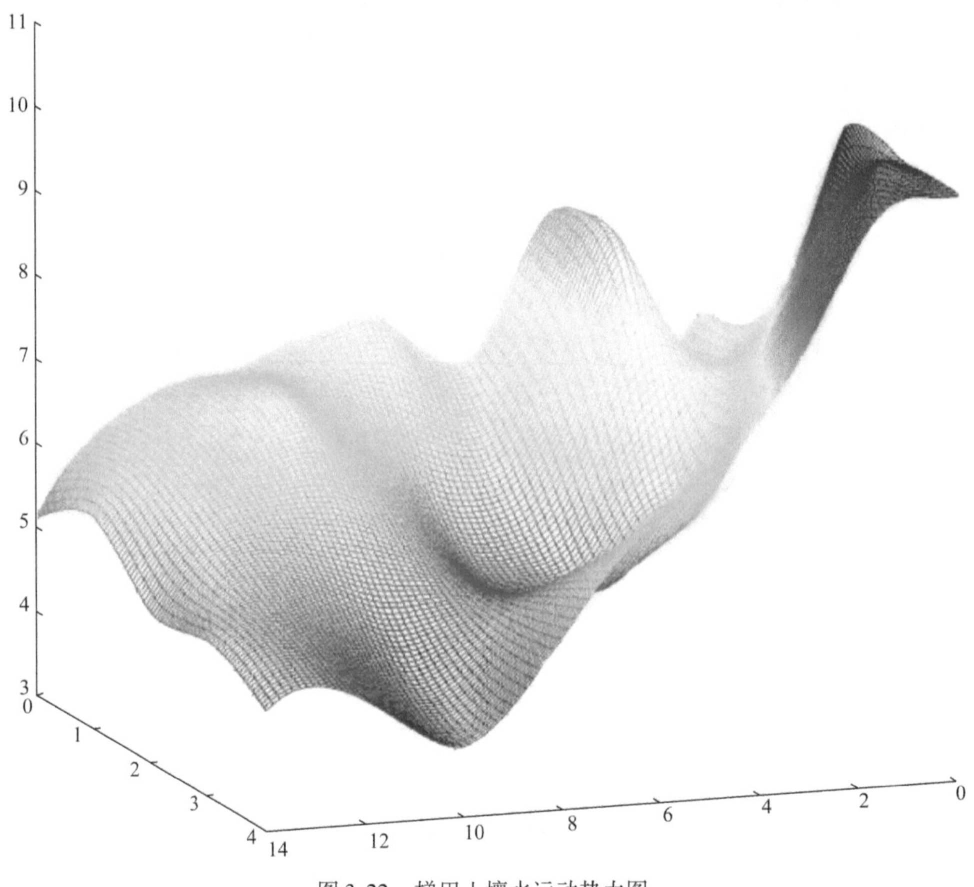

图 3-22　梯田土壤水运动热力图

梯田土壤基质势的热力图变化如图 3-23 所示，颜色越深表示土壤基质势变化越大，颜色越浅表示土壤基质势变化越小。土壤水大部分流向为中层土壤，与图 3-21 中红色区域出现的位置相符。

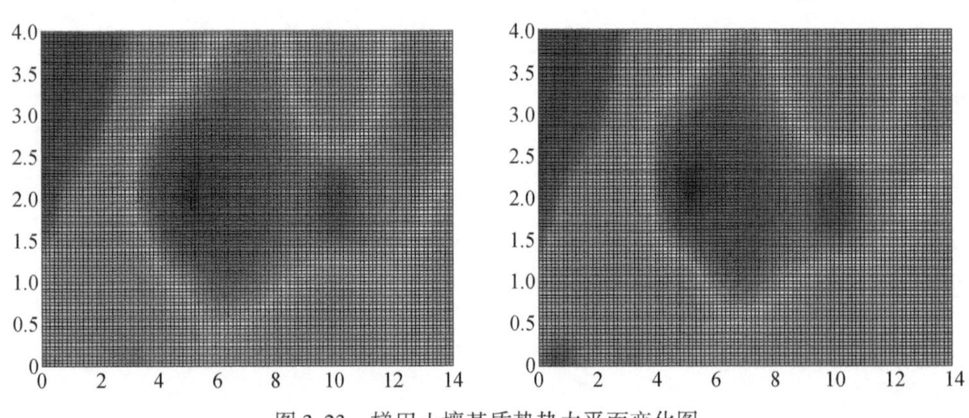

图 3-23　梯田土壤基质势热力平面变化图

图 3-24 和图 3-25 为不同时刻基于热力图和优化函数确定的梯田二维流动条件下的流动路径。

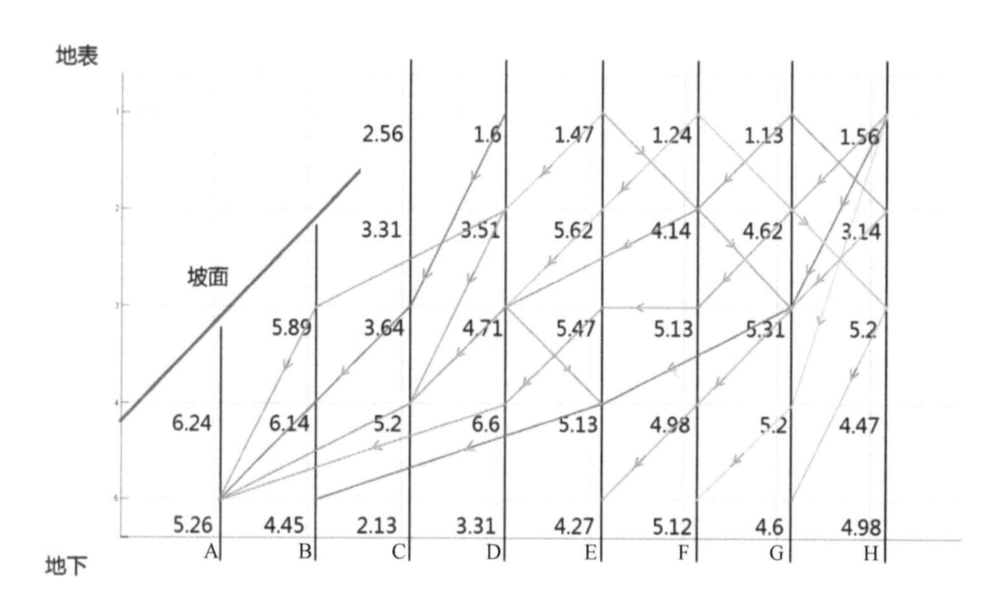

图 3-24　*t* 时刻二维土壤水运动路径（降雨过程）

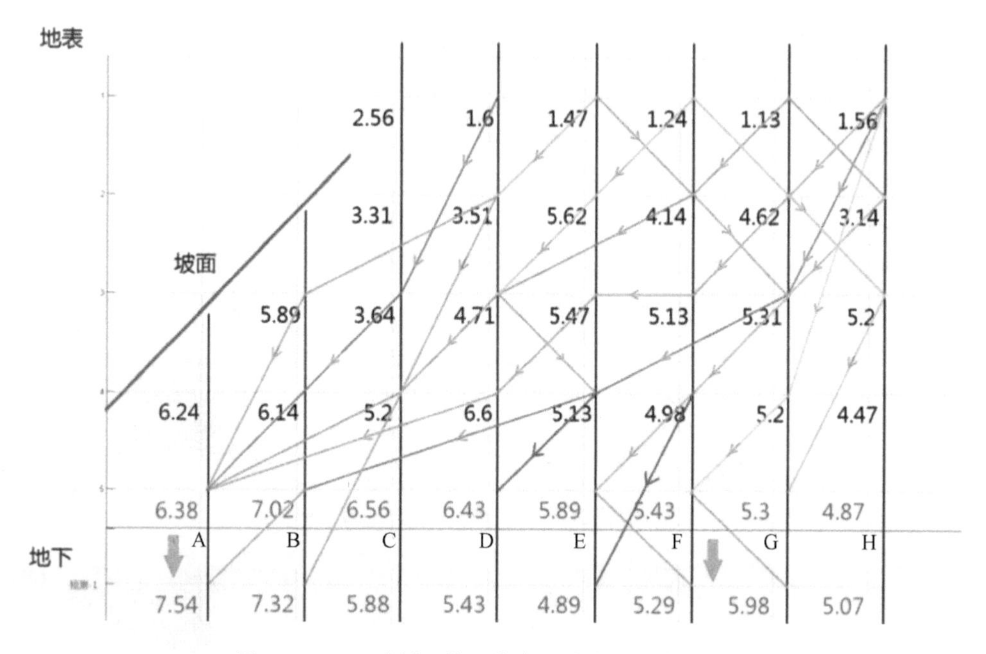

图 3-25　*t*+1 时刻二维土壤水运动路径（降雨过程）

可以看出，基于二维监测信息，根据流动过程中梯田土壤的状态变化，可以实现梯田下垫面条件下的坡面径流源的过程解析，完善黄土高原沟壑区梯田下垫面条件下的物理过程解析。

3.5.4 淤地坝对坡面水文过程影响机理及基本水文单元物理模型耦合

黄土高原沟壑区小流域尺度的淤地坝水文过程模型构建如图 3-26 所示。将淤地坝土壤概化为六层，分别为 0 ~ 5cm、5 ~ 10cm、10 ~ 20cm、20 ~ 30cm、30 ~ 40cm、40 ~ 50cm，以每层土壤水贮存量为状态变量，渗流速率（淤地坝向内置排水管的渗流）、蒸腾速率等为速率变量，表征状态变量的变化过程，模拟水分运动的动态模型过程，图 3-26 中各箭头表示变量之间的因果计算关系。模型的输入包括淤地坝中种植植物（玉米）生育期降雨、灌溉、蒸发蒸腾速率、初始各土层水分含量及各项参数，输出包括各土层的含水量及土壤水渗流速率、淤地坝向排水管道形成的渗流速率。

土壤水贮存量作为状态变量，与各速率变量的关系可用水量平衡方程表示：

$$\frac{\mathrm{d}S_i}{\mathrm{d}t} = R + f_i - f_{i+1} - \mathrm{ET} \tag{3-58}$$

式中，S_i为第 i 土层的土壤水贮存量（cm）；R 为降雨速率（cm/d）；f_i为土壤水从淤地坝上一土层运移到第 i 土层的渗流速率（cm/d）；f_{i+1}为土壤水从第 i 土层运移到下一土层的渗流速率（cm/d）；ET 为蒸腾速率（cm/d）。

蒸腾速率 ET、渗流速率 f 等都为速率变量，土层间水分渗流速率表示为

$$\begin{cases} f_i = -\dfrac{1}{2}[K_{i-1}(\theta_{i-1}) + K_i(\theta_i)]\left(\dfrac{h_i - h_{i-1}}{\dfrac{L_i + L_{i-1}}{2}} - 1\right) & \theta_{r,i} < \theta_i < \theta_{s,i} \\ f_i = K_{s,i} & \theta_i > \theta_{s,i} \end{cases} \tag{3-59}$$

式中，K_i和 $K_{s,i}$分别为第 i 层的水力传导度和饱和水力传导度（cm/d）；h_i为土壤水压力水头（cm）；L_i为土壤层厚度（cm）；θ_i、$\theta_{r,i}$、$\theta_{s,i}$分别为第 i 层土壤体积含水量、残余含水量、饱和含水率（cm^3/cm^3）。

土壤基质势 h、含水率 θ 以及水力传导度 K 之间的关系用 van Genuchten 模型描述：

$$\theta(h) = \begin{cases} \theta_r + \dfrac{\theta_s - \theta_r}{[1 + (\alpha h)^n]^m}, & h \leqslant 0 \\ \theta_s, & h > 0 \end{cases} \tag{3-60}$$

$$K(h) = K_s S_e^{\frac{1}{2}}[1 - (1 - S_e^{\frac{1}{m}})^m]^2 \tag{3-61}$$

$$m = 1 - \frac{1}{n},\ S_e = \frac{\theta - \theta_r}{\theta_s - \theta_r} \tag{3-62}$$

式中，S_e为有效水含量；α、n、m 为模型参数。

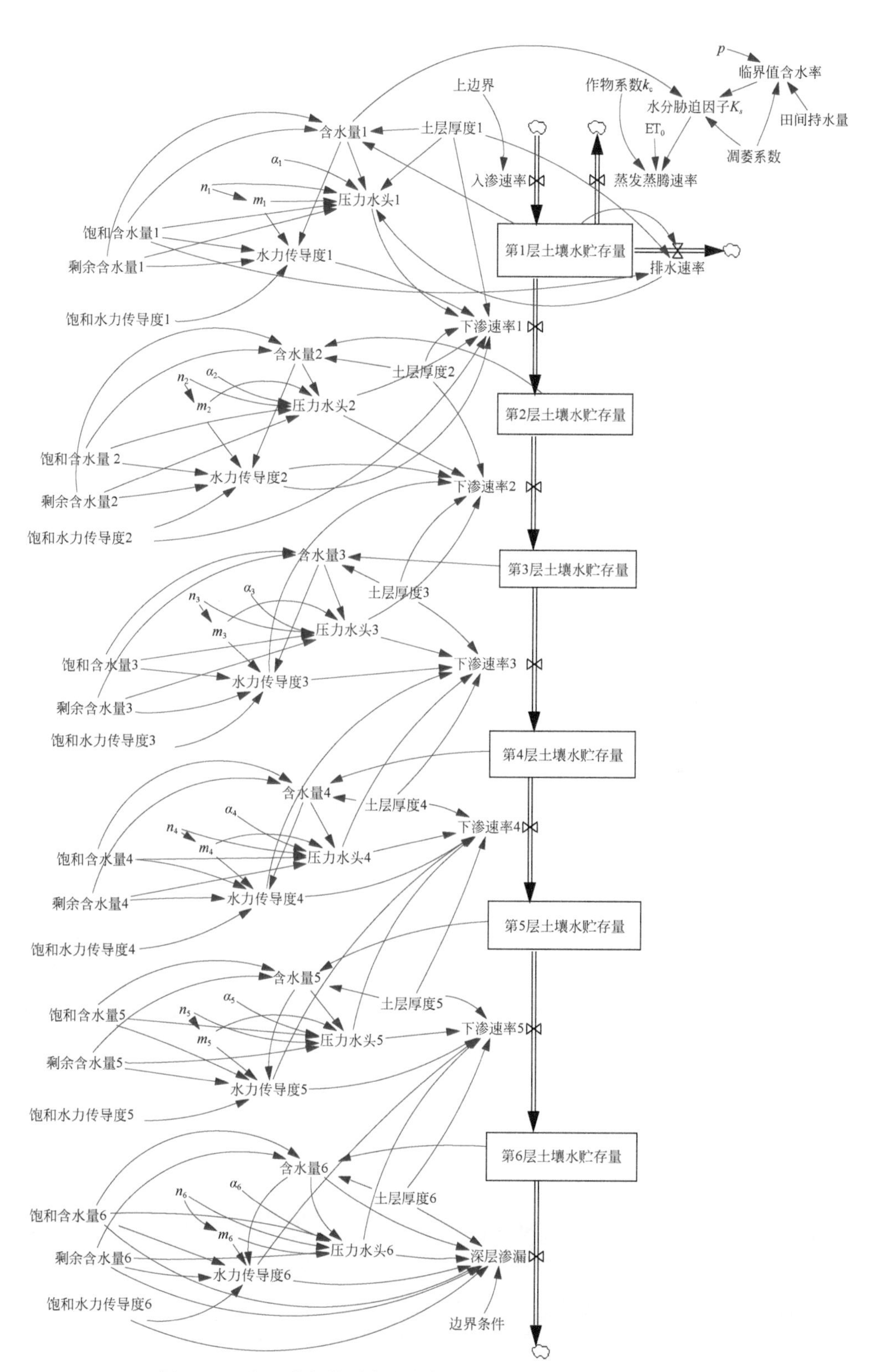

图 3-26　基于动力学平衡的沟壑区淤地坝径流过程模拟示意图

图3-27为2017年3~10月，黄土高原沟壑区试验小流域的降雨过程、淤地坝向小流域溢洪道的渗流排水过程（小流域出口流量）监测值和计算值的比较。可以看出，所提出的计算方法能够总体描述淤地坝存在情况下的基本水文单元径流入河过程。

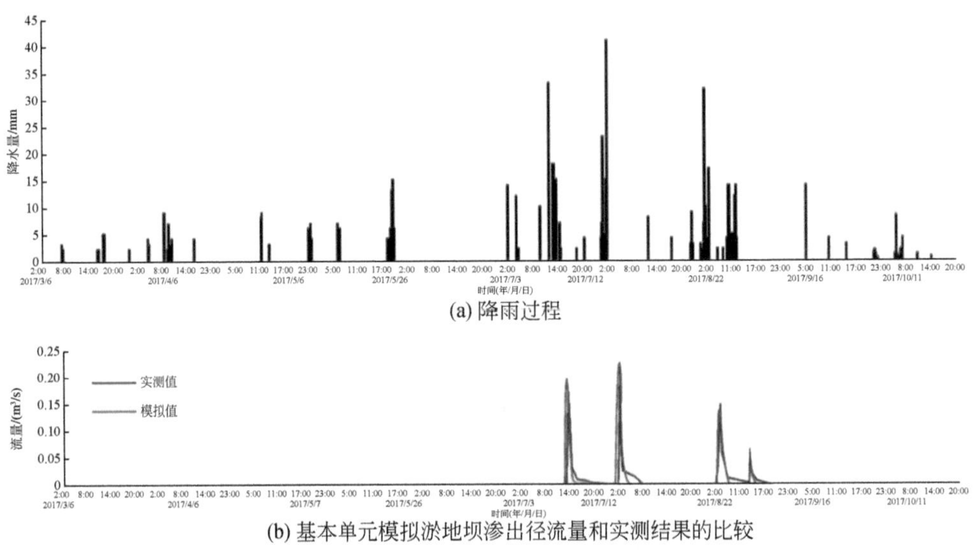

(a) 降雨过程

(b) 基本单元模拟淤地坝渗出径流量和实测结果的比较

图3-27　淤地坝渗出径流量模拟结果和实测结果的比较

3.6　黄土高原碎石含量与碎石粒径对土壤水文物理性质的影响

土石混合物广泛分布于我国黄土高原地区。由于成土过程、人类活动、水力和风力侵蚀等共同影响，土壤表面、内部分散着一定量的碎石。与均质土壤不同，碎石的存在直接影响土壤水分的入渗路径，进而影响土壤水力传导度和入渗性能，从而影响坡面径流大小及流域水文产沙机理。近年来，许多学者对土石混合物地区，尤其黄土高原土石混合物地区做了大量的室内及野外试验，全面分析了碎石对土壤入渗过程、持水性能、入渗速率、水质运移和水分蒸发的影响，从而提出相应的土石混合物地区建设及治理的建议，但因土壤种类、碎石类型及含量的不同，研究结果并不一致。

3.6.1　试验材料与方法

试验土壤选自陕西省延安市安塞区；取土深度为0~90cm；试验土壤风干后过2mm的筛，分离出<2mm细土以备试验使用。根据自然地的容重值，设定土石混合物中土壤容重为1.2g/cm^3。风干土壤初始含水率介于1%~2%。碎石粒径选用筛分法分组，按当量碎石粒径进行分组，分离出2~4mm碎石和10~20mm碎石。所选碎石几乎不渗水。

试验采用垂直一维土壤入渗试验方法进行土石混合物入渗测量。用透明有机玻璃制成内径 29cm、高 60cm 的圆筒，在其中装填土石混合物；土柱底部均匀分布 5mm 的圆孔与大气连接，保持通气透水的边界条件；马氏瓶由有机玻璃管制成，直径为 19cm，高度为 120cm，细管处贴有标准直尺，通过变流量为环式入渗土柱提供常水头供水，保证入渗土壤表水头为 3cm；土石混合物填装高度 55cm；试验持续 2. 5h，试验重复 2 次。

试验前先在土柱底部放置滤纸，防止填装过程中土壤颗粒通过底部孔隙流失。填土前测定土壤含水量、土壤容重（1. 2g/cm^3）、碎石容重（2. 52g/cm^3、2. 65g/cm^3）和碎石含量（0、10%、20%、30%、40%）；将土壤和碎石混合均匀后放入土柱中，土石混合物填装深度为 55cm，预留水头 3 cm，足够持续 2. 5h 的入渗过程。具体试验方案见表 3-8。

表 3-8　试验方案分类

处理	压力水头 /cm	土壤容重 /(g/cm^3)	碎石粒径 /mm	碎石容重 /(g/cm^3)	土壤初始含水量 /(g/g)	碎石含量 /%
1	3	1. 2	—	—	1. 965	0
2	3	1. 2	2 ~ 4	2. 52	1. 595	10
3	3	1. 2	2 ~ 4	2. 52	1. 700	20
4	3	1. 2	2 ~ 4	2. 52	0. 865	30
5	3	1. 2	2 ~ 4	2. 52	1. 855	40
6	3	1. 2	10 ~ 20	2. 65	1. 900	10
7	3	1. 2	10 ~ 20	2. 65	2. 100	20
8	3	1. 2	10 ~ 20	2. 65	1. 049	30
9	3	1. 2	10 ~ 20	2. 65	2. 300	40

土石混合物容重计算依据 Meyer 和 Brakensiek 等提出的碎石质量含量公式，具体如式（3-63）~ 式（3-65）所示。

$$\rho_{\mathrm{T}} = \frac{\rho_{\mathrm{rf}}}{(1 - R_{\mathrm{m}})\rho_{\mathrm{rf}} + R_{\mathrm{m}}\rho_{\mathrm{fe}}} \tag{3-63}$$

$$\theta_{\mathrm{mT}} = (1 - R_{\mathrm{m}})\theta_{\mathrm{mfe}} + R_{\mathrm{m}}\theta_{\mathrm{mrf}} \tag{3-64}$$

$$\theta_{\mathrm{T}} = \rho_{\mathrm{T}}\theta_{\mathrm{mT}} \tag{3-65}$$

式中，ρ_{T} 为土石混合物总容重（g/cm^3）；ρ_{rf} 为碎石容重（g/cm^3）；ρ_{fe} 为土壤容重（g/cm^3）；R_{m} 为碎石的质量含量（%）；θ_{mT} 为土石混合物质量含水量（g/g）；θ_{mfe} 为土壤质量含水量（g/g）；θ_{mrf} 为碎石质量含水量（g/g）；θ_{T} 为土石混合物体积含水量（cm^3/cm^3）。

土石混合物孔隙度由式（3-66）计算：

$$n = \frac{1 - \rho_{\mathrm{T}}}{\rho_{\mathrm{s}}} \times 100\% \tag{3-66}$$

式中，n 为土石混合物孔隙度（%）；ρ_{s} 为土粒密度（g/cm^3），取 2. 65g/cm^3。

土石混合物特征参数计算结果见表 3-9。

表 3-9　不同试验条件下土石混合物特征参数

碎石直径/mm	碎石含量/%	土石混合物容重/(g/cm³)	土石混合物孔隙度/%
2 ~ 4	0	1.20	54.72
	10	1.286	51.47
	20	1.360	48.68
	30	1.434	45.89
	40	1.537	42.00
10 ~ 20	10	1.290	51.32
	20	1.378	48.00
	30	1.446	45.43
	40	1.546	41.66

3.6.2　土石混合物入渗特性分析

3.6.2.1　土石混合物入渗特性

稳定入渗率、初始入渗率和平均入渗率是土石混合物水分入渗的三个重要特征值。稳定入渗率不随入渗时间发生改变，等于或接近饱和导水率；初始入渗率发生在初始入渗阶段；平均入渗率是指达到稳定入渗时总入渗水量与入渗时间的比值。本次试验土石混合物入渗特征值详见表 3-10。

表 3-10　土石混合物入渗特征值

碎石粒径/mm	碎石含量/%	稳定入渗率/(mm/h)	初始入渗率/(mm/h)	平均入渗率/(mm/h)
2 ~ 4	0	20.4	342.0	187.2
	10	16.2	330.0	173.4
	20	14.4	300.0	157.2
	30	14.4	288.0	162.0
	40	12.6	270.0	141.6
10 ~ 20	0	20.4	342.0	187.2
	10	15.0	244.8	130.2
	20	12.6	224.4	118.2
	30	11.4	214.2	1128
	40	9.6	206.4	108.0

如表 3-10 所示，在土壤容重不变的情况下，两种碎石粒径的稳定入渗率和初始入渗率均随碎石含量的增加呈明显下降趋势。土石混合物稳定入渗率、初始入渗率和平均入渗

率均小于对照组。其原因在于碎石表面不透水，碎石的存在对过水断面具有阻碍作用。

3.6.2.2 容重对土石混合物累计入渗量的影响

土石混合物容重是反映土石混合物物理特征的一个重要指标，反映土石混合物的松紧程度，其大小对土壤结构性、通气性、作物根系发育等均有不同程度的影响。由表 3-11 可知，相同粒径的碎石按照不同碎石含量与土壤混合均匀后，其土石混合物容重随碎石含量的增加而增大，土石混合物的孔隙度随土石混合物容重的增加呈减小趋势，试验数据表明土石混合物容重对于表征土石混合物入渗能力的累计入渗量有显著影响。

表 3-11 土石混合物特征参数对照表

碎石直径/mm	土壤容重/(g/cm³)	碎石含量/%	土石混合物容重/(g/cm³)	土石混合物孔隙度/%
2～4	1.2	10	1.286	51.47
		20	1.360	48.68
		30	1.434	45.89
		40	1.537	42.00
	1.3	10	1.386	47.70
		20	1.459	44.94
		30	1.540	41.89
		40	1.631	38.45
	1.4	10	1.485	43.96
		20	1.546	41.66
		30	1.625	38.68
		40	1.712	35.40
10～20	1.2	10	1.290	51.32
		20	1.378	48.00
		30	1.446	45.43
		40	1.546	41.66
	1.3	10	1.390	47.55
		20	1.477	44.26
		30	1.564	40.98
		40	1.652	37.66
	1.4	10	1.489	43.81
		20	1.554	41.36
		30	1.650	37.74
		40	1.753	33.85

累计入渗量是反映土石混合物入渗能力的重要指标，因此土石混合物在未达到稳定入渗时，常采用累计入渗量来表征土石混合物的入渗能力。如图 3-28 所示，土石混合物容重与 150min 累计入渗量呈显著幂函数负相关，含 2 ~ 4mm 碎石的土石混合物容重从 1.2g/cm³增加到 1.537g/cm³，150min 累计入渗量减少了 61.48mm；含 10 ~ 20mm 碎石的土石混合物容重从 1.2g/cm³增加到 1.546g/cm³，150min 累计入渗量减少了 75.74mm。由结果可知，累计入渗量受土石混合物容重影响较大，呈现出负相关的趋势。

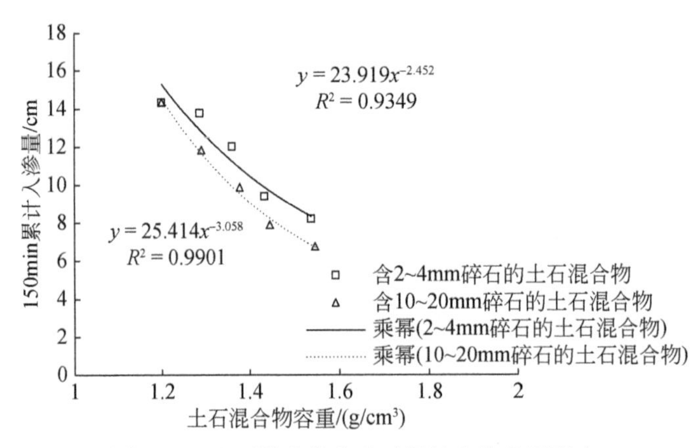

图 3-28　土石混合物容重对累计入渗量的影响

3.6.3　碎石粒径及含量对土石混合物入渗能力的影响

3.6.3.1　碎石粒径对土石混合物累计入渗量的影响

Wilcox 等（1988）研究发现土石混合物入渗能力与小尺度碎石（2 ~ 12mm）的含量呈负相关，与中尺度碎石（26 ~ 150mm）的含量呈正相关，与 12 ~ 25mm 和>150mm 碎石的含量无显著相关性。在土壤容重和碎石含量相同的情况下，碎石粒径越大累计入渗量越小。如图 3-29 所示，在试验 0 ~ 30min，碎石粒径对土石混合物累计入渗量的影响不显著，随着时间推移，碎石粒径对土石混合物累计入渗量的影响逐渐显著。含 2 ~ 4mm 碎石的土石混合物的累计入渗量明显大于含 10 ~ 20 mm 碎石的土石混合物的累计入渗量，呈现出碎石粒径越小累计入渗量越大的现象。刘建军等（2010）将土石混合物容重设定为 1.53g/cm³，碎石含量越大，所需土壤越少，孔隙度越大，因此累计入渗量越大，而本试验将土壤容重预先设定，增加碎石含量，土石混合物容重随碎石含量增加而增加，孔隙度随之减少，累计入渗量减少，因此研究结果不同。

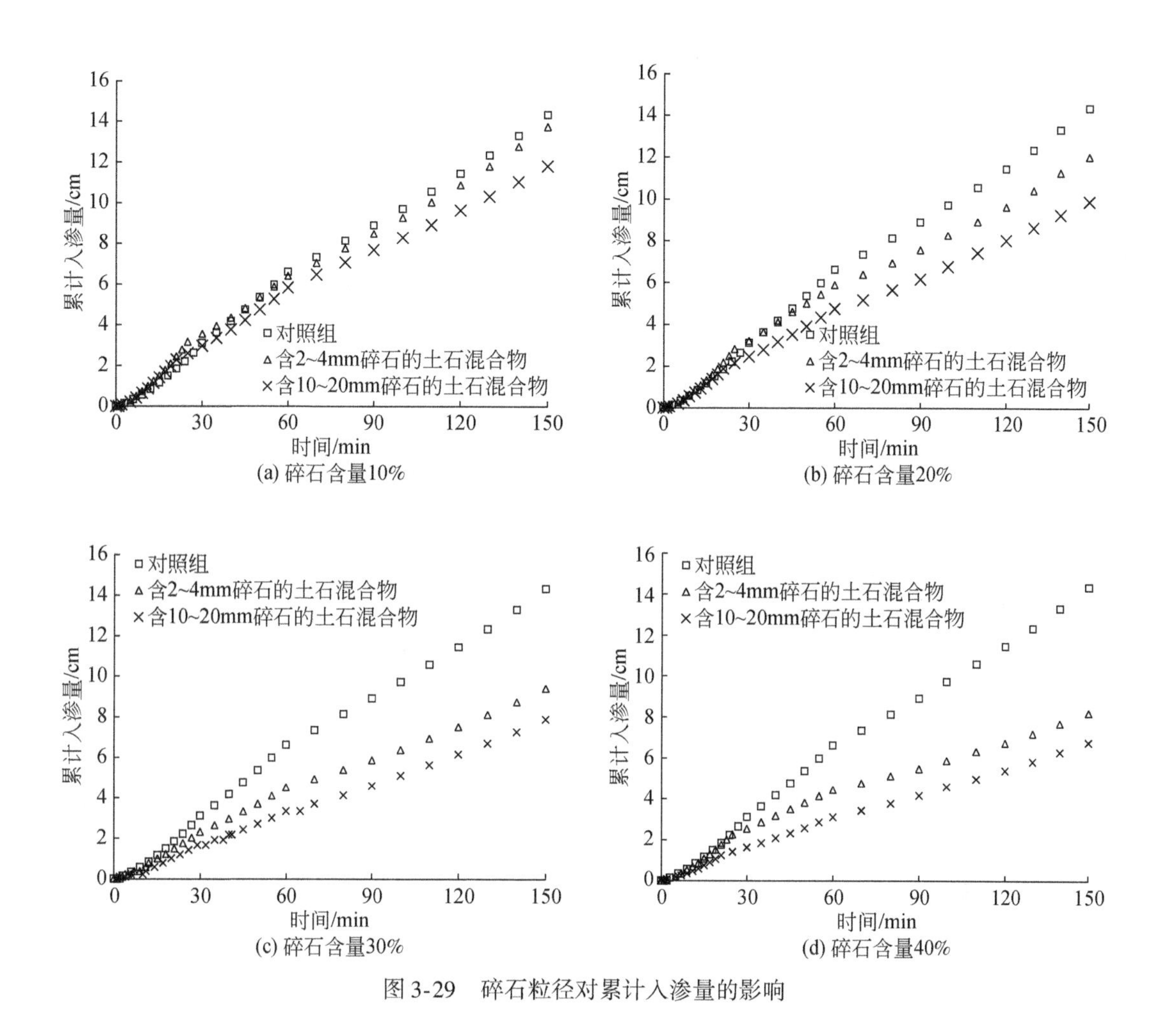

图 3-29 碎石粒径对累计入渗量的影响

3.6.3.2 碎石含量对土石混合物累计入渗量的影响

图 3-30 对比分析了在相同碎石粒径条件下，累计入渗量随碎石含量的变化关系。在相同入渗时间内，两种不同碎石粒径的土石混合物都呈现累计入渗量随着碎石含量增加而减小的趋势。这是由于随着碎石含量增加，土石混合物水分运动通道变得复杂，入渗过程受到限制，累计入渗量随碎石含量的增加而减小。试验前 30min，碎石含量对土石混合物累计入渗量影响不明显。由于碎石属弱透水介质，当土壤容重、碎石粒径一定时，随着碎石含量的增加，土石混合物累计入渗量呈减小趋势。原因在于随着碎石含量的增加，土石混合物的过水断面减小，水分运动通道曲折复杂。本试验中，土石混合物累计入渗量随碎石含量增大而减小，这一结果与周蓓蓓（2009）的研究结论一致。

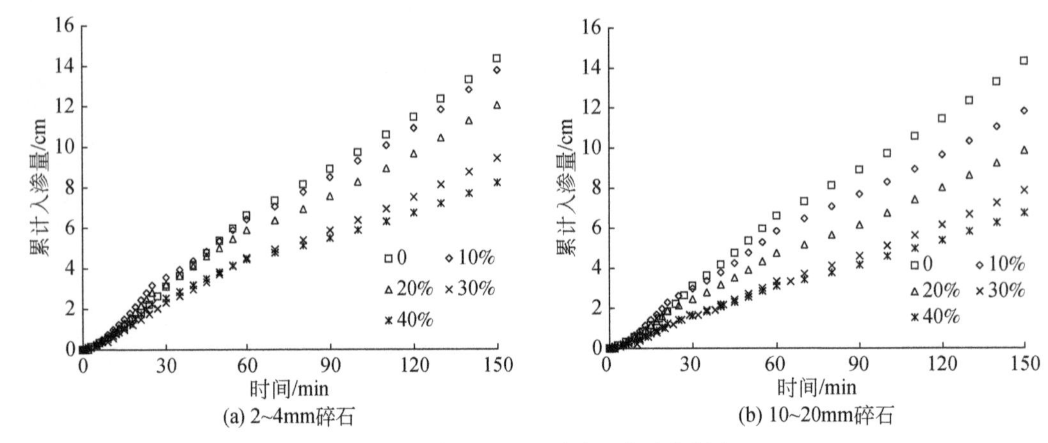

图 3-30 碎石含量对累计入渗量的影响

3.6.4 土石混合物入渗性能模型表达

3.6.4.1 Horton 模型

Horton 模型是经典的土壤入渗模型，如式（3-67）所示：

$$I_t = I_c + (I_0 - I_c) \times e^{-\beta t} \tag{3-67}$$

式中，I_t 为入渗率（cm/min）；t 为入渗时间（min）；I_c 为稳定入渗率（cm/min）；I_0 为初始入渗率（cm/min）；β 为入渗参数。

如图 3-31 和图 3-32 所示，Horton 模型模拟曲线与含 2 ~ 4mm 碎石和含 10 ~ 20mm 碎石的土石混合物试验实测值吻合度在 0 ~ 30min 较好，在 30 ~ 150min 较差。Horton 模型对含 2 ~ 4mm 碎石的土石混合物入渗过程的拟合结果显示，参数 β 范围在 0.1119 ~ 0.1422，当 t 趋于 0 时，对照组和碎石含量 10%、20%、30%、40% 的土石混合物的拟合初始入渗率分别为 376.6mm/h 和 368.4mm/h、330.8mm/h、319.7mm/h、304.9mm/h，略高于试验实测值；对照组和碎石含量 10%、20%、30%、40% 的土石混合物的拟合稳定入渗率分别为 60.9mm/h 和 53.8mm/h、48.7mm/h、40.8mm/h、34.1mm/h，略高于试验实测值。使用 Horton 模型对含 10 ~ 20mm 碎石的土石混合物入渗过程进行拟合，结果显示，参数 β 范围在 0.1119 ~ 0.1923，当 t 趋于 0 时，碎石含量 10%、20%、30%、40% 的土石混合物的拟合初始入渗率分别为 264.8mm/h、229.2mm/h、216.8mm/h、208.2mm/h，与试验实测值结果基本一致；碎石含量 10%、20%、30%、40% 的土石混合物的拟合稳定入渗率分别为 44.5mm/h、38.3mm/h、33.1mm/h、30.7mm/h，略高于试验实测值。Horton 模型的拟合系数范围在 0.8327 ~ 0.9516，说明 Horton 模型对土石混合物入渗过程拟合效果一般。

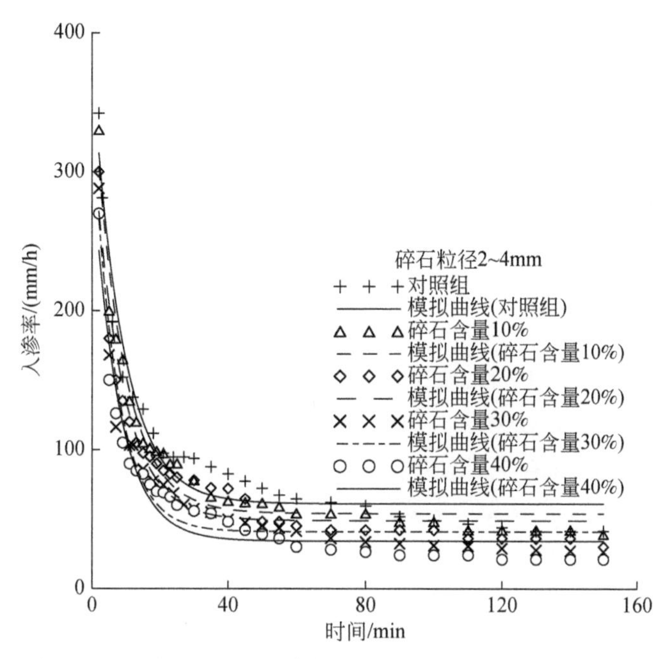

图3-31　含2~4mm碎石的土石混合物的入渗率实测值与Horton模型模拟曲线

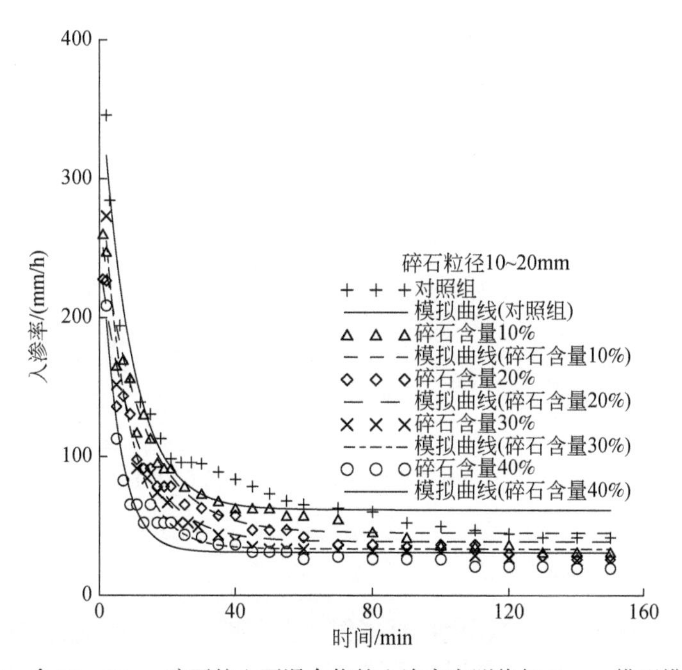

图3-32　含10~20mm碎石的土石混合物的入渗率实测值与Horton模型模拟曲线

3.6.4.2 Philip 入渗模型

Philip 入渗模型为基于土壤初始含水量均匀分布的均质土壤垂直一维入渗模型，在均质土壤、沙质土壤及土石混合物入渗模拟中有较好的拟合效果，如式（3-68）所示：

$$i=0.5St^{-\frac{1}{2}}+A \tag{3-68}$$

式中，i 为土石混合物入渗率（cm/min）；t 为入渗历时（min）；S 为土石混合物吸渗率（cm/min）；A 为土石混合物稳定入渗率（cm/min）。数值与饱和导水率相同。

如图 3-33 和图 3-34 所示，Philip 入渗模型对含 2 ~ 4mm 碎石的土石混合物和含 10 ~ 20mm 碎石的土石混合物的入渗过程拟合效果较好。拟合结果显示，参数 S 范围在 0.054 21 ~ 0.095 27，在入渗初始阶段，参数 S 起着主要作用，相当于水平入渗的情况，但随着入渗时间的增长，A 成为影响入渗的主要因素。拟合系数范围在 0.914 ~ 0.997，均大于 0.9，说明 Philip 入渗模型对含 2 ~ 4mm 碎石的土石混合物和含 10 ~ 20mm 碎石的土石混合物的入渗过程的拟合效果较好。

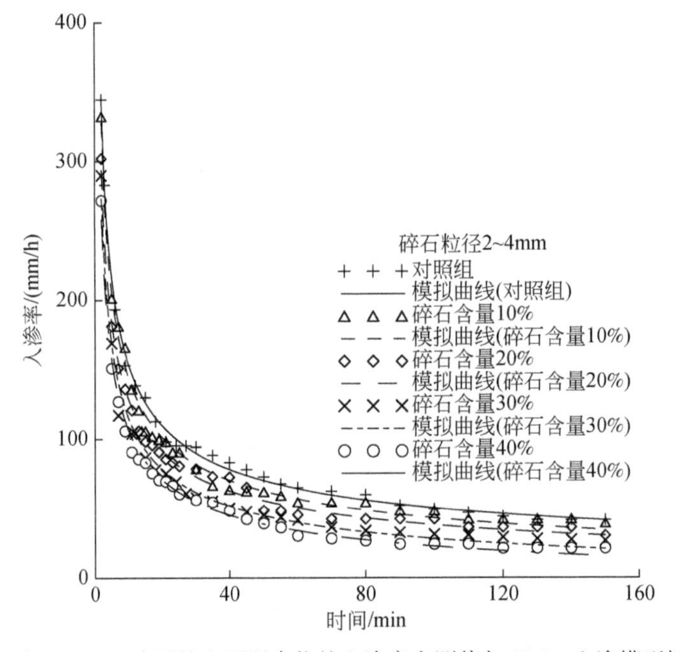

图 3-33　含 2 ~ 4mm 碎石的土石混合物的入渗率实测值与 Philip 入渗模型模拟曲线

3.6.4.3 Kostiakov 模型

Kostiakov 模型是根据大量实测数据提出的经验模型，适用性较强，可用于描述土石混合物入渗量和累计入渗量的变化情况，具体表达式为

$$i=at^{-b} \tag{3-69}$$

式中，i 为土石混合物入渗率（mm/h）；a、b 为经验系数，决定入渗曲线形状，$a\geqslant 0$，$0<b<1$。

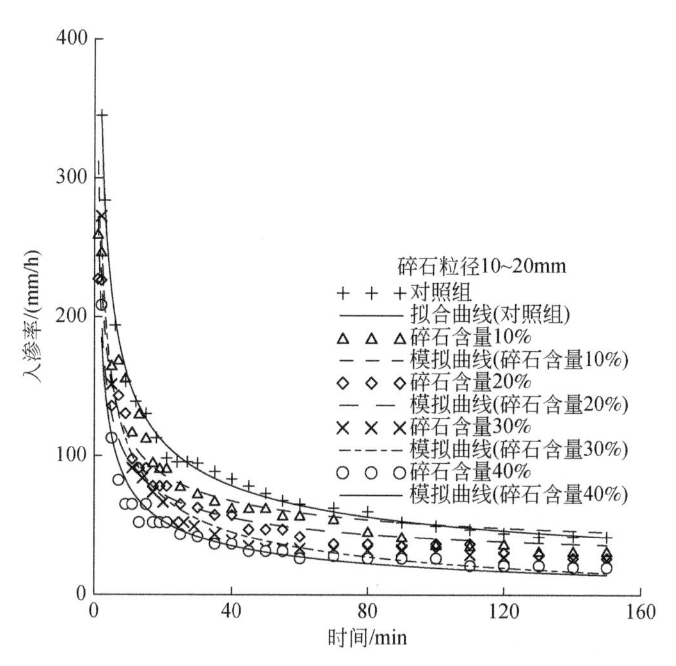

图3-34　含10~20mm碎石的土石混合物的入渗率实测值与Philip入渗模型模拟曲线

如图3-35和图3-36所示，Kostiakov模型模拟曲线与含2~4mm和10~20mm碎石的土石混合物的试验实测值吻合度较好。模拟结果显示，参数 b 范围在0.3889~0.6163，参数 b 值越大，入渗曲线的斜率越大，瞬时入渗率衰减越快；参数 a 范围在477.6~2565.1，

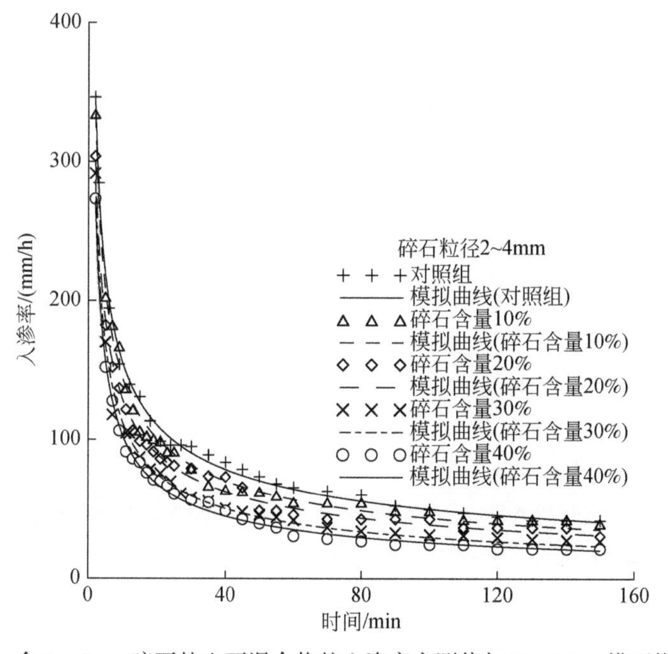

图3-35　含2~4mm碎石的土石混合物的入渗率实测值与Kostiakov模型模拟曲线

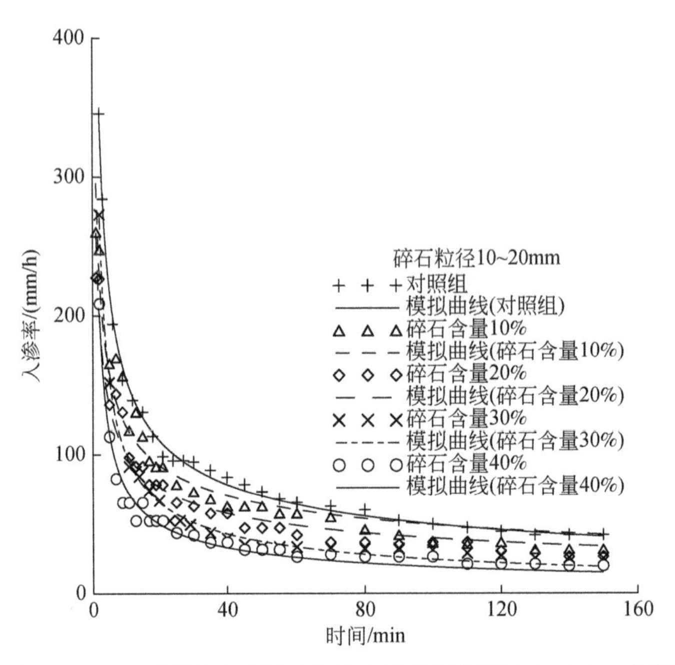

图 3-36　含 10 ~ 20mm 碎石的土石混合物的入渗率实测值与 Kostiakov 模型模拟曲线

参数 a 无实际物理意义。拟合系数范围在 0. 947 ~ 0. 997，均大于 0. 94，说明 Kostiakov 模型对含 2 ~ 4mm 碎石的土石混合物和含 10 ~ 20mm 碎石的土石混合物的入渗过程的拟合程度较好。在确定 t 范围的情况下，该模型可描述含 2 ~ 4mm 碎石的土石混合物和含 10 ~ 20mm 碎石的土石混合物的入渗过程，且比较简便准确。

3. 6. 4. 4　修正的 Kostiakov 模型

修正的 Kostiakov 模型是经典的土壤入渗经验模型，具体表达式为

$$i = at^{-b} + i_\infty \tag{3-70}$$

式中，i 为土石混合物入渗率（mm/h）；a、b 为经验系数，决定入渗曲线形状，$0<b<1$；i_∞ 为饱和导水率。

如图 3-37 和图 3-38 所示，修正的 Kostiakov 模型模拟曲线与含 2 ~ 4mm 和 10 ~ 20mm 碎石的土石混合物试验实测值吻合度很好。模拟结果显示，参数 b 范围在 0. 1876 ~ 0. 7785，反映土石混合物入渗率的衰减速率，参数 b 越大衰减速率越快；参数 a 范围在 326. 8 ~ 480. 5，主要与单位时段末的入渗率有关，参数 a 越大土石混合物的初始入渗率越大。拟合系数范围在 0. 9699 ~ 0. 9973，均大于 0. 96，说明修正的 Kostiakov 模型对含 2 ~ 4mm 碎石的土石混合物和含 10 ~ 20mm 碎石的土石混合物的入渗过程的拟合程度较好。该模型适合用于描述含 2 ~ 4mm 碎石的土石混合物和含 10 ~ 20mm 碎石的土石混合物的入渗过程。

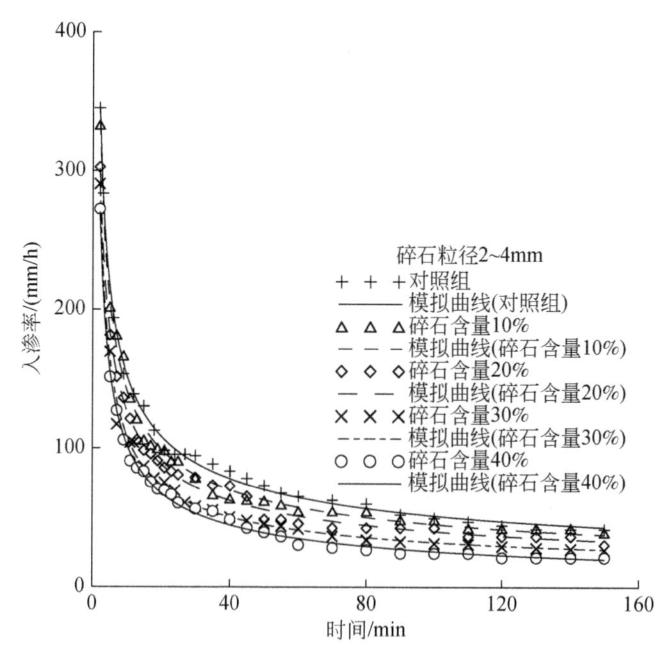

图3-37　含2～4mm碎石的土石混合物的入渗率实测值与修正的Kostiakov模型模拟曲线

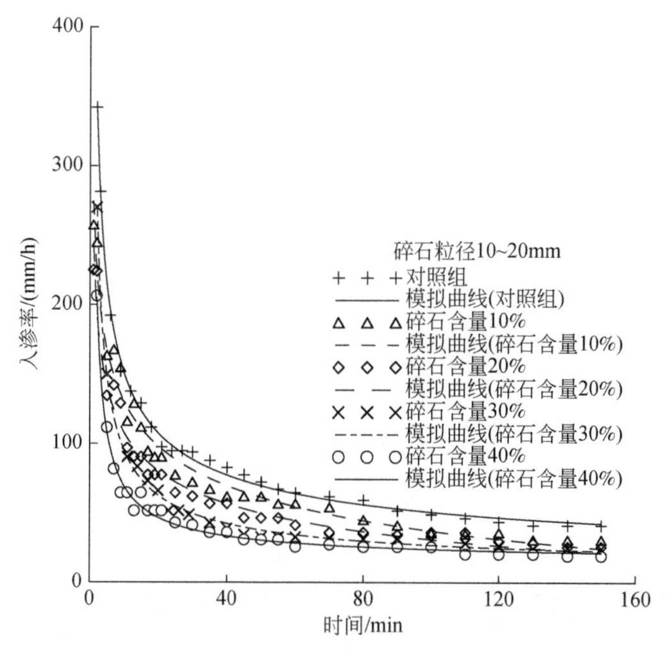

图3-38　含10～20mm碎石的土石混合物的入渗率实测值与修正的Kostiakov模型模拟曲线

3.6.5 模型评价

从实测数据与模型计算数据拟合方差与模型相对误差两方面来评价模型的适用性。拟合方差能直接反映出实测数据与模型计算数据的拟合程度。相对误差可以反映模型计算的入渗率与实测入渗率之间的离散程度，以百分数表示。相对误差更能反映试验数据的可信程度，相对误差越小说明计算入渗率与测量入渗率越接近。

相对误差计算公式为

$$\delta = \frac{|f_m - f_r|}{f_r} \times 100\% \tag{3-71}$$

式中，δ 为土石混合物入渗率相对误差（%）；f_m 为模型拟合的土石混合物入渗率（mm/h）；f_r 为土石混合物实测入渗率（mm/h）。

Philip 入渗模型、Kostiakov 模型及修正的 Kostiakov 模型拟合方差均在 0.9 以上，三种模型均适宜模拟土石混合物入渗过程，Horton 模型拟合方差在 0.8327 ~ 0.9516，拟合效果较为一般。

Horton 模型、Philip 入渗模型、Kostiakov 模型及修正的 Kostiakov 模型的平均相对误差计算结果见表 3-12，Horton 模型的平均相对误差为 15.06%（对照组试验），含碎石的平均相对误差为 20.52%（2 ~ 4mm 碎石）、15.91%（10 ~ 20mm 碎石）；Philip 入渗模型的平均相对误差 3.69%（对照组试验），含碎石的平均相对误差为 7.09%（2 ~ 4mm 碎石）、10.86%（10 ~ 20mm 碎石）；Kostiakov 模型的平均相对误差为 3.52%（对照组试验），含碎石的平均相对误差为 5.83%（2 ~ 4mm 碎石）、9.73%（10 ~ 20mm 碎石）；修正的 Kostiakov 模型的平均相对误差为 3.26%（对照组试验），含碎石的平均相对误差为 4.56%（2 ~ 4mm 碎石）、6.67%（10 ~ 20mm 碎石）。

表 3-12 不同入渗模型平均相对误差

模型	碎石粒径/mm	碎石含量/%				
		0	10	20	30	40
Horton 模型	2 ~ 4	15.06	12.83	18.63	23.89	26.73
	10 ~ 20	15.06	15.11	14.22	12.25	22.07
Philip 入渗模型	2 ~ 4	3.69	6.09	5.67	9.89	6.72
	10 ~ 20	3.69	8.78	6.12	15.99	12.53
Kostiakov 模型	2 ~ 4	3.52	5.90	5.36	7.01	5.05
	10 ~ 20	3.52	9.02	6.30	11.32	12.28
修正的 Kostiakov 模型	2 ~ 4	3.26	4.10	5.22	3.62	5.01
	10 ~ 20	3.26	6.45	5.31	7.69	6.94

综上，从拟合方差来看，Philip 入渗模型、Kostiakov 模型及修正的 Kostiakov 模型拟合方差均在 0.9 以上，Horton 模型拟合方差较大。从相对误差来看，Horton 模型的平均相对

误差最大，修正的 Kostiakov 模型的平均相对误差最小。结合模型拟合方差与相对误差分析得出，修正的 Kostiakov 模型较为适宜模拟土石混合物入渗。

3.6.6 主要结论

（1）土石混合物容重与土石混合物累计入渗量呈显著幂函数负相关，相关系数均在 0.9 以上。碎石含量相同的情况下，碎石粒径增大，土壤孔隙度减小，累计入渗量随之减小。碎石粒径相同的情况下，土石混合物容重随碎石含量增加而增加，土石混合物的过水断面减小，非毛管孔隙度减小，使水分运动通道曲折复杂，两种不同碎石粒径的土石混合物累计入渗量都随碎石含量增大而减小。

（2）修正的 Kostiakov 模型、Kostiakov 模型和 Philip 入渗模型对土石混合物入渗过程拟合效果较好，Horton 模型的拟合效果一般。其中，修正的 Kostiakov 模型拟合结果与实测值相关性最高，平均相对误差最小，适宜描述土石混合物入渗过程。

3.7 本章小结

针对黄河流域分布式水沙模型构建的机理耦合及参数问题，在黄河河源区，对下垫面土壤冻融过程中已冻结层、传导层中水热过程以及通量传输特性，其对融雪初期地表径流、融雪后期径流冲刷，冻土融化区的降雨冲刷等地表过程，以及冻土双向融化条件下的地表顶托和地下水补给过程模拟模块的机理修正提供了试验数据的支撑。在黄河上游高产沙区（清水河流域），发展了水沙不同步性的分析方法，在汇流区下垫面空间变异性条件下的径流和泥沙过程解析。在盖沙区，提出了盖沙条件下的 ET 计算修正方法，针对盖沙区降雨后地表径流冲刷产沙和地表层弱透水性实际形成的顶托作用引起的径流长历时拖尾的径流和产沙特性，分别基于地表径流方法和多孔介质渗流产生对地表和盖沙层的径流过程进行了解析。在黄土高原沟壑区，提出了梯田、淤地坝和坡面的径流和产沙源强的计算方法。

在参数测定方面，在黄河河源区，测定了下垫面土壤水、热动力学参数；在黄河流域上游高产沙区、黄土高原盖沙区和黄土高原沟壑区三个试验点测定了土壤水动力参数以及沟道长度、坡度、底宽、边坡、密度等在内的沟道参数；在黄河流域上游高产沙区测定了塌陷体参数。以上为黄河流域分布式水沙模型构建与验证提供了参数支撑。

第4章 多因子驱动的黄河流域分布式水沙模型开发

针对黄河流域水沙机理十分复杂的特点，在WEP-L模型的基础上，构建了多因子驱动的黄河流域分布式水沙模型（multi-factors driven water-energy-sand processes model，MFD-WESP模型），以实现黄河源区冻土水热耦合模拟、黄土高原水沙过程耦合模拟、基于规则的水库调度过程模拟。为了解决大尺度分布式模型计算量大的问题，基于OpenMP架构研究了产汇流并行算法。

4.1 黄河流域特征及水沙模型建模需求

黄河发源于青藏高原，流经黄土高原、华北平原，最终进入渤海。流域内地形、下垫面变化复杂，气候条件多样。黄河河源区受人类活动影响较小，水循环过程受冻土冻融过程影响较大；宁蒙河段、汾渭平原等地区灌区密集、人口密集，受人工取排水活动影响较大；黄土高原沟壑纵横，修建了大量梯田、淤地坝、水库等水利工程，改变了天然的产汇流过程，且属于黄河泥沙的主要产生区。如此复杂的下垫面条件，使得在构建黄河流域水沙模型的时候，需要针对不同的情况分别构建不同的模块，以反映流域实际情况。本研究以流域二元水循环WEP-L模型为基础，对其进行针对性改进，满足黄河流域水沙模拟需求。

4.2 黄河流域分布式水沙模型结构与原理

4.2.1 WEP-L模型结构

WEP-L模型采用子流域套等高带作为基本计算单元进行模拟计算，反映参数的空间变异性。子流域是根据流域河网水系划分提取获得的，确保每个子流域内有且只有一条河道。等高带划分主要用于描述高程对水循环的影响（主要是坡面产汇流过程），从而反映高原山地区域高程变化影响。

WEP-L模型的平面结构如图4-1所示。坡面汇流计算是根据各等高带的高程、坡度与Manning糙率系数（各类土地利用的谐和均值），采用一维运动波法将坡面径流由流域的最上游端追迹计算至最下游端。各条河道的汇流计算是根据有无下游边界条件，采用一维运动波法由上游端追迹计算至下游端。地下水流动分山丘区和平原区分别进行数值模拟，同时模拟地下水与地表水、土壤水以及河道水的水量交换过程。

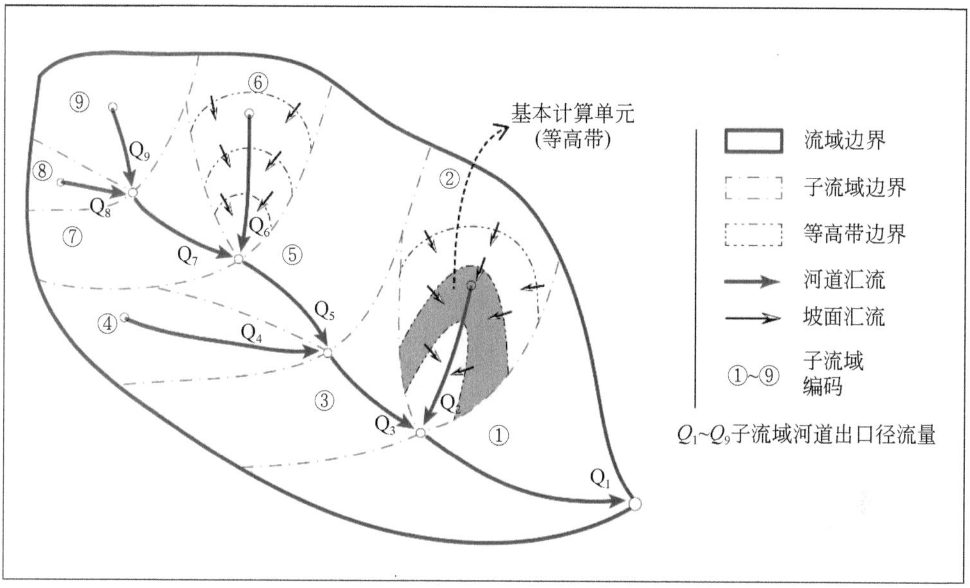

图 4-1　WEP-L 模型的平面结构

WEP-L 模型各计算单元的垂直方向结构如图 4-2 所示。从上到下包括植被或建筑物截留层、洼地储留层、土壤表层、土壤中层、土壤底层、过渡带层、浅层（无压）地下水层、深层（承压）地下水层。状态变量包括植被截留量、洼地储留量、土壤含水率、地表温度、过渡带层储水量、地下水位及河道水位等。主要参数包括植被最大截留深、土壤渗

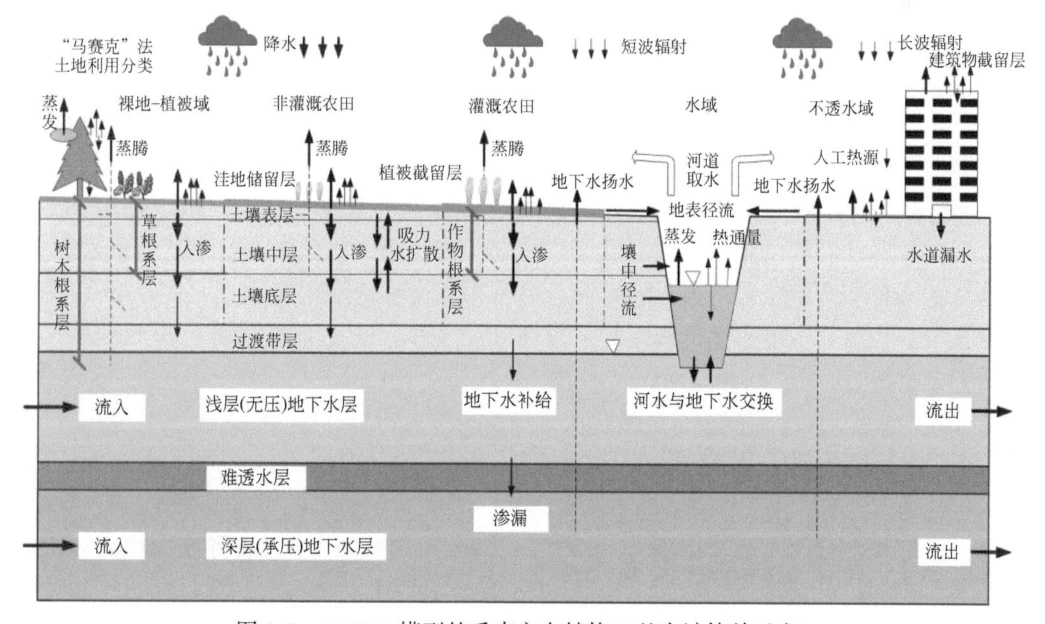

图 4-2　WEP-L 模型的垂直方向结构（基本计算单元内）

透系数、土壤水分吸力特征曲线参数、地下水透水系数和产水系数、河床的透水系数和坡面与河道的糙率等。为考虑计算单元内土地利用的不均匀性，采用了“马赛克”法把计算单元内的土地归成数类，分别计算各类土地类型的地表面水热通量，取其面积平均值为计算单元的地表面水热通量。土地利用首先分为裸地-植被域、灌溉农田、非灌溉农田、水域和不透水域五大类。裸地-植被域又分为裸地、草地和林地3类，不透水域分为城市地面与都市建筑物2类。另外，为反映表层土壤的含水率随深度的变化和便于描述土壤蒸发、草或作物根系吸水和树木根系吸水，将透水区域的表层土壤分割成3层。

社会水循环模拟就是对社会水循环各个子系统的“蓄水—取水—输水—用水—耗水—排水”六个环节进行模拟。社会水循环系统考虑农业水循环系统、工业水循环系统、生活水循环系统和水库跨区域调度分配系统，各个系统尽管各不相同，但都是由取水工程、输水系统、供水对象、排水系统四个部分组成。水库跨区域调度分配系统与其他三类社会水循环系统的区别在于，前者的供水对象是整个区域内的所有农业、工业和生活用水户，而后者的供水对象只针对各自的用水户。每个计算单元内使用经验统计方法进行人工水循环模拟，通过外部输入各计算单元内相关社会用水量（农业灌溉用水量及工业生活用水量），进行“自然-社会”二元水循环过程模拟，反映人类活动影响下的流域水循环过程。其中，社会用水量可以是历史数据，也可以是规划预测数据。输入的社会用水量都必须展布到各计算单元上，以反映社会用水的空间变化。在WEP-L模型中，社会用水功能上同降水一样，属于输入条件，模型本身并不能实现水资源的配置调度功能，对社会水循环的模拟完全取决于社会用水的输入。

对社会水循环进行模拟，首先，需要对各个水循环子系统进行概化，重点确定每个水循环子系统供水对象的分布及供水对象与取水口之间的水力联系。概化时，假定地下水取水口位于等高带形心，只给取水口所在等高带内的社会水循环系统供水；对于地表水取水工程，假定无坝引水工程和提水工程的取水口位于所在子流域的出口处，水库取水口位于坝址所在子流域的出口处。概化以后，按照“蓄水—取水—输水—用水—耗水—排水”六个环节对各个社会水循环系统进行模拟，其中，无坝引水工程和提水工程省略了蓄水环节。其次，需要将外部获取的相关用水统计值在空间和时间上进行向下尺度展布，得到各计算单元每日取用水量。一般情况下外部获取数据属于水资源三级区（或者地市）尺度，远远大于计算单元尺度，而且获取的数据往往是年统计值，因此有必要进行空间和时间尺度的降尺度展布工作。社会用水根据来源又可分为地表和地下两个部分。对不同子系统而言，地表用水和地下用水的比例根据实际数据统计获取。社会水循环各子系统的概化示意图如图4-3所示。

4.2.2 WEP-L模型原理

4.2.2.1 气象数据空间展布

WEP-L模型是日尺度模型，需要逐日气象数据作为输入。气象数据来自流域内相关

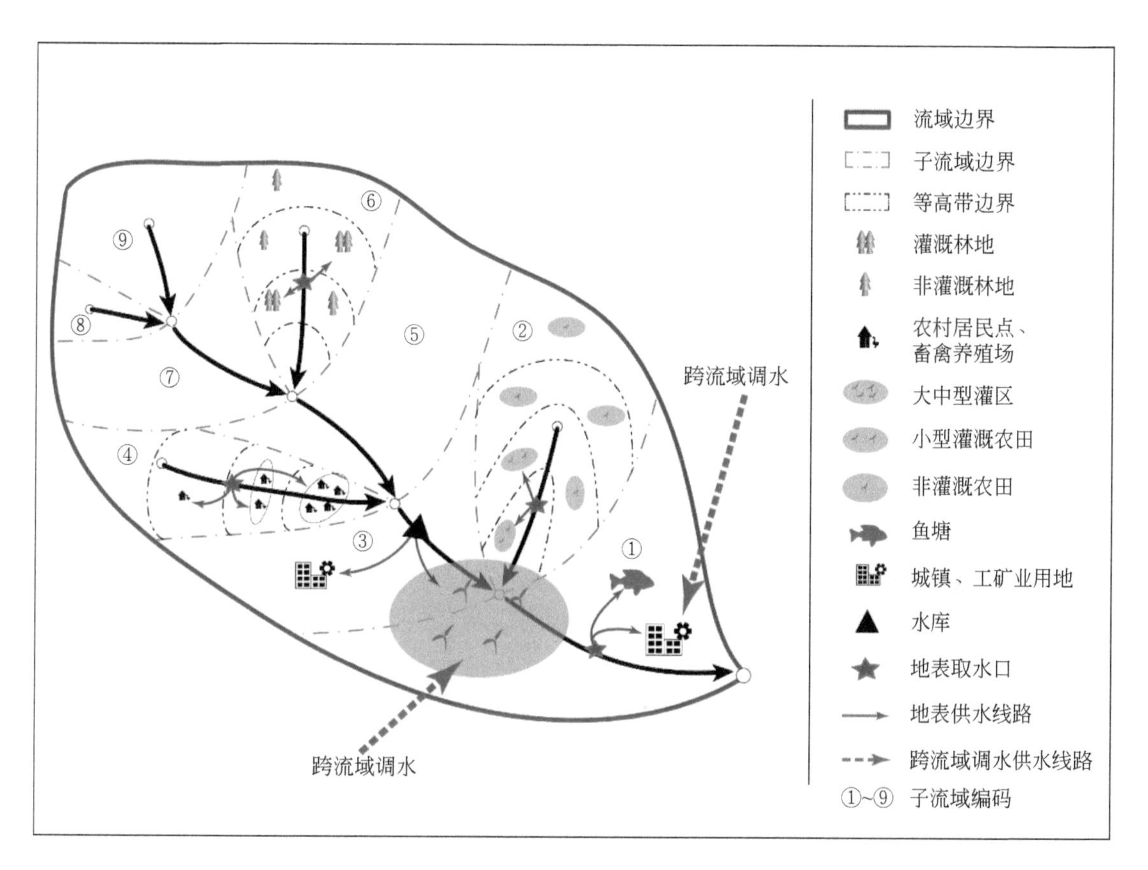

图 4-3 WEP-L 模型社会水循环概化示意图

气象站、雨量站，并通过空间展布手段展布到各子流域上，从而反映流域气象数据的空间差异性。WEP-L 模型主要采用修正反距离加权平均法进行气象数据插值，该方法认为待插值点的估算值同各站点数据大小成正比，而与对应站点距离成反比，通过站点相关系数选择可用插值站点。反距离平方法计算公式如下：

$$D = \sum_{i=1}^{m} \lambda_i D_i \tag{4-1}$$

$$\lambda_i = \frac{d_i^{-2}}{\sum_{i=1}^{m} d_i^{-2}} \tag{4-2}$$

式中，D 为待插值点估计值（mm）；D_i 为第 i 个参证站点数据（mm）；m 为参证站点个数；λ_i 为第 i 个参证站点数据权重；d_i 为第 i 个参证站点与待插值点的距离（km）。

在插值计算时，首先对所有站点（雨量站、气象站）数据两两比较进行相关性分析，其次通过设定的相关系数阈值确定该站点的有效影响范围，即将最远一个相关站点的距离作为当前站点的最大相关距离（图4-4）。为考虑插值方向的异质性，每个站点又分4 方向分别计算对应方位的最大相关距离。最后，计算每个待插值点（模型中则是各子流域形心点）与所有站点的距离，如果它们之间的距离小于站点对应方位的最大相关距离，则该站将作为待插值点的一个参证站点。如果某待插值点根据上述相关距离找不到任何一个参证站点，则采用泰森多边形法进行插值。在本研究中，为了描述空间高程对插值的影响，以所选取的参证站点日数据为基础，采用最小二乘法进行高程拟合，从而得到气象数据同高程的变化关系。在进行插值的时候，以参证点和插值点的高差代入关系式修正参证点数值，然后再进行插值。

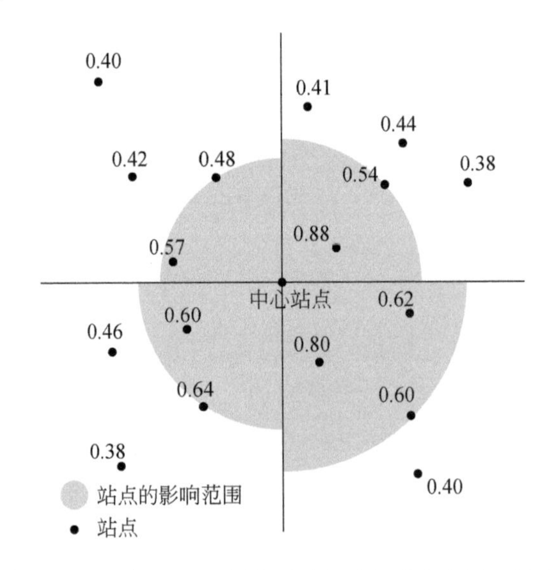

图 4-4 阈值为 0.48 情况下的某站点影响范围示意图

4.2.2.2 蒸发蒸腾模拟

WEP-L 模型主要参照 ISBA 模型，采用通用 Penman 公式（Penman，1948）或 Penman-Monteith 公式（Monteith，1973）等进行蒸发量模拟计算。计算单元内的蒸发蒸腾量是五大类下垫面的蒸腾蒸发量通过面积加权平均计算获取的。其中，水域和不透水域主要为蒸发量，植被裸地域、灌溉农田域和非灌溉农田域主要由植被截留蒸发量、植被蒸腾量以及裸土蒸发量组成。在模型中首先采用公式计算各下垫面的蒸发能力，其次再根据下垫面实际水量计算实际蒸发量，如果水量充足则使用蒸发能力计算，否则按实际水量计算。各蒸发能力计算公式如下。

水域和不透水域蒸发能力（E_1）由 Penman 公式计算，同时 Penman 公式也用于计算区域蒸发能力：

$$E_1=\frac{(\mathrm{RN}-G)\Delta+\rho_a C_p \delta_e/r_a}{\lambda(\Delta+\gamma)} \tag{4-3}$$

$$\gamma=\frac{C_p P}{0.622\lambda} \tag{4-4}$$

式中，RN 为净辐射量（$\mathrm{MJ/m^2}$）；G 为传入水中的热通量（$\mathrm{MJ/m^2}$）；Δ 为饱和水汽压对温度的导数（kPa/℃）；ρ_a 为空气密度（$\mathrm{kg/m^3}$）；C_p 为空气的定压比热［J/(kg · ℃)］；

δ_e 为实际水蒸气压与饱和水蒸气压的差值（kPa）；r_a 为蒸发表面空气动力学阻抗（s/m）；λ 为水的气化潜热（MJ/kg）；γ 为空气湿度常数（kPa/℃）；P 为大气压（kPa）。

植被截留蒸发量（E_i）使用 Noilhan-Planton 模型（Noilhan and Planton，1989）计算：

$$E_i = \text{Veg} \cdot \delta \cdot E_p \tag{4-5}$$

$$\frac{\partial W_r}{\partial t} = \text{Veg} \cdot P - E_i - R_r \tag{4-6}$$

$$R_r = \begin{cases} 0 & (W_r \leqslant W_{r_{max}}) \\ W_r - W_{r_{max}} & (W_r > W_{r_{max}}) \end{cases} \tag{4-7}$$

$$\delta = (W_r / W_{r_{max}})^{\frac{2}{3}} \tag{4-8}$$

$$W_{r_{max}} = 0.2\text{VegLAI} \tag{4-9}$$

式中，Veg 为裸地-植被域中植被面积占计算单元面积的比例；δ 为湿润叶面面积占植被叶面面积的比例；E_p为最大蒸发量，由式（4-3）计算（mm）；W_r 为植被截留水量（mm）；$W_{r_{max}}$为最大植被截留水量（mm）；P 为降水量（mm）；R_r 为植被冠层流出水量，即超出最大植被截留水量的部分（mm）；LAI 为叶面积指数。

植被蒸腾量（E_{tr}）使用 Penman-Monteith 公式（Monteith，1973）计算。WEP-L 模型采用3层土壤进行水分运移模拟，且各层土壤含水率不一样，因此需要分层计算各层实际蒸腾吸水量，然后累加获取整个植被蒸腾量。植被各土壤层吸水比例采用雷志栋等（1988）的根系吸水模型进行模拟。具体公式如下：

$$E_{PM} = \frac{(\text{RN}-G)\Delta + \rho_a C_p \delta_e / r_a}{\lambda[\Delta + \gamma(1 + r_c / r_a)]} \tag{4-10}$$

$$E_{tr} = E_{tr_1'} \cdot S_{r_1} + E_{tr_2'} \cdot S_{r_2} + E_{tr_3'} \cdot S_{r_3} \tag{4-11}$$

$$E_{tr'} = \text{Veg} \cdot (1-\delta) \cdot E_{PM} \tag{4-12}$$

$$S_r = 1.8\frac{z}{l_r} - 0.8\left(\frac{z}{l_r}\right)^2 \quad (0 \leqslant z \leqslant l_r) \tag{4-13}$$

式中，下标1为上层土壤；下标2为中层土壤；下标3为下层土壤；$E_{tr'}$为在特定土壤含水率下所计算的实际植被蒸腾量（mm）；S_r 为对应土壤层所吸取的水分占 $E_{tr'}$的比例；E_{PM}为使用 Penman-Monteith 公式计算的植被最大蒸腾量（mm）；G 为传入植物体内的热通量（MJ/m^2）；r_c 为植物群落阻抗（s/m）；z 为计算吸水层离地面的深度，一般等于累计土壤层厚度（m）；l_r 为根系层厚度（m），一般 l_r 都位于2～3层土壤层内，对最下层土壤层确保 $z/l_r \leqslant 1$；其他参数意义同前面公式一样。

裸地土壤蒸发量（$E_{s_{23}}$）由修正 Penman 公式（Jia and Tamai，1997）计算，即

$$E_{s_{23}} = \frac{(\text{RN}-G)\Delta + \rho_a C_p \delta_e / r_a}{\lambda(\Delta + \gamma / \beta)} \tag{4-14}$$

$$\beta = \begin{cases} 0 & (\theta \leqslant \theta_m) \\ \frac{1}{4}\left[1 - \cos\left(\pi \frac{\theta - \theta_m}{\theta_{fc} - \theta_m}\right)\right]^2 & (\theta_m < \theta < \theta_{fc}) \\ 1 & (\theta \geqslant \theta_{fc}) \end{cases} \tag{4-15}$$

式中，β 为土壤湿润函数或蒸发效率；θ 为表层土壤体积含水率（体积百分数）；θ_m 为土壤单分子吸力（101 325 ~ 1 013 250kPa）对应的土壤体积含水率（体积百分数）；θ_{fc} 为表层土壤田间持水率（体积百分数）；其他参数意义同前面公式一样。

4.2.2.3 入渗过程模拟

WEP-L 模型将入渗过程划分成两种情况进行模拟：暴雨期和非暴雨期，划分标准是日降水量是否超过 10mm，其中暴雨期采用 Green-Ampt 模型（Jia and Tamai，1997）按小时进行模拟计算，只考虑土壤水的垂向运动，小时降水量使用日降水量降尺度获得；而非暴雨期，由于降水量相对较小，使用水量平衡原理进行日尺度模拟，考虑土壤水分垂向和水平向运动，土壤入渗能力按饱和导水系数计算。Green-Ampt 模型假定在入渗过程中存在一个湿润锋将土壤层划分为上部饱和部分和下部非饱和部分，应用达西定律和水量平衡原理进行计算。WEP-L 模型采用 Jia 和 Tamai（1997）提出的多层非稳定降雨 Green-Ampt 模型进行模拟计算，见图 4-5。

当入渗锋到达第 m 层土壤时，由式（4-16）计算土壤层入渗能力：

$$f=k_m\left(1+\frac{A_{m-1}}{B_{m-1}+F}\right) \tag{4-16}$$

式中，f 为入渗能力（mm/h）；A_{m-1} 为上面 $m-1$ 层土壤层总可容水量（mm）；B_{m-1} 为上面 $m-1$ 层土壤层因各层土壤含水率不同而引起的误差（mm）；F 为累计入渗量（mm）；k_m 为第 m 层土壤层导水系数（mm/h）。

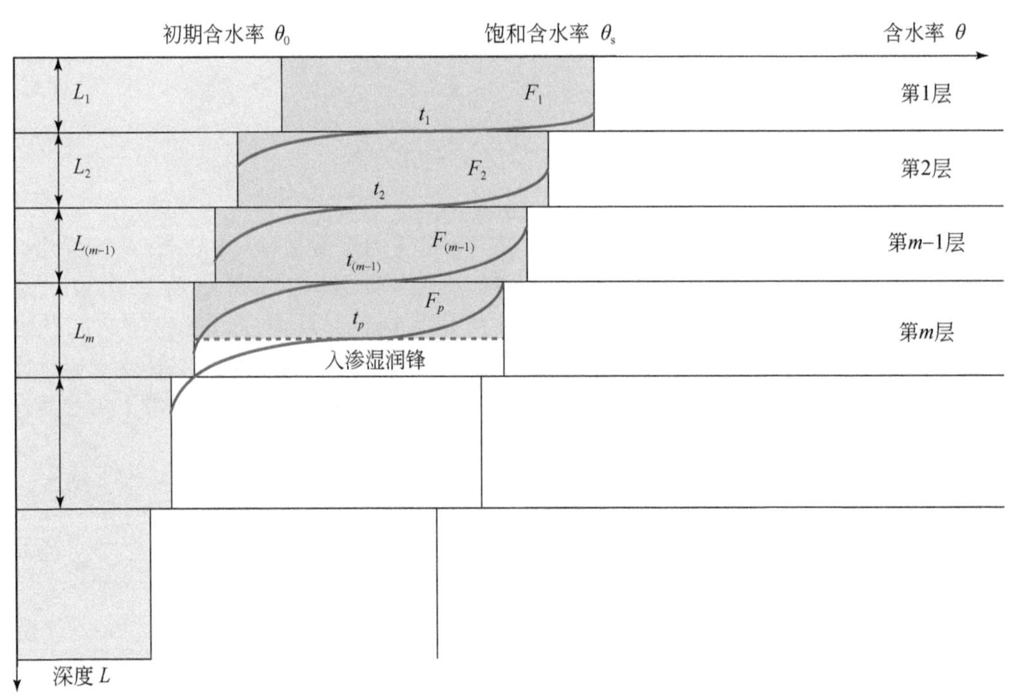

图 4-5　多层构造土壤的入渗示意图

当湿润锋进入第 m 层时，累计入渗量 F 计算视地表有无积水分不同情况进行计算。如果自湿润锋进入第 $m-1$ 层土壤时地表面持续积水，则使用式（4-17）计算；如果前一时段地表无积水，当前时段地表开始积水，则使用式（4-18）计算。

$$F-F_{m-1}=k_m(t-t_{m-1})+A_{m-1}\cdot\ln\left(\frac{A_{m-1}+B_{m-1}+F}{A_{m-1}+B_{m-1}+F_{m-1}}\right) \tag{4-17}$$

$$F-F_p=k_m(t-t_p)+A_{m-1}\cdot\ln\left(\frac{A_{m-1}+B_{m-1}+F}{A_{m-1}+B_{m-1}+F_p}\right) \tag{4-18}$$

$$A_{m-1}=(\sum_1^{m-1}L_i-\sum_1^{m-1}L_ik_m/k_i+SW_m)\Delta\theta_m \tag{4-19}$$

$$B_{m-1}=(\sum_1^{m-1}L_ik_m/k_i)\Delta\theta_m-\sum_1^{m-1}L_i\Delta\theta_i \tag{4-20}$$

$$F_{m-1}=\sum_1^{m-1}L_i\Delta\theta_i \tag{4-21}$$

$$F_p=A_{m-1}\left(\frac{I_p}{k_m-1}\right)-B_{m-1} \tag{4-22}$$

$$t_p=t_{m-1}+(F_p-F_{n-1})/I_p \tag{4-23}$$

$$\Delta\theta_i=\theta_{si}-\theta_{i0} \tag{4-24}$$

式中，F_{m-1}为 $m-1$ 层累计入渗量（mm）；F_p 为相对于当前时段地面开始积水时刻的累计入渗量（mm）；m 为目标入渗土壤层；A_{m-1}为上面 $m-1$ 层土壤层总可容水量（mm）；B_{m-1}为上面 $m-1$ 层土壤层因各层土壤含水率不同而引起的误差（mm）；k_i 为第 i 层土壤层导水系数（mm/d）；L_i 为第 i 层土壤厚度（mm）；SW_m 为第 m 层渗湿润锋处的毛管吸引压引起的入渗量（mm）；$\Delta\theta_i$ 为第 i 层距离饱和含水率的差额；I_p 为积水开始时的降雨强度（mm）；t 为当前时刻；t_p 为当前时段地面开始积水的时间，不超过时段开始结束时间（s）；t_{m-1}为湿润锋位于 $m-1$ 层和 m 层交界面的时刻（s）；θ_{si}为第 i 层土壤饱和含水率；θ_{i0}为积水时刻初始土壤含水率。

4.2.2.4 产流过程模拟

1）地表径流模拟

WEP-L 模型根据降雨强度将地表径流过程划分成两种情况：暴雨期产流和非暴雨期产流。暴雨期，土壤水主要是垂直下渗运动，忽略土壤水的水平运动，使用超渗产流公式计算；非暴雨期，根据水量平衡原理综合考虑各层土壤的垂向以及水平向的土壤水分运动，使用蓄满产流计算。公式如下：

$$H_2-H_1=\begin{cases}P-E-F-R_{\text{surf}} & \text{（暴雨期）}\\ P\cdot F_{\text{soi}}+\text{Veg}_1\text{Rr}_1+\text{Veg}_2\text{Rr}_2-E_0-Q_0-R_{\text{surf}} & \text{（非暴雨期）}\end{cases} \tag{4-25}$$

$$R_{\text{surf}}=\begin{cases}0 & H_2\leqslant H_{\max}\\ H_2-H_{\max} & H_2>H_{\max}\end{cases} \tag{4-26}$$

式中，R_{surf}为地表径流深（mm）；H_1 为时段初洼地储留深（mm）；H_2 为时段末洼地储留深（mm）；H_{max}为最大洼地储留深（mm）；F为Green-Ampt计算的累计入渗量（mm）；P为降水量（mm）；E为蒸散发量（mm）；Veg_1、Veg_2为高植被、低植被的植被覆盖度（灌溉、非灌溉农田域不考虑Veg_1）；F_{soi}为裸地面积比例（等于$1-Veg_1-Veg_2$）；Rr_1、Rr_2为从高植被、低植被的叶面流向地表面的水量（灌溉、非灌溉农田域不考虑Rr_1）（mm）；Q_0为地表入渗量（mm）；E_0为洼地储留蒸发（mm）。

2）壤中流模拟

壤中流是土壤非饱和带的自由重力水，即超过田间持水率的部分，在重力影响下，沿水平方向流动产生的。一般情况下，自由重力水垂直方向运动速率要远大于水平方向，因此壤中流一般在靠近河道的地区产生，且以地下水位线作为产流界面。模型认为，有河道存在的计算单元才进行壤中流计算，计算公式如下：

$$R_{sub}=2k(\theta)\sin(\text{slope})dL/A \tag{4-27}$$

式中，R_{sub}为计算单元壤中流产流深（mm）；k（θ）为体积含水率为θ的土壤层对应的沿山坡方向的土壤导水系数（mm/d）；slope为地面坡度（弧度）；L为计算单元内河道长度（m）；d为不饱和土壤层厚度（m）；A为计算单元面积（m^2）；系数“2”为对一条河道而言，两个沿岸产流。此外，该公式仅计算一层土壤壤中流产流量，整个计算单元壤中流等于三层土壤层的壤中流之和。

3）地下水运动模拟

（1）地下水运动。模型中地下水位以上土壤层主要细分为四层，包含三层根系土壤层，以及第三层土壤层和地下水位之间的过渡带。地下水运动相关计算公式如下：

浅层（无压层）地下水运动方程：

$$C\frac{\partial h}{\partial t}=\frac{\partial}{\partial x}\left[k(h-z)\frac{\partial h}{\partial x}\right]+\frac{\partial}{\partial y}\left[k(h-z)\frac{\partial h}{\partial y}\right]+(Q_4+\text{WUL}-\text{RG}-\text{E}-\text{Per}-\text{GWP}) \tag{4-28}$$

承压层地下水运动方程：

$$C_1\frac{\partial h_1}{\partial t}=\frac{\partial}{\partial x}\left(k_1D_1\frac{\partial h_1}{\partial x}\right)+\frac{\partial}{\partial y}\left(k_1D_1\frac{\partial h_1}{\partial y}\right)+(\text{Per}-\text{RG}_1-\text{Per}_1-\text{GWP}_1) \tag{4-29}$$

式中，无下标的为潜水层；下标1为承压层；h为地下水位（潜水层，m）或水头（承压层，m）；E为蒸发蒸腾量（m）；D_1为承压层厚度（m）；RG为地下水出流量（m）；C为储留系数；k为导水系数（m/d）；z为潜水层底部高程（m）；WUL为管道输水渗漏量（m）；GWP为地下水开采量（m）；Q_4为来自不饱和土壤层（即第三层土壤层和地下水位之间的过渡层）的渗透量（m）；Per为深层渗漏量（m）。

（2）地下水河道交换量。依据河道水位和地下水位高低关系，分两种情况计算地下水河道交换量：①当地下水位高于河道水位时，地下水补给河道，即地下径流；②当地下水位低于河道，河道补给地下水，即河道渗漏，见图4-6，计算公式如下：

$$\text{RG}=\begin{cases}k_bA_b(h_u-H_r)/d_b & h_u\geqslant H_r\\ -k_bA_b & h_u<H_r\end{cases} \tag{4-30}$$

式中，k_b为河床土壤导水系数（mm/d）；A_b为计算单元内河床浸润面积（m^2）；d_b为河床土壤厚度（m）；h_u为地下水位高程（m）；H_r为河川水位高程（m）。可见，地下水和河川水之间的交换是相互的，当地下水位较高时，地下水向河道补水，反之则河道向地下水补水。

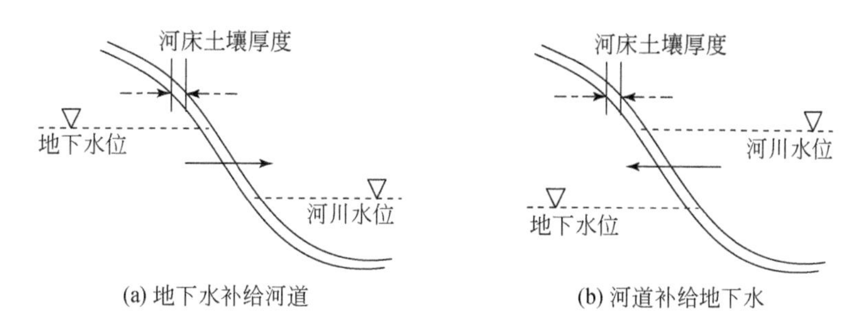

图 4-6　地下水与河道水量交换示意图

（3）地下水溢出。对于各计算单元，入渗水量经中途消耗后最终进入地下水。如果地下水位上升且超过地表，则设定地下水位等于地表高程，超出部分就是地下水溢出，即回归流。一般情况下，地下水溢出位于最低的几个等高带上，随着地下水位的变动，地下水溢出的面积也相应变化，从而可以有效模拟变化源区产流过程。

4.2.2.5　汇流过程模拟

汇流过程主要包括坡面汇流以及河道汇流。坡面汇流按等高带从最高等高带逐个模拟到最低等高带，最终汇入河道进行河道汇流模拟。WEP-L 模型采用运动波方程进行坡面、河道汇流模拟，公式如下：

$$\frac{\partial A}{\partial t}+\frac{\partial Q}{\partial x}=q_{\mathrm{L}} \quad （连续方程） \tag{4-31}$$

$$S_{\mathrm{f}}=S_0 \quad （运动方程） \tag{4-32}$$

$$Q=\frac{A}{n}R^{2/3}S_0^{1/2} \quad （\text{Manning 公式}） \tag{4-33}$$

式中，Q 为过流断面流量（$\mathrm{m^3/s}$）；A 为过流断面面积（$\mathrm{m^2}$）；q_{L} 为单宽入流量（计算单元或河道所有流入的水量）［$\mathrm{m^3/(s\cdot m)}$］；S_{f} 为摩擦坡降；S_0 为计算单元平均地面坡降或河道坡降（比例系数）；R 为过流断面水力半径（m）；n 为 Manning 糙率系数。

坡面汇流将整个计算单元概化成一个矩形平板，并采用矩形宽作为计算单元坡面汇流路径长度。坡面汇流过流断面是矩形，长度等于计算单元长度，将计算单元内所有径流量（本地产流量、上游流入量）均摊到整个矩形平板上，使用运动波进行坡面汇流演算。由于城市下垫面地表径流通过城市管网排入河道，因此模型中认为城市下垫面产流直接进入河道而不进行坡面汇流处理。河道汇流断面采用倒等腰梯形进行模拟，梯形参数由流域相关断面资料统计拟合，最终使用汇流面积估算获得。

4.2.2.6　积雪融雪过程模拟

WEP-L 模型采用“温度指标法”（又称“度日因子法”）模拟计算单元的积雪融雪过程。积雪融雪计算在产流过程之前进行，通过气温、初始积雪量决定是否进行该过程，计算公式如下：

$$SM=M_f(T_a-T_0) \tag{4-34}$$

$$\frac{dS}{dt}=SW-SM-E \tag{4-35}$$

式中，SM 为当日融雪量（mm）；S 为当日积雪量（mm）；T_0 为积雪融化临界温度（℃，一般取0℃）；T_a 为平均气温（℃）；E 为积雪升华量（mm）；M_f 为积雪融化系数［mm/(℃·d)］；SW 为降雪水当量（mm）。

积雪融化系数既随海拔高度和季节变化，又随下垫面条件变化，常作为模型调试参数对待，一般情况下在1～7mm/(℃·d)，且裸地高于草地，草地高于森林。气温指标通常取为日平均气温。融化临界温度通常在-3～0℃。另外，为将降雪与降雨分离，还需要雨雪临界温度参数（通常在0～3℃）。

4.2.2.7 农业水循环系统概化与模拟

由于农业灌溉用水年内分布的不均匀性，在进行年内展布的时候需要知道农业灌溉用水年内的用水分配系数。首先通过 Penman-Monteith 公式计算逐日需水量，以此为基础，考虑农业灌溉用水习惯、制度、地区水资源量以及降水量，获取实际灌溉用水量。研究区域总灌溉用水量则是区域内所有计算单元年内灌溉用水的总和。这个总用水根据不同灌区条件由地表水（或地下水）供给。在模型实际应用中，需要通过已知的年灌溉用水量、降水量、区域可用水资源量、灌溉管理因素等数据，率定式（4-36）中的函数关系，进而推求每个计算单元逐日农业灌溉用水量，方法详细说明见 Cui 等（2010）和 Cao 等（2010）。农业灌溉总用水量计算公式如下：

$$W_a=\sum_{t=1}^{Y}\sum_{u=1}^{N}f(W_{u,t},P_t,R,M) \tag{4-36}$$

式中，W_a 为区域内年农业灌溉总用水量（m^3）；$W_{u,t}$ 为不同计算单元第 t 日需水量，采用 Penman 公式计算得到（m^3）；u 为计算单元编号；t 为日序号；N 为区域内计算单元总数；Y 为一年的总天数（365d 或 366d）；P_t 为逐日降水量（mm）；R 为区域可用水资源量（m^3）；M 为农业灌溉管理因素，如灌溉制度、灌溉用水管理等；f 为在一定降水量、可用水资源量、管理措施条件下，实际用水量和需水量之间的函数关系。

4.2.2.8 工业水循环系统概化与模拟

工业用水年内分布相对均一，可用 GDP 进行估计或者累加所有产品用水量。在模型实际应用中，需要通过已知的年工业用水量、GDP（或产品用水量），推求各个计算单元逐日工业用水量，方法详细说明见 Cao 等（2010）。工业总用水量计算公式如下：

$$W_i=\sum_{t=1}^{Y}\sum_{u=1}^{N}G_{u,t}W_u \tag{4-37}$$

$$W_i=\sum_{t=1}^{Y}\sum_{u=1}^{N}\sum_{k=1}^{M}NP_{k,u,t}W_{k,u} \tag{4-38}$$

式中，W_{i} 为区域内年工业总用水量（m³）；u 为计算单元编号；t 为日序号；N 为区域内计算单元总数；Y 为一年的总天数（365d 或 366d）；$G_{u,t}$ 为计算单元日 GDP（万元）；W_u 为计算单元单位 GDP 用水量（m³/万元）；k 为区域内工业产品序号；M 为区域内工业产品数量；$\mathrm{NP}_{k,u,t}$ 为计算单元内每日 k 产品生产数；$W_{k,u}$ 为区域内 k 产品单位用水量（m³）。

4.2.2.9 生活水循环系统概化与模拟

生活用水在年内分布也不均一，随季节变化较大，如夏天用水多于冬天。在模型实际应用中，需要通过已知的年生活用水量、人口数量，推求各个计算单元逐日生活用水量，方法详细说明见 Cao 等（2010）。生活总用水量计算公式如下：

$$W_{\mathrm{l}} = \sum_{t=1}^{Y} \sum_{u=1}^{N} W_t \rho_u A_u \tag{4-39}$$

式中，W_{l} 为区域内年生活总用水量（m³）；u 为计算单元编号；t 为日序号；N 为区域内计算单元总数；Y 为一年的总天数（365d 或 366d）；W_t 为计算单元内人均逐日用水量（m³）；ρ_u 为计算单元内的人口密度（人/km²）；A_u 为计算单元面积（km²）。

4.2.2.10 水库跨区域调度分配系统概化与模拟

对于某些具有跨区域大范围水资源配置能力的重要水库，模型单独考虑其对水资源的配置作用。此时将不同受水区进行分片处理，根据水库配水规则，不同受水区所供水量不完全一样。一般情况下，水库供水等于区域总需水量。区域总需水量计算公式如下：

$$S_r = \sum_{z=1}^{N_z} W_z = \sum_{z=1}^{N_z} (W_{\mathrm{a},z} + W_{\mathrm{i},z} + W_{\mathrm{l},z} - S_{\mathrm{local}}) \tag{4-40}$$

式中，S_r 为水库供水量（m³）；W_z 为各供水分区用水量（m³）；z 为分区序号；N_z 为水库供水区域个数；$W_{\mathrm{a},z}$ 为第 z 个受水区内农业灌溉用水量（m³），包括种植业、林业、鱼塘等，采用式（4-36）计算（仅统计第 z 个受水区内的计算单元，以下类同）；$W_{\mathrm{i},z}$ 为第 z 个受水区内工业生产用水量（m³），采用式（4-37）或式（4-38）计算；$W_{\mathrm{l},z}$ 为第 z 个受水区内生活用水量（m³），包括城市生活、农村生活，采用式（4-39）计算；S_{local} 为区域内可供水量（m³），包括地表水、地下水、再生水等。

水库跨区域调度分配系统概化示意图如图 4-7 所示。水库跨区域调度分配系统给供水范围内所有的农业、工业和生活用水户供水，供水范围内每个子流域分别概化为一个供水对象。根据水库的供水范围，确定受水区子流域与水库所在子流域之间的水力联系。

4.2.2.11 自然水循环和社会水循环耦合模拟原理

在 WEP-L 模型中，自然水循环和社会水循环在相同的基本计算单元上（子流域套等高带），采用相同的时间步长（逐日）进行耦合计算。从机理来说，社会水循环同自然水循环的耦合过程主要是在取水和排水环节；从取水来源来说，社会水循环可从河道、水库或地下水取水，可分为河道取水、水库取水以及地下水开采。其中，取水环节主要会导致上游计算单元地表和地下水循环通量的减少，排水环节会导致下游计算单元地表和地下水循环通量增加。

在社会水循环内部，WEP-L 模型还考虑了污水回用等过程。相关耦合原理如图 4-8 所示。

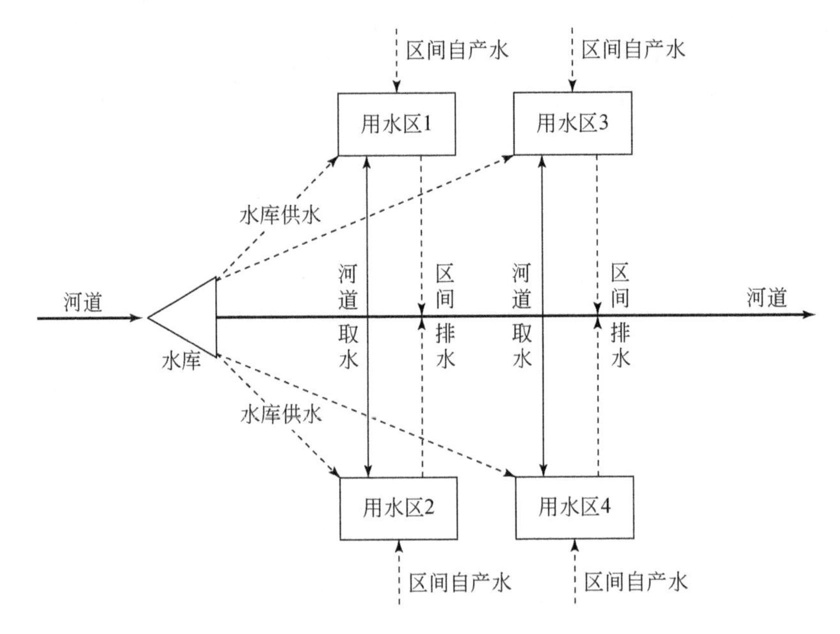

图 4-7　水库跨区域调度分配系统概化示意图

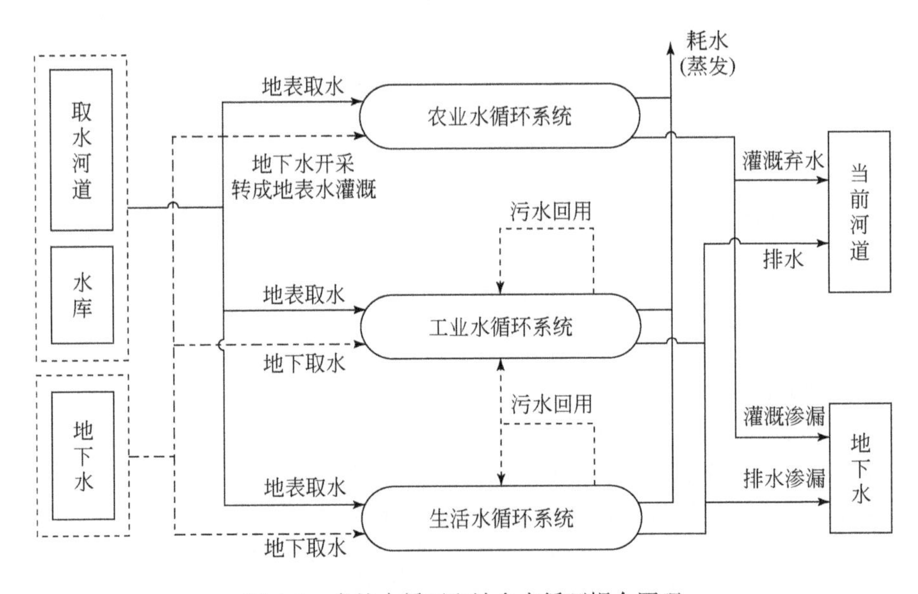

图 4-8　自然水循环和社会水循环耦合原理

4.2.3　黄河河源区冻土水热耦合模块开发

黄河河源区气象、地质条件特殊，受雪被、土壤和砂砾石层影响的水热迁移过程是此地区水文模拟的关键问题，同时大量分布的冰川积雪对流域水循环的影响也不容忽视。项目围绕以上重点问题，结合在黄河河源区开展的现场试验，通过所测定的雪被厚度、温度变化，以及土壤-砂砾石层水热耦合变化，获取雪被-土壤-砂砾石层三层结构的水热物理和动力学参数（如土壤热容量、热传导系数、不同冰含量下的土壤水力传导度等参数）及其传导过程，发展并完善了黄河河源区季节性冻融区下垫面水热过程的数学描述方法，增加了黄河河源区冻土水热耦合模块。

模型假设：①模型将土壤层分为未冻结（土壤温度大于 0℃）、部分冻结（土壤温度介于阈值温度 T_f 和 0℃）和完全冻结（土壤温度小于 T_f）3 种状态。②模型只考虑液态水（未冻水）和固态水（冰）之间的相变，即含水率和含冰率的变化（下文中的含水率均指液态水含水率），不考虑气态水的相变，也不考虑气态水对热传导的影响。③当温度大于 0℃时，含冰率为 0；当土壤层温度小于 0℃时，土壤水分发生相变，此时土壤是刚性的不发生形变；当土壤完全冻结时，土壤内仍存在一部分残留的液态水不发生相变。④假定第 1 层土壤的温度上边界条件为气温，第 11 层土壤与下部土壤层间的热交换量为一恒定值。

雪被-冻土系统以大气层为上边界，土壤层和砂砾石层根据实际情况进行均等分层，将原先 3 层土壤结构改为 11 层土壤结构，计算结构如图 4-9 所示。其中，雪被上边界为近地面气象条件，下边界为土壤表层，根据能量平衡方程，计算雪被的热传导和液态水含量变化，然后根据雪被水量平衡方程，确定雪被的出流量。土壤水和裂隙水分为冻结、未冻结和部分冻结三种状态，气温或雪被温度为土壤层的上边界，传入地表的热量采用强迫-恢复法计算；进行土壤层内部计算时，根据一维垂直热流运动方程确定土壤温度（T）和热传导量（G），根据水热联系方程确定水分的相变情况，根据水量平衡原理、一维垂直水分流方程确定不同土壤层的含水量、蒸散发（E）、重力排水（Q）、土壤层间水分迁移量（Q_D）和壤中流（R）等变量，最后对各层的水热变量进行迭代求解。砂砾石层与土壤层紧密连接，上边界为土壤底层，下边界为不透水层或含水层的下缘，砂砾石层的温度和裂隙水变化情况与土壤计算原理相同，只是参数不同。模型可对积雪温度、积雪水当量、土壤层的温湿度、土壤层的蒸散发量、砂砾石层的温度和含水率等变量进行时间和空间尺度上的连续模拟。

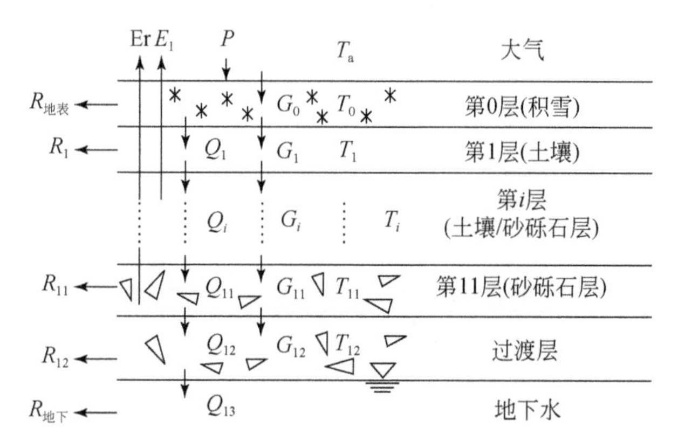

图 4-9　模型分层水热通量计算结构示意图

第0层为积雪，根据土壤层厚度设置上部 i 层为土壤层，下部 $12-i$ 层为砂砾石层。距离地表越近，水热变化越快，故第1～2层厚度设为10cm，第3～11层厚度设为20cm。当含水层总厚度小于11层土壤–砂砾石层厚度时，则根据含水层实际厚度确定土壤–砂砾石层的计算层数和最后一层的厚度。

模型假设土壤冻融时只有液态水发生运移，土壤水分的运移主要受重力势、基质势和温度势的影响，因此添加的土壤一维垂直水分流方程如式（4-41）所示。根据能量平衡原理，冻融系统中每一层土壤的能量变化都用于系统内的土壤温变和水分相变，温度势是水分相变的驱动力，而大气与表层土壤的温差则是热传导的原动力。假设土壤各向均质同性，并忽略土壤中的水汽迁移，添加一维垂直热流基本运动方程［式（4-42）］。

$$\frac{\partial \theta_l}{\partial t}=\frac{\partial}{\partial z}\left[D(\theta_l)\frac{\partial \theta_l}{\partial z}-K(\theta_l)\right]-\frac{\rho_i}{\rho_l}\frac{\partial \theta_i}{\partial t} \tag{4-41}$$

$$C_v\frac{\partial T}{\partial t}=\frac{\partial}{\partial z}\left[\lambda\frac{\partial T}{\partial z}\right]+L_f\rho_i\frac{\partial \theta_i}{\partial t} \tag{4-42}$$

式中，θ_l、θ_i 分别为土壤中液态水、冰的体积含量；T 为土壤温度；t、z 分别为时间、空间坐标（垂直向下为正）；$D(\theta_l)$、$K(\theta_l)$ 分别为非饱和土壤水分扩散率、导水率；C_v、λ 分别为土壤体积热容量、热导率；ρ_i、ρ_l 分别为冰、水密度；L_f 为融化潜热。

土壤冻融过程中，冻土水热运动间的联系主要表现在未冻水的含水率与土壤负温的动态平衡中：

$$\theta_l=\theta_m(T) \tag{4-43}$$

式中，$\theta_m(T)$ 为土壤负温对应的最大未冻水含水率。

对积雪融雪过程采用度日因子法进行计算，具体如下：

$$M=k(T_a-T_0) \tag{4-44}$$

式中，M 为当日融雪量（mm）；k 为积雪融化的度日因子［mm/(℃·d)］；T_a为当日平均气温（℃）；T_0为积雪融化临界温度（℃），取0℃。

根据下垫面的具体情况，设置积雪的度日因子，一般在1～7mm/(℃·d)。由于黄河河源区昼夜温差较其他地区偏大，本书的雨雪临界温度设为2℃。

另外，在大气与地表间能量交换计算的基础上，添加积雪层。积雪和土壤间的热量交换量采用以下公式：

$$\mathrm{RN}=\mathrm{LE}+H+G \tag{4-45}$$

式中，RN 为净放射量；LE 为积雪的蒸发、融化和升华潜热通量［J/(m^2·d)］；G 为传入雪中的热通量，由地表附近的大气和积雪的温度差决定，用强迫–恢复法计算；H 为显热通量，由地表能量平衡方程中的余项得到。

通过未冻水与土壤温度的关系，将土壤层之间的水热运移方程联系起来，砂砾石层之间以及砂砾石层和土壤层之间的水热通量计算采用与土壤层相同的计算原理，但砂砾石层的各项水热参数与土壤不同。

模型的数值模拟仍采用显式差分进行数值迭代计算，模拟步长为1d。每个时间步长内，模型先根据初始条件从积雪层到底层砂砾石层逐层计算热传导、温度和水分相变，然后以该层温度为判定条件进行迭代计算直至收敛（步骤1）；热量计算闭合收敛后，再根据水量平衡计算各层水分运移量，并修正各土壤和砂砾石层（积雪层不考虑）的含水率和含冰率（步骤2）；用液态水含水率判定是否收敛，若不收敛则返回步骤1进行热量计算，直至两项迭代计算均闭合收敛后，积雪-土壤-砂砾石层连续体水热耦合计算完成。

积雪-土壤-砂砾石层连续体的上边界为大气，但与上边界直接接触的不一定只是土壤。传入连续体的热量，在非积雪区由地表附近的大气和表层土壤的温度差以及表层土壤的水热参数决定，在积雪区由地表附近的大气和积雪的温度差以及积雪的水热参数决定，均采用强迫-恢复法计算。模型同时将土壤-砂砾石层连续体计算中的底部边界条件进行了改进，根据黄河河源区高程差距较大、温度梯度较大的特点，计算层的底部设置为固定温度已经难以满足模型需要，模型根据实际情况改进了受地面高程和气温影响的变动温度边界，首先假设计算单元底部固定深度处的边界温度与地面高程呈线性负相关（图4-10），按高程设置计算单元底部固定深度处的边界温度，同时假设土壤-砂砾石层连续体温度随深度变化呈对数分布，根据计算单元底部固定深度处温度（h_0、t_0）和倒数第二层含水层温度（h_1、t_1）拟合分布曲线，进而求出土壤-砂砾石层连续体计算层的底部温度边界（图4-11）。

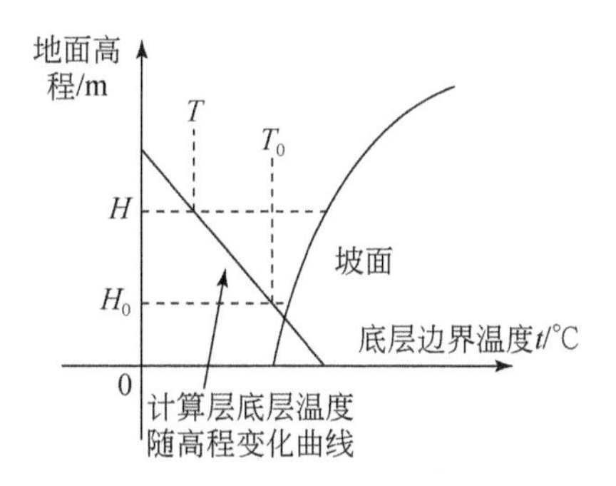

图4-10　不同计算单元底部温度和地面高程关系

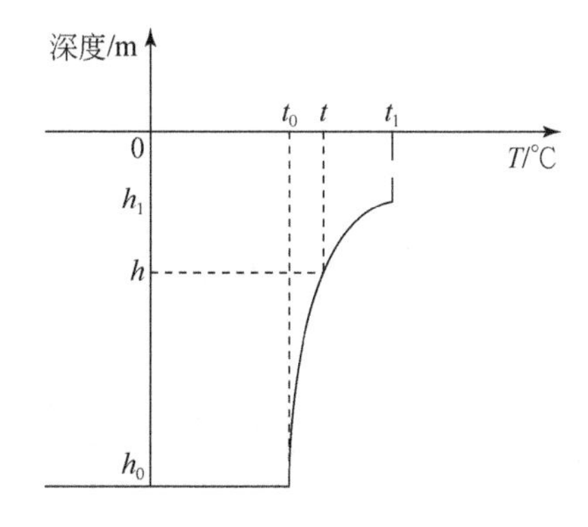

图4-11　含水层底部温度边界确定原理图

对于模型积雪层和砂砾石层的概化，模型在非冰川区存在积雪时，考虑积雪层和12

层土壤与砂砾石层构成的积雪-土壤-砂砾石层连续体，在非冰川区不存在积雪时，考虑12层土壤与砂砾石层构成的土壤-砂砾石层连续体。模型将积雪层作为连续体的第1层单加入土壤层上方，并根据温度设置降雪密度，进而求出积雪层密度，同时根据积雪密度设置积雪层的热容量和导热系数；模型根据黄河河源区实际情况在土壤层下方考虑砂砾石层，并认为砂砾石层和土壤层是紧密耦合的连续体结构。砂砾石层各项水热参数的计算公式与土壤层一样，但砂砾石层中岩石层的导热系数和热容量根据岩层性质具体确定。

积雪、土壤和砂砾石层水热参数确定，积雪主要的水热参数包括导热系数、体积热容量和降雪密度，各参数计算公式如下：

$$\rho_{\text{new}}=\begin{cases}67.9+51.3\times e^{\frac{T_a}{2.6}} & T_a\leqslant 0\\ 119.2+20\times T_a & T_a>0\end{cases} \tag{4-46}$$

$$\lambda_s=\begin{cases}0.138-1.01\times\dfrac{\rho_s}{1000}+3.233\times\left(\dfrac{\rho_s}{1000}\right)^2 & 156<\rho_s\leqslant 600\\ 0.023+\dfrac{0.234\times\rho_s}{1000} & \rho_s\leqslant 156\end{cases} \tag{4-47}$$

$$C_s=2.09\times 10^3\times\rho_s \tag{4-48}$$

式中，ρ_{new}为新雪密度（kg/m^3）；T_a 为气温（℃）；λ_s 为积雪的导热系数［W/(m·℃)］；ρ_s 为积雪密度（kg/m^3）；C_s 为积雪的体积热容量［J/(m^3·℃)］。

土壤、砂砾石层主要的水热参数也包括体积热容量、导热系数和土壤渗透系数等，其中土壤、砂砾石的体积热容量和导热系数由现场试验测得（表3-1），各参数计算公式如下：

$$C_V=(1-\theta_s)\times C_s+\theta_l\times C_l+\theta_i\times C_i \tag{4-49}$$

$$\lambda=\lambda_{st}\times(56^{\theta_l}+224^{\theta_i}) \tag{4-50}$$

$$\lambda_{st}=1.500\omega_{\text{rock}}+0.3000\omega_{\text{sand}}+0.265\omega_{\text{silt}}+0.250\omega_{\text{clay}} \tag{4-51}$$

$$K(\theta_l)=\begin{cases}K_S & \theta_l=\theta_s\\ K_S\left(\dfrac{\theta_l-\theta_r}{\theta_s-\theta_r}\right)^n & \theta_l\neq\theta_s\end{cases} \tag{4-52}$$

式中，θ_s、θ_l、θ_i 和 θ_r 分别为土壤或砂砾石层的饱和体积含水率、液态水体积含水率、固态水体积含水率和残留含水率；C_s、C_l 和 C_i 分别为土壤或砂砾石层、水、冰的体积热容量［J/(m^3·℃)］；λ、λ_{st}分别为土壤或砂砾石层实际的导热系数、干燥状态下的导热系数［W/(m·℃)］；ω_{rock}、ω_{sand}、ω_{silt}和 ω_{clay}分别为岩石（砾石和卵石）、砂粒、粉粒和黏粒的体积比；$K(\theta_l)$ 为土壤或砂砾石层在液态水含水量为 θ_l 时的导水率（cm/s）；K_S 为土壤或砂砾石层经温度修正后的饱和含水率（cm/s）；n 为 Mualem 公式常数。

参考 Chen 等（2008）的 DWHC 模型，不同温度条件下土壤或砂砾石层 K_S 计算方法如下：

$$K_S=\begin{cases}K_0 & T>0\\ K_0(0.54+0.023T) & T_f\leqslant T\leqslant 0\\ k_0 & T<T_f\end{cases} \tag{4-53}$$

式中，K_S 为常温下的饱和导水率（cm/s）；k_0 为冻结条件下最小的导水率（cm/s）；T 为土壤或砂砾石层的温度（℃）；T_f 为最小导水率对应的临界温度（℃）。考虑土壤和砂砾石层水动力学特性的区别，对于土壤，k_0 按照原公式取值为 0cm/s；对于砂砾石层，由于孔隙较大，K_0 取值为大于 0cm/s 的值。

积雪-冰川耦合模拟，在黄河河源区，冰川、积雪作为一种特殊的固体水库，和冻土一起参与流域水循环，对河川径流的形成及变化有着十分重要的作用。受全球变暖影响，近年来黄河河源区内出现了冰川退缩、雪线上升以及多年冻土和季节冻土明显退化等问题。因此，在黄河河源区考虑冰川对水循环的影响至关重要。

研究在原有水域、不透水域、裸地植被域、灌溉农田和非灌溉农田五种土地利用类型的基础上，从水域细分出冰川区进行研究。对冰川区的模拟与非冰川区不同，模型设定冰川层位于积雪层的下方，在计算的过程中，首先考虑冰川上的降雪累积与超阈值下滑，然后考虑融雪产流模拟和冰川消融模拟，积雪完全消融时冰川开始融化，冰川融水和融雪产流采用度日因子法和能量方程计算，在冰川覆盖区域忽略土壤和砂砾石层的冻融过程。冰川融水和融雪产流采用度日因子法计算，产流量直接计入对应水文计算单元。

融雪和融冰公式：

$$\mathrm{SM}=M_f(T_a-T_0) \tag{4-54}$$

式中，SM 为融雪或者融冰量（mm/d）；M_f 为融化系数或度日因子［mm/(℃·d)］，单位正积温融化的积雪当量；T_a 为气温指标（℃）；T_0 为融化临界温度（℃）；（T_a-T_0）为时段内正积温（℃）。

考虑到积雪累积、积雪下滑和积雪消融，计算公式如下：

$$\frac{\mathrm{d}S}{\mathrm{d}t}=\mathrm{SW}-\mathrm{SM}-E-\mathrm{SF} \tag{4-55}$$

式中，S 为积雪水当量（mm）；SW 为降雪水当量（mm）；E 为积雪的升华量（mm）；SF 为积雪的下滑量（mm）。

4.2.4 黄土高原水沙耦合模拟模块开发

4.2.4.1 水循环模型改进

黄土高原沟壑密集，梯田、淤地坝的建设改变了流域下垫面条件，对水循环、产输沙过程影响巨大，在模型模拟的时候需要重点考虑。为适应黄土高原产流产沙过程模拟的需要，主要改进内容包括：①将汇流过程由坡面-河道系统改进为坡面-沟壑-河道系统（图 4-12），反映沟道对汇流过程的影响。②将坝地区域独立出来成为单一的下垫面域，反映坝地对径流的拦截、储蓄、增加区域蒸发量的作用（图 4-13）。③将梯田区域独立出来作为单一的下垫面域，增加梯田对坡面径流的拦截模拟（图 4-14）。④对黄土高原盖沙区，根据试验成果修改模型中植被 ET 计算公式以及地下径流模拟公式（详细内容见第 3

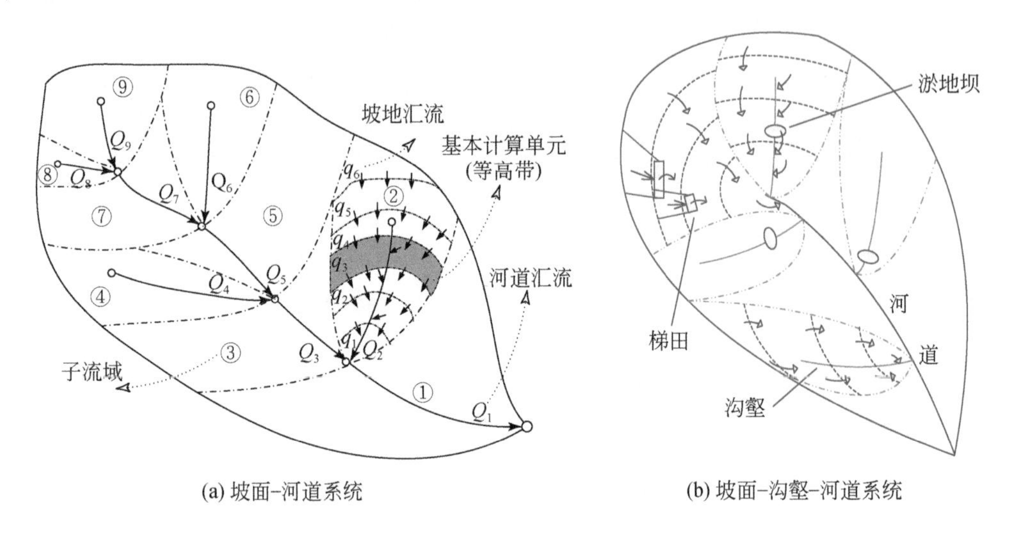

(a) 坡面-河道系统　　(b) 坡面-沟壑-河道系统

图 4-12　水循环模型汇流系统改进

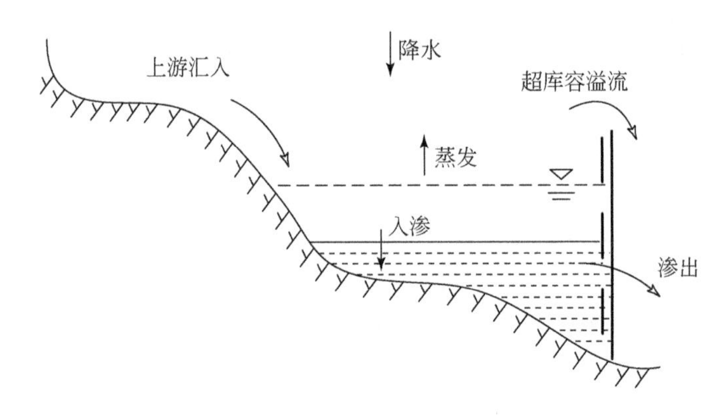

图 4-13　淤地坝水量平衡过程模拟

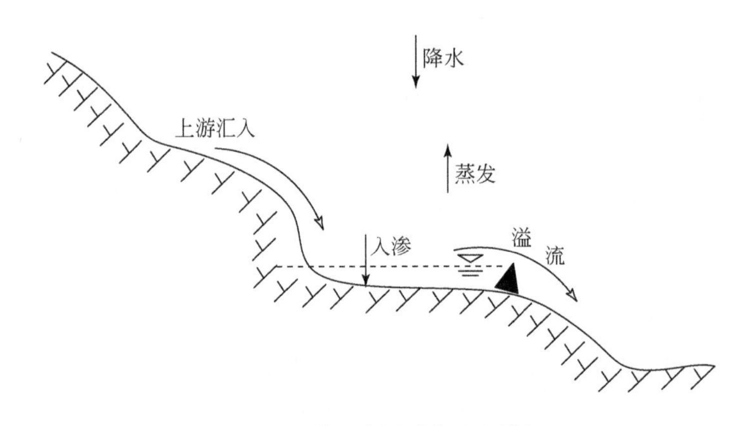

图 4-14　梯田水量平衡过程模拟

章）。⑤对黄土高原土石山区，受碎石影响，Horton 模型模拟效果一般，为了提高土石山区入渗模拟精度，根据试验，在模型中对土石山区暴雨期采用修改正的 Kostiakov 模型进行入渗模拟［式（3-70）］。根据上述改进，黄河水沙模型下垫面处理类型由原来的5类扩充为7类，原来的5类下垫面的产流过程保持不变，需要对梯田域和淤地坝域的产流过程进行改进。

各等高带梯田域的产流过程公式如下：

$$R_c = (2.2409 r_{st}^{-0.4075}) A_{st} / A_c \tag{4-56}$$

$$H_t = (Q_{in} d_t / A_s * R_c + P - E - \mathrm{Inf}) \tag{4-57}$$

$$R_t = \begin{cases} H_t - H_{t,\max} & H_t > H_{t,\max} \\ 0 & H_t \leq H_{t,\max} \end{cases} \tag{4-58}$$

式中，R_c 为当前等高带梯田对上一等高带坡面径流拦截比例（如果当前等高带是最上面的等高带，则 $R_c=0$）；r_{st} 为当前子流域内梯田面积占整个子流域面积的比例（%）；A_s 为当前等高带内梯田面积（m^2）；A_c 为当前等高带及其所有上游等高带的面积和（m^2）；H_t 为当前等高带梯田内堆积的水深（mm）；$H_{t,\max}$ 为当前等高带梯田最大可接受的储留深（mm）；Q_{in} 为上一等高带流入当前等高带的流量（m^3/s）；d_t 为模拟时间间隔（s）；P 为当前时段降水量（mm）；Inf 为当前时段梯田部分入渗量（mm）；E 为当前时段梯田蒸发量（mm）；R_t 为当前等高带梯田部分产流量（mm）。

本模型假定淤地坝位于子流域的沟壑上，且一条沟壑上有且仅有一个概化淤地坝拦截上游沟壑汇流量，经淤地坝调蓄后，超出的部分作为对应沟壑的出流量进入河道参与河道汇流过程。其中，淤地坝域的蒸散发采用盖沙区修正的 Penman- Monteith 公式进行计算［式（3-37）］；覆盖沙层储水量使用式（3-51）进行计算；沙层流出径流量使用式（3-53）进行计算。淤地坝水量平衡计算公式如下：

$$V_y = Q_{g,in} d_t + A_s (P - E) - d_t (Q_{g,out_1} + Q_{g,out_2}) \tag{4-59}$$

式中，V_y 为淤地坝蓄水量（m^3）；Q_{g,out_1} 和 Q_{g,out_2} 分别为超淤地坝库容溢流量和透过坝体的渗漏量，两者之和则为经淤地坝调蓄的沟壑汇流量（m^3/s）；$Q_{g,in}$ 为进入淤地坝之前的沟壑汇流量（m^3/s）；其余参数意义同前面公式。

本次改进的坡面-沟壑-河道三级汇流结构仍然采用运动波方程进行汇流运算，相比于原来的公式，汇流过程改进点在于侧向径流量和上游进入量的计算。对于坡面汇流过程而言，受梯田域的影响，汇流计算中需要扣除一部分被梯田域拦截的量，具体修改公式如下：

$$Q_{p,in_0} = Q_{p,in} (1 - R_c) \tag{4-60}$$

$$q_L = [R_t A_{st1} + R_o (A_{c1} - A_{st1})] / d_t / \mathrm{len} \tag{4-61}$$

式中，$Q_{p,in0}$ 为当前等高带进行汇流演算时初始的上游流入量，即刨除流入梯田部分的上游等高带坡面汇流量（m^3/s）；A_{st1} 为当前等高带梯田面积（m^2）；A_{c1} 为当前等高带及其所有上游等高带的面积和（m^2）；q_L 为坡面汇流侧向单宽流入量（m^2/s）；R_o 为非梯田部分产流量（mm）；len 为坡面长度（m）；其余参数意义同前面公式。

坡面汇流从第一个等高带逐级向下汇流演算，直到最后一个等高带汇流完成。然后，按比例进入沟壑和河道，参与沟壑和河道汇流运算。具体修改公式如下：

$$q_{L,g}=\frac{\frac{Q_{p,out}r_g}{N_g}}{len_g} \tag{4-62}$$

$$q_{L,r}=\frac{Q_{p,out}(1-r_g)+Q_{g,out}}{len_r} \tag{4-63}$$

式中，$q_{L,g}$为沟壑汇流侧向单宽入流量（m^2/s）；$q_{L,r}$为河道汇流侧向单宽入流量（m^2/s）；$Q_{p,out}$为最后一个等高带坡面汇流出流量（m^3/s）；r_g为坡面流量进入沟壑的比例；N_g为沟壑条数；len_g为沟壑长度（m）；len_r为河道长度（m）。

4.2.4.2 泥沙模拟模块开发

为了模拟黄河流域的产沙输沙过程，对 WEP-L 模型进行改进，增加了泥沙模拟功能（图 4-15）。基于土壤侵蚀的一般过程，泥沙模拟部分主要分为以下几个模块：①坡面产沙模块，包括雨滴溅蚀和薄层水流侵蚀两个侵蚀过程。②坡面沟道产输沙模块，包括坡面沟道重力侵蚀、输沙过程和梯田拦蓄三种冲淤过程。③沟壑产输沙模块，包括沟壑重力侵蚀、输沙过程以及淤地坝拦蓄模块。④河道输沙模块，包括河道重力侵蚀、冲刷侵蚀以及输沙过程。

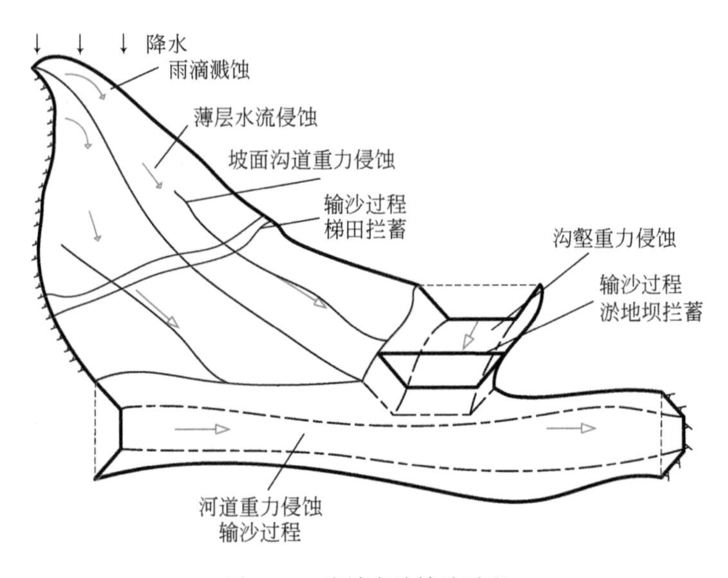

图 4-15　流域产沙输沙过程

1）雨滴溅蚀

雨滴溅蚀是土壤水力侵蚀过程的开端。雨滴打击地表，从土体表面剥离出细小的土壤颗粒，溅散的雨滴携带着细小颗粒离开原位，最终落在坡面另一位置，使土壤颗粒发生位移；雨滴的击溅作用也破坏了土壤结构，降低了土壤内部的黏聚作用，使土壤颗粒易被水流冲走。土壤颗粒产生位移和土壤结构破坏为水流的冲刷、搬运提供了物质来源。

吴普特和周佩华（1992）采用人工模拟降雨的方法，对裸地下垫面的雨滴溅蚀和水流冲刷侵蚀开展了试验研究。通过调整雨滴降落高度的方法，分别模拟了有雨滴击溅作用和无雨滴击溅作用的土壤侵蚀过程。无雨滴击溅作用时，土壤主要受薄层水流的冲刷侵蚀。存在雨滴击溅作用时，雨滴击溅的泥沙和薄层水流冲刷的泥沙被输运到坡面沟道的量与降雨强度和坡面坡度具有很强的相关关系：

$$I_S = 57.4582 I_{rain}^{1.8403} \alpha^{0.7180} \tag{4-64}$$

式中，I_S 为水流对泥沙的总输移强度，即单位时间单位裸地面积上水流将雨滴溅蚀和薄层水流冲刷侵蚀的泥沙输运到坡面沟道的总量［g/（min・m²）］；I_{rain} 为雨强（mm/min）；α 为坡面的坡度（°）。

在裸地域，总的输移强度扣除薄层水流冲刷量的输移强度即为雨滴溅蚀部分的水流输移强度：

$$I_{RD} = I_S - I_R \tag{4-65}$$

式中，I_{RD} 和 I_R 分别为水流对雨滴溅蚀部分和对薄层水流冲刷部分的输移强度，即单位时间单位裸地面积上，雨滴溅蚀和薄层水流冲刷的泥沙分别被输移到坡面沟道的量［g/（min・m²）］；其他变量意义同前。

雨滴溅蚀主要发生在裸地域，水域、不透水域、植被域和农田等不发生雨滴击溅，或溅蚀量非常少的下垫面，可以忽略不计。因此，计算单元内，雨滴溅蚀部分的水流输沙率为

$$Q_{RD} = I_{RD} A F_s / 60\,000 \tag{4-66}$$

式中，Q_{RD} 为当前计算单元中雨滴溅蚀部分的水流输沙率（kg/s）；A 为当前计算单元的面积（m²）；F_s 为当前计算单元内裸地下垫面的面积占比。

2）薄层水流侵蚀

薄层水流侵蚀实际上是坡面水流对土壤的冲刷作用。沿着水流方向，薄层水流对坡面土壤产生一个剪切力；而由于土壤内部黏聚力的存在，土壤具有抵制水流冲刷的抗剪力。当水流的切应力 τ 大于土壤的抗剪力 τ_s 时，发生侵蚀。

裸地下垫面单位坡面面积上的水流切应力可以通过下式计算得到：

$$\tau = \gamma \cdot h_R \cdot \sin\alpha \tag{4-67}$$

式中，τ 为单位坡面面积上的水流切应力（N/m²）；γ 为水的容重（N/m³）；h_R 为薄层水流的厚度（m）；其他变量意义同前。

土壤的抗剪力 τ_s 为

$$\tau_s = c + \sigma \tan\beta \tag{4-68}$$

式中，τ_s、c 和 σ 分别为单位坡面面积上的土壤抗剪力（N/m²）、土壤黏聚力（N/m²）和土壤承受的正压力（N）；β 为土壤内摩擦角（°）。

非饱和土壤的黏聚力可简化为饱和土壤黏聚力 c_0 与附加黏聚力 c_1 的和。饱和土壤黏聚力可以通过抗剪试验得到。附加黏聚力与含水量之间存在幂函数关系：

$$c_1 = 462.27 w^{-2.5283} \tag{4-69}$$

式中，c_1 为附加黏聚力（N/m²）；w 为土壤含水量（%）。

在裸地下垫面上，水流的切应力与对应水流冲刷并输移到坡面沟道的泥沙量具有明显的统计关系：

$$I_R = 46.07\tau^{1.713} \tag{4-70}$$

薄层水流冲刷主要发生在森林、草地、裸地、坡耕地、梯田和坝地下垫面。其中，森林、草地、裸地和坡耕地四种下垫面的输沙强度以裸地域为基础进行适当调整。所以，计算单元内，上述四种下垫面薄层水流冲刷部分的水流输沙率为

$$Q_{R1} = I_R \cdot A \cdot (C_F \cdot F_F + C_G \cdot F_G + F_s + C_{SF}F_{SF})/60\,000 \tag{4-71}$$

式中，Q_{R1}为当前计算单元中薄层水流冲刷部分的水流输沙率（kg/s）；C_F、C_G和C_{SF}分别为森林、草地和坡耕地下垫面的输沙强度调节系数；F_F、F_G和F_{SF}分别为当前计算单元内森林、草地和坡耕地下垫面的面积占比；其他变量意义同前。

对于梯田和坝地，其坡度极其平缓，通常会发生泥沙沉积，该过程与其沉积速率可通过下式进行计算：

$$Q_{td} = Q_w C_v - Q_{w0} C_{v0} \tag{4-72}$$

式中，Q_{td}为梯田和坝地下垫面的泥沙沉积速率（kg/s）；Q_w和Q_{w0}分别为其出口流量和入口流量（m^3/s）；C_v和C_{v0}分别为其出口含沙量和入口含沙量（kg/m^3）。

水流对其冲刷泥沙的总输沙率即为

$$Q_R = Q_{R1} + Q_{td} \tag{4-73}$$

3）重力侵蚀

在黄河流域，尤其是黄土高原地区，重力侵蚀主要以崩塌的形式发生，并且通常发生在黄土坡面的沟谷区。沟坡重力侵蚀发生崩塌的土体概化为平躺的四棱柱，柱体横断面（即将要崩塌的土体在垂直于水流方向上的剖面）形状为梯形（图4-16）。

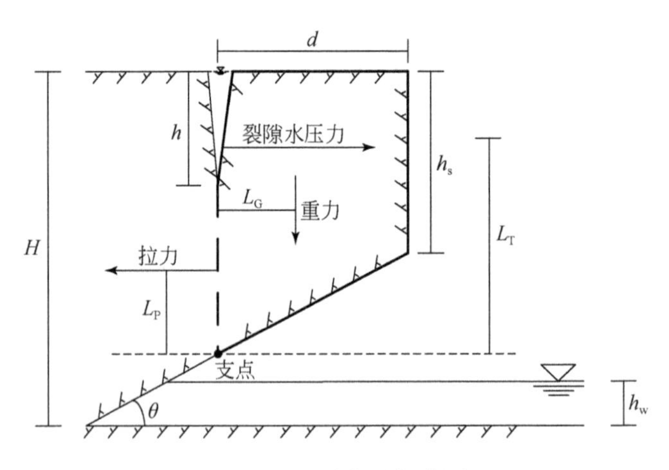

图4-16　重力侵蚀概化图

单次崩塌的土体质量可以通过几何分析直接得到：

$$M = \rho_m \cdot L \cdot \left(d \cdot h_s + \frac{1}{2} \cdot d^2 \cdot \tan\theta\right) \tag{4-74}$$

式中，M 为崩塌土体的质量（kg）；ρ_m 为土体的容重（kg/m^3）；L 为发生重力侵蚀土体的长度（即柱体沿水流方向的高度）（m）；d 为垂直于水流方向，发生重力侵蚀土体的水平厚度（m），即梯形的高；h_s 为土体最外缘的厚度（m），即梯形的上底；θ 为水流淘刷面与水平面的夹角（°）。

将其转换为水流对重力侵蚀土体的输沙率：

$$Q_g = \frac{M}{t} \tag{4-75}$$

式中，Q_g 为水流对重力侵蚀土体的输沙率（kg/s）；t 为径流发生的时长（s），取降雨历时。

对于重力侵蚀的发生条件，在特定的裂隙深度 h 条件下，当崩塌发生时，土体最外缘的厚度 h_s 存在一定的范围。沟道/河道深度 H 与水深 h_w 的差值在该范围以内时，视为能够发生崩塌。该范围通过构建力矩平衡方程进行界定：土体重力和裂隙中的水压力促使土体发生崩塌，而将要崩塌土体与稳固土体的连接部位的黏聚力阻碍土体塌落，在土体崩塌前的临界状态，三种力的力矩达到平衡。由此得到如下力矩平衡方程：

$$TLL_T + GL_G - 2\sigma_t LL_P L_P = 0 \tag{4-76}$$

$$T = \frac{1}{2}\gamma h^2 \tag{4-77}$$

$$L_T = h_s + d\tan\theta - \frac{2}{3}h \tag{4-78}$$

$$L_G = \frac{d(3h_s + d\tan\theta)}{3(2h_s + d\tan\theta)} \tag{4-79}$$

$$\sigma_t = 263\ 158\ 000 w^{-3.037} \tag{4-80}$$

$$L_P = \frac{1}{2}(h_s + d\tan\theta - h) \tag{4-81}$$

式中，T 为沿水流方向单位长度的裂隙水压力（N/m）；L_T 为裂隙水压力的力臂；L_G 为重力的力臂；σ_t 为单位面积崩塌土体受到的拉力（N/m^2），是崩塌土体塌落运动趋势促使崩塌面左侧土体对崩塌土体产生的被动力，在崩塌瞬间，其值等于土体抗拉强度，主要受含水量的影响；h 为裂隙深度（m）；其他变量意义同前。

4）坡面沟道产输沙

坡面沟道侵蚀量相当于沟道剩余水流挟沙量，即水流挟沙力与含沙量的差：

$$\mathrm{EC} = K_{SG}(T - C) \tag{4-82}$$

式中，EC、T 和 C 分别为单位体积水流侵蚀的沙量、水流挟沙力和含沙量（kg/m^3）；K_{SG} 为沟道水流侵蚀系数。挟沙力的计算采用费祥俊和邵学军（2004）的沟道高含沙水流挟沙力公式：

$$T_v = 0.0068\left(\frac{v}{\omega}\sqrt{\frac{f}{8}}\right)^{1.5}\left(\frac{d_{90}}{4R}\right)^{\frac{1}{6}} \tag{4-83}$$

$$\omega = \frac{\sqrt{10.99 d_{90}^3 + 36\left(\frac{\mu}{\rho_m}\right)^2} - 6\frac{\mu}{\rho_m}}{d_{90}} \tag{4-84}$$

$$\mu = \mu_0\left(1 - K_S\frac{C_v}{C_{vm}}\right)^{-2.5} \tag{4-85}$$

$$C_{vm} = 0.92 - 0.2\lg\sum_{i=1}^{I}\frac{P_{w_i}}{d_i} \tag{4-86}$$

$$K_S = 1+2\left(\frac{C_v}{C_{vm}}\right)^{0.3}\left(1-\frac{C_v}{C_{vm}}\right)^4 \tag{4-87}$$

$$f=0.11\left(\frac{n}{4R}+\frac{68}{Re}\right)^{0.25} \tag{4-88}$$

$$R_0 = \frac{4vR\gamma_m}{g\mu} \tag{4-89}$$

式中，T_v 为体积比挟沙力（%）；v 为水流流速（m/s）；ω 为浑水中的泥沙沉速（m/s）；f 为达西系数；d_{90}为泥沙的上限粒径（m），粒径小于该值的泥沙占全部泥沙的90%；R 为水力半径（m）；ρ_m 为浑水的密度（kg/m^3）；μ 为浑水的黏度（cP）；μ_0 为清水的黏度（cP）；K_S为泥沙固体浓度修正系数；C_v 为体积比含沙量（%）；C_{vm}为极限体积比含沙量（%）；d_i和 P_{w_i}分别为第 i 粒径级泥沙的平均直径和其重量占比；n 为河床糙度，一般取 $2d_{90}$；Re 为雷诺数；g 为重力加速度（N/kg）；其他变量意义同前。

坡面沟道的沙源包括当前计算单元内雨滴溅蚀和薄层水流冲刷的泥沙，以及坡面沟道发生重力侵蚀的土体。整段坡面沟道的重力侵蚀量在单次重力侵蚀的基础上结合其发生的密度（单位长度发生的次数）和沟长进行估算。因此，坡面沟道入口输沙率为

$$Q_{SG} = Q_{RD}+Q_R+Q_g f_{SG} l_{SG} \tag{4-90}$$

式中，Q_{SG}为坡面沟道入口的输沙率（kg/s）；f_{SG}为单位长度坡面沟道发生重力侵蚀的地点的个数（m^{-1}）；l_{SG}为坡面沟道的长度（m）。

5）梯田拦蓄

梯田作为黄土高原重要的基本农田形式，是坡耕地治理的根本措施。以次降水量与最大 30min 雨强的乘积作为黄土地区的降雨侵蚀力指标，利用降雨侵蚀力与梯田减沙效益（梯田拦沙量与相同条件坡耕地产沙量的比值）的关系定量反映梯田对泥沙的拦蓄作用：

$$r_s = \begin{cases} 100 & PI_{30} \leqslant 50 \\ -0.5848PI_{30}+130.07 & PI_{30}>50 \end{cases} \tag{4-91}$$

$$I_{30} = P_{30}/30 \tag{4-92}$$

$$P_{30} = \left(1-e^{-\frac{125}{P_d/10+5}}\right)P_d \tag{4-93}$$

式中，r_s 为梯田的减沙效益（%）；P 为每场次降水量（mm）；I_{30} 为最大 30min 雨强（mm/min）；P_{30}为最大 30min 降水量（mm）；P_d 为日降水量（mm）。

6）淤地坝拦蓄

黄土高原丘陵沟壑区修建了许多缓洪拦泥的淤地坝工程。淤地坝可以减缓流速、拦蓄泥沙，具有很强的拦水拦沙作用，尤其对输沙的影响最为巨大。因此，在沟壑输沙模拟过程中，本书还重点考虑了淤地坝对泥沙的拦蓄作用。

淤地坝拦沙过程的模拟概化为：淤地坝位于每条沟壑的出口处，每日所拦泥沙的淤积速率恒定，利用次降水量和最大 30min 雨强估算淤地坝拦沙量。

$$S=432\ 000 \cdot P \cdot I_{30} \cdot 1.0497 \tag{4-94}$$

式中，S 为淤地坝拦沙量（kg）。

坝地内泥沙的淤积速率为

$$Q_{\mathrm{d}}=S/86\ 400 \tag{4-95}$$

式中，Q_{d} 为泥沙在坝地内的日均淤积速率（kg/s）。

进入坝地的水流输沙率扣除坝地内的淤积速率即得到水流流出坝地后的输沙率。

7）沟壑、河道输沙过程

不平衡输沙理论能够反映河道不同位置的冲淤分布，以及各河段的冲淤变化过程。采用沿水深积分后的一维恒定水流泥沙扩散方程：

$$\frac{\mathrm{d}C_x}{\mathrm{d}x}=-\frac{\alpha \cdot \omega}{q}(C_x-T_x) \tag{4-96}$$

式中，x 为沿河方向到河口的距离（m）；C_x 为对应位置的水流含沙量（$\mathrm{kg/m^3}$）；T_x 为对应位置的水流挟沙力（$\mathrm{kg/m^3}$）；α 为恢复饱和系数，在一般水力因素条件下，平衡时恢复饱和系数在0.02～1.78，平均接近0.5；q 为单宽流量（$\mathrm{m^2/s}$）；其他变量意义同前。

通过对式（4-96）进行积分，可以得到河段出口含沙量计算公式：

$$C=T+(C_0-T_0) \cdot \mathrm{e}^{-\frac{\alpha\omega L}{q}}+(T_0-T)\frac{q}{\alpha\omega L}(1-\mathrm{e}^{-\frac{\alpha\omega L}{q}}) \tag{4-97}$$

式中，C 和 C_0 分别为沟壑（水流进入坝地前）或河道出口和入口的水流含沙量；T 和 T_0 分别为沟壑（水流进入坝地前）或河道出口和入口的水流挟沙力；L 为河段长度（m）；其他变量意义同前。

在沟壑输沙过程中，挟沙力的计算仍然采用费祥俊和邵学军（2004）的挟沙力公式（见“4）坡面沟道产输沙”）。入口沙源包括上一段沟壑出口的泥沙（如果当前沟壑为整条沟道的第一段，则上一段沟道的出口沙量为0）、坡面沟道中汇入沟壑的泥沙以及沟壑发生重力侵蚀的土体。重力侵蚀总量的估算方法同坡面沟道。沟壑入口输沙率为

$$Q_{\mathrm{G}}=Q_{\mathrm{G0}}+Q_{\mathrm{SG}}P_{\mathrm{G}}+Q_{\mathrm{g}}f_{\mathrm{G}}l_{\mathrm{G}} \tag{4-98}$$

式中，Q_{G} 为当前沟壑入口的输沙率（kg/s）；Q_{G0} 为上一段沟壑出口（水流流出淤地坝之后）的输沙率（kg/s）；P_{G} 为坡面沟道泥沙中汇入沟壑的比例；f_{G} 为单位长度沟壑发生重力侵蚀的地点的个数（$\mathrm{m^{-1}}$）；l_{G} 为当前沟壑的长度（m）。

在河道输沙过程中，挟沙力的计算采用适用于黄河干流的张红武和张清（1992）的高含沙水流挟沙力公式：

$$T_{\mathrm{v}}=2.5\left[\frac{(0.0022+C_{\mathrm{v}})\ v^3}{\kappa\dfrac{\gamma_{\mathrm{s}}-\gamma_{\mathrm{m}}}{\gamma_{\mathrm{m}}}gR\omega}\ln\left(\frac{h}{6\ d_{50}}\right)\right]^{0.62} \tag{4-99}$$

$$\kappa=\kappa_0[1-4.2\sqrt{C_{\mathrm{v}}}(0.365-C_{\mathrm{v}})] \tag{4-100}$$

式中，γ_{s} 为泥沙容重（$\mathrm{N/m^3}$）；κ 为浑水的卡门常数；κ_0 为清水的卡门常数。

河道入口沙源包括上游全部子流域河道出口的泥沙（如果无上游子流域，该值为0）、坡面沟道中直接汇入河道的泥沙、沟壑泥沙以及河道发生重力侵蚀的土体。河道重力侵蚀总量的估算方法同坡面沟道。当前子流域河道入口输沙率为

$$Q_{\mathrm{Rv}}=Q_{\mathrm{Rv0}}+Q_{\mathrm{SG}}(1-P_{\mathrm{G}})+Q_{\mathrm{G}}+Q_{\mathrm{g}}f_{\mathrm{Rv}}l_{\mathrm{Rv}} \tag{4-101}$$

式中，Q_{Rv}为当前子流域河道入口的输沙率（kg/s）；Q_{Rv0}为上游全部子流域河道出口的输沙率（kg/s）；f_{Rv}为单位长度河道发生重力侵蚀的地点的个数（m^{-1}）；l_{Rv}为当前子流域的河道长度（m）。

4.2.5 考虑水库调度规则的二元水循环模拟模块

水库调度影响着河道径流过程，在水文模拟中有必要对其进行模拟。模拟水库调度过程，需要知道各水库的具体调度规则、水库的水位-库容-下泄能力曲线等信息。然而，这些信息的收集往往比较困难，甚至没有相关信息。因此，为了比较准确地模拟水库调度的影响，本书采用水库典型库容进行调蓄模拟，这些库容对应水库的 5 条控制水位，主要包括校核洪水位（库容）、设计洪水位（库容）、正常蓄水位（库容）、防洪限制水位（库容）以及死水位（库容）（图 4-17）。这些水位（库容）参数可以从水库设计文件中查找。如果能够收集到某个水库的水位-库容-下泄能力曲线信息，也可以直接通过该曲线计算某水位对应的水库库容和最大下泄量；如果没有相应曲线，则可通过这些库容参数确定水库最大下泄流量，即对不同的水位区间设置不同的最大下泄量［式（4-102）］。此外，当水库水位超过正常蓄水位（非汛期）或防洪限制水位（汛期）时，需要加大泄水以保证水库安全；水库水位低于正常蓄水位（非汛期）或防洪限制水位（汛期）时，则不考虑加大泄水。

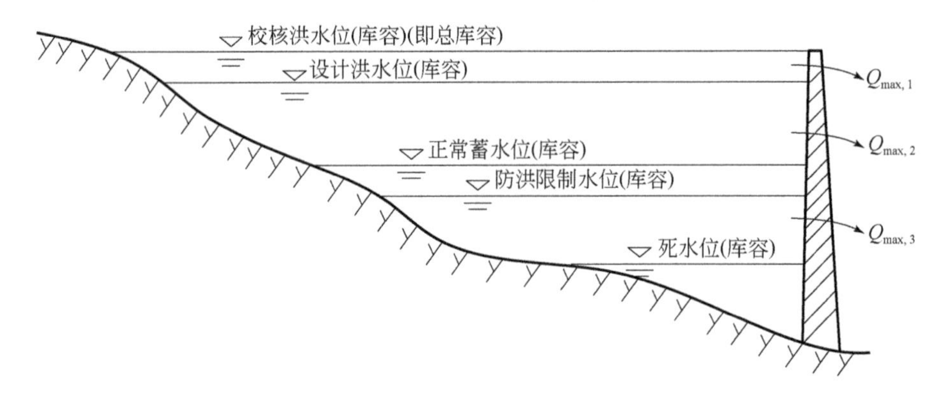

图 4-17　水库调度模拟涉及的水位（库容）

$$Q_{\max}=\begin{cases} Q_{\max,1} & V>V_{总} \\ Q_{\max,2}+(Q_{\max,1}-Q_{\max,2})\dfrac{V-V_{设计}}{V_{总}-V_{设计}} & V>V_{设计} \\ Q_{\max,3}+(Q_{\max,2}-Q_{\max,3})\dfrac{V-V_{正常}}{V_{设计}-V_{正常}} & V>V_{正常} \\ Q_{\max,2}\dfrac{V-V_{死库容}}{V_{正常}-V_{死库容}} & V>V_{死库容} \\ 0 & V\leqslant V_{死库容} \end{cases} \tag{4-102}$$

式中，Q_{max}为水库在某个库容下的最大泄流量（m^3/s）；$Q_{max,1}$为校核洪水位最大泄流量（m^3/s）；$Q_{max,2}$为设计洪水位最大泄流量（m^3/s）；$Q_{max,3}$为正常蓄水位最大泄流量（m^3/s）；V为计算时的水库库容（m^3）；$V_{总}$为水库总库容（m^3）；$V_{设计}$为水库设计水位对应库容（m^3）；$V_{正常}$为水库正常蓄水位对应库容（m^3）；$V_{死库容}$为水库死水位对应库容（m^3）。

对于一般水库而言，引起水库库容减少的过程主要包括发电泄水、生态泄水、经济生活取水。在本模型中，水库的经济生活取水过程是根据展布的每日用水量直接从水库库容中扣除，因此水库调度过程只考虑发电泄水和生态泄水过程。其中，发电泄水为水库发电平均流量；生态泄水为保证下游生态的基流，这里按多年月平均径流量的10%取值。

在计算水库实际泄水量时，基本的计算逻辑如图 4-18 所示。首先，根据超过限制水位的水量、发电泄水量、生态基流量确定一个初始的水库下泄量，进而计算初始时段末水库库容。其次，根据计算得到的初始时段末水库库容进行判别修正，主要同总库容和死库容进行比较。如果超过总库容，则将超出的水量增加到水库下泄量中；如果小于死库容，则通过减小水库下泄量和水库蒸发进行补足。水库实际下泄量和水量平衡计算公式如下：

$$V_t = V_0 + Q_v d_t + V_p - V_e - W \tag{4-103}$$

$$Q_{rsv} = \begin{cases} (V_t - V_{总})/d_t & V_t > V_{总} \\ (V_t - V_{死库容})/d_t & (V_t - V_{死库容}) < Q_{max} d_t \\ 0 & V_t < V_{死库容} \\ \min[Q_{max}, \max(Q_{发电}, Q_{生态}, Q_{超限})] & 其他 \end{cases} \tag{4-104}$$

$$V_1 = V_t - Q_{rsv} d_t \tag{4-105}$$

式中，V_t为水库初始库容加上入流量减去蒸发取水量（m^3）；V_0为时段初水库库容（m^3）；Q_v为水库所在自子流域进入水库的河道流量（m^3/s）；d_t为时段长度（s）；V_p为水库区域降水量（m^3）；V_e为水库蒸发量（m^3）；W为水库取水量（m^3）；Q_{rsv}为水库泄水量（也是经水库调蓄后的河道径流量（m^3）；V_1为时段末水库库容（m^3）；$Q_{发电}$为发电泄水量（m^3/s）；$Q_{生态}$为下游生态流量（m^3/s）；$Q_{超限}$为超过限制水位的所有水量，汛期为防洪限制水位，非汛期为正常蓄水位（m^3/s）；min 为取最小值；max 为取最大值；其他参数意义同前面公式。

在水库调度模拟模块中，①计算时段初始水库库容，即在上时段末水库库容基础上加上当前时段河道流入径流量并减去当前时段的蒸发量。②根据限制水位确定水库下泄量，即如果时段初始水库库容超过对应限制库容，下泄量为超出限制部分；如果时段初始水库库容不超过对应限制库容，则下泄量为 0。其中，非汛期使用正常蓄水位作为限制水位，汛期使用防洪限制水位作为限制水位。③使用最小生态下泄量作为限制，使得水库下泄量不小于当月最小生态下泄量。④如果有发电泄水量，则修正水库下泄量不小于发电泄水量。⑤如果有 3 个设计水位最大泄水量，则修正水库下泄量不大于当前库容最大泄水量，其中如果当前水库库容小于等于正常蓄水位库容，则当前库容最大泄水量等于正常蓄水位最大泄水量；如果当前水库库容大于正常蓄水位库容，则当前库容最大泄水量依据 3 个设

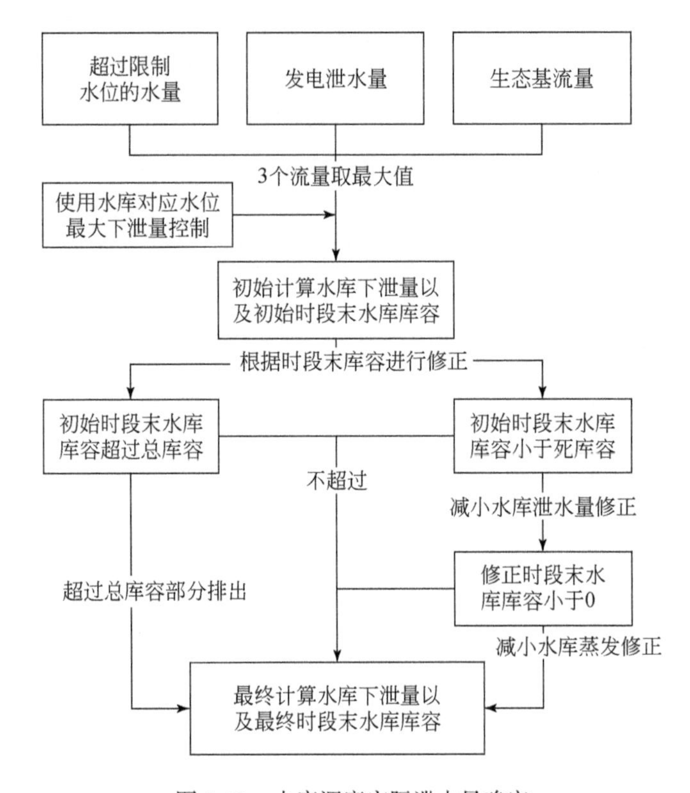

图 4-18　水库调度实际泄水量确定

计水位库容及最大泄水量线性插值得出（如果水库能够给出水位–库容–泄流量关系曲线，则可通过查曲线的方式得到对应的最大泄水量）。⑥计算时段末水库库容等于计算时段初水库库容减去计算时段末水库下泄量。⑦根据计算时段末水库库容同总库容和死库容之间的关系，对计算得到的时段末水库库容和水库下泄量进行修正。

对计算所得的时段末水库库容和水库下泄量的修正主要包括以下两大过程。

（1）如果时段末库容大于总库容，则修改水库下泄量等于水库下泄量加上超出总库容的水量，修改时段末水库库容等于总库容，并记录水库蓄满信息。

（2）如果时段末水库库容小于死库容，则减小水库下泄量和水库蒸发量进行修正。①如果水库下泄量能够满足差额，则修改水库下泄量等于水库下泄量减去差额，修改时段末水库库容等于死库容。②如果水库下泄量不能够满足差额，则修改时段末水库库容等于时段末水库库容加上水库下泄量，修改水库下泄量等于0。③如果修正后的时段末水库库容小于0，则需要对蒸发量进行修正。如果水库蒸发量能够满足水库库容亏缺，则修正水库蒸发量等于水库蒸发量减去亏缺，修正时段末水库库容等于0，记录水库耗干信息；如果水库蒸发量不能够满足水库库容亏缺，则修正时段末水库库容等于时段末水库库容加上水库蒸发量，修正水库蒸发量等于0，记录水库负库容信息。

以上为一般的水库调度模拟过程，对于那些能收集到详细调度规则的水库，则需要为其单独编写水库调度过程，并采用对应的水库调度规则进行单独模拟。

4.3 资料收集与模型构建

4.3.1 资料收集处理

4.3.1.1 气象信息

气象数据主要来自407个国家气象站1956~2018年逐日数据，包括降水、气温、湿度、风速、日照5个要素。此外，又补充水文部门915个雨量站点逐日降水信息，所采用的国家气象站和雨量站点分布如图4-19所示。

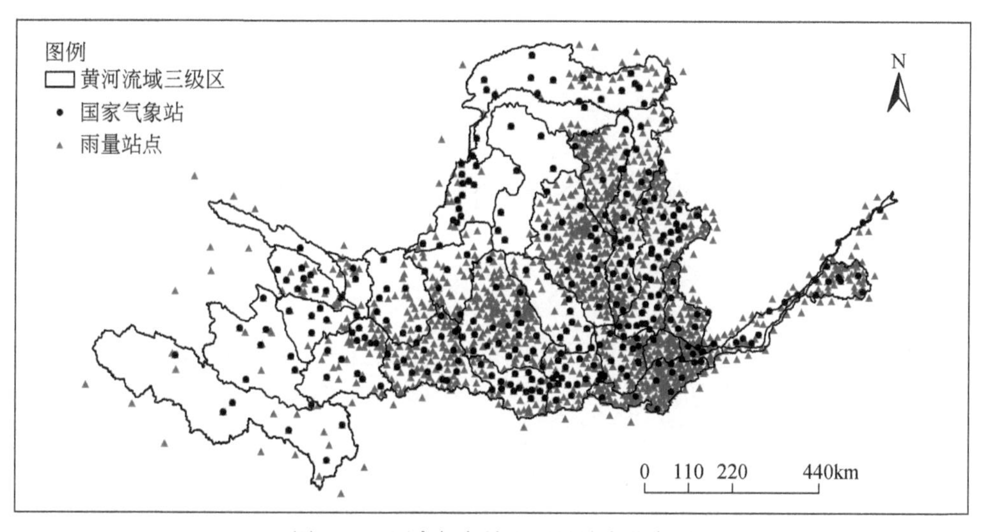

图4-19 国家气象站和雨量站点分布图

4.3.1.2 径流信息

径流资料来源于水利部黄河水利委员会水文局。采集并整理黄河流域干支流1956~2018年31个典型水文断面水文站逐月流量信息，其中干流典型水文断面16个，支流典型水文断面15个。水文站分布情况如图4-20所示。

4.3.1.3 供用水信息

1）供、用、耗水信息

供、用、耗水信息主要来源于《全国水资源综合规划》中水资源开发利用调查评价部分的成果。以水资源三级区和地级行政区为统计单元，收集整理了1980年、1985年、1990年、1995年、2000年5个典型年份不同用水门类的地表水、地下水供、用、耗水信息。2001~2018年数据来源于《黄河水资源公报》。

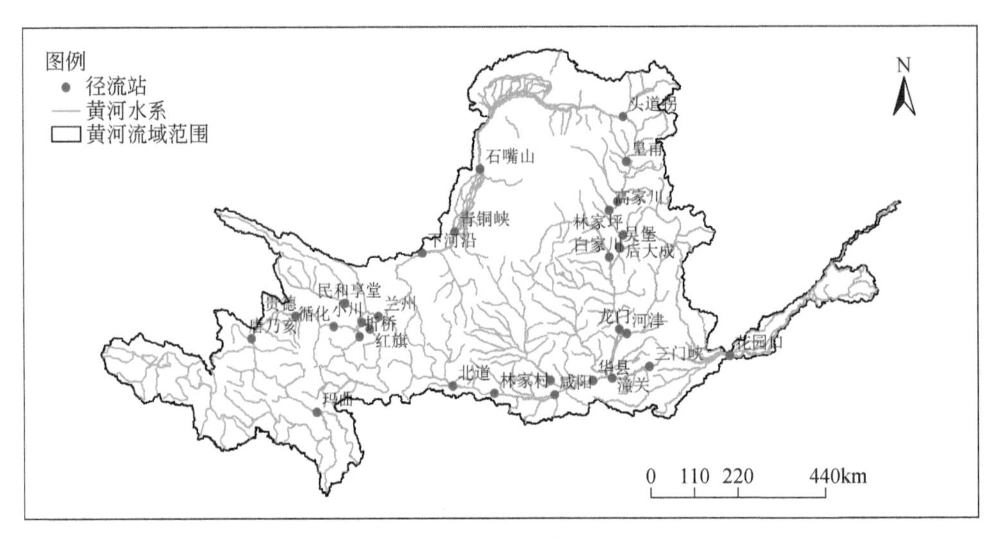

图 4-20　水文站分布图

2）灌溉制度

黄河流域 12 个三级区具有代表意义的降水频率在 75% 以下的灌溉制度。

3）种植结构

现状年黄河流域各三级区各种作物播种面积。

4）典型地区引水过程

水利部黄河水利委员会水资源管理与调度局：沿黄省区逐月引黄水量统计，甘肃统计时段为 1998～2002 年，宁夏为 1997～2002 年，内蒙古为 1997～2002 年，陕西为 2000～2002 年，山西为 2001～2002 年，河南为 1981～2002 年，山东为 1989～2002 年，河北为 1998～2002 年。

水利部黄河水利委员会黄河勘察规划设计研究院：黄河下游引黄灌区 1980～1990 年逐月引水量统计，其中大于 10 万亩灌区逐个灌区进行统计，小于 10 万亩灌区分省统计。

陕西省水文水资源勘测局：林家村（1971～2000 年）、张家山（1956～2000 年）、状头渠道（1956～2000 年）逐月引水流量记录。

4.3.1.4　地表环境信息

本次采集到的地表环境信息主要包括：

1）土地利用信息

土地利用信息包括经国家相关部门审查批准生产的 1980 年、1990 年、2000 年、2005 年、2010 年和 2015 年 6 个时段的 1：100 000 土地利用类型分布图（图 4-21）。土地利用的源信息为各时段的 TM 数字影像，波段为 4、3、2；地表空间分辨率为 30m。土地利用类型的分类系统采用国家土地遥感详查的两级分类系统，累计划分为 6 个一级类型和 31 个二级类型。通过地表抽样调查，遥感解译精度为 93.7%。

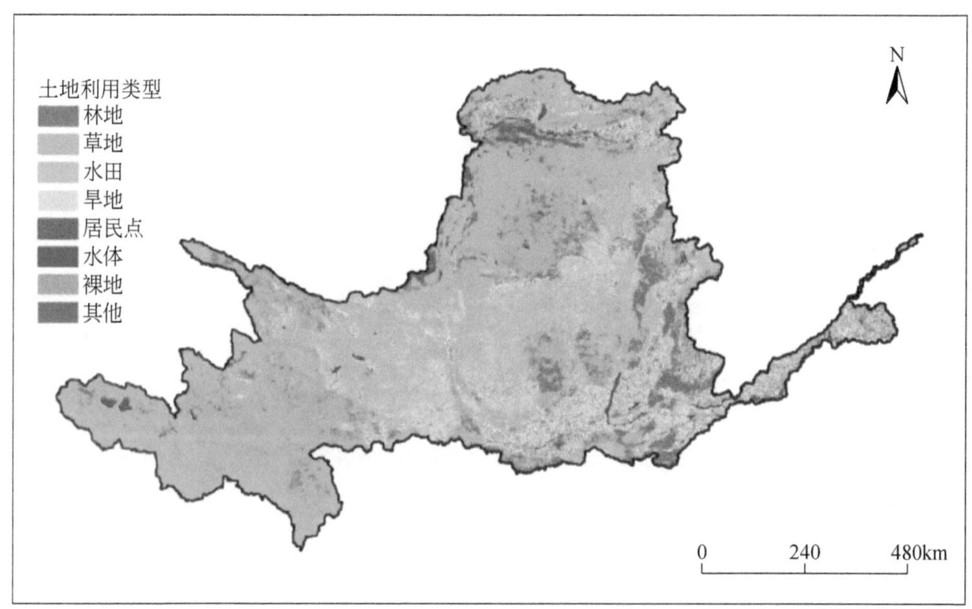

(a) 1980年土地利用

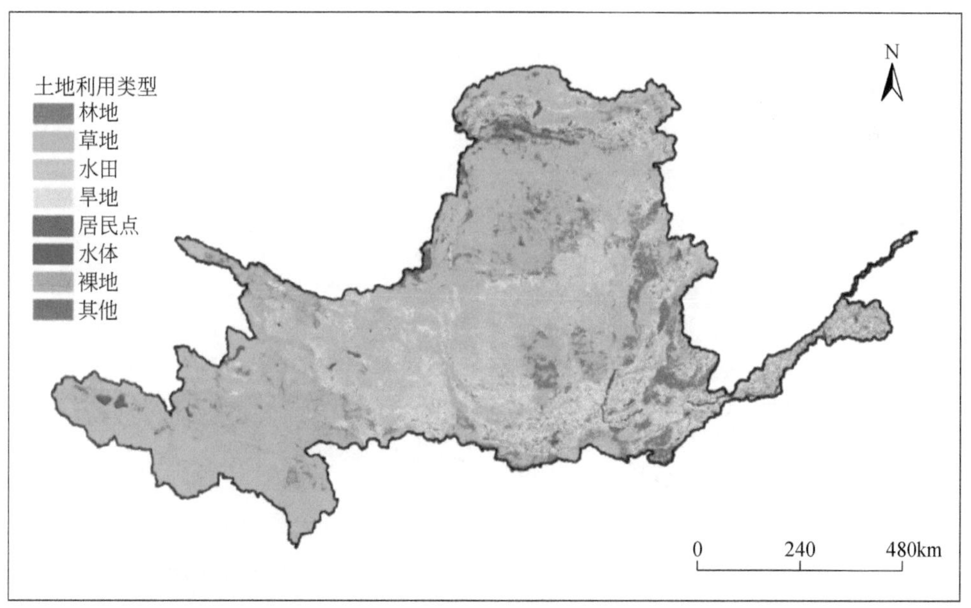

(b) 1990年土地利用

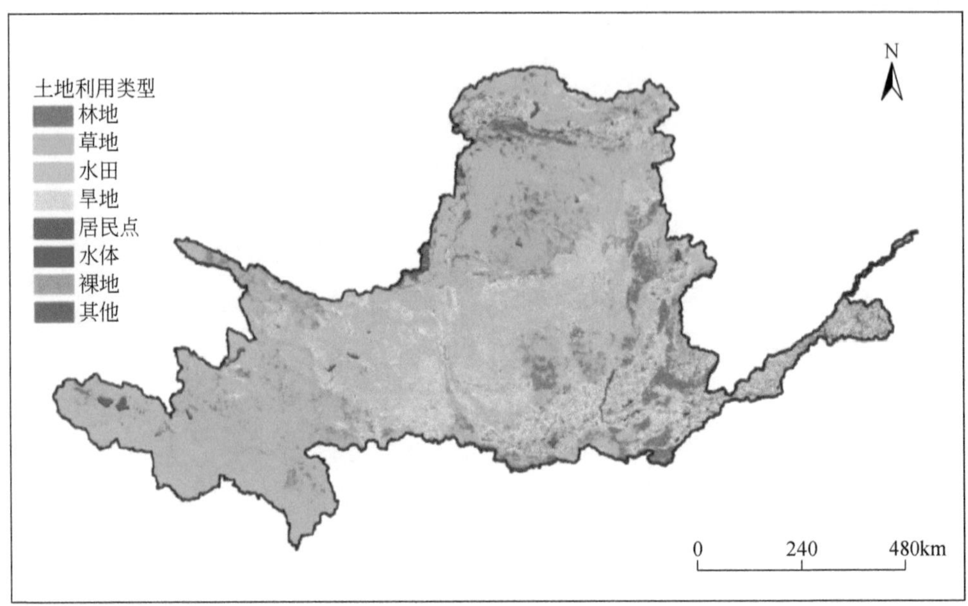

(c) 2000年土地利用

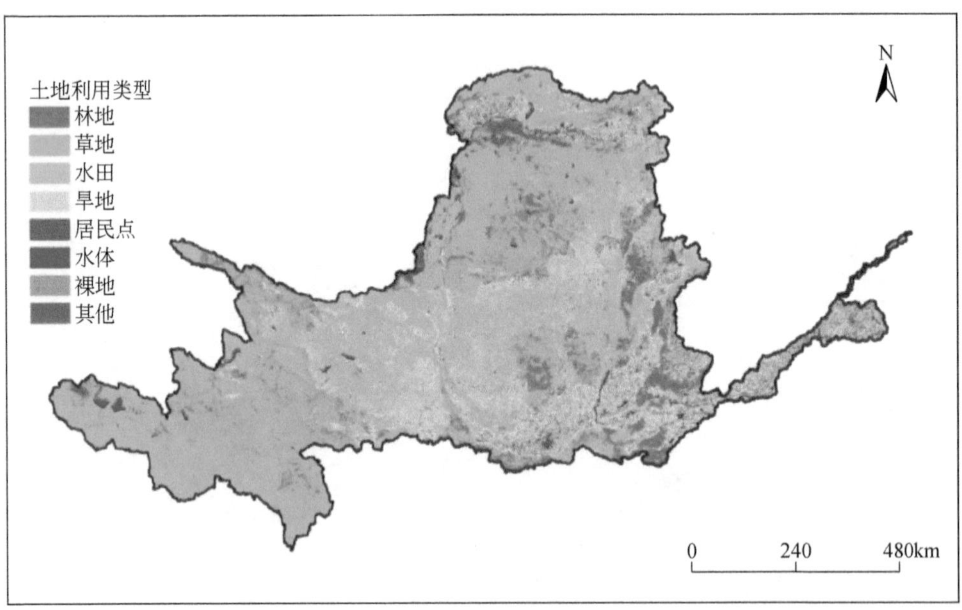

(d) 2005年土地利用

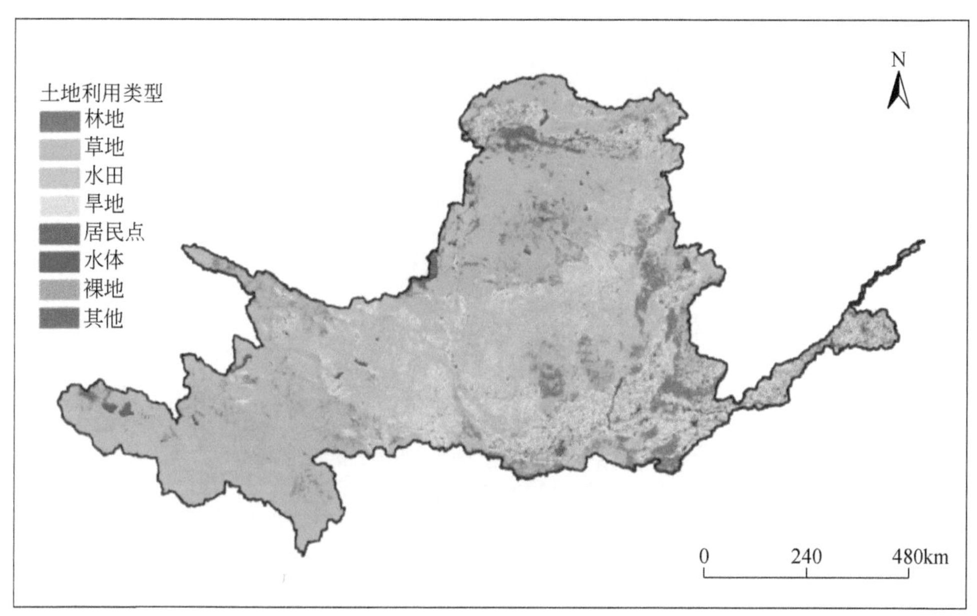

(e) 2010年土地利用

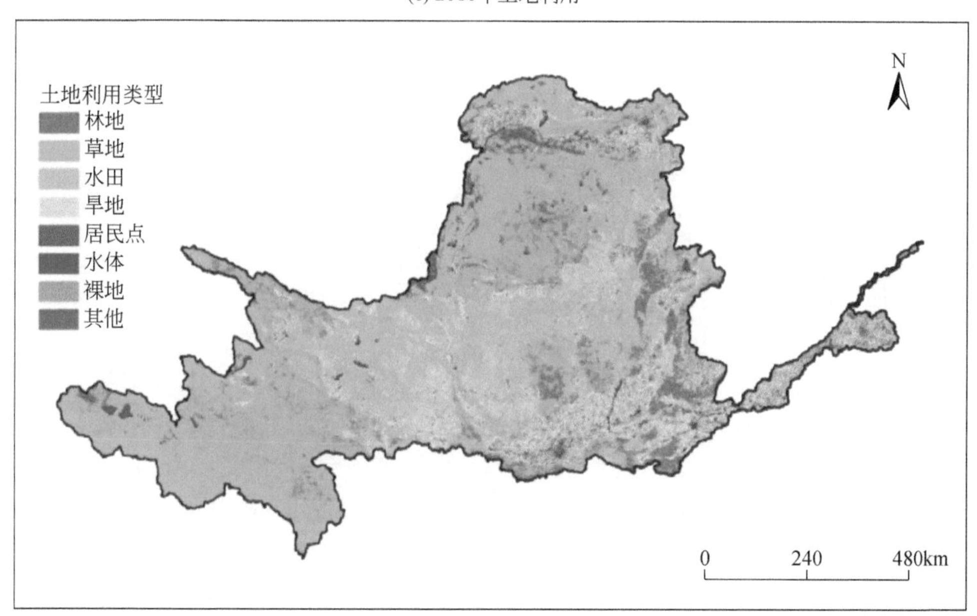

(f) 2015年土地利用

图 4-21　土地利用类型分布图

2）地表高程信息

本研究采用的黄河流域 DEM 来自美国地质调查局地球资源观测与科技中心建立的全球陆地 DEM（也称 GTOPO30）。GTOPO30 可直接从互联网上下载，网址是 https://www.usgs.gov/centers/eros/science/usgs-eros-archive-digital-elevation-global-30-arc-second-elevation-gtopo30?qt-science_center_objects=0#qt-science_center_objects。GTOPO30 为栅格型 DEM

(简称 DEM),它涵括了全球陆地的高程数据,采用 WGS84 基准面,水平坐标为经纬度坐标,水平分辨率为 30 弧秒,整个 GTOPO30 数据的栅格矩阵为 21 600 行,43 200 列,其 DEM 如图 4-22 所示。

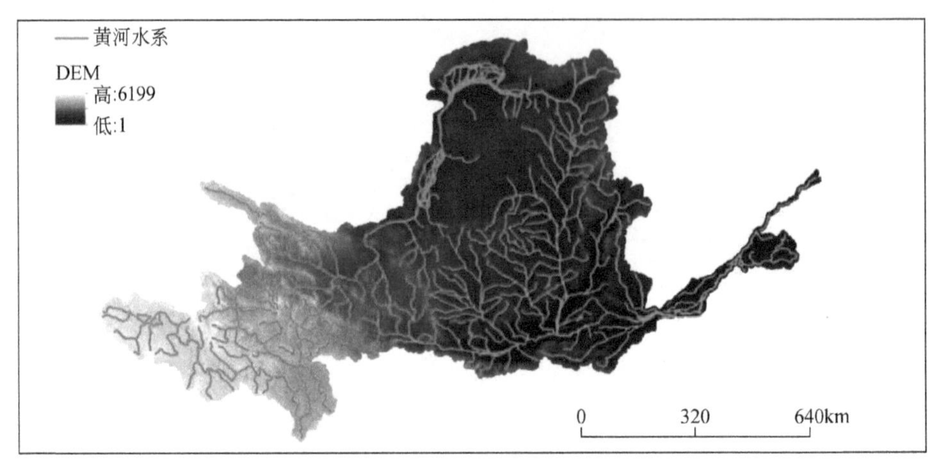

图 4-22　DEM 和黄河实测河网分布图

3) 水系

实测河网取自于全国 1 : 25 万地形数据库,见图 4-22。

4) 水土保持参数

1980 ~ 2000 年全流域水土保持参数主要来自区域内各县水利统计年鉴中发布的水土保持建设相关信息,水土保持项目包括:坝地、梯田、人工林地、人工草地。其中,坝地和梯田时空变化表征的源信息采用各县的水利统计年鉴数据,通过“社会化像元”进行转化;人工林地和草地的动态变化通过土地利用分布图的叠加提取获得。

5) 灌区分布

为了研究农业灌溉用水情况,本研究进行了灌区数字化工作。工作内容主要是确定了灌区的空间分布范围,收集并整理了灌区的各类属性数据。灌区数字化过程中主要参考了国家基础地理信息中心开发的“全国 1 : 25 万地形数据库”(包括其中的水系、渠道、水库、各级行政边界、居民点分布等)、中国科学院地理科学与资源研究所开发的 1 : 10 万土地利用图,以及水利部黄河水利委员会黄河勘测规划设计院编写的《黄河灌区资料简编》和水利部黄河水利委员会编制的《黄河流域地图集》等资料。其中,重点考虑了 119 处 10 万亩以上的大型灌区,如图 4-23 所示。

6) 黄土高原沟壑参数

通过实地测量和无人机拍照解译(图 3-16),获取黄土高原地区相关地貌参数,包括坡面沟道参数(坡度、坡长、底坡宽、坡降等),相关试验内容见第 3 章,清水河流域沟道参数见表 3-2,盖沙区沟道参数见表 3-4,沟壑区沟道参数见表 3-7。

4.3.1.5　土壤和水文地质信息

土壤及其特征信息采用全国第二次土壤普查资料。其中,土壤类型分布图如图 4-24

所示。土层厚度和土壤质地均采用《中国土种志》上的“统计剖面”资料。为进行分布式水文模拟，根据土层厚度对机械组成进行加权平均，采用国际土壤分类标准进行重新分类，结果如图 4-25 所示。

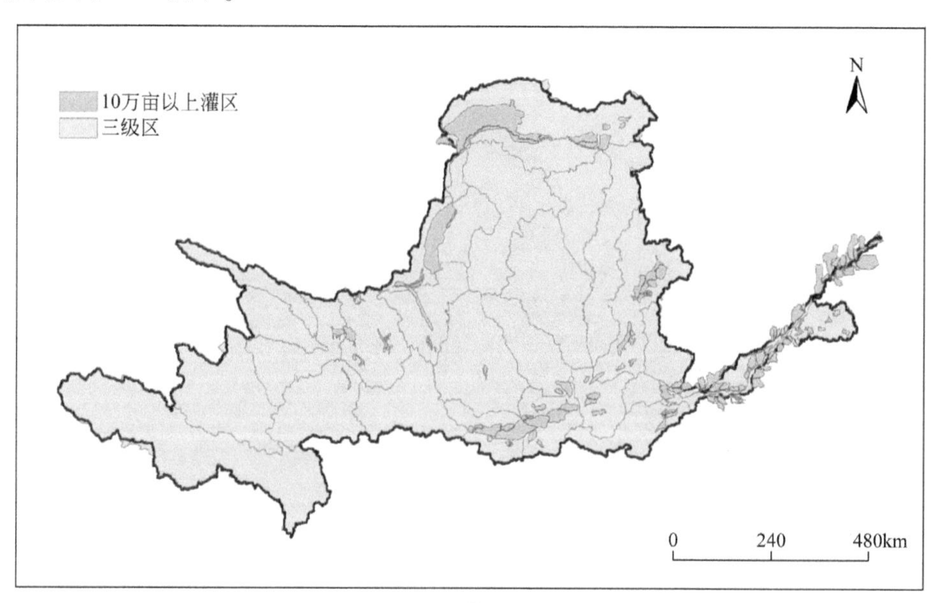

图 4-23　灌区分布图

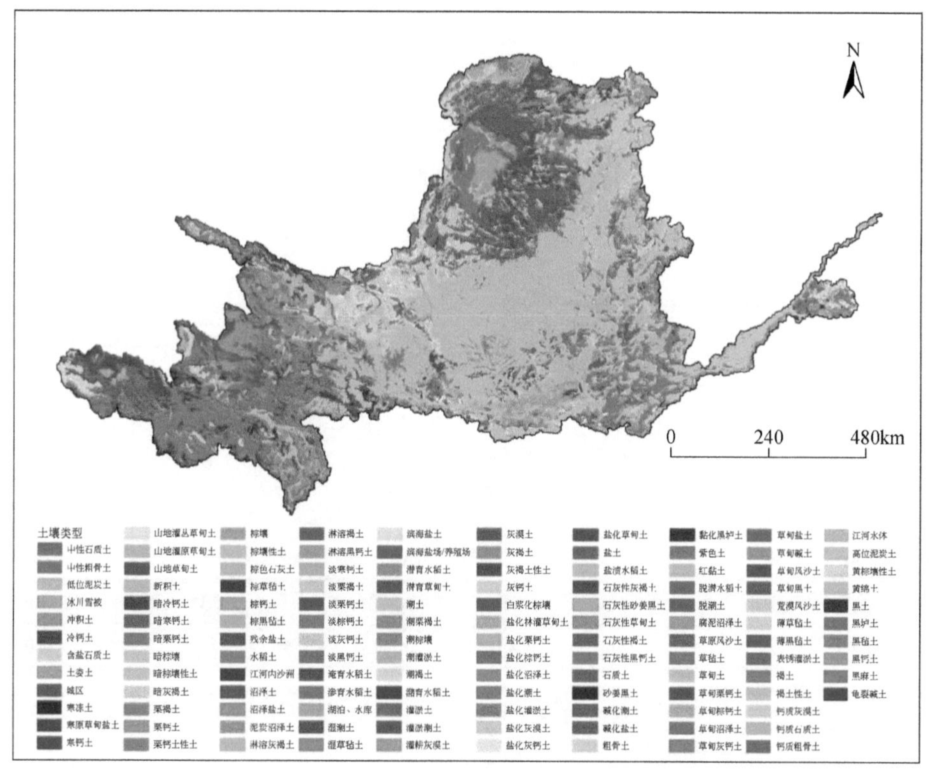

图 4-24　全国第二次土壤普查土壤类型分布图

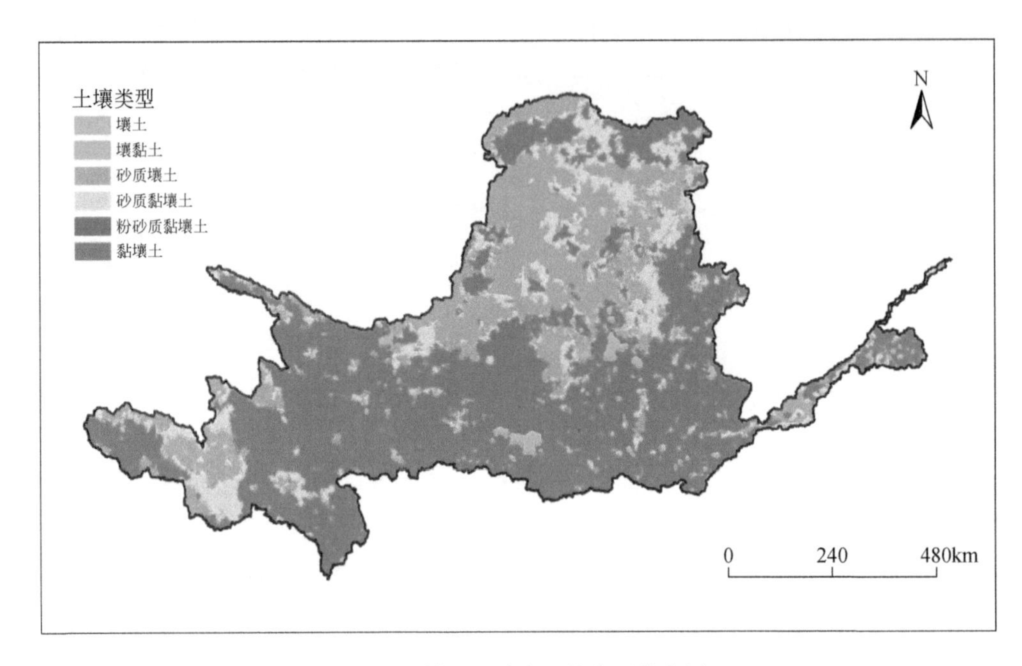

图 4-25　模型重分类土壤类型分布图

黄河流域水文地质参数分布（u 值、K 值）均采用《黄河流域水资源规划》中的相关资料；岩性分区、含水层厚度均采用《中国水文地质图》的分区资料。相关参数如表 4-1 ~ 表 4-3 所示。

为了提高黄土高原下垫面（主要是梯田、淤地坝、林草地）参数的精度，在模型中使用第 3 章试验测得的参数作为模型参数的初始值。黄土高原沟壑区不同下垫面土壤水动力参数测定结果如表 3-6 所示，土石区入渗参数如表 3-10 所示。黄河源头冻土区土壤热传导和热容量参数如表 3-1 所示。

表 4-1　土壤水分特性参数

参数	砂土	壤土	黏壤土	黏土
饱和土壤含水率 θ_s	0.4	0.466	0.475	0.479
田间持水率 θ_f	0.174	0.278	0.365	0.387
凋萎系数 θ_{wilt}	0.077	0.120	0.170	0.250
残留土壤含水率 θ_r	0.035	0.062	0.136	0.090
饱和导水系数 k_s/(cm/s)	2.5×10^{-3}	7.0×10^{-4}	2.0×10^{-4}	3.0×10^{-5}
Havercamp 公式参数 α	1.75×10^{10}	6.45×10^{3}	3.61×10^{6}	6.58×10^{6}
Havercamp 公式参数 β	16.95	5.56	7.28	9.00
Mualem 公式参数 n	3.37	3.97	4.17	4.38
湿润锋土壤吸力 SW/cm	6.1	8.9	12.5	17.5

表 4-2　土壤及其他介质的热力学特性参数

名称	热容量/[10^6J/(m^3·K)]	热传导系数/[W/(m·K)]	日影响深/m
干土	1.3	0.3	0.08
湿土	3.0	2.0	0.135
水	4.18	0.57	0.061
沥青	1.4	0.7	0.117
混凝土	2.1	1.7	0.149
空气	0.0012	0.025	0.756

表 4-3　流域地下水含水层给水度 μ 及渗透系数 K 取值范围

岩性	给水度	渗透系数 K/(m/d)	岩性	给水度	渗透系数 K/(m/d)
黏土	0.02～0.035	0.001～0.05	细砂	0.08～0.12	5～10
黄土状亚黏土	0.02～0.05	0.01～0.1	中砂	0.09～0.13	10～25
黄土状亚砂土	0.04～0.06	0.05～0.25	中粗砂	0.10～0.15	15～30
亚黏土	0.03～0.045	0.02～0.5	粗砂	0.11～0.16	20～50
亚砂土	0.035～0.07	0.2～1.0	砂砾石	0.15～0.20	50～150
粉细砂	0.06～0.10	1.0～5.0	卵砾石	0.20～0.25	80～400

4.3.1.6　植被指数

本研究植被指数选择植被覆盖度和叶面积指数（LAI）两个指标，其中植被覆盖度根据归一化植被指数（NDVI）计算得出。NDVI 来源于两种数据源，分别是 1982～2006 年 8km 精度的 GIMMS AVHRR 数据和 2000～2016 年 1km 精度的 MOD13A2 数据；LAI 来源于两种数据源，分别是 1982～2005 年 8km 精度的 GlobMap LAI 数据和 2000～2015 年 1km 精度的 MOD15A2 数据。

对遥感影像进行预处理：利用 MRT 技术进行遥感数据拼接、波段提取和重投影，将 ISIN（integerized sinusoidal）正弦投影转换为 UTM 投影，再进行掩膜提取，最后用月最大合成法（maximum value composite，MVC）得到月尺度数据。由于数据源精度不一致，要根据重叠年份进行精度融合，选取 NDVI 数据重叠年份（2000～2006 年）两种精度下月 NDVI 数据建立相关关系，选取 LAI 数据重叠年份（2000～2005 年）两种精度下月 LAI 数据建立相关关系（图 4-26），并根据两种数据的相关关系进行精度融合，以保证数据一致性。最后根据 NDVI 计算植被覆盖度，7 月平均 LAI 和植被覆盖度如图 4-27 和图 4-28 所示。

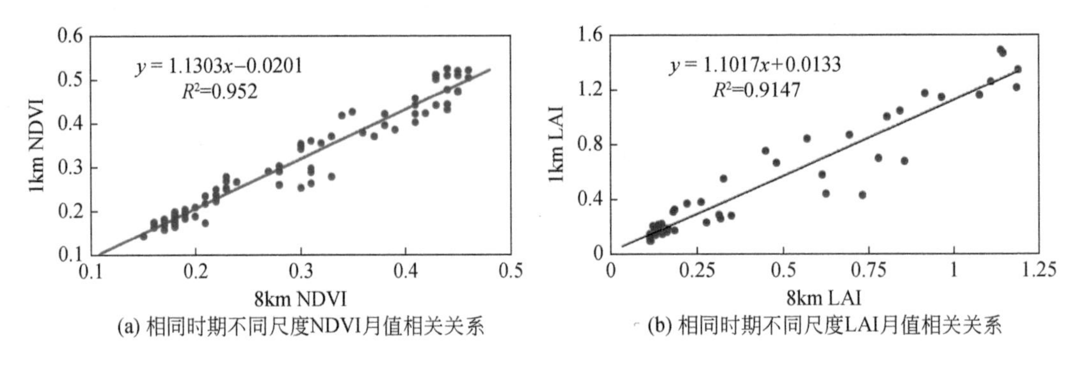

(a) 相同时期不同尺度NDVI月值相关关系　(b) 相同时期不同尺度LAI月值相关关系

图 4-26　两种精度数据相关关系

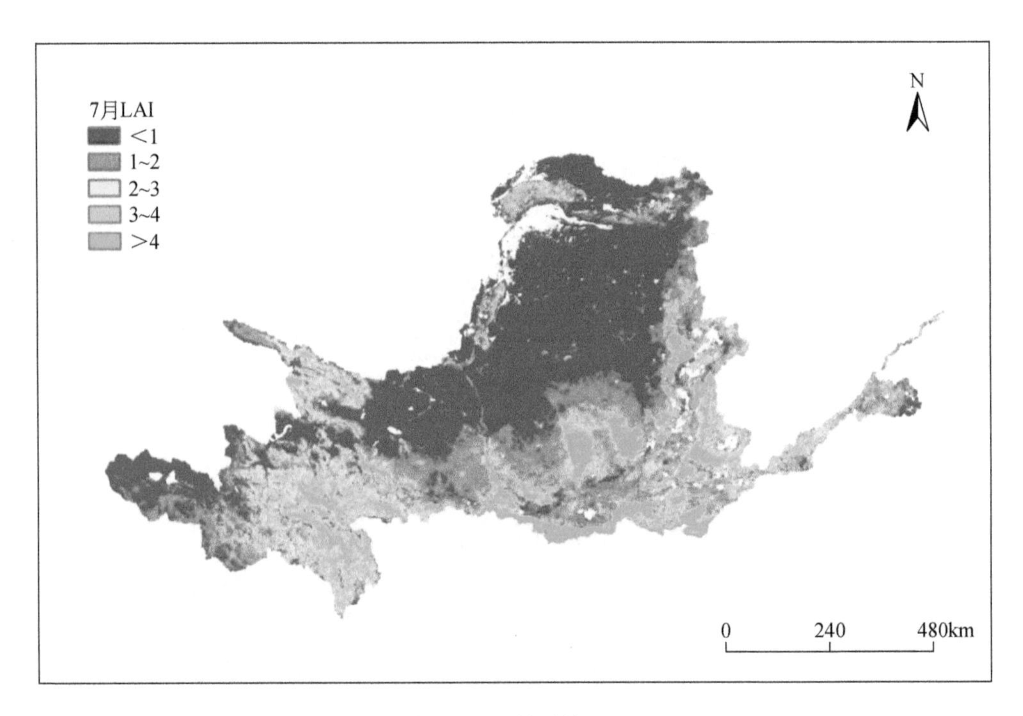

图 4-27　7 月平均 LAI

4.3.2　计算单元划分

本研究是对黄河流域水循环过程进行分布式模拟，因此需要将流域进一步划分为尺度更小的子流域，然后以子流域为单元进行分布式信息整备和过程模拟。因此，流域划分和流域编码是构建分布式模型的必备基础。本研究的流域编码方法，是先结合实测河网的信息，从 DEM 提取出模拟河网，然后再进行流域划分与编码。

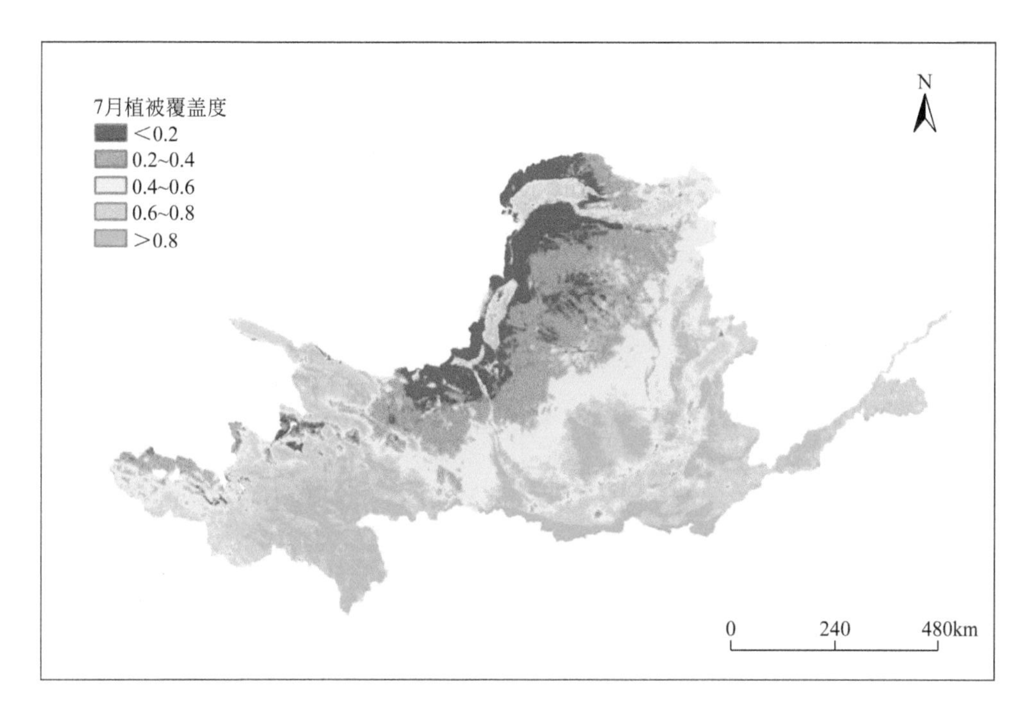

图 4-28　黄河流域 7 月平均植被覆盖度

4.3.2.1　模拟河网的提取

本研究采用的黄河流域 DEM 数据来自美国地质调查局地球资源观测与科技中心建立的分辨率为 30 弧秒的 GTOPO30。在提取模拟河网前，先将 DEM 转换为等面积投影，栅格的边长设定为 1km。然后利用 GIS 软件对 DEM 数据进行填洼、生成流向、计算流入累计数及提取河道等一系列计算，得到栅格形式的模拟河网。但是，直接利用 DEM 提取出的模拟河网往往与实测河网不能完全一致，局部甚至差别较大，本研究利用实测河网信息对模拟河网进行了修正。

在直接从原始 DEM 提取的黄河流域模拟河网中，较大的问题是不少地方存在平行河道（图 4-29），特别是在河套地区和关中平原地区。根据经验，DEM 中较平缓的地带或填洼生成的平地上常常会产生平行河道。本研究通过比较填洼前后的 DEM，发现产生平行河道的地带都是在填洼过程中生成的平地，即这些地带实际上是原始 DEM 中的洼地。对照实测水系图，可以判断这些洼地属于“伪洼地”。

本章采用一种较简便的方法来处理“伪洼地”的问题。具体来讲，此方法分以下几个步骤：①直接在原始 DEM 上进行填洼、提取模拟河网等步骤，找出“伪洼地”。②根据“伪洼地”和实测河网来确定高程偏大单元所在的河流。例如，依据图 4-26（a）和图 4-26（b），推断高程偏大单元位于黄河干流上。③在步骤②确定的每一条河流上，从上游往下游沿着水流行进的方向查看填洼前 DEM 上的高程数据。如果发现下游单元的高程大于上游单元的高程，则认为下游单元的高程偏大，要消减下游单元的高程，使水流能够顺利通过。

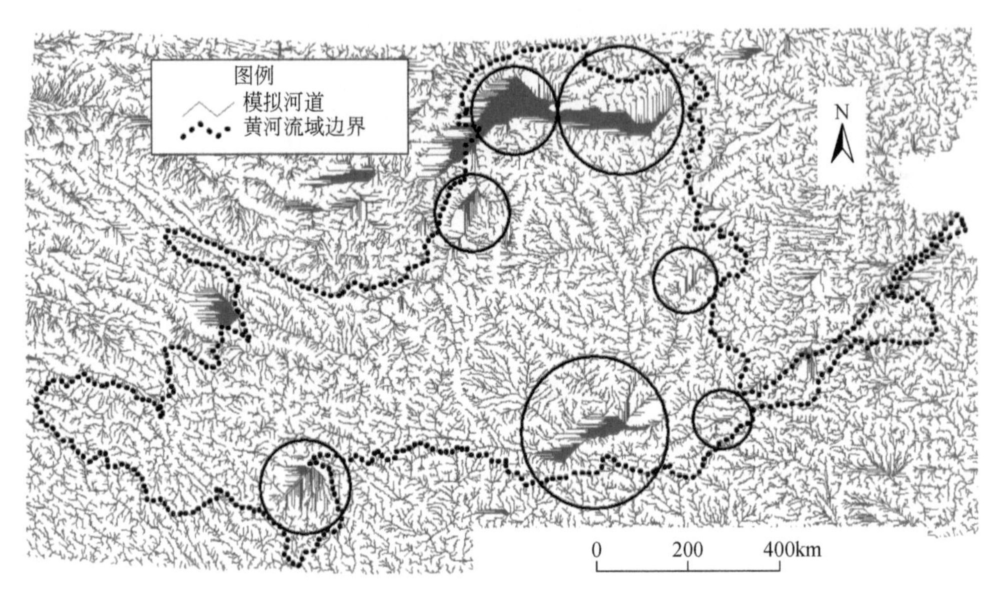

图 4-29　从原始 DEM 提取的模拟河网

用这种方法对原始 DEM 进行修正，再进行填洼、提取模拟河网等步骤。提取出的模拟河网与实测河网（比例尺 1∶250 万）较为一致，不再存在平行河道的问题，见图 4-30。从修正后 DEM 提取出的黄河流域模拟河网如图 4-31 所示。

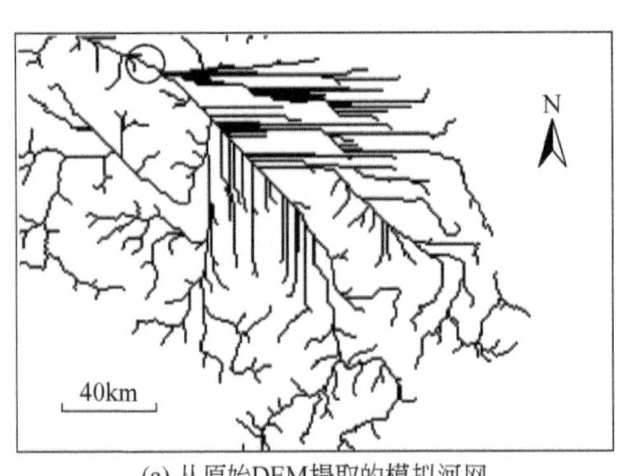

(a) 从原始DEM提取的模拟河网

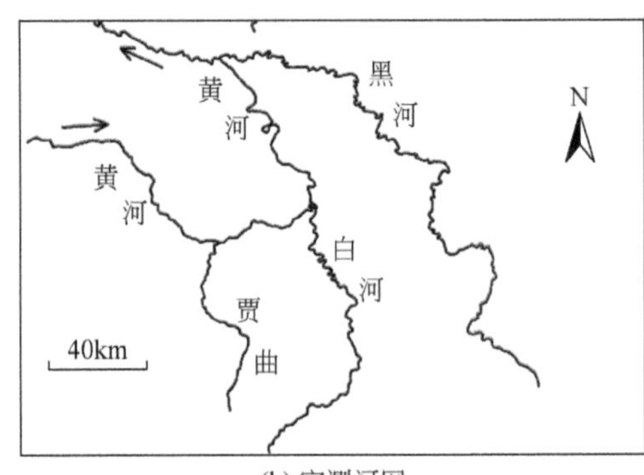

(b) 实测河网

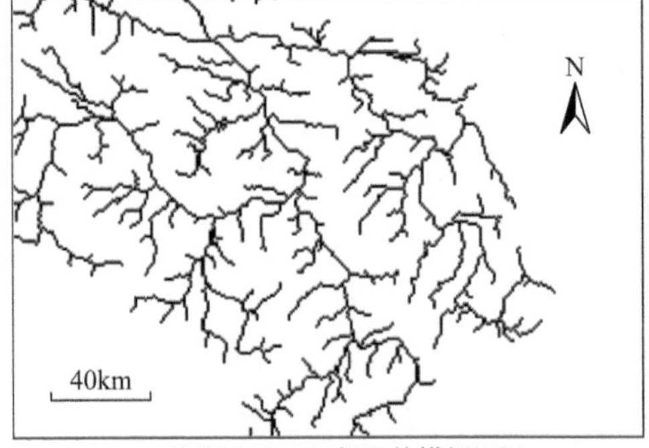

(c) 从修正后DEM提取的模拟河网

图 4-30　实测河网与模拟河网

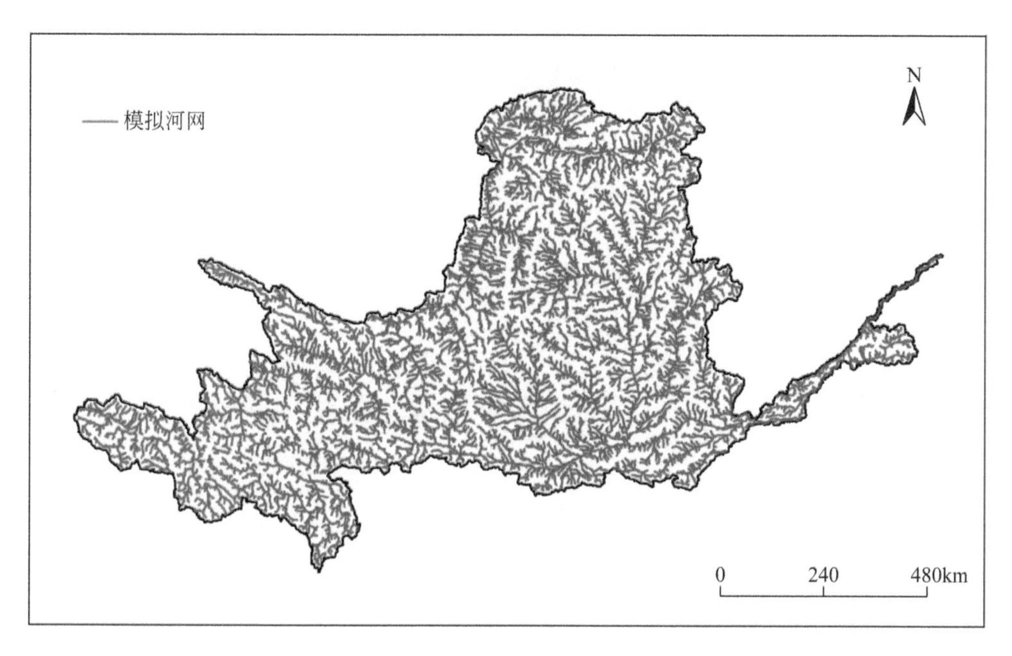

图 4-31 从修正后 DEM 提取的黄河流域模拟河网

4.3.2.2 计算单元划分

流域编码工作包括两部分内容，一是对河网的编码，二是对流域进行子流域划分与编码。对河网及流域进行编码的规则较多，其中巴西工程师 Otto Pfafstetter 提出的 Pfafstetter 编码规则具有较多优点，但 Pfafstetter 编码规则不能对支流数小于 4 的子流域进行进一步的细分，这可能导致子流域面积不均匀。本研究采用改进型 Pfafstetter 编码规则进行黄河流域的编码。

1）Pfafstetter 编码规则简介

Pfafstetter 编码规则是基于河网的拓扑关系及河道的集水面积，对流域进行从大到小的逐级划分和编码。在此规则下，很大的流域也可以被划分为很多较小的子流域，并且每个子流域和河网都被赋给唯一的 Pfafstetter 编码。Pfafstetter 编码规则具有诸多优点，如编码中包含拓扑信息，编码规则很有规律且利于计算机的自动处理，可以将大流域划分为面积很小的子流域，编码所需要的数字较少，以及适用范围广等。

Pfafstetter 编码规则进行流域编码的具体步骤如下：

（1）依据集水面积较大原则确定流域的干流。具体方法是，从流域出口开始逆流而上，如遇到河道分岔，则比较两条河流的集水面积，并认为集水面积较大的是干流，按此方法一直上溯到干流的源头，即确定了流域的干流。

（2）找出流域中集水面积最大的 4 条一级支流，从下游到上游依次给 4 条支流赋上编码 2、4、6 和 8，见图 4-32（a）。

（3）4 条支流与干流的交汇点把干流分为 5 个河段，从下游到上游依次给 5 个河段赋上编码 1、3、5、7 和 9，至此完成对河网的第一级编码。

(4) 已编码的河道如果有 4 条或 4 条以上的下一级支流，则可对此河道的下一级支流及河段应用上述规则进行第二级编码。例如，图 4-32 (b) 中，在支流 6 上进行第二级编码。二级编码包括两位数字，左边一个数字即一级编码，右边一个数字是本级编码（在对某一河道编码时，此河道具有 4 条最大的下一级支流，此河道本身又被分为 5 个河段；支流与河段统称为河道）。

(5) 应用相同的规则，继续进行第三级编码。例如，图 4-32 (c) 中，在河段 67 上进行第三级编码。以此类推，对河网进行逐级编码。

(6) 对流域进行划分与编码。把各个已编码河道的集水区域分别作为子流域，各子流域的编码与对应河道的河道编码相同。子流域与河道一一对应，两者具有相同编码，见图 4-32。

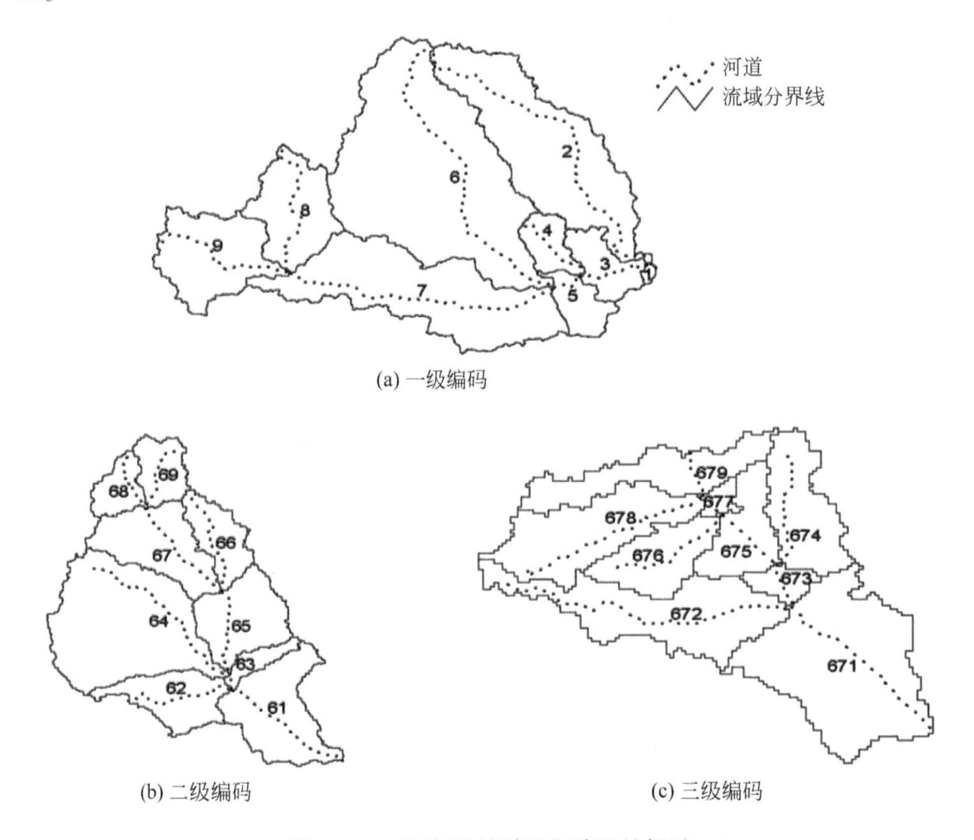

图 4-32 对河网及流域进行编码的例子

2）改进型 Pfafstetter 编码规则

依据 Pfafstetter 编码规则，某已编码河道的支流数若小于 4，则不能对此河道的下一级支流及河段进行更低一级的编码，这同时也阻碍了对此河道所在子流域的进一步细分，可能导致子流域面积的不均匀。

本研究提出一种对 Pfafstetter 编码规则的改进方法，说明如下。

（1）如果某编码为 L 的河道只有 3 条支流，则从上游到下游，3 条支流的低一级编码依次为 6、4、2；3 条支流与河道 L 的交汇点把河道 L 分为 4 个河段，从上游到下游，4 个河段的低一级编码依次为 7、5、3、1，见图 4-33（a）。

（2）如果某编码为 M 的河道只有 2 条支流，则同理，2 条支流的低一级编码为 4、2；3 个河段的低一级编码为 5、3、1，见图 4-33（b）。

（3）如果某编码为 N 的河道只有 1 条支流，则支流的低一级编码为 2，2 个河段的低一级编码为 3、1，见图 4-33（c）。

由于 Pfafstetter 编码规则很有规律，有利于计算机自动完成流域编码过程，本研究通过编制程序完成了流域编码工作。

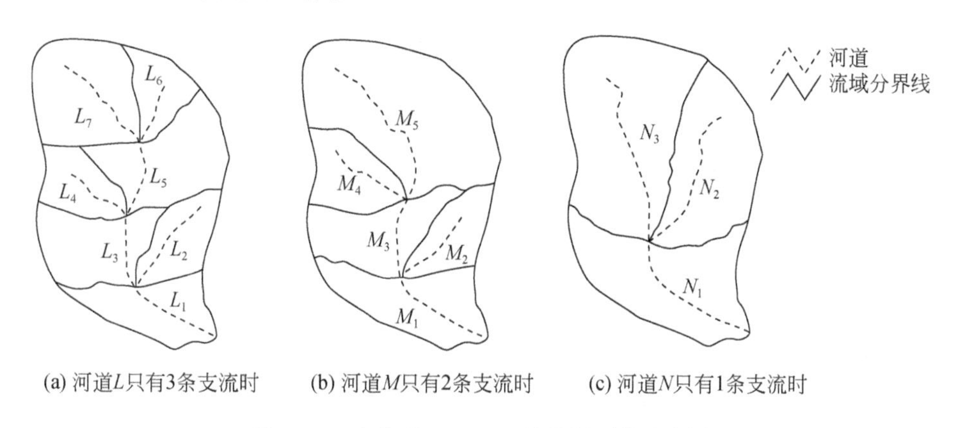

图 4-33　改进型 Pfafstetter 编码规则的示意图

3）子流域划分及编码

应用上述方法，对整个黄河流域进行细致的划分和编码，最低到了 7 级编码。图 4-34 为黄河流域子流域划分。根据上述规则，整个黄河流域被划分为 8485 个子流域，子流域平均面积约为 93.6km²。

4）等高带划分

黄河流域面积很大，即便是对黄河流域进行 7 级流域划分，子流域平均面积还是接近 100km²，这样的单元对于精细的分布式水循环过程模拟仍然偏粗，尤其是在主要产汇流的山丘区，因此本研究将子流域进行了进一步的再划分，即划分为不同的高程带。

本次子流域的再划分主要针对山丘区，因此具体划分之前要先依据第四系覆盖层厚度及地形坡度等因素，将整个流域分为山丘区与平原区两类区域，对山丘区的子流域进行进一步划分，划分为若干个高程带，对平原区则不再细化。山丘区高程带划分的依据主要是山丘区面积，一个子流域最多可能有 11 个高程带，最少有 1 个高程带。在一个子流域内部，尽量使各个高程带的面积比较均匀，每个高程带面积多数维持在 20km² 左右。故子流域面积越大，则划分的高程带的数目越多。对平原区的子流域，则不再划分为几个高程带，或者说认为平原区的子流域只有 1 个高程带。

有的子流域横跨山丘区与平原区，对这种情况，则是对属于山丘区的部分划分高程带，对属于平原区的部分不再划分高程带。实际的处理方法是：首先将这些子流域与山丘

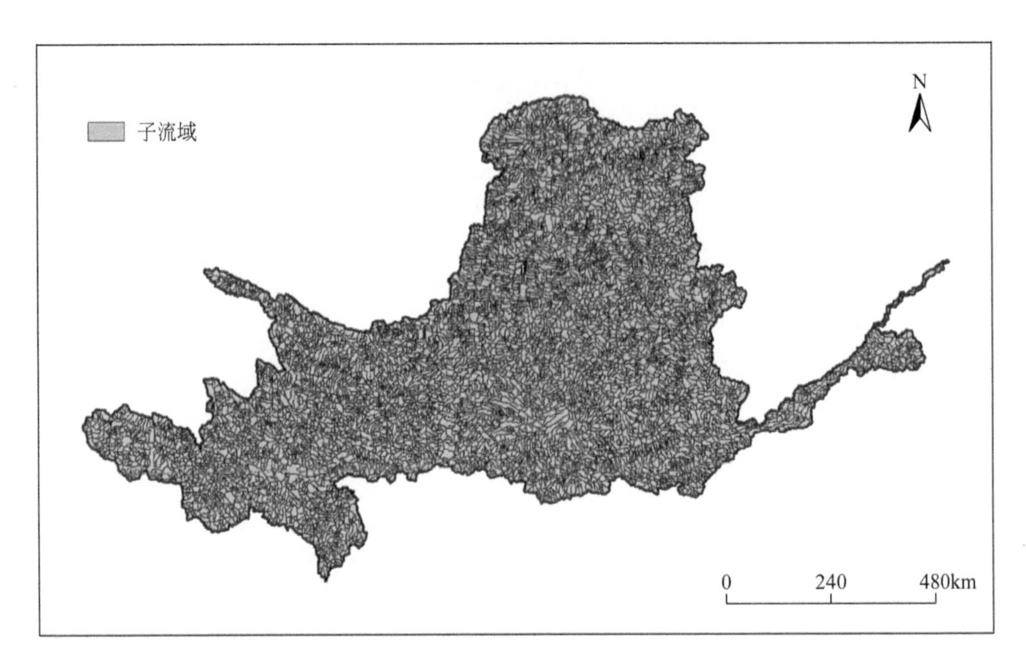

图 4-34　黄河流域子流域划分

区子流域等同对待，即把整个子流域统一划分为若干个高程带，然后判断每个高程带是属于山丘区还是平原区，最后如果属于平原区的高程带相互邻接，则将相邻的两个或两个以上的高程带合并为一个高程带。

高程带划分完成后，整个流域被划分为 38 720 个高程带（图 4-35）。

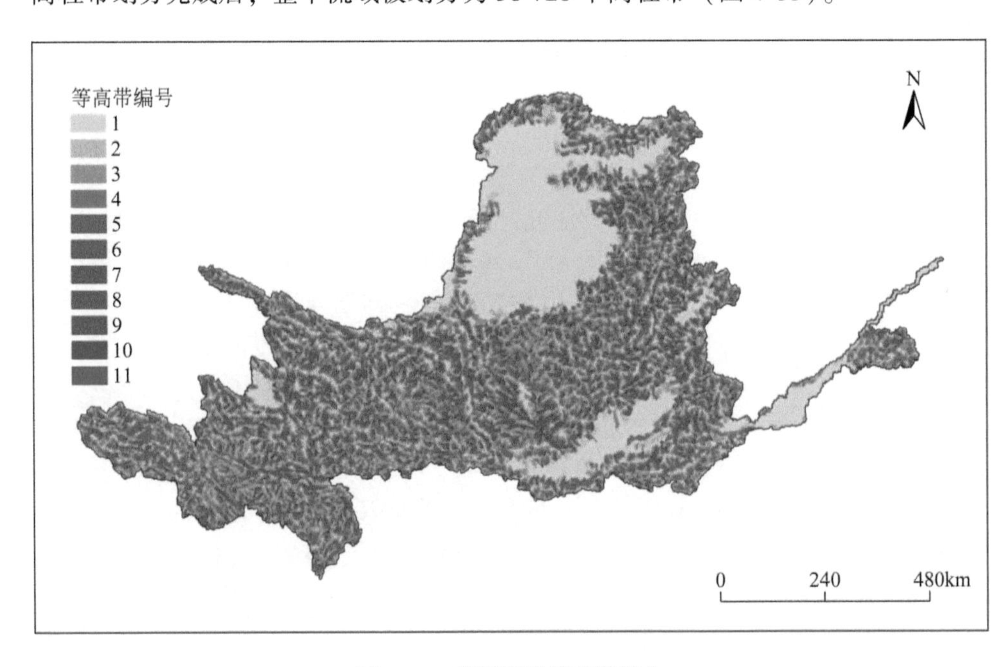

图 4-35　黄河流域等高带划分

4.3.3 气象要素展布

4.3.3.1 日气象要素展布

本研究中以 8485 个子流域为计算单元进行日气象数据展布，假设同一个小流域内的降水量是均一的，并以小流域形心处的降水量表示该流域范围内的降水量。气象要素展布主要采用修正反距离平方法进行插值，对于没有能够选择有效参证站点的子流域，则采用泰森多边形进行插值。多年平均插值结果如图 4-36 所示。

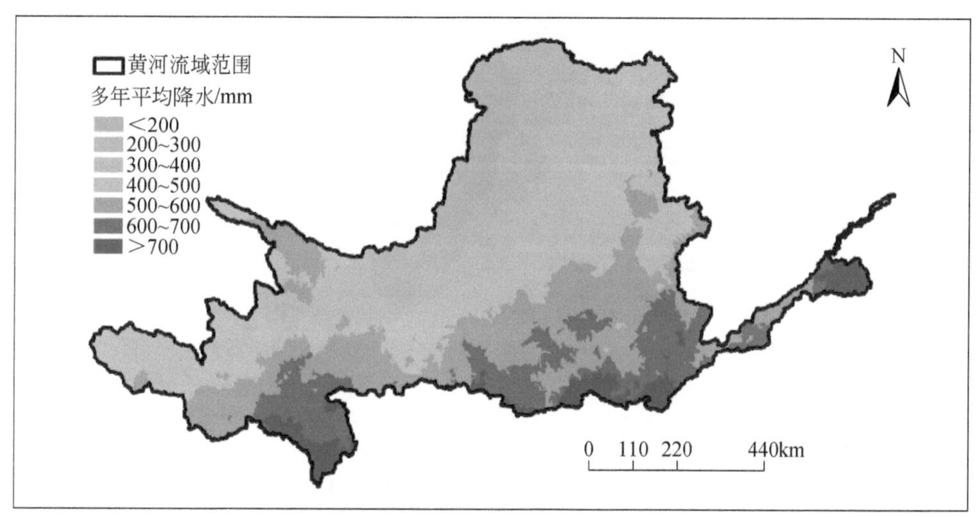

(a) 多年平均降水

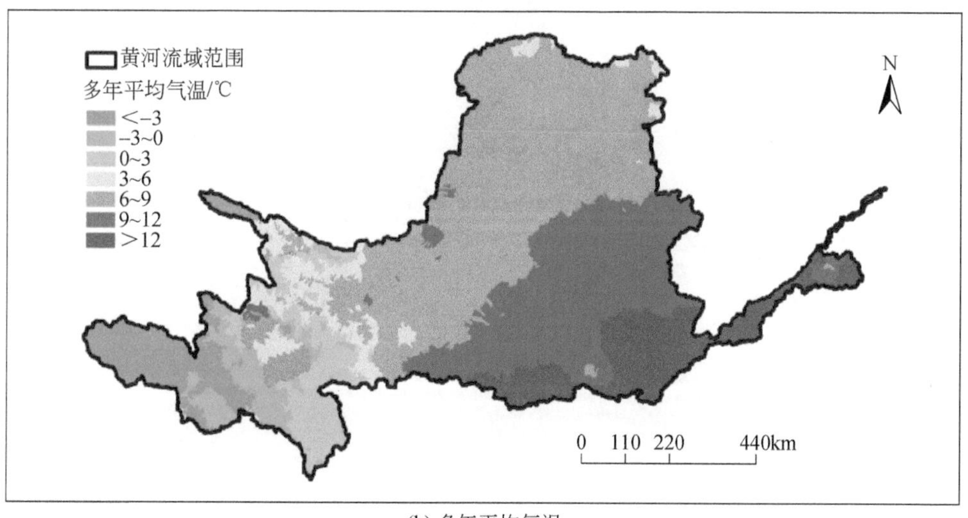

(b) 多年平均气温

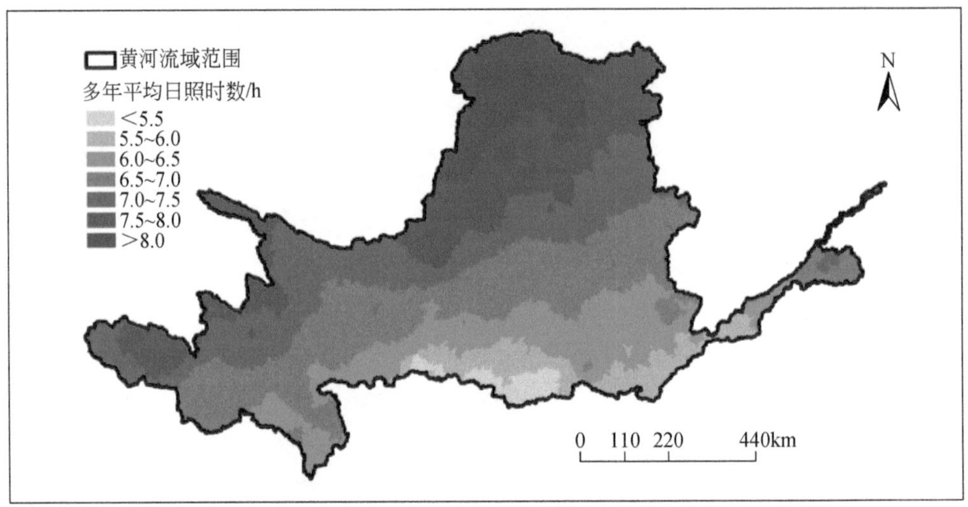

(c) 多年平均日照时数

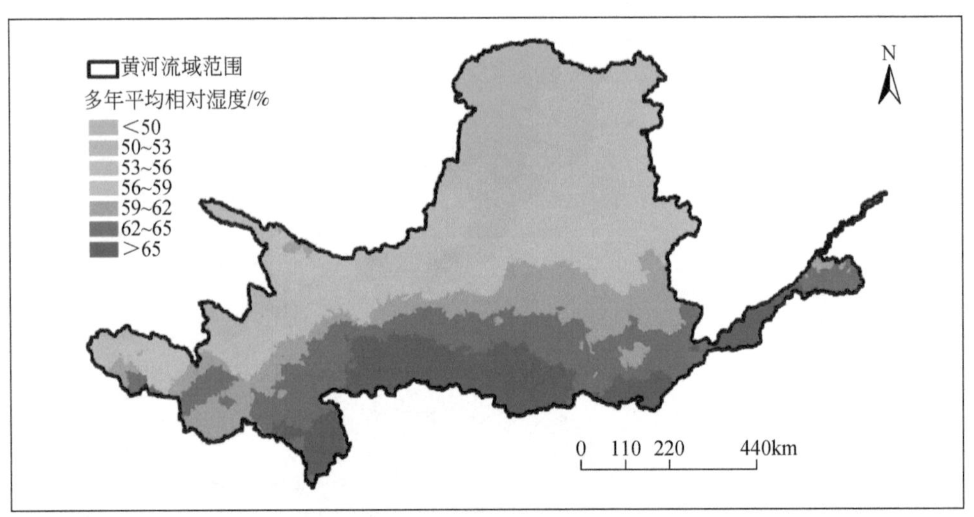

(d) 多年平均相对湿度

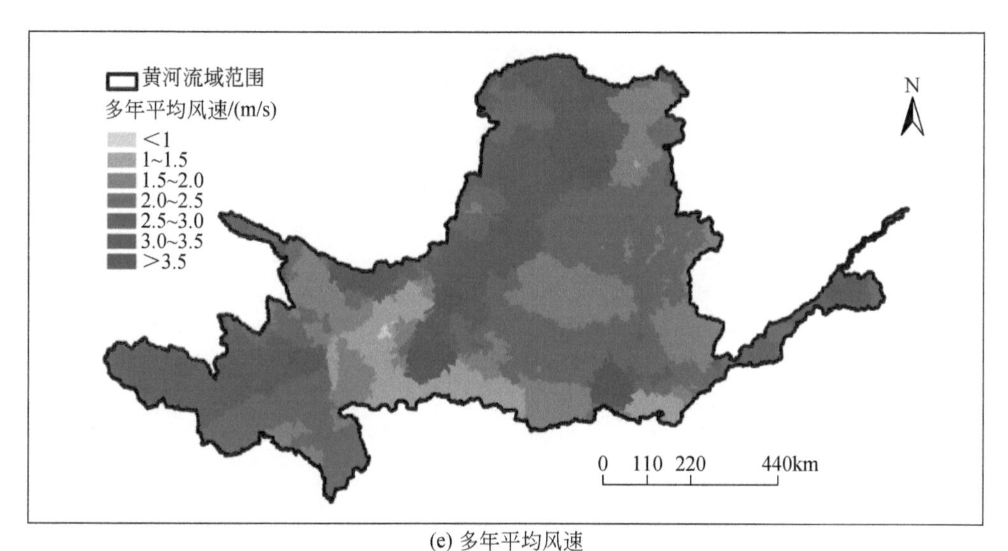

(e) 多年平均风速

图 4-36 气象要素多年平均空间展布结果

4.3.3.2 小时降水时间展布

黄河流域虽然年降水总量较少，但降雨相对集中且强度较大。对于黄河流域，雨强的时间分布对产汇流的影响非常显著，在发生强降水时，日尺度的降水信息有时则不能满足产汇流模拟的要求。本研究采用变时间步长的分布式水文模型对流域水循环进行模拟，对小强度降水采用的时间尺度为日，对于大强度降水（大于 10mm 的）采用的时间尺度为小时，因此需要获取小时时间尺度的面降水量信息，主要是将前面插值得到的日降水量进一步向下尺度化为小时降水量。

对于暴雨次降雨雨强分布，很多学者进行过研究，提出了很多雨强历时公式，水利水电部门习惯上分段采用简化公式：

$$i=\frac{S}{t^{n}} \tag{4-106}$$

式中，i 为历时 t 内最大降水量的平均雨强；S 为暴雨参数（或称雨力），等于单位时段最大平均雨强；n 为暴雨衰减系数，n 与气候区有关，可以用实测资料进行率定。

假设每个大强度降雨雨日内有且只有一次降雨，雨强日内分布规律借用式（4-106）表示，则可以采用式（4-106）把日降水量分配到小时上去。黄河流域面积广大，各个地区大强度降雨呈现不同的特点，有必要分区对模型参数和降水量的日内分布规律进行研究。首先划分黄河流域大强度降雨区划，然后分区率定向下尺度化模型参数。参考《中国暴雨》的暴雨区划，并考虑黄河流域水资源分区的分布，把黄河流域分成五个大强度降雨区划（图 4-37），即兰州以上（Ⅰ区）、包兰河段（Ⅱ区）、包头—三门峡（Ⅲ区）、三门峡—花园口（Ⅳ区）、花园口以下（Ⅴ区）。

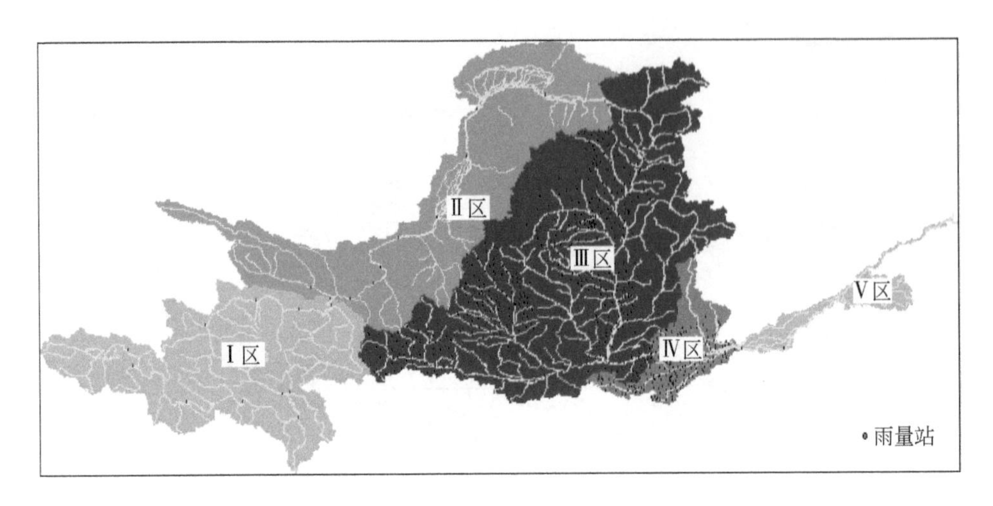

图 4-37　黄河流域降雨区划和雨量站点分布

兰州以上（Ⅰ区）是上游大洪水的来源，该区降雨特点是暴雨很少，但时常会出现连阴雨天气。包兰河段（Ⅱ区）气候干燥，降雨明显小于黄河中游地区，但短历时小面积强降雨也比较突出。包头—三门峡（Ⅲ区）是黄河流域大洪水的主要来源，该地区主要受切变线（经向和纬向）和低槽影响，强降雨范围一般较小，而雨强很大，历时较短。三门峡—花园口（Ⅳ区）的雨区往往由南北向切变线形成，并受热带气旋影响，雨带成经向分布，是黄河下游大洪水的主要来源。花园口以下（Ⅴ区）和海滦河山前以东以南到山东沂蒙山区以北同属一个降雨系统，大强度降雨发生频繁。

设日降水量为 H，降雨总历时为 T，根据式（4-106），可以得到：

$$H = iT = \frac{S}{T^{n-1}} \tag{4-107}$$

以 1990 ~ 1997 年 731 个雨量站点的降雨要素摘录表为基础，对衰减系数 n 进行率定，率定结果如表 4-4 所示。由表 4-4 可以看到，衰减系数 n 的分布很有规律，大体从西到东逐渐增大，反映从上游到下游，雨型趋于更加尖瘦，降水量更加集中。

表 4-4　分区降雨衰减系数

分区	Ⅰ区	Ⅱ区	Ⅲ区	Ⅳ区	Ⅴ区
n	0.401	0.505	0.504	0.534	0.565

在降水量日内分配过程中，日降水量 H 是已知的，所以只要知道 S 或者 T 中任意一个的值，就可以根据式（4-107）计算另一个值，进而可以推求当天雨强分布。对日降水量大于 10mm 的雨日进行分析，日降水量 H 和雨力 S、降雨总历时 T 的对应关系如图 4-38 所示。由图 4-38 可见，日降水量和降雨总历时相关关系不好，相对而言日降水量与雨力的相关关系比较好，相关系数达到 0.697。

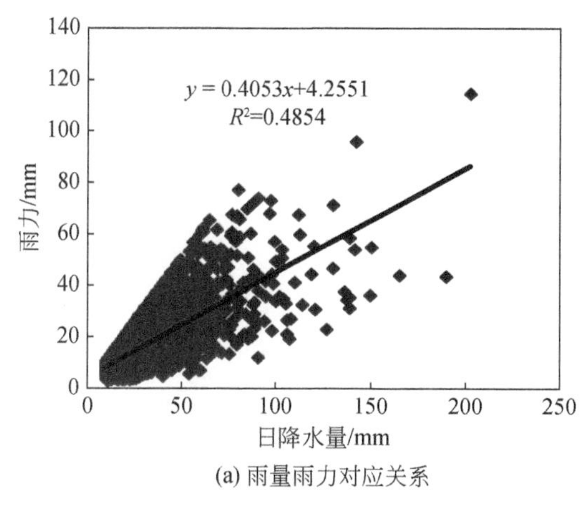

(a) 雨量雨力对应关系

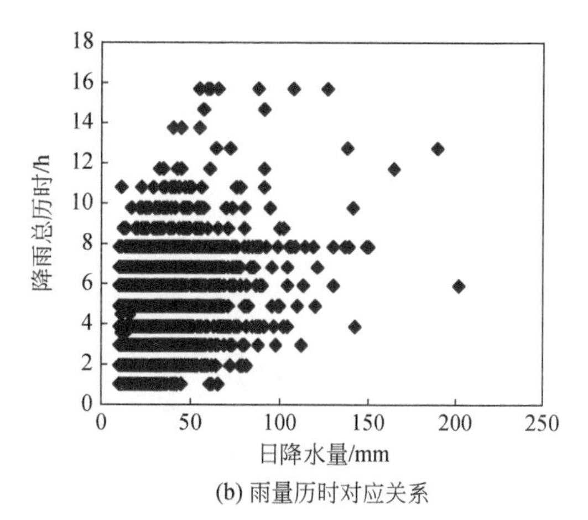

(b) 雨量历时对应关系

图 4-38　日降水量和雨力、降雨总历时的对应关系

按照降雨区划分区建立日降水量-雨力关系模型

$$S=a_iH+b_i+\varepsilon_i \tag{4-108}$$

式中，a_i、b_i为参数，不同降雨区划的值如表4-5 所示；ε_i为残差，进一步分析可知ε_i为白噪声。通过该模型，可以由日降水量值直接计算雨力。

表 4-5　日降水量-雨力关系模型参数

分区	Ⅰ区	Ⅱ区	Ⅲ区	Ⅳ区	Ⅴ区
a_i	0.4716	0.3777（0.4014）	0.4108	0.3926	0.4613（0.3622）
b_i	0.2414	3.2501（3.5436）	3.6121	5.2518	4.3898（6.376）

注：括号外为根据每个区划内的雨量站资料计算的结果。考虑到Ⅱ区、Ⅴ区雨量站资料太少，补充一部分其他区域靠近该区边沿的雨量站资料后重新计算参数，结果如表中括号内所示

表4-5 中，从Ⅰ区到Ⅴ区 a_i值有减小的趋势，而 b_i值逐渐增加。根据式（4-108），当 $H<47.0$mm 时，Ⅰ区雨力小于Ⅱ区；Ⅱ区雨力总小于Ⅲ区；$H<90.1$mm 时，Ⅲ区雨力小于Ⅳ区；$H<37.0$mm 时，Ⅳ区雨力小于Ⅴ区。除了Ⅴ区外，在日降水量相同的情况下，雨力一般具有明显的分区特性，大体趋势是从西到东逐渐增加，这个结果和衰减系数 n 的分布规律是一致的。Ⅴ区的参数不符合雨力分布的一般规律，可能是由于Ⅴ区为东西向狭长形的区域，现有雨量站点（含补充雨量站资料）太少且主要分布在该区西部，代表性不足。

4.3.4　用水展布

根据土地利用类型范围，将收集的省市（或三级区套地市）用水数据进行空间展布，忽略区域内用水定额的差异，得到单位面积上的用水量，再根据等高带计算单元范围统计得到模型计算单元内的各类用水量。包括水田、水浇地、林草地、鱼塘、工业、城镇生活、农村生活 7 个用水户，地表水、地下水 2 个水源，共 14 个数据文件。2010 年用水空间分布如图 4-39 ~ 图 4-45 所示。

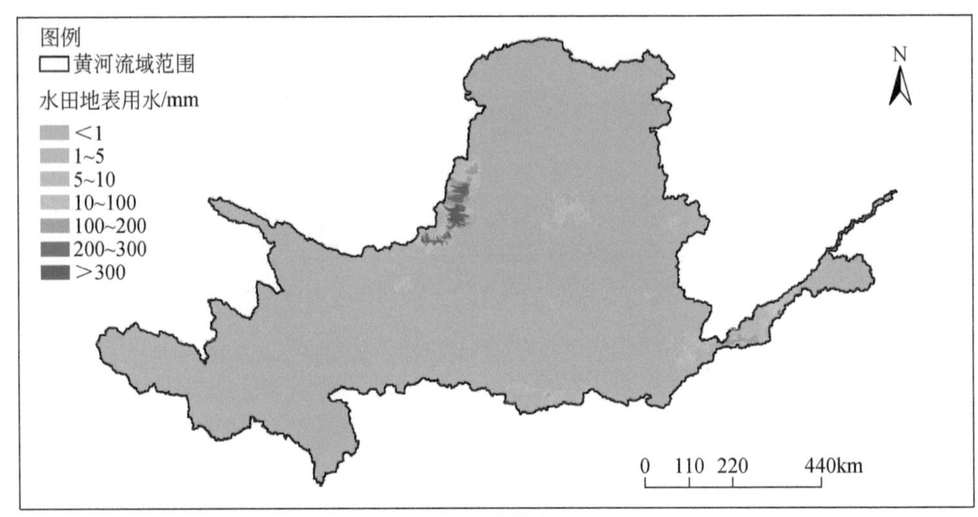

(a) 地表用水

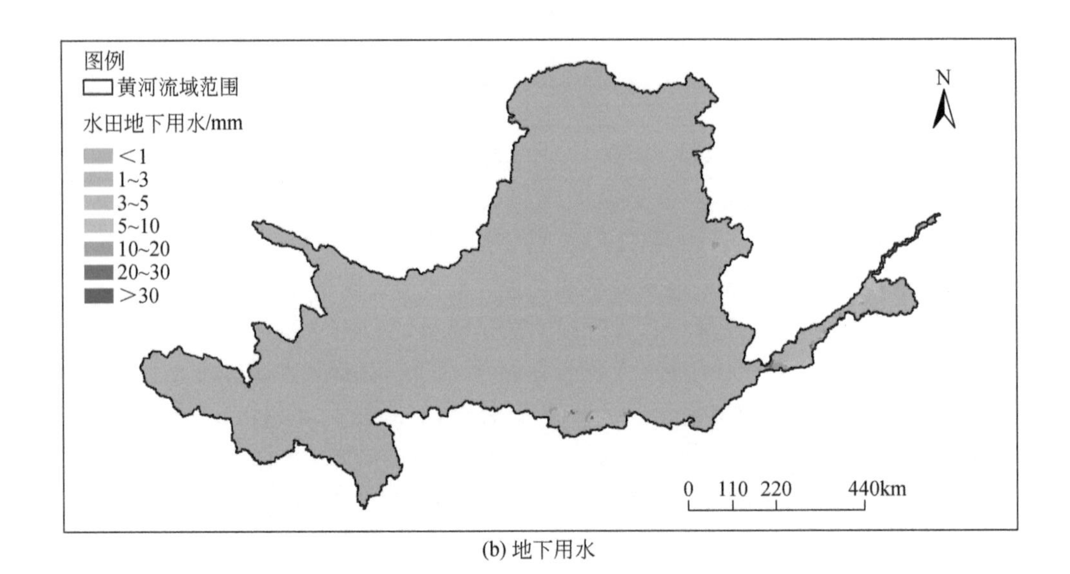

(b) 地下用水

图 4-39 黄河流域 2010 年水田灌溉用水量空间分布

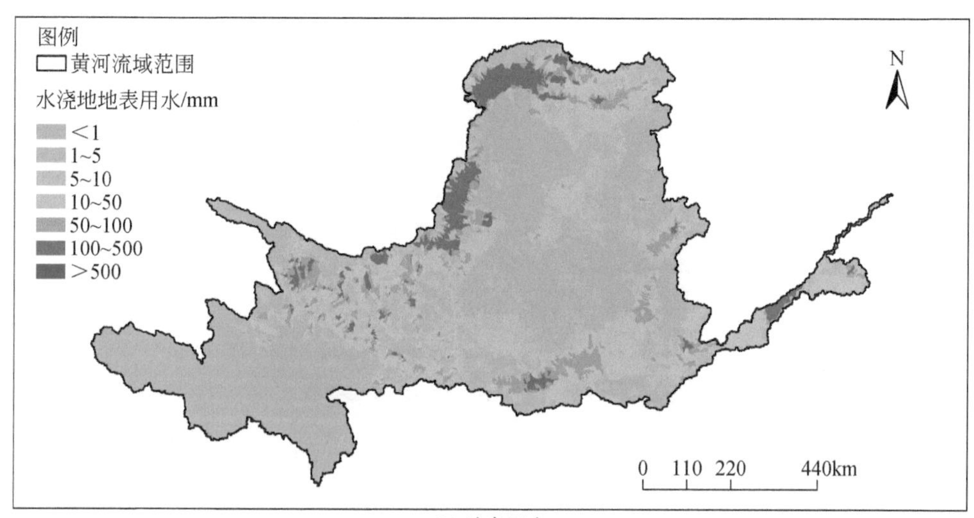

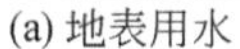
(a) 地表用水

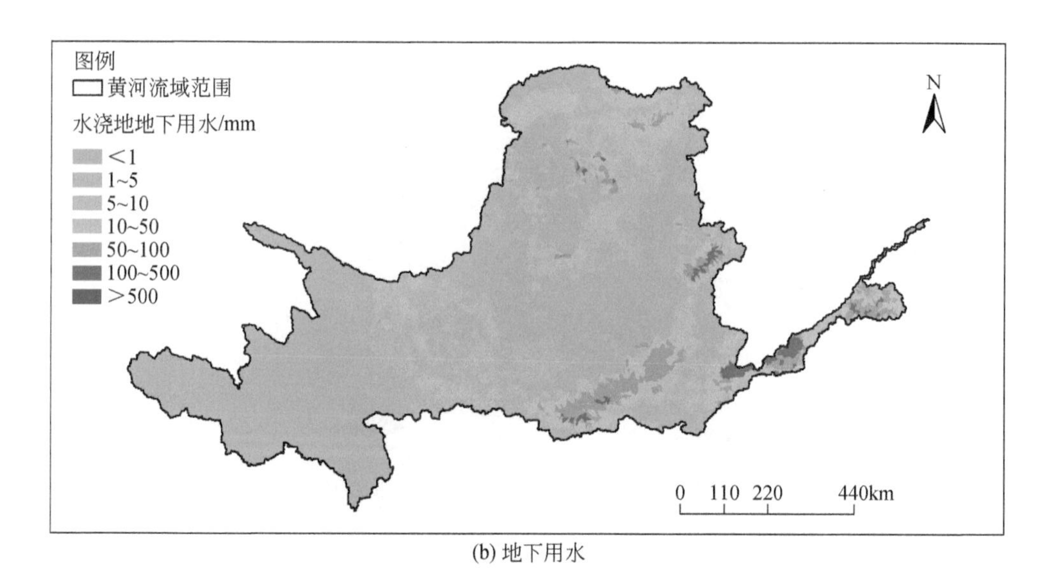

(b) 地下用水

图 4-40　黄河流域 2010 年水浇地灌溉用水量空间分布

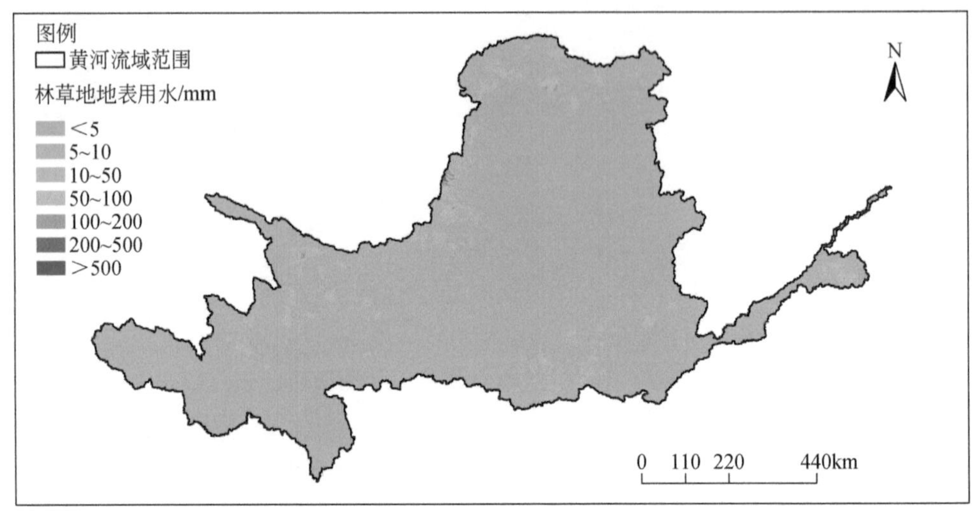

(a) 地表用水

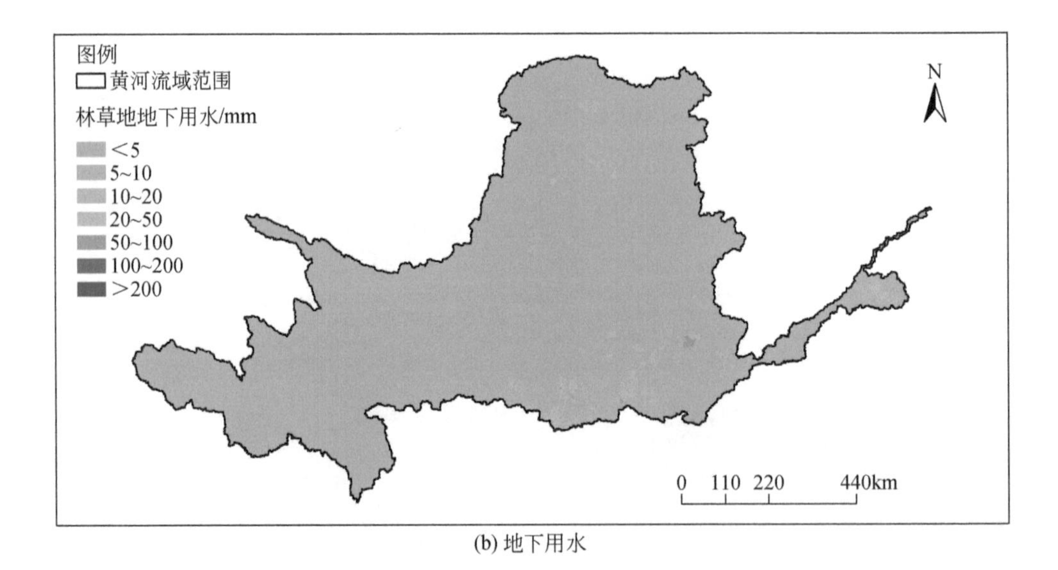

(b) 地下用水

图 4-41 黄河流域 2010 年林草地灌溉用水量空间分布

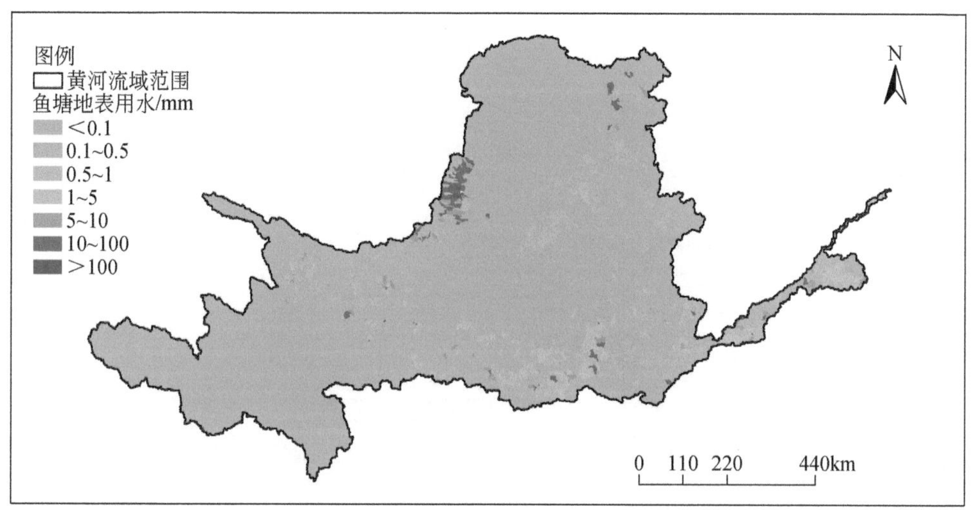

(a) 地表用水

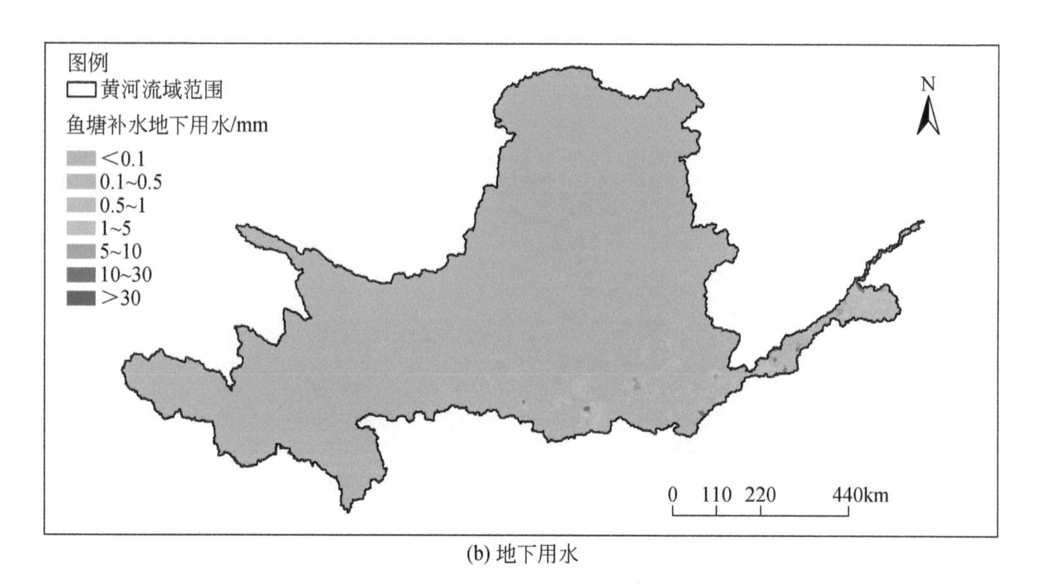

(b) 地下用水

图 4-42　黄河流域 2010 年鱼塘补水用水量空间分布

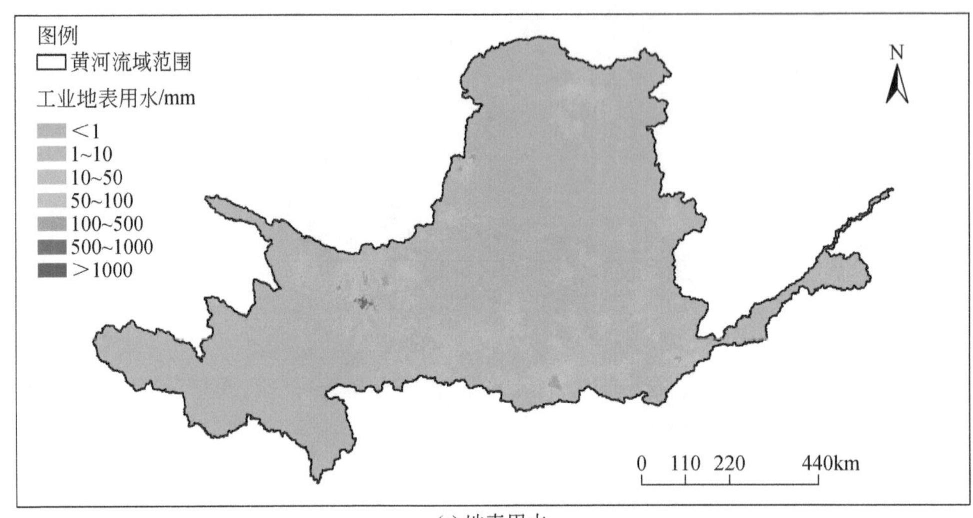

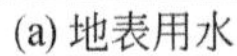
(a) 地表用水

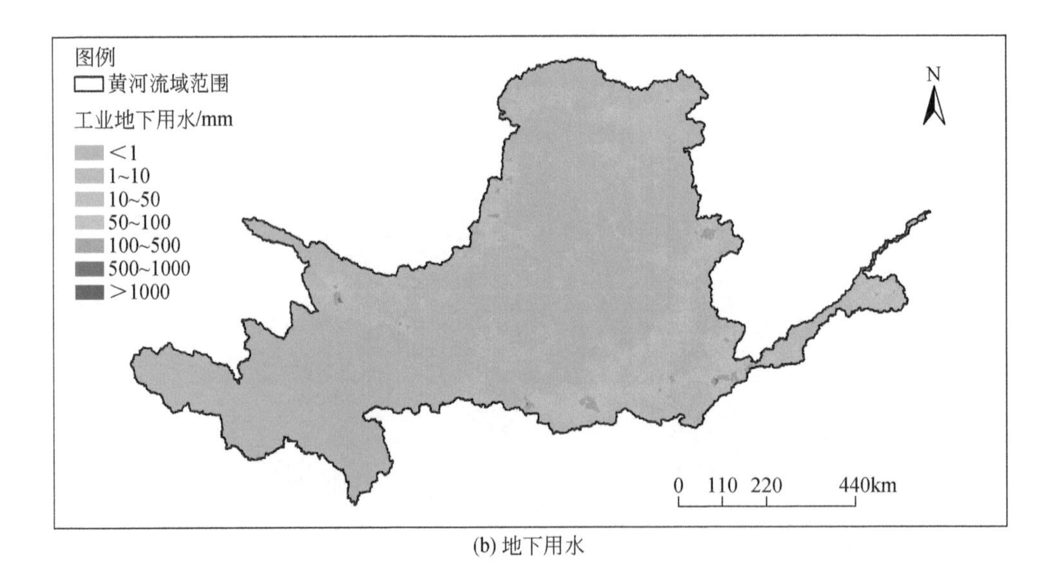

(b) 地下用水

图 4-43　黄河流域 2010 年工业用水量空间分布

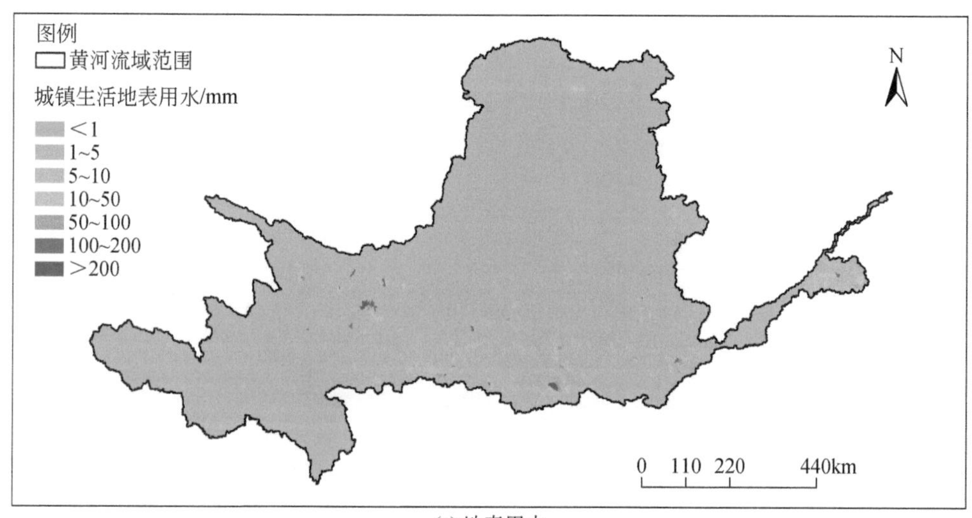

(a) 地表用水

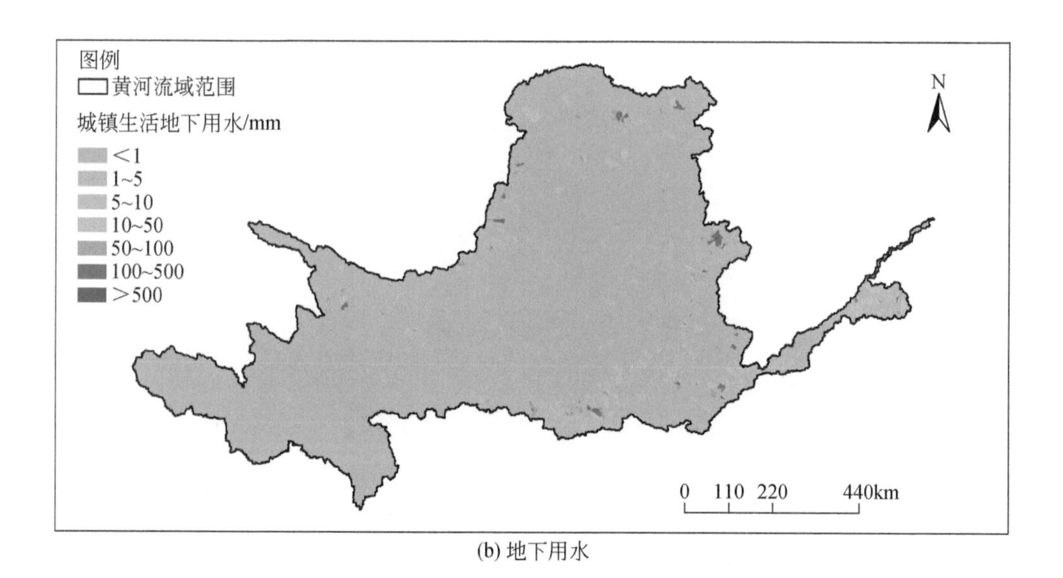

(b) 地下用水

图 4-44 黄河流域 2010 年城镇生活用水量空间分布

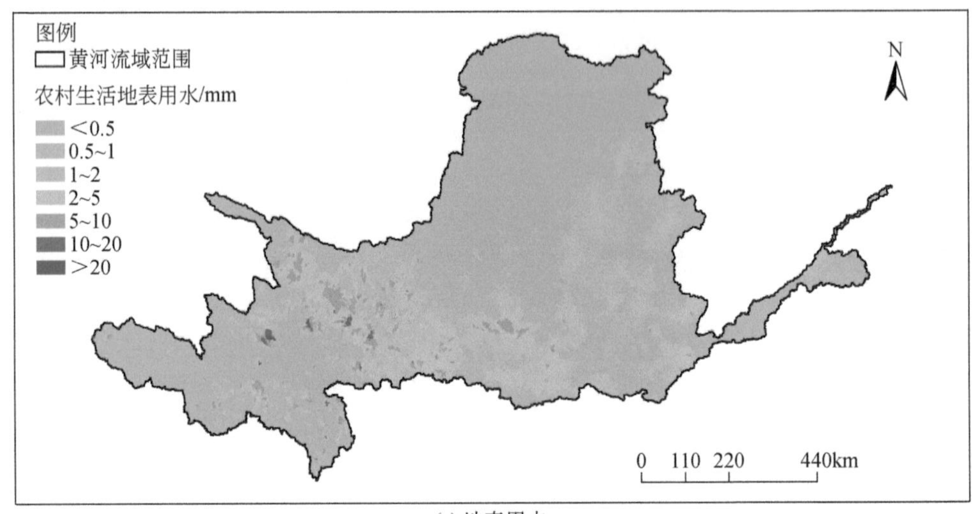

(a) 地表用水

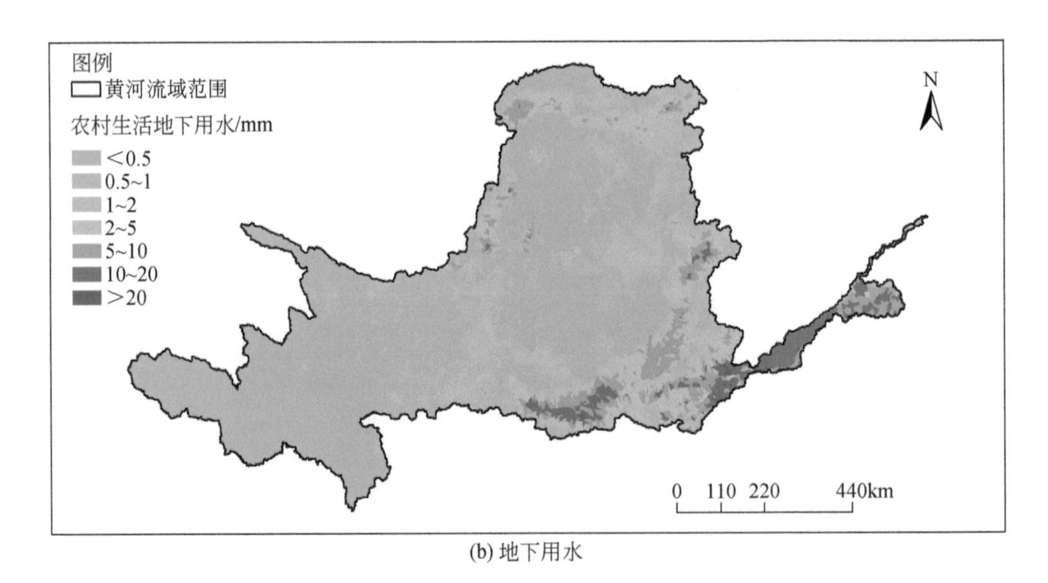

(b) 地下用水

图 4-45 黄河流域 2010 年农村生活用水量空间分布

4.4 模型率定验证

4.4.1 模型率定评价标准

本研究主要采用以下两个指标对径流和泥沙月径流量进行评价：①模拟月径流量相对误差尽可能小；②模拟月径流 Nash-Sutcliffe 效率系数尽可能大，计算公式如下：

$$RE = \frac{\sum_{i=1}^{N}(Q_{\mathrm{sim},i} - Q_{\mathrm{obs},i})}{\sum_{i=1}^{N} Q_{\mathrm{obs},i}} \times 100\% \tag{4-109}$$

$$NSE = 1 - \frac{\sum_{i=1}^{N}(Q_{\mathrm{sim},i} - Q_{\mathrm{obs},i})^2}{\sum_{i=1}^{N}(Q_{\mathrm{obs},i} - \overline{Q_{\mathrm{obs}}})^2} \tag{4-110}$$

式中，RE 为模拟径流总量的相对误差（%）；NSE 为 Nash-Sutcliffe 效率系数；Q_{sim}为模拟月平均流量（m^3/s）；Q_{obs}为实测月平均流量（m^3/s）；N 为模拟系列月份数；$\overline{Q_{\mathrm{obs}}}$为模拟系列实际月平均流量多年平均值（$m^3/s$）。

4.4.2 径流率定验证

模型率定主要对高敏感参数进行率定，高敏感参数主要包括不同土地利用洼地最大储留深、土壤孔隙率、土壤层厚度、气孔阻抗、土壤以及河床材质水力传导系数等。按 31 个水文站控制范围将流域（花园口以上）划分为不重叠的 31 个参数分区，并采用各水文站实测月平均径流量对各高敏感参数进行率定和验证。其中，1956 ~ 1980 年为率定期，1981 ~ 2018 年为验证期，各站径流过程和效率系数如图 4-46 和表 4-6 所示。从结果可以看出，除个别支流外，模型能够较好地描述黄河流域水循环过程。

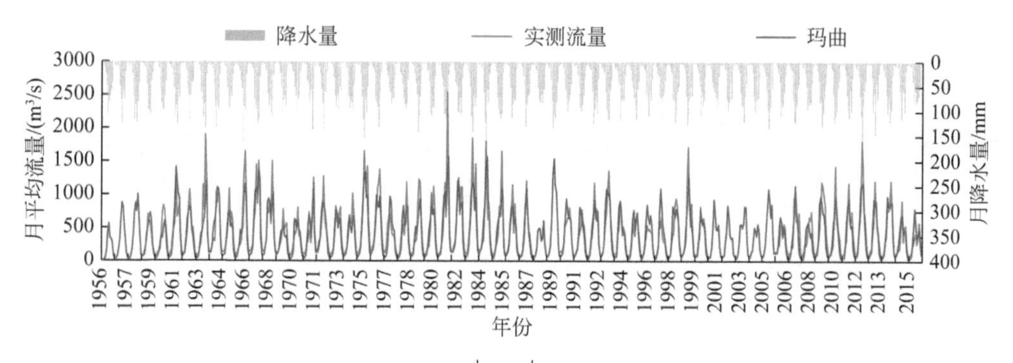

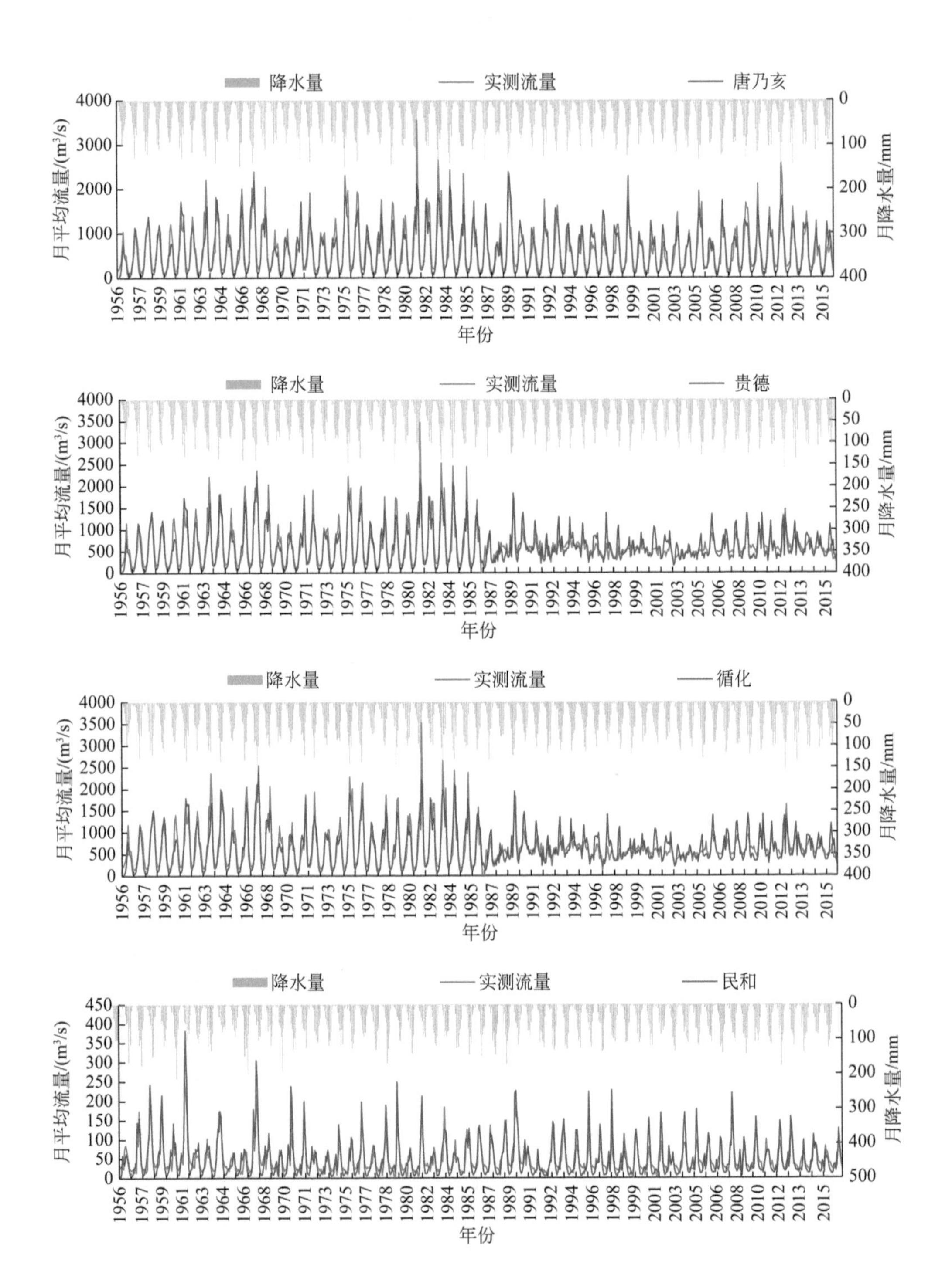
降水量
实测流量
唐乃亥
月平均流量/(m³/s)
月降水量/mm
年份
降水量
实测流量
贵德
月平均流量/(m³/s)
月降水量/mm
年份
降水量
实测流量
循化
月平均流量/(m³/s)
月降水量/mm
年份
降水量
实测流量
民和
月平均流量/(m³/s)
月降水量/mm
年份

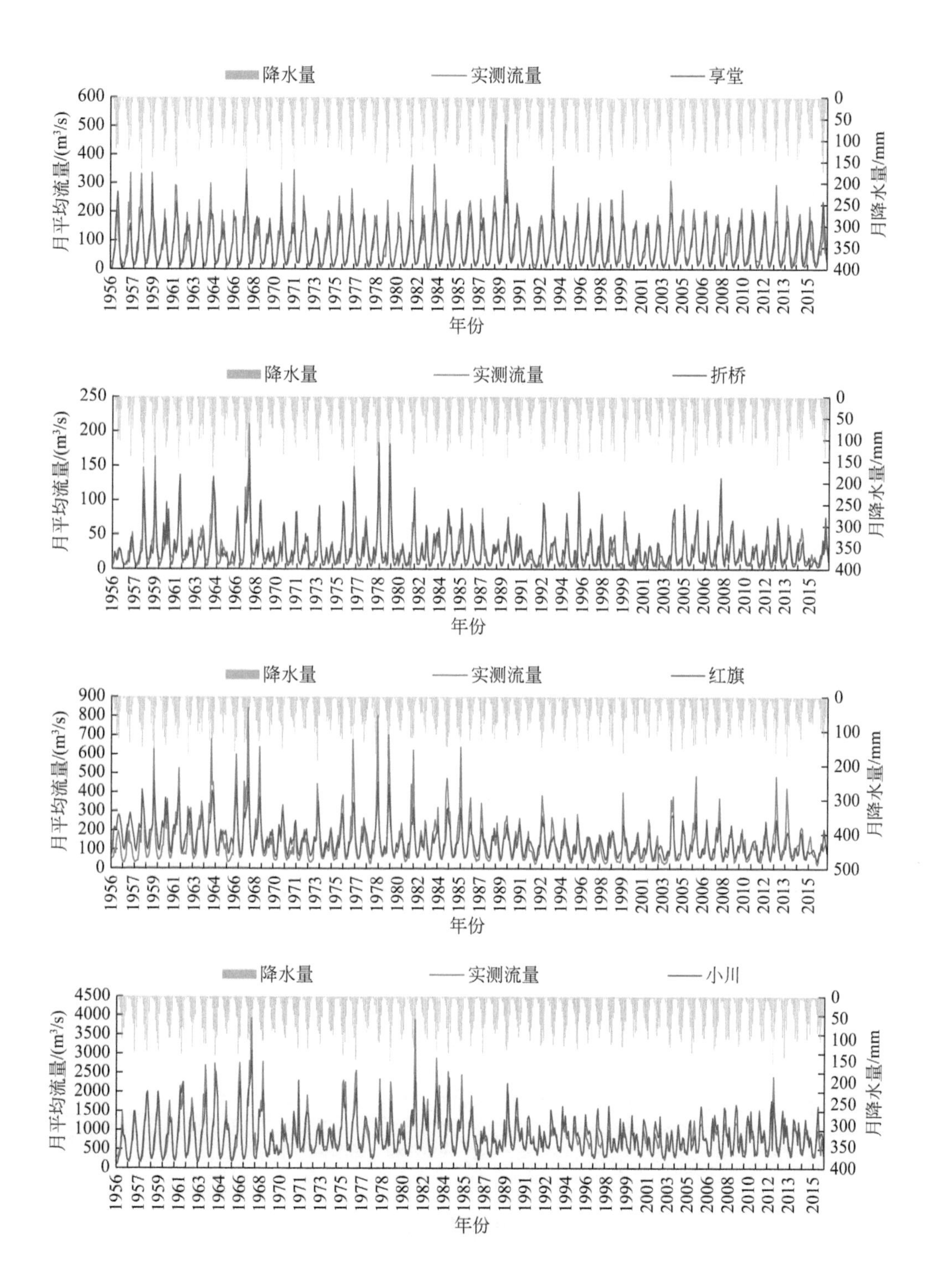
降水量
实测流量
享堂
月平均流量/(m³/s)
月降水量/mm
年份
降水量
实测流量
折桥
月平均流量/(m³/s)
月降水量/mm
年份
降水量
实测流量
红旗
月平均流量/(m³/s)
月降水量/mm
年份
降水量
实测流量
小川
月平均流量/(m³/s)
月降水量/mm
年份

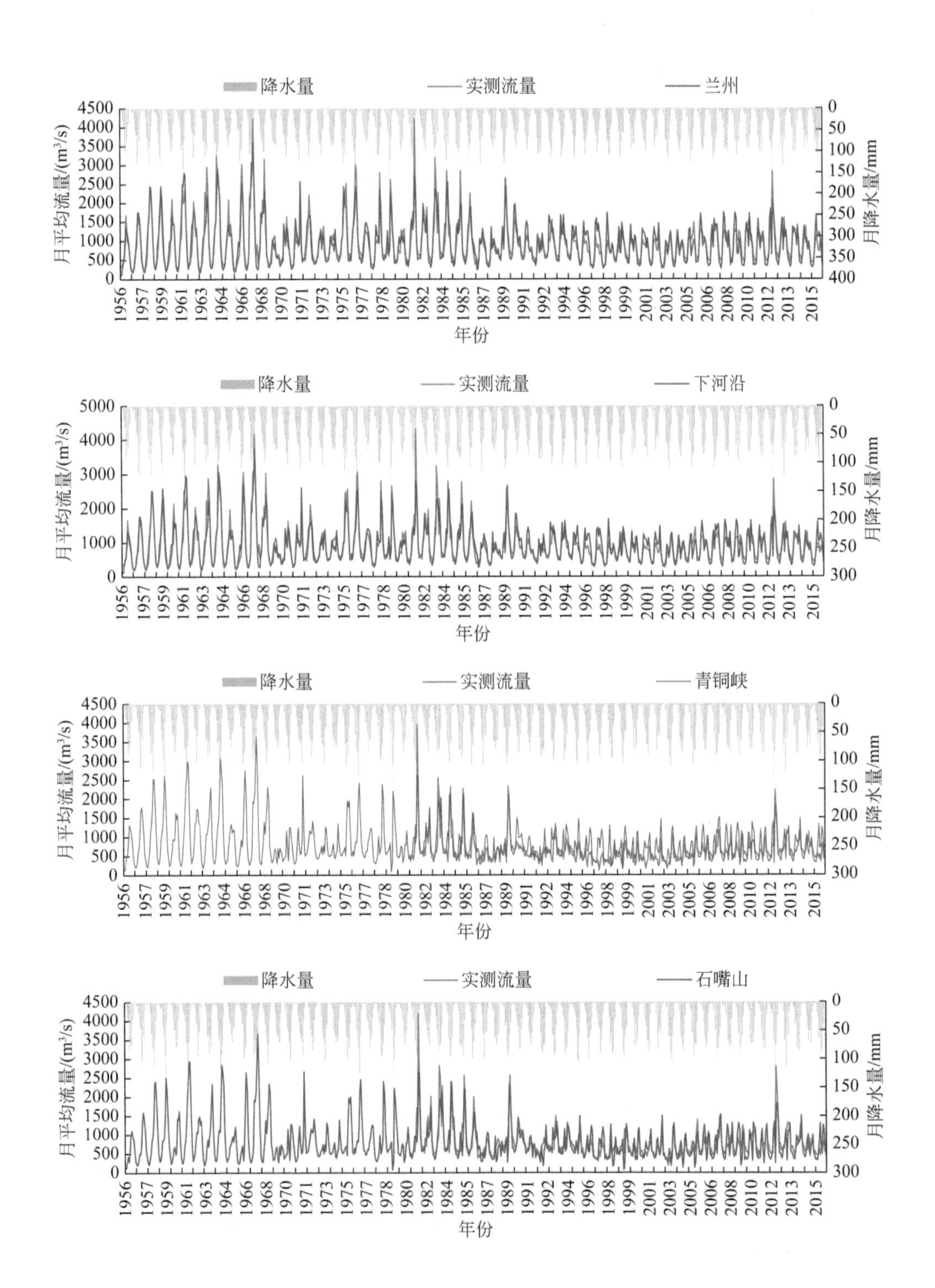

降水量
实测流量
兰州
月平均流量/(m³/s)
月降水量/mm
年份
降水量
实测流量
下河沿
月平均流量/(m³/s)
月降水量/mm
年份
降水量
实测流量
青铜峡
月平均流量/(m³/s)
月降水量/mm
年份
降水量
实测流量
石嘴山
月平均流量/(m³/s)
月降水量/mm
年份

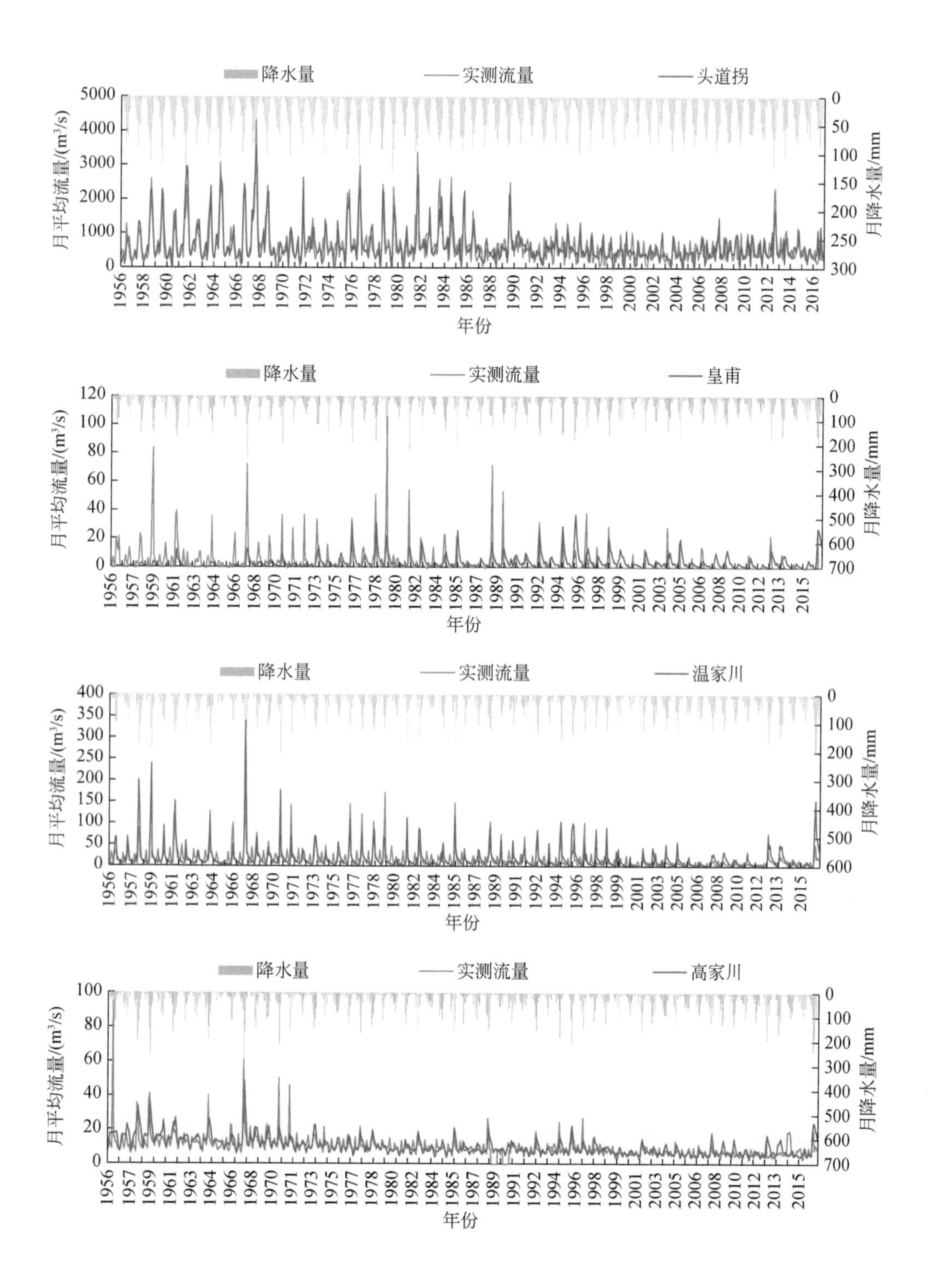
降水量
实测流量
头道拐
月平均流量/(m³/s)
月降水量/mm
年份
降水量
实测流量
皇甫
月平均流量/(m³/s)
月降水量/mm
年份
降水量
实测流量
温家川
月平均流量/(m³/s)
月降水量/mm
年份
降水量
实测流量
高家川
月平均流量/(m³/s)
月降水量/mm
年份

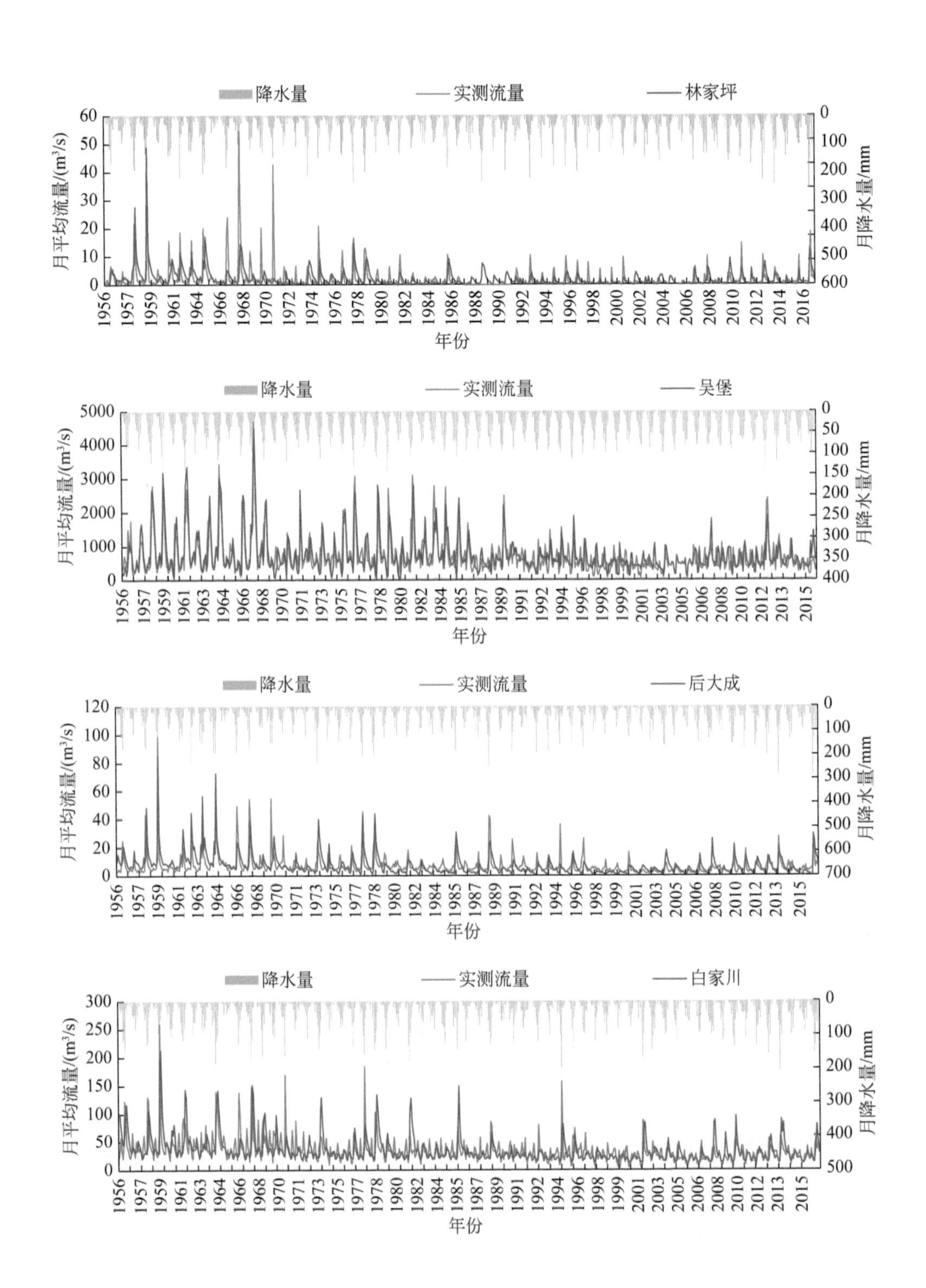

降水量
实测流量
林家坪
月平均流量/(m³/s)
月降水量/mm
年份
降水量
实测流量
吴堡
月平均流量/(m³/s)
月降水量/mm
年份
降水量
实测流量
后大成
月平均流量/(m³/s)
月降水量/mm
年份
降水量
实测流量
白家川
月平均流量/(m³/s)
月降水量/mm
年份

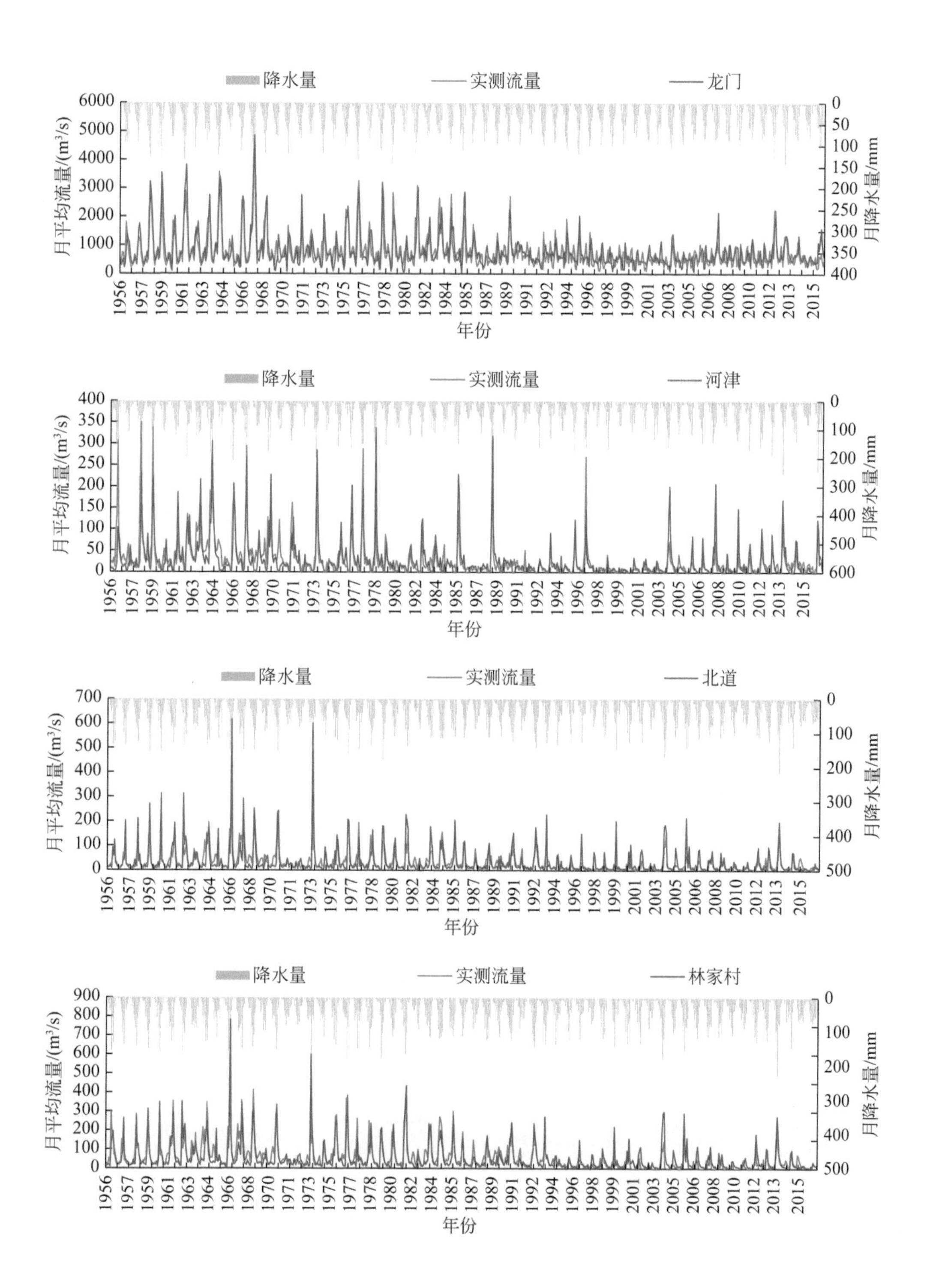
降水量
实测流量
龙门
月平均流量/(m³/s)
月降水量/mm
年份
降水量
实测流量
河津
月平均流量/(m³/s)
月降水量/mm
年份
降水量
实测流量
北道
月平均流量/(m³/s)
月降水量/mm
年份
降水量
实测流量
林家村
月平均流量/(m³/s)
月降水量/mm
年份

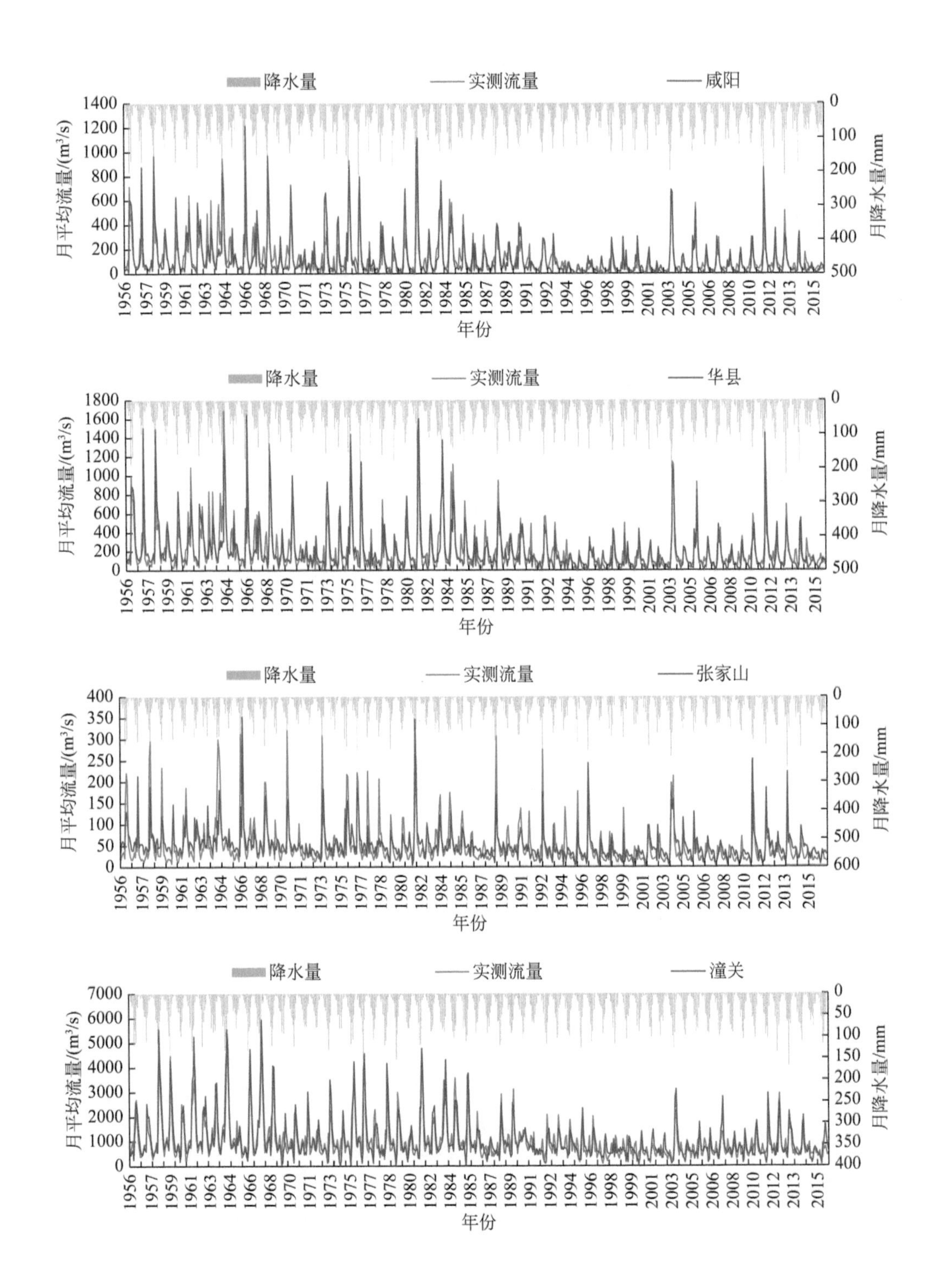

降水量
实测流量
咸阳
月平均流量/(m³/s)
月降水量/mm
年份
华县
张家山
潼关

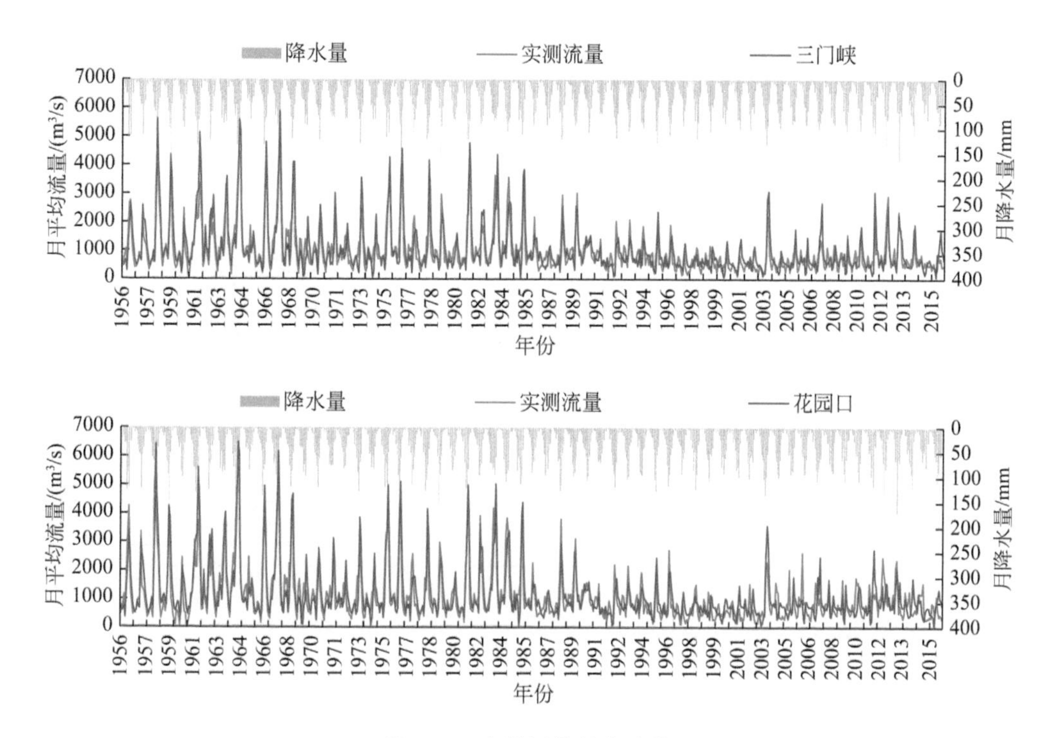

图 4-46　各站逐月径流过程

表 4-6　各站月径流过程效率系数

站点	NSE			RE/%		
	1956 ~ 1980 年	1981 ~ 2016 年	1956 ~ 2016 年	1956 ~ 1980 年	1981 ~ 2016 年	1956 ~ 2016 年
玛曲	0. 788	0. 754	0. 768	-7. 1	-1. 2	-3. 7
唐乃亥	0. 850	0. 800	0. 819	-7. 5	-0. 3	-3. 1
贵德	0. 853	0. 602	0. 749	-8. 5	2. 0	-2. 2
循化	0. 858	0. 613	0. 760	-7. 4	5. 0	-0. 2
民和	0. 699	0. 613	0. 659	2. 2	-2. 9	-0. 7
享堂	0. 803	0. 737	0. 763	-3. 5	0. 1	-1. 4
折桥	0. 834	0. 697	0. 796	-7. 6	10. 2	1. 4
红旗	0. 706	0. 688	0. 707	7. 4	-2. 5	2. 1
小川	0. 864	0. 667	0. 788	-2. 4	5. 2	2. 0
兰州	0. 878	0. 701	0. 809	-2. 3	0. 9	-0. 4

续表

站点	NSE			RE/%		
	1956 ~ 1980 年	1981 ~ 2016 年	1956 ~ 2016 年	1956 ~ 1980 年	1981 ~ 2016 年	1956 ~ 2016 年
下河沿	0. 882	0. 690	0. 809	-0. 6	3. 4	1. 7
青铜峡	0. 000	0. 327	0. 327	0. 0	17. 1	17. 1
石嘴山	0. 000	0. 599	0. 599	0. 0	-4. 1	-4. 1
头道拐	0. 751	0. 471	0. 648	2. 3	1. 7	2. 0
皇甫	0. 126	-0. 040	0. 095	-56. 4	75. 6	-4. 6
温家川	0. 567	0. 094	0. 472	-11. 8	20. 7	2. 0
高家川	0. 275	-0. 822	0. 169	6. 0	2. 7	4. 4
林家坪	0. 237	0. 204	0. 273	-1. 5	9. 0	2. 1
吴堡	0. 758	0. 444	0. 664	1. 7	5. 6	3. 7
后大成	0. 422	0. 142	0. 390	13. 6	-16. 3	-0. 6
白家川	0. 084	-0. 276	0. 095	-1. 5	-2. 0	-1. 7
龙门	0. 728	0. 458	0. 652	2. 8	5. 4	4. 2
河津	0. 583	0. 411	0. 587	-8. 2	8. 9	-2. 0
北道	0. 144	0. 255	0. 249	-2. 3	5. 8	1. 3
林家村	0. 566	0. 595	0. 616	-9. 5	8. 5	-1. 9
咸阳	0. 668	0. 749	0. 715	1. 7	-0. 6	0. 6
张家山	0. 590	0. 575	0. 598	-0. 8	5. 5	2. 4
华县	0. 766	0. 780	0. 777	4. 1	-7. 5	-1. 9
潼关	0. 768	0. 621	0. 734	4. 9	1. 5	2. 6
三门峡	0. 762	0. 557	0. 705	5. 6	2. 7	4. 1
花园口	0. 776	0. 559	0. 691	7. 1	2. 8	3. 6

4.4.3 黄河河源区冻土过程验证

采用改进的黄河河源区冻土水热耦合模块对黄河河源区雪温、含水率以及冻土深等指标进行验证，验证数据主要来源于研究区收集资料以及试验观测资料。结果表明，改进的冻土模块能够比较准确地描述黄河河源区在冻土影响下的水文过程。其中，黄河河源区不同土层典型年土温和土壤含水率模拟结果如图 4-47 和图 4-48 所示。图 4-47 和图 4-48 都没有实测值，只有模型模拟值，但模拟结果基本上能够反映黄河河源区不同土层土温变化以及含水率变化规律。

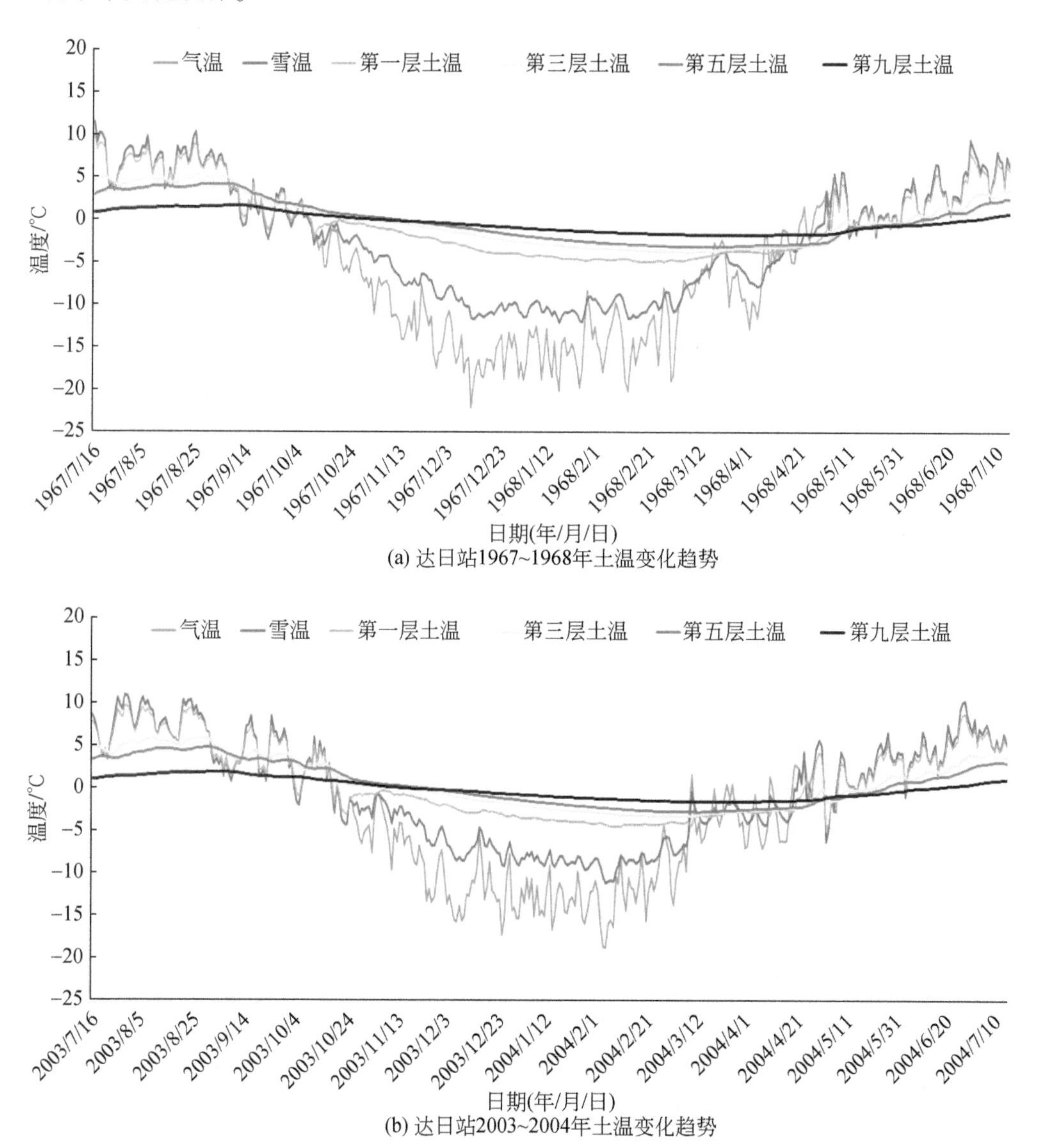

(a) 达日站1967~1968年土温变化趋势

(b) 达日站2003~2004年土温变化趋势

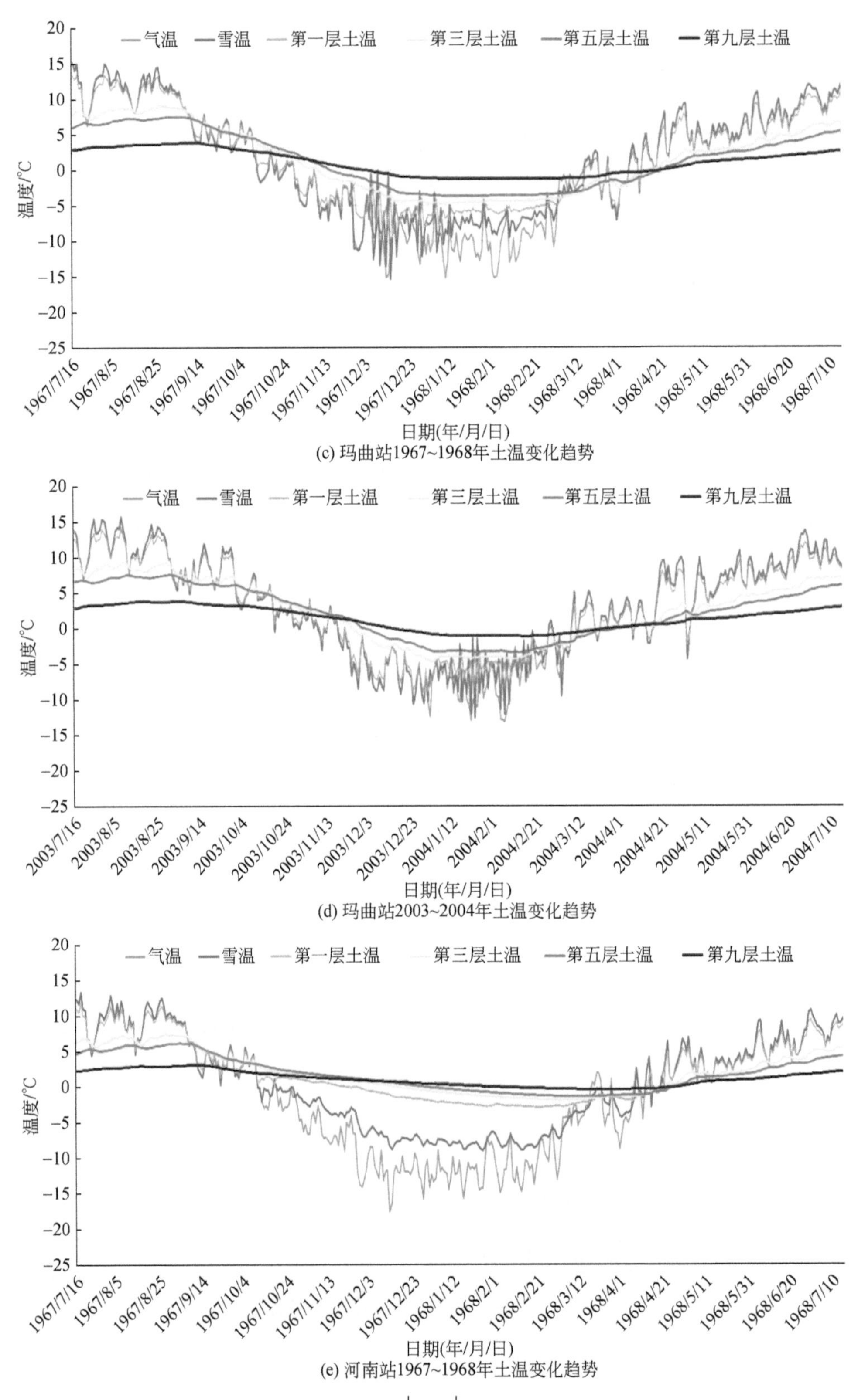

(c) 玛曲站1967~1968年土温变化趋势

(d) 玛曲站2003~2004年土温变化趋势

(e) 河南站1967~1968年土温变化趋势

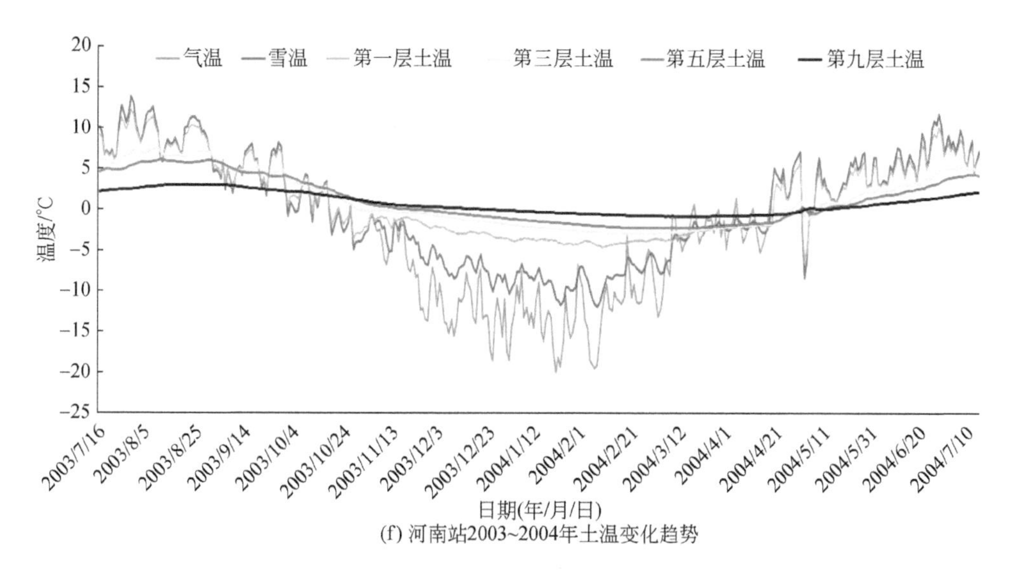

(f) 河南站2003~2004年土温变化趋势

图 4-47 典型年份气温、雪温与分层土壤-松散岩层温度变化过程

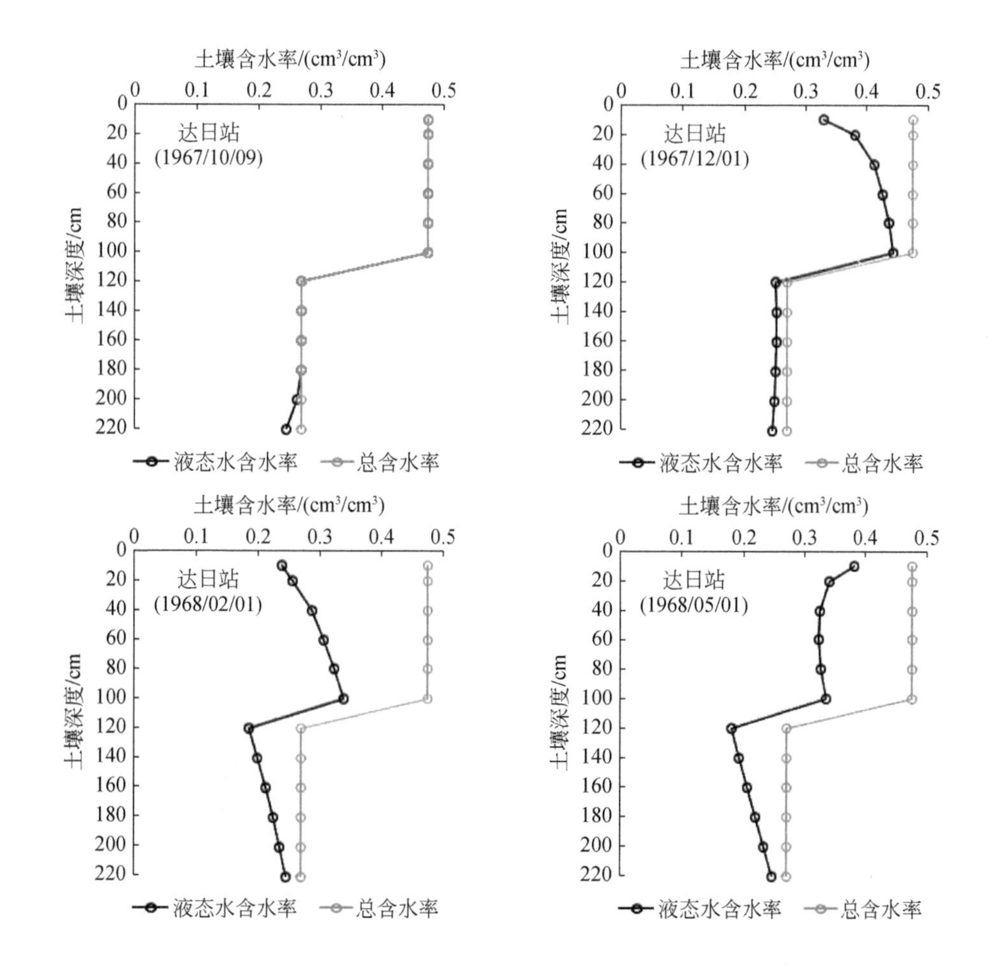

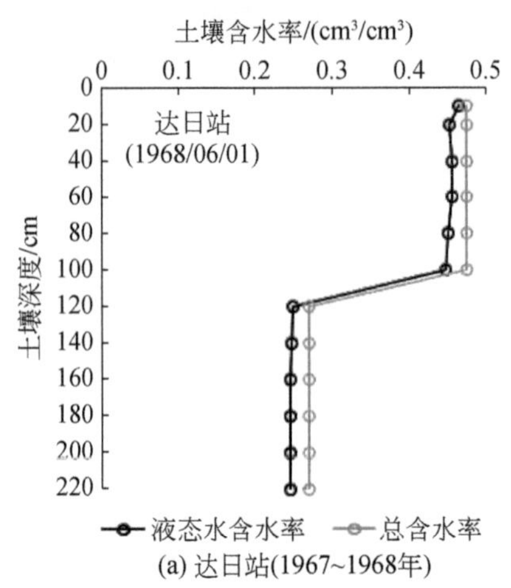

(a) 达日站(1967~1968年)

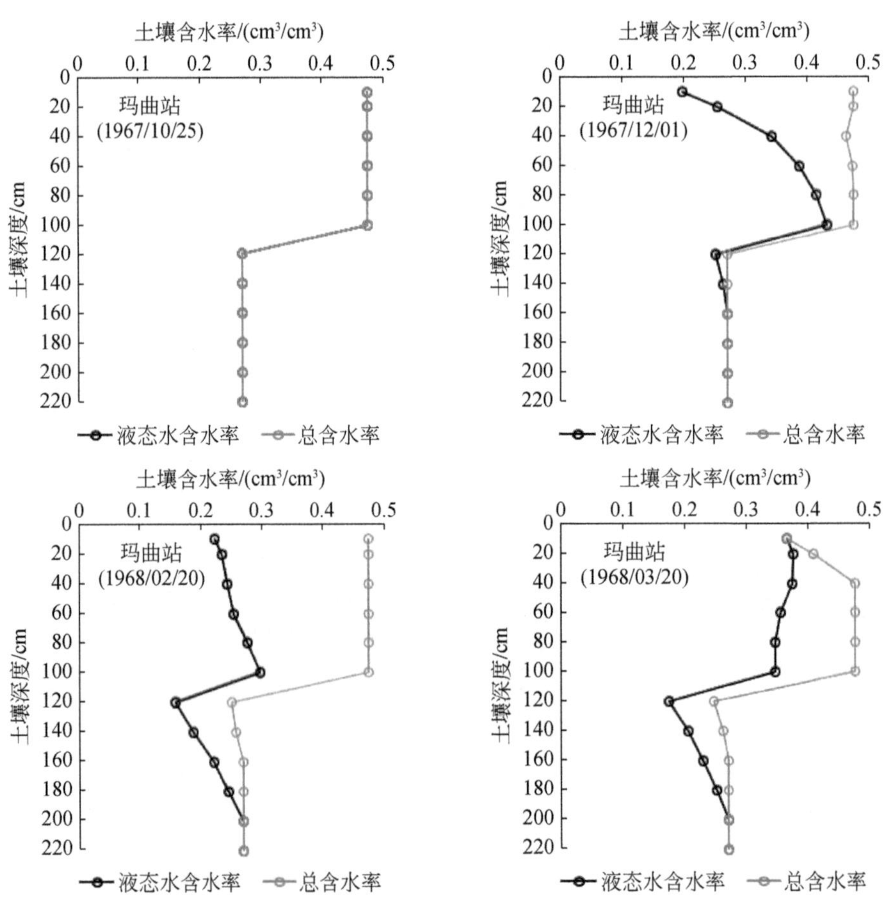

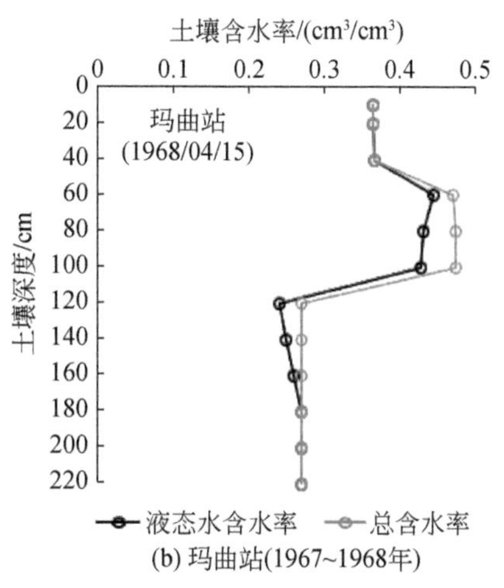

(b) 玛曲站(1967~1968年)

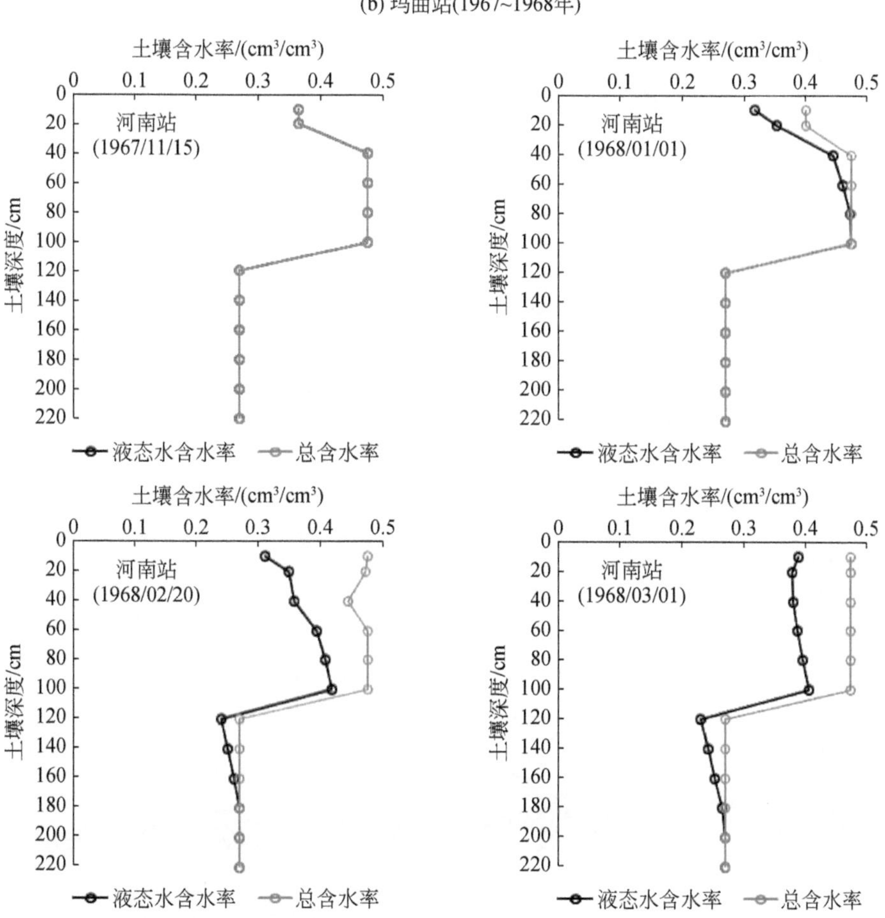

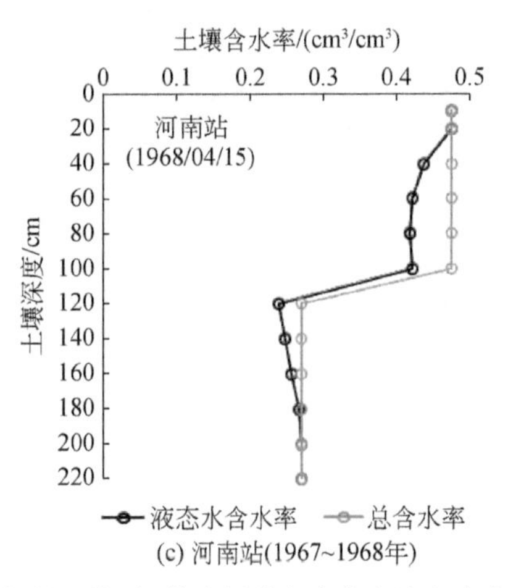

(c) 河南站(1967~1968年)

图4-48 典型年份土壤-松散岩层总含水率和液态水含水率变化过程

对黄河河源区主要站点（达日、玛多、久治、若尔盖、红原、玛曲、河南、共和）1965～1966年（玛多、久治、玛曲因缺乏数据，分别以数据起始的1985年、1973年、1966年代替）和1995～1996年两个典型年的冻融过程进行模拟对比分析，发现各站点模拟的冻结规律与实测结果基本一致，实测的开始冻结时间较模拟结果偏早，模拟的结束冻结时间较实测结果偏早，模拟的最大冻结深度相对于实测结果偏大，模拟的冻结速度较实测偏慢，融化速度较实测偏快（图4-49）。

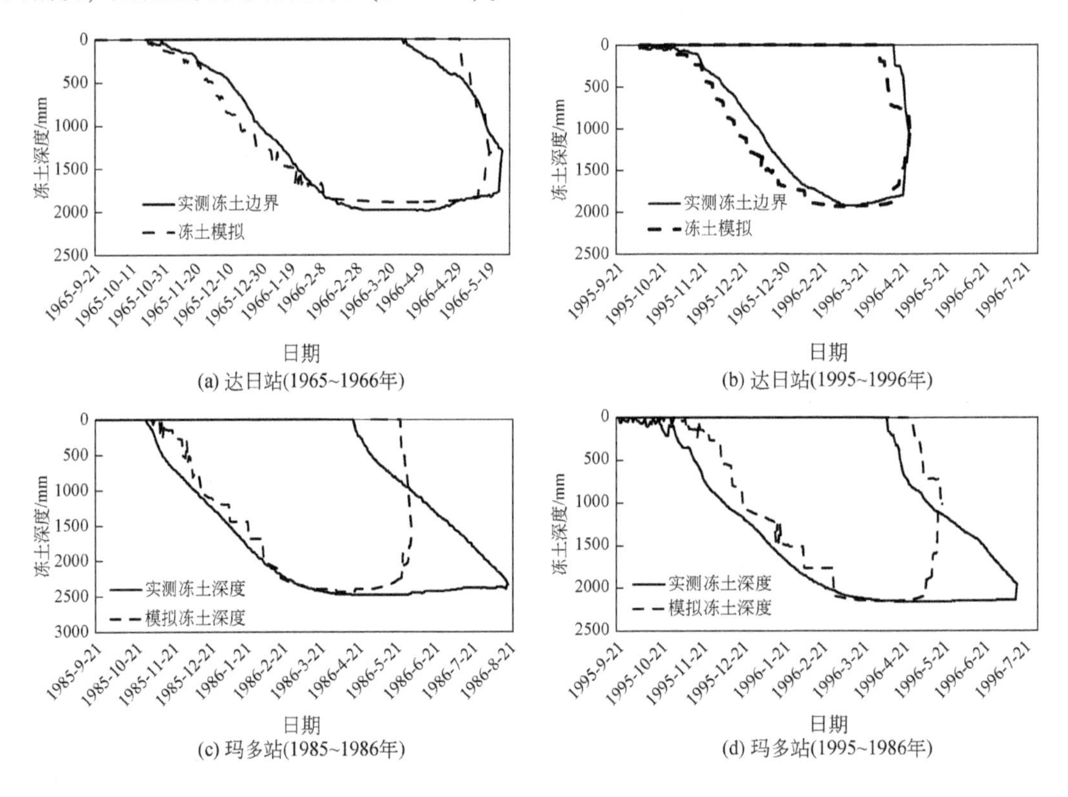

(a) 达日站(1965~1966年)

(b) 达日站(1995~1996年)

(c) 玛多站(1985~1986年)

(d) 玛多站(1995~1986年)

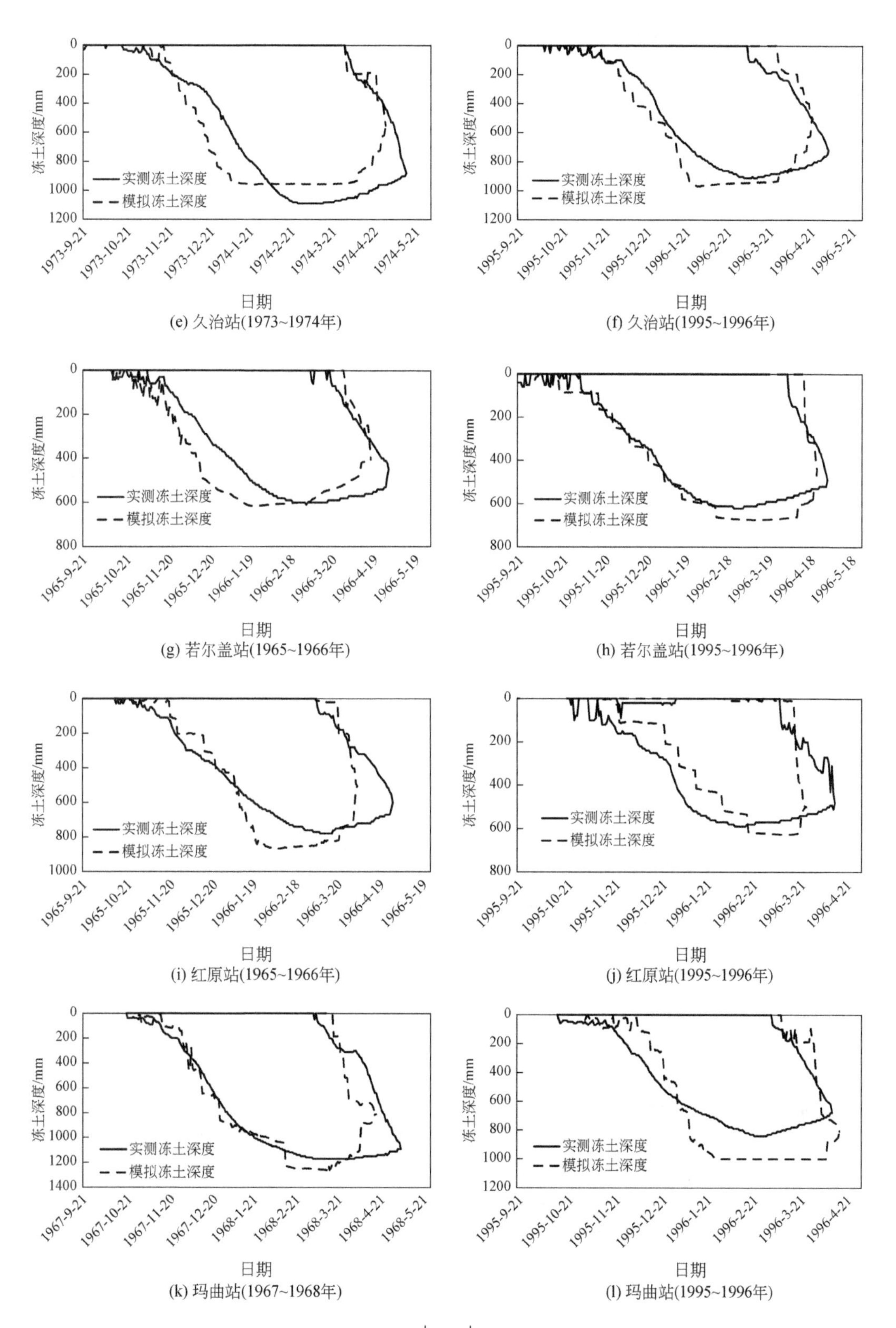

(e) 久治站(1973~1974年)

(f) 久治站(1995~1996年)

(g) 若尔盖站(1965~1966年)

(h) 若尔盖站(1995~1996年)

(i) 红原站(1965~1966年)

(j) 红原站(1995~1996年)

(k) 玛曲站(1967~1968年)

(l) 玛曲站(1995~1996年)

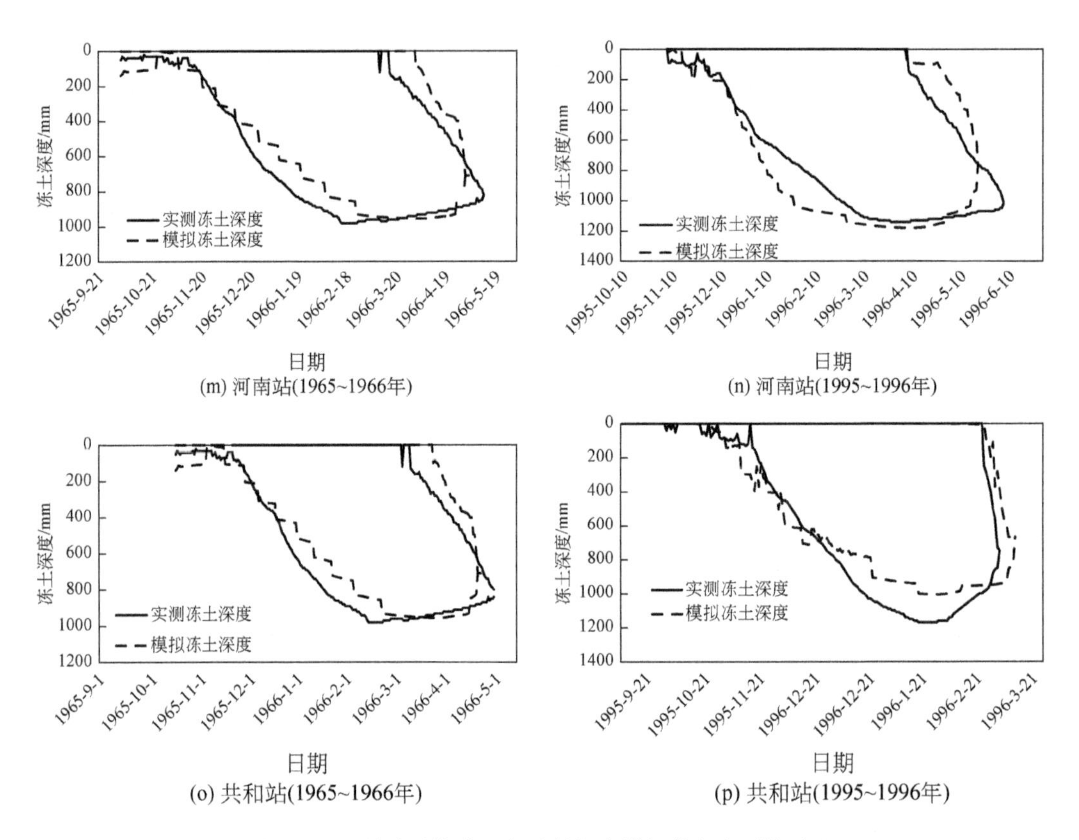

图 4-49　土壤冻融期典型年冻结深度模拟值与实测值对比

8 个站点各典型年 1965 年的实测深度监测时段的 RMSE（均方误差）平均值为 12. 9cm，Nash 效率系数为 0. 95；典型年 1995 年的实测深度监测时段的 RMSE（均方误差）平均值为 16. 1cm，Nash 效率系数为 0. 89（表 4-7）。因此，模型的冻土深度模拟结果与实测接近，模型模拟结果合理可靠。

表 4-7　土壤冻融期典型年冻结深度模拟值与实测值对比

站点	典型年 1965 年（玛多站为 1985 年）		典型年 1995 年	
	Nash	RMSE/cm	Nash	RMSE/cm
达日	0. 96	15. 8	0. 93	19
玛多	0. 91	22. 2	0. 85	27
久治	0. 96	18. 6	0. 85	22. 4
若尔盖	0. 97	11. 2	0. 98	6
红原	0. 96	11. 1	0. 95	10. 1
玛曲	0. 97	7. 6	0. 68	18. 6
河南	0. 93	9. 1	0. 91	12. 1
共和	0. 97	8. 2	0. 96	13. 6

根据黄河河源区各年代冻土深度的等值线图，对比模型模拟的最大深度（图 4-50），结果表明各年代模拟值和实测值基本接近，说明模型对黄河河源区年际冻土模拟效果也较好。

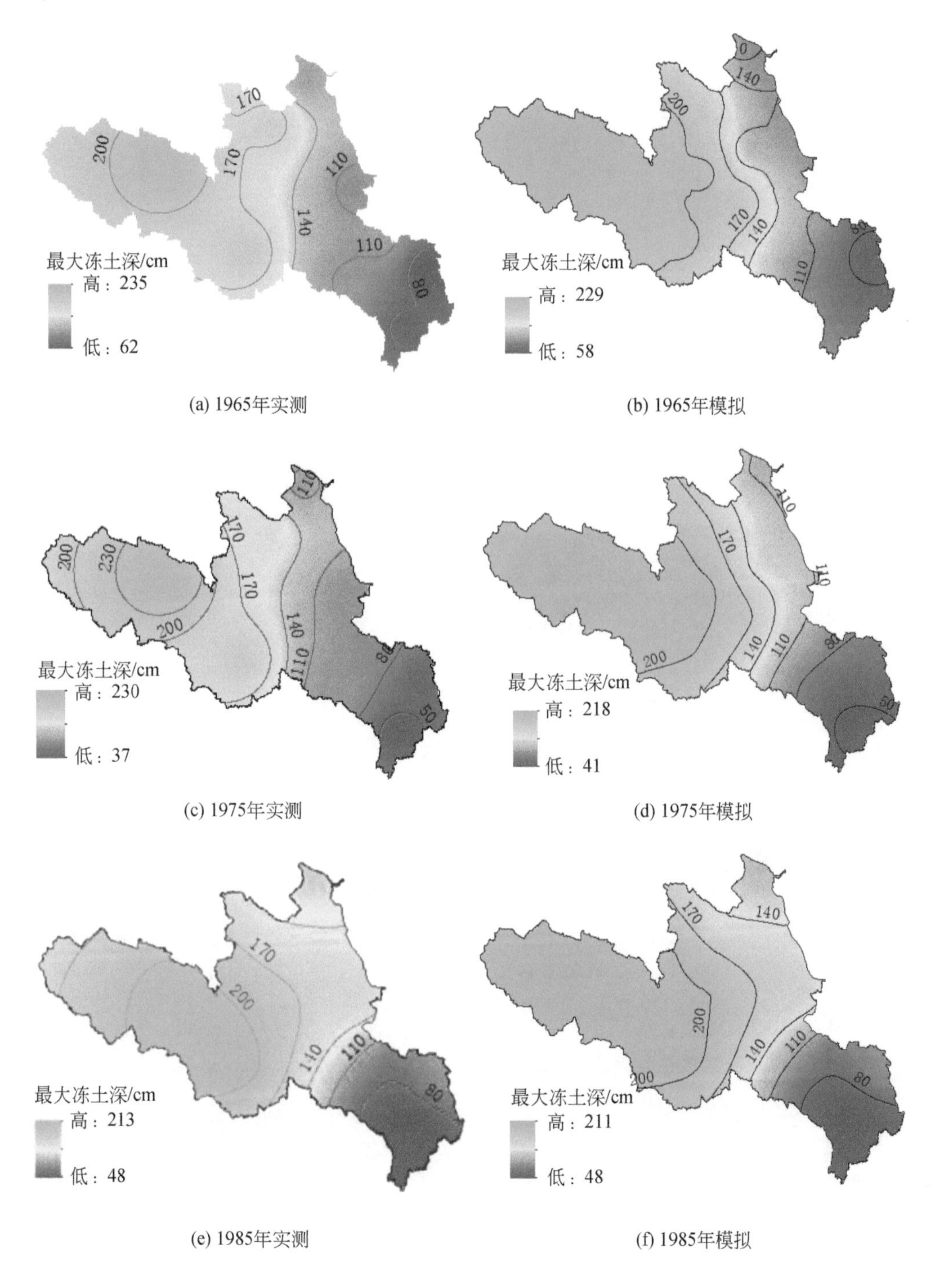

(a) 1965年实测　(b) 1965年模拟

(c) 1975年实测　(d) 1975年模拟

(e) 1985年实测　(f) 1985年模拟

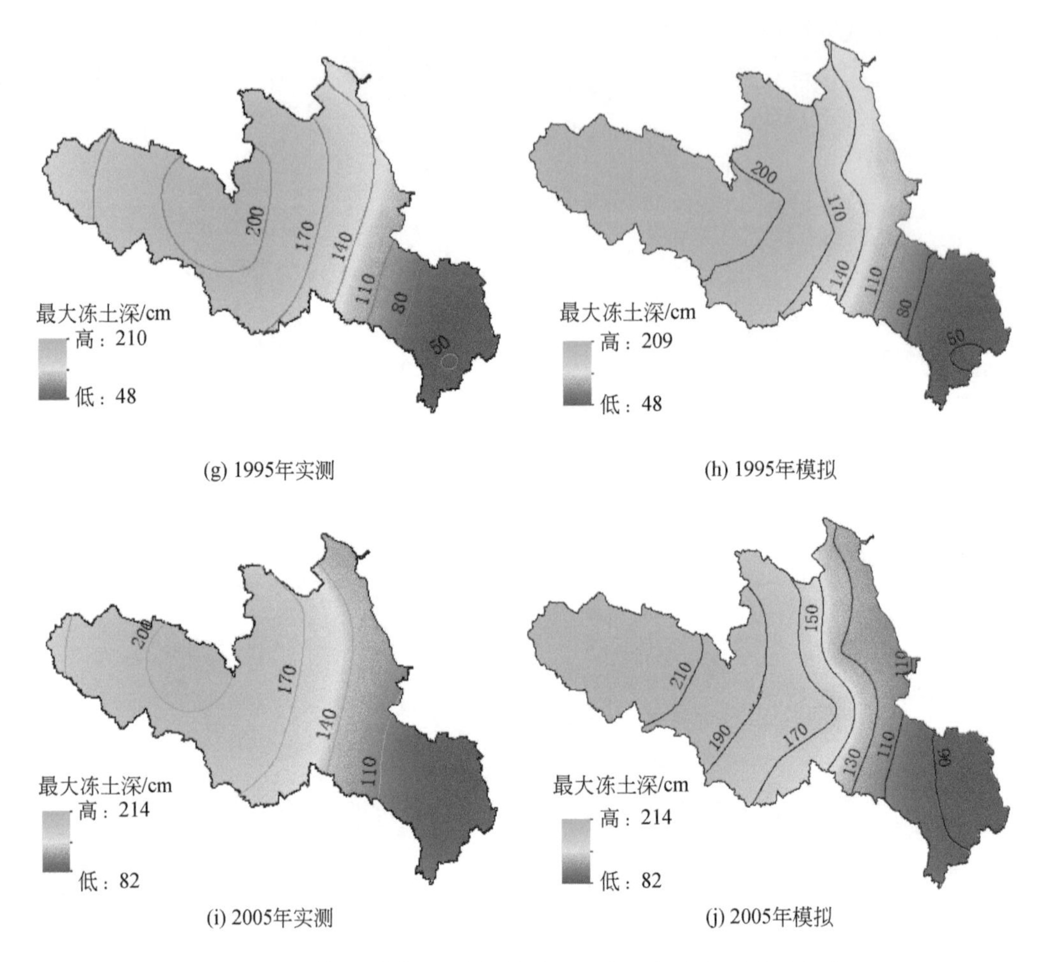

(g) 1995年实测　　(h) 1995年模拟

(i) 2005年实测　　(j) 2005年模拟

图 4-50　不同年代黄河河源区最大冻土深空间变化过程对比图

4.4.4　输沙量率定验证

对流域主要干流多年输沙量进行模拟分析。其中，唐乃亥、兰州、头道拐、龙门和潼关五个主要干流站点 1956～2016 年多年平均输沙量模拟结果的相对误差分别为-4%、-3%、-33%、-20%和 6.6%。月平均输沙率模拟结果如图 4-51 所示。

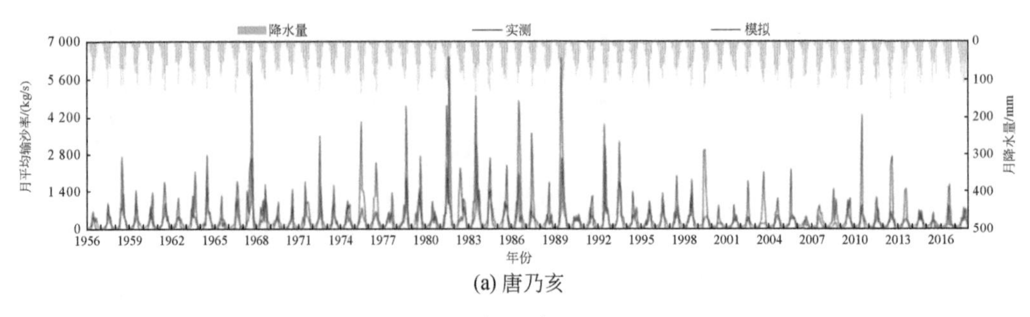

(a) 唐乃亥

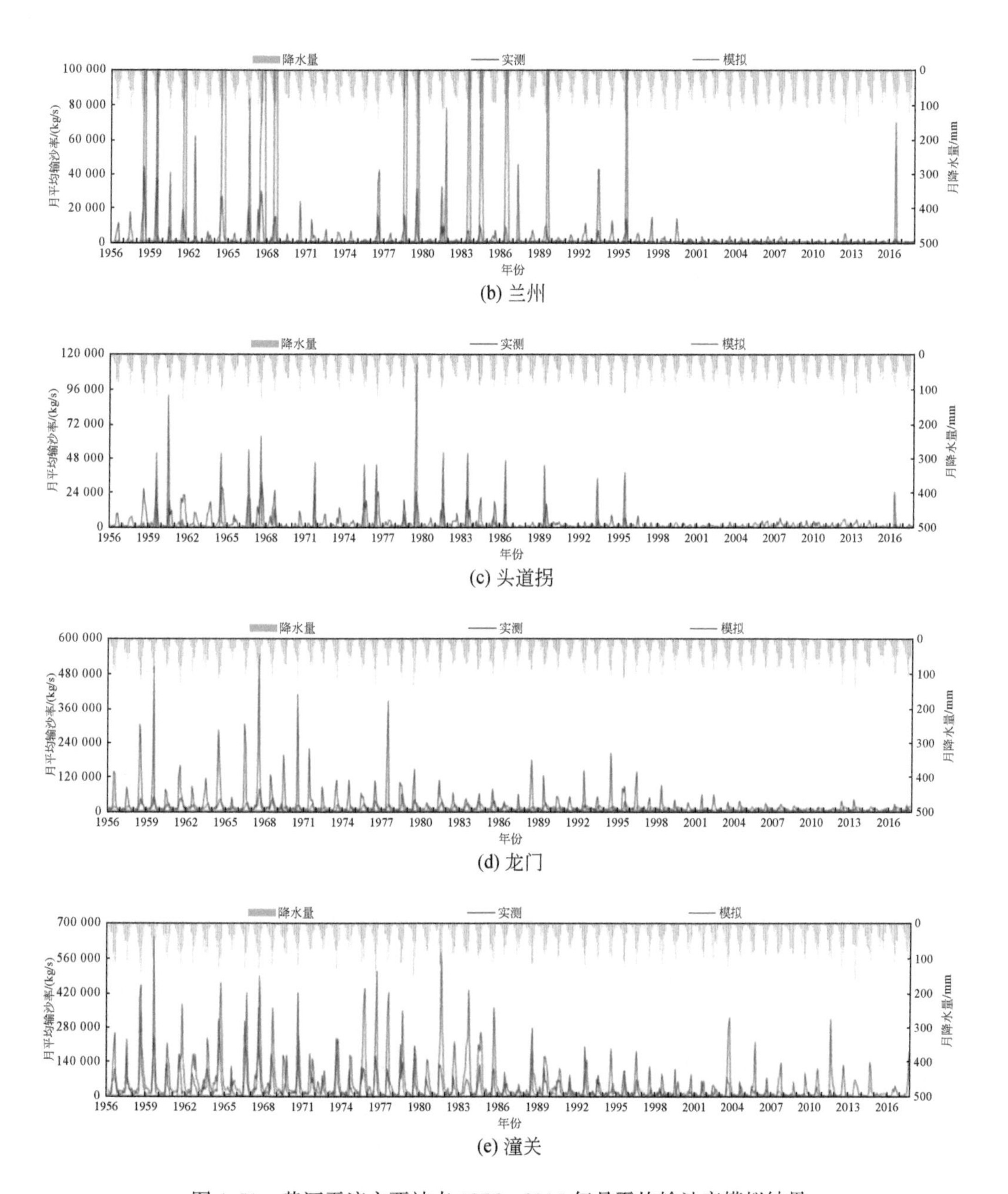

(b) 兰州

(c) 头道拐

(d) 龙门

(e) 潼关

图 4-51　黄河干流主要站点 1956 ~ 2016 年月平均输沙率模拟结果

皇甫、温家川、后大成、高石崖、白家川、咸阳、张家山和状头 8 个重点支流站点 1956 ~ 2016 年多年平均输沙量模拟结果的相对误差分别为 3.9%、-0.12%、0.23%、-3.2%、2.3%、2.5%、2.5% 和 3.6%。月平均输沙率模拟结果如图 4-52 所示。

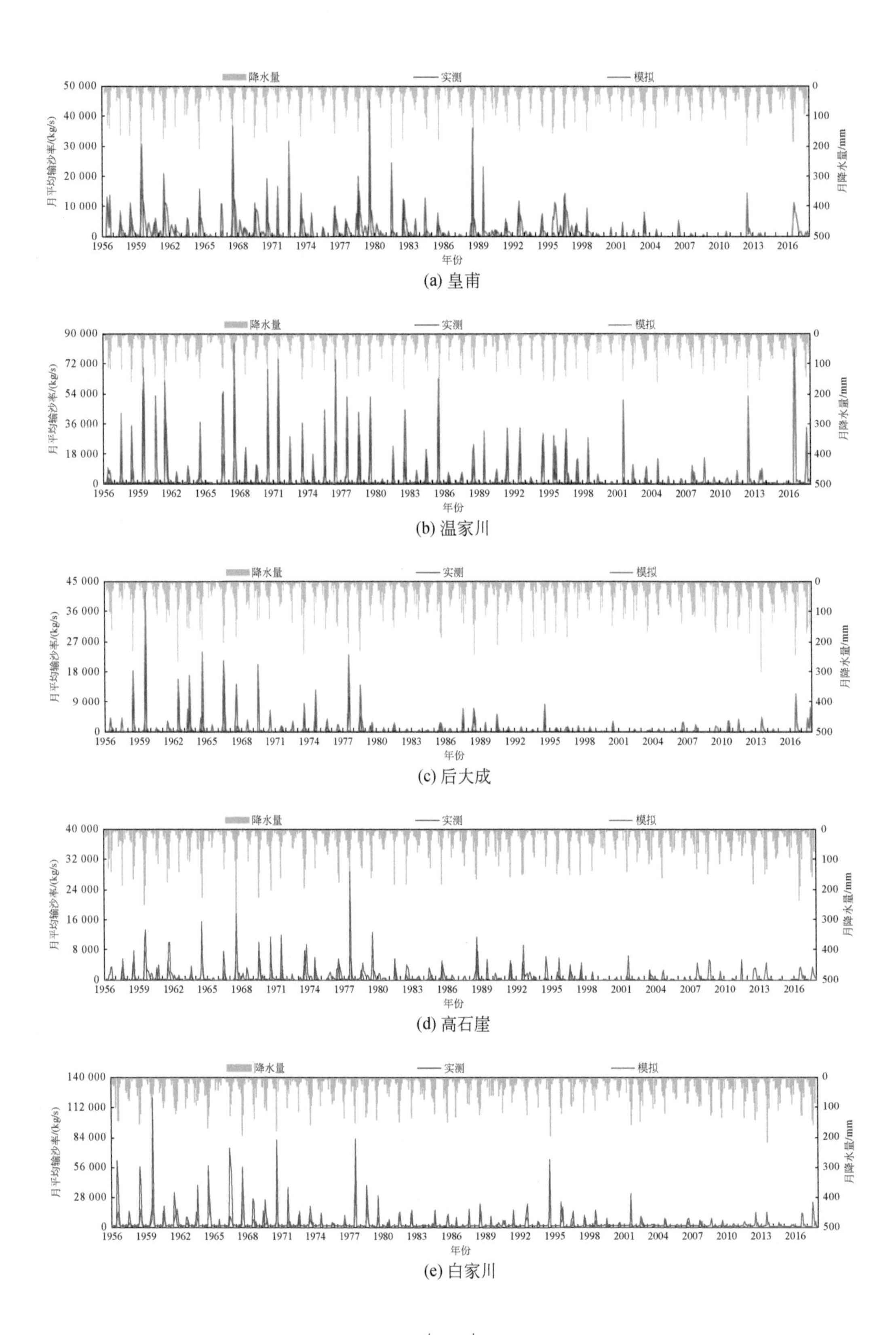

(a) 皇甫

(b) 温家川

(c) 后大成

(d) 高石崖

(e) 白家川

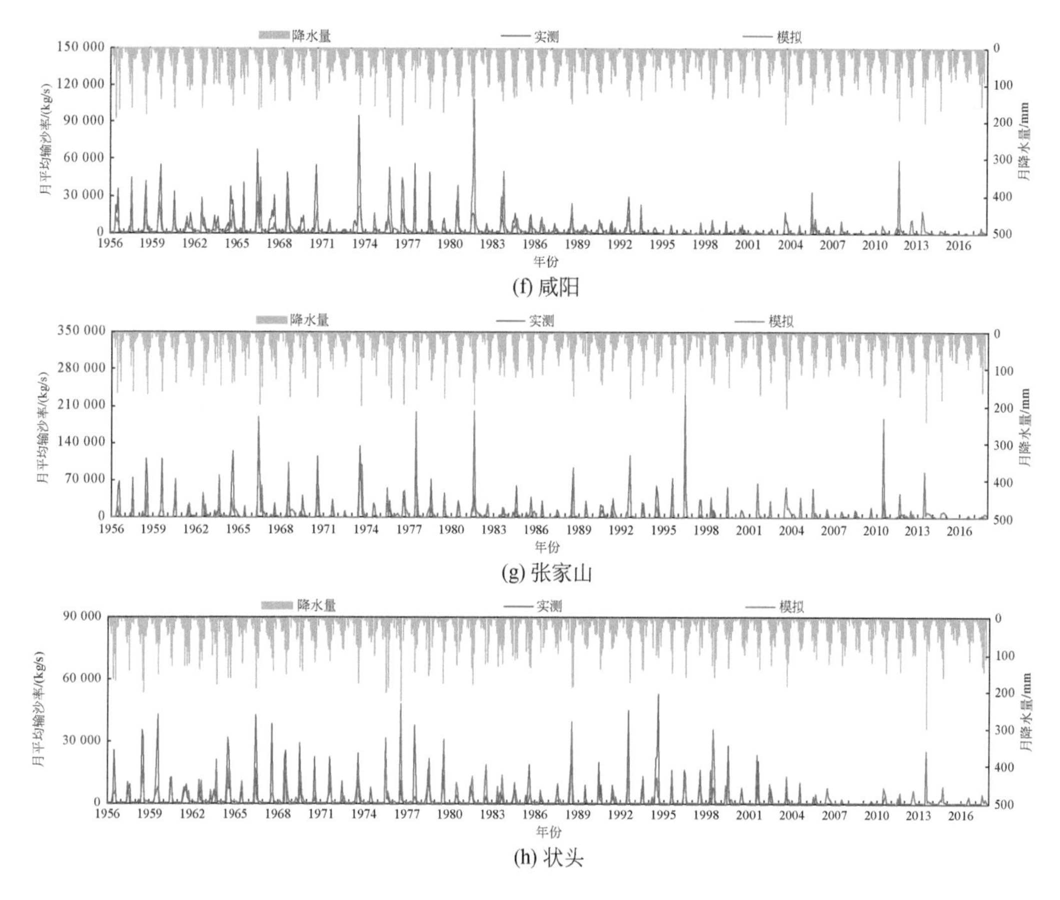

(f) 咸阳

(g) 张家山

(h) 状头

图 4-52　黄河重点支流站点 1956 ~ 2016 年月平均输沙率模拟结果

4.5　模型并行计算研发

4.5.1　并行计算介绍

大流域、精细化模拟是分布式水文模型发展的趋势，其发展要求大量数据信息的处理和多要素多层次的物理计算过程，因而也面临着模拟时间长、计算效率低的问题。串行计算技术的模拟方法不能满足大规模流域仿真对计算能力的要求，因此需要引进并行计算技术。

OpenMP 和 MPI 是两种常用的并行计算框架。OpenMP 是一种应用程序接口（application programming interface，API），支持 C、C++、Fortran 等编程语言，可在大多数计算平台上使用，包括 Unix、Linux、Windows 等平台。OpenMP 编程模型的内存是共享模式，处理器之间的数据交换是通过变量共享来实现的，其编程易用性较高，适用于处理循环结构的并行化，还有一定的任务调度指令。WEP-L 分布式水文模型并行粒度较小，并且水流引起的数据传输较多，若采用 MPI 框架并行化，模拟一次需要对数据进程之间进行多次消息传递，从而耗费大量通信时间，因此 OpenMP 编程模型更适合 WEP-L 分布式水文模型的并行化。同时，WEP-L 分布式水文模型采用“子流域内套等高带”作为基本计算单元，可以在考虑子流域之间计算上下游依赖关系的基础上，将不同的子流域计算任务分配到多个线程上进行模拟，下面将详细地对产流过程、汇流过程、产输沙过程并行计算进行介绍。

4.5.2 产流过程并行计算原理

产流过程中每个子流域的模拟都是相对独立的，没有单元间的流量交换，可以直接在源程序的基础上利用 OpenMP 编程模型进行并行化改造。通过 OpenMP 编译指令实现模型的并行化改造，利用 PARALLEL DO 指令在节点循环处创造并行域；通过 SCHEDULE 指令设置调度方法，包括 static 调度、guided 调度、dynamic 调度、runtime 调度，其中 runtime 调度是通过环境变量选择前面的三种调度方式；通过 OMP_SET_NUM_THREADS 选择使用几个线程参与运算；同时，程序中有一些变量并行时会存在线程冲突问题，针对这部分变量，利用 PRIVATE、THREADPRIVATE 指令对其进行私有化操作，使每个线程都有变量的副本。

并行采用 Fork-Join 的方式，串行程序运行时只有主线程在工作，遇到并行指令时，就会派生出从线程与主线程共同执行子流域模拟任务，所有线程模拟完毕后，摧毁从线程，再由主线程串行计算程序。产流过程可直接将黄河流域 8485 个子流域的计算任务按照设置的调度方式分配给多个线程并行计算。当产流过程模拟结束后关闭并行域，主线程串行执行后续模块。产流并行设计流程如图 4-53 所示。

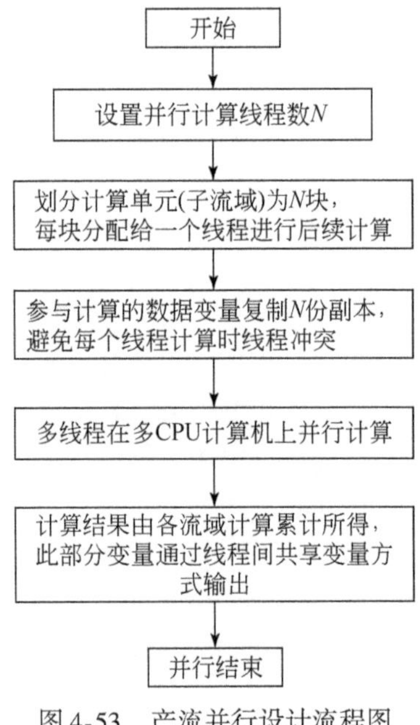

图 4-53　产流并行设计流程图

4.5.3 汇流、产输沙过程并行计算原理

在汇流及产输沙过程中，子流域由于空间上存在相互依赖的关系，即当前子流域的模拟需要上游子流域的计算结果作为输入，从而无法直接并行。针对该问题，为 WEP-L 汇流及产输沙过程设计了分层模拟单元并行计算方法。

4.5.3.1 分层模拟单元方法设计

根据 Pfafstetter 编码规则建立子流域空间拓扑关系，包括当前子流域编码、上游子流域编码、下游子流域编码（若没有上游或下游则为 0）及上游子流域个数，如表 4-8 所示。

表 4-8 子流域空间拓扑关系

当前子流域编码	下游子流域编码	上游子流域 1 编码	上游子流域 2 编码	上游子流域个数
1	3	0	0	0
2	3	0	0	0
3	5	1	2	2
4	5	0	0	0
5	7	3	4	2
6	7	0	0	0
7	9	5	6	2
…	…	…	…	…

注：0 表示没有上游或下游子流域

WEP-L 分布式水文模型的分层模拟单元方法利用子流域空间拓扑关系表（表 4-8），可以得到子流域上游到下游的流向，根据上下游关系将子流域分为多个层级，使同一层中的子流域不存在上下游依赖关系，如此可以把位于同一层的子流域计算任务划分给多个线程并行计算。如图 4-54 所示，模型应用分层模拟单元算法后，串行计算需要按层级计算，先模拟第一层子流域 1、2、4、6、8、10、11、13，再模拟第二层子流域 3、12，然后第三层子流域 5、14，以此类推。

分层模拟单元方法涉及的步骤如下。

如图 4-55 所示，步骤 1：读取子流域空间拓扑关系表，包括有多少个待处理的子流域，每个子流域的上下游子流域编号及相邻的上游子流域个数。步骤 2：根据子流域拓扑关系表对子流域进行分层处理，其中没有上游的子流域即子流域空间拓扑关系表中上游子流域个数为 0 的子流域划分为第一层。步骤 3：更新已分层子流域的相关信息，即针对已分层子流域而言，其下游子流域拥有的上游数目需要减 1。步骤 4：判断是否还有未分层

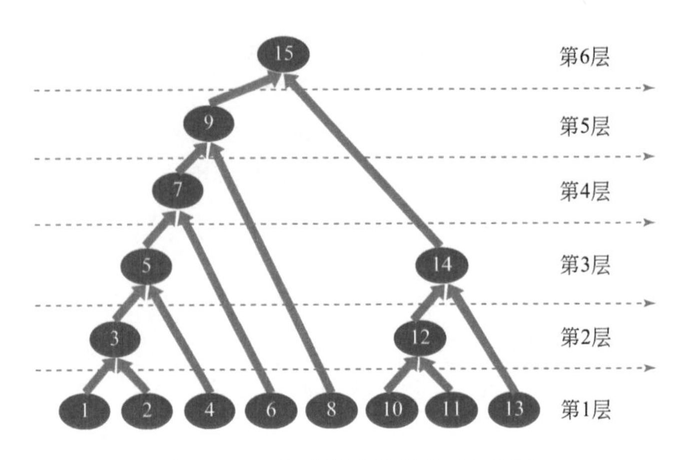

图 4-54 子流域分层模拟单元拓扑图

处理的子流域，若存在则继续对上游数目为 0 的子流域分层，若不存在则进入步骤 5。步骤 5：将每个子流域分层位置信息赋值给数组，确定子流域空间结构。

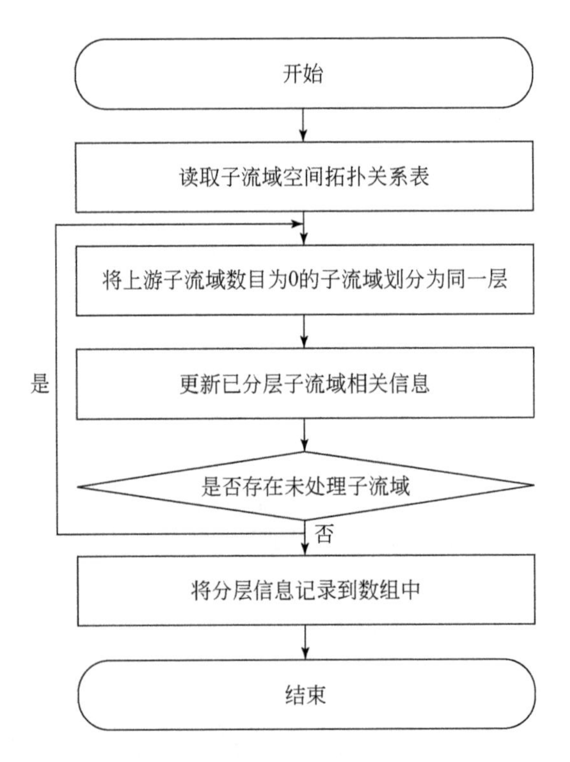

图 4-55 分层模拟单元方法流程图

4.5.3.2 基于分层模拟单元方法的汇流过程、产输沙过程并行计算

分别对 WEP-L 模型的汇流过程和产输沙过程实现并行计算。在模型汇流过程和产输沙过程中应用分层模拟单元方法，该方法根据上下游关系将子流域分为多个层级，使同一层中的子流域不存在空间依赖关系。

如图 4-56 所示，应用分层模拟单元方法后，汇流总过程分为分层汇流过程及统计过程，分层汇流过程包括 3 个循环，第一个是汇流时段循环，第二个是层级的循环，第三个是层中节点循环。层中节点循环主要包括 5 个步骤：首先，获取每个节点的子流域编码信息；然后，实现子流域单元的汇流模拟，包括坡面浅沟汇流演算、坡面沟壑汇流演算、计算当日向河道产流量、河道汇流演算。

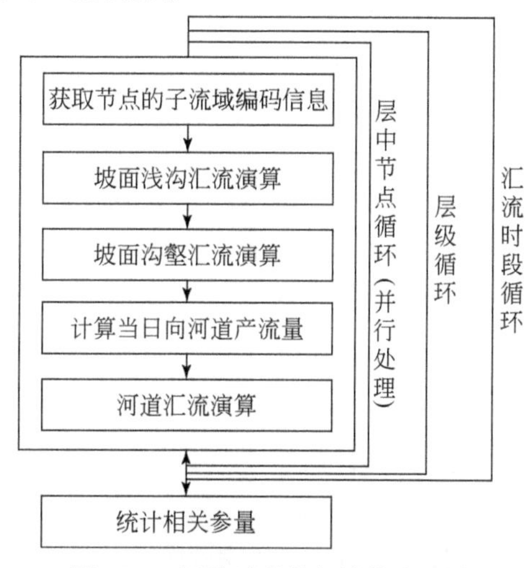

图 4-56 汇流过程并行计算流程图

如图 4-57 所示，应用分层模拟单元方法后，产输沙过程同样包括 3 个大循环，第一个是产输沙时段循环，第二个是层级的循环，第三个是层中节点循环。层中节点循环主要包括 7 个步骤：首先，获取节点的子流域编码信息；然后，实现产沙输沙的模拟，包括子流域内等高带的雨滴溅蚀、薄层水流侵蚀及坡面沟壑侵蚀，以及子流域的谷底沟道输沙、河道输沙、统计相关变量过程。

4.5.4 并行性能分析

4.5.4.1 实验选择

实验平台选取 2.20GHz 的 Intel© Xeon© CPU E5-2630 v4 处理器，20 核，64GB 内存，Windows Server 2016 操作系统。编程环境为 Visual Studio 2010，环境优化设置选择最大速度，使用 2.0 版本的 OpenMP，汇流过程机理模拟及方法设计使用 Fortran 编程语言。

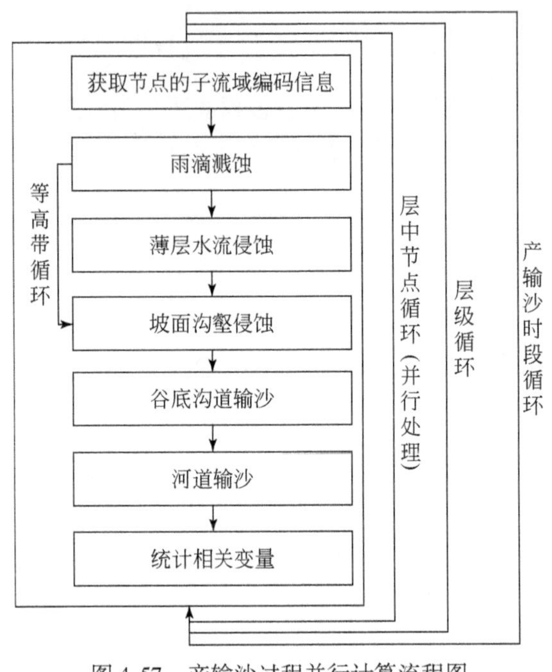

图 4-57　产输沙过程并行计算流程图

4.5.4.2　产流过程并行性能分析

产流过程并行计算选取黄河全流域 8485 个子流域，选择 2 ~ 12 个线程模拟 1956 ~ 2017 年数据，产流过程运行时间见图 4-58。图 4-58 中，产流过程计算总时间从 10 337s 减少到 1478s，效果显著。整体趋势为随着参与计算的线程数增加，产流过程运行时间不断减少，且减少速度越来越平缓。

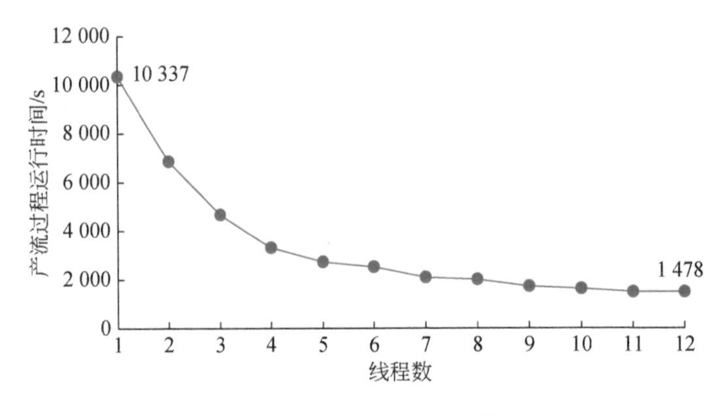

图 4-58　产流过程运行时间

根据并行后产流时间的计算，得出衡量加速效果的两个指标：加速比、加速效率。其中，加速比等于 1 个线程并行时间除以 N 个线程并行时间，加速效率等于 N 个线程的加速比除以 N。如图 4-59 所示，加速比最高可达到 7，随着线程数的增加，加速比不断增大，但是随着参与线程数的增加，并行开销（创建线程和销毁线程时间）变大，因此加速效果变缓，降到 58% 甚至更低。

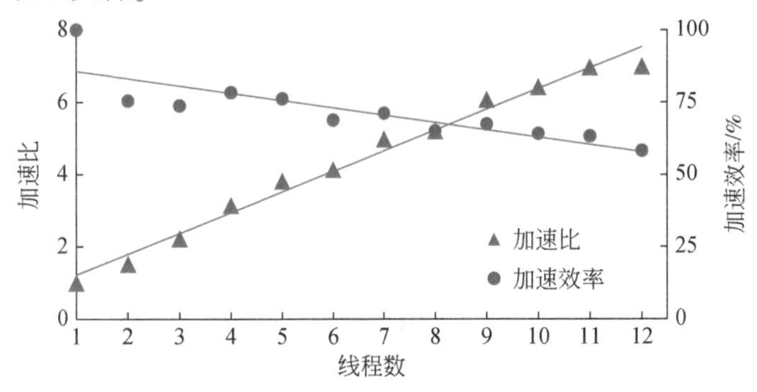

图 4-59　产流过程加速比及加速效率

4.5.4.3　汇流过程并行性能分析

首先，将汇流的时间步长设定为 1 小时，选取 2～20 不同的线程数，基于 OpenMP 的 guided 调度方式，模拟黄河流域 1956～2017 年长系列汇流过程，观察分层汇流过程和汇流总过程的运行时间。如图 4-60 所示，分层汇流过程占据总汇流过程大部分时间，随着参与计算的线程数增多，分层汇流过程和汇流总过程运行时间都逐渐减小，可以看出对汇流过程应用分层模拟单元并行计算方法可以有效地降低模型运行时间。

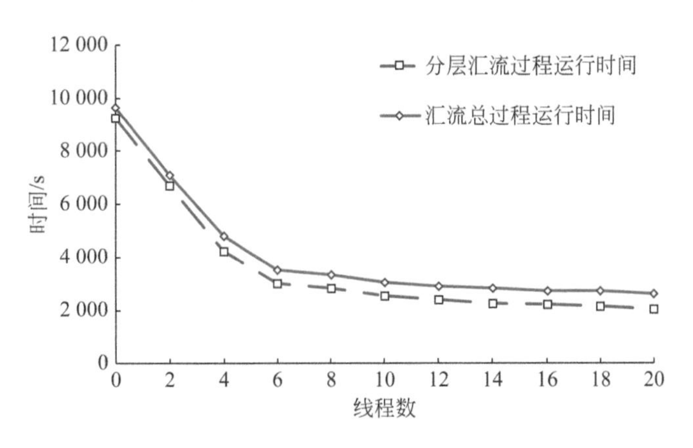

图 4-60　汇流过程运行时间

然后，观察分层汇流过程和汇流总过程的加速比和加速效率，其中加速比定义为程序串行的运行时间与并行运行时间的比值，加速效率为加速比与线程数的比值。如图 4-61 所示，随着线程数的增加，分层汇流过程和汇流总过程的加速比逐渐增大，开始时增长较快，后面加速性能接近饱和，当线程数达到 20 时，加速比最大分别能达到 4.55 和 3.71。加速效率开始时比较大，但随着线程增加而减少，由 60% 左右降低到 20% 左右。出现效率变低现象的原因在于每一层并行时，线程的调度开销随着线程数的增长而增加。

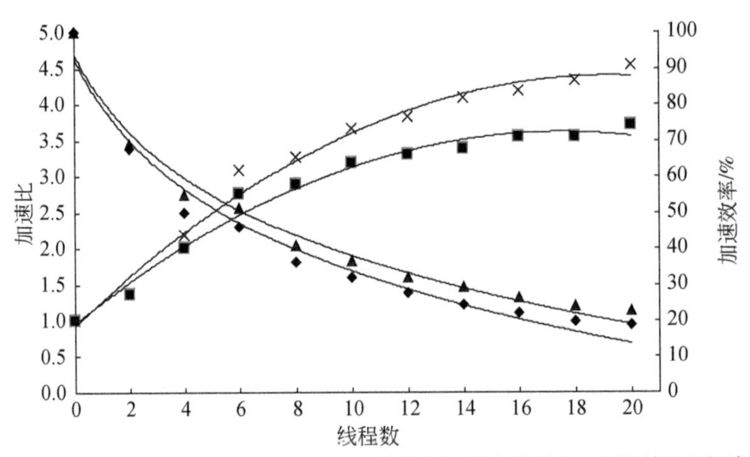

图 4-61　汇流过程加速比及加速效率

4.6　本章小结

本章主要介绍了多因子驱动的黄河流域分布式水沙模型（MFD-WESP）的基本原理，主要包括黄河河源区冻土水热耦合模拟、黄土高原水沙耦合过程模拟、水库调度影响模拟以及基于 OpenMP 的并行化改进。收集并整理黄河流域地形数据、水文气象数据、下垫面数据、土壤数据、植被数据以及社会用水等数据，根据相关算法将数据进行处理后，生成模型输入文件。对黄河流域 31 个水文站月径流过程进行率定和校验，结果表明模型能够较好地描述黄河流域干支流主要站点径流过程。对干流唐乃亥、兰州、头道拐、龙门、潼关 5 个主要站点和支流皇甫、温家川、后大成、高石崖、白家川、咸阳、张家山、状头 8 个重点支流站点 1956～2017 年多年平均输沙量进行率定和校验，结果基本合理。

第5章　黄河流域天然径流评价与演变归因分析

本章采用多因子驱动的黄河流域分布式水沙模型（MFD-WESP）分析评价不同历史时期黄河干流的天然径流量，采用多因素归因分析方法对不同时期天然径流变化的原因进行定量归因分析。

5.1　黄河流域天然径流评价

采用多因子驱动的黄河流域分布式水沙模型，对长系列气象、土地利用、经济社会用水、水保措施变化等因素影响下的流域水循环过程进行模拟，得到各环节各水文变量逐月模拟量，并基于此计算天然河川径流量。具体步骤如下：

（1）统计评价区域（水文断面以上控制区域）内各子流域月平均地表产流量、壤中流产流量、基流产流量、地表用水量（分农业和工业生活两类）、地下水用水量（分农业和工业生活两类）、降水量、河道蒸发量、地表入渗量等，并根据面积将其换算为亿 m^3 单位的值。

（2）计算天然地表产流量。首先，计算地表天然降水的产流系数，即降水量占降水量和农业用水量之和的比例，其中，农业用水量等于农业地表用水量加上农业地下用水量减去渠道输水损失量；然后，采用地表天然产流系数乘以地表产流量得到天然地表产流量。

（3）计算天然壤中流产流量。首先，计算地下天然降水的产流系数，即地表天然产流系数乘以地表入渗量占地表入渗量和用水输水渗漏进入土壤量之和的比例，其中，用水输水渗漏进入土壤量包括农业、工业、生活地表和地下用水输水过程渗漏到土壤中的量，一般采用用水量乘以渗漏损失系数得到；然后，采用地下天然产流系数乘以壤中流产流量得到天然壤中流产流量。

（4）计算天然基流产流量。采用地下天然降水的产流系数乘以基流产流量得到。

（5）计算天然河川径流量。天然河川径流量＝天然坡面产流量＋天然壤中流产流量＋天然基流产流量－河道蒸发损失量。

本次设置四个模型评价情景，分别为历史系列情景、1956～1979水平年情景、2000水平年情景、2016水平年情景，详细设置信息如表5-1所示，其中三个水平年情景的水文系列分别与国务院“八七”黄河分水方案成果、黄河流域第二次水资源调查评价成果、本书第2章统计评价专题成果相一致。

表 5-1　模型评价情景设置

情景	水文系列	要素类别				对应黄河流域历次水资源调查评价成果
		土地利用	梯田	淤地坝	经济社会用水	
历史系列	1956～2016 年	历史系列	历史系列	历史系列	历史系列	无
1956～1979 水平年	1956～1979 年	20 世纪 70 年代	20 世纪 70 年代	20 世纪 70 年代	20 世纪 70 年代	国务院“八七”黄河分水方案成果
2000 水平年	1956～2000 年	2000 年	2000 年	2000 年	2000 年	黄河流域第二次水资源调查评价成果
2016 水平年	1956～2016 年	2016 年	2016 年	2016 年	2016 年	本书第 2 章统计评价专题成果

黄河主要干流断面长系列多年平均天然河川径流量评价结果如表 5-2 所示，主要干流区间长系列多年平均天然河川径流量评价结果如表 5-3 所示。从表 5-2 和表 5-3 可以看出，除唐乃亥站之外，黄河主要干流断面天然河川径流量均呈减小趋势，且越往下游减小幅度越大。相比于 1956～1979 水平年，花园口断面 2000 水平年和 2016 水平年天然河川径流量衰减分别 80.2 亿 m^3 和 114.6 亿 m^3。从区间来看，2000 水平年龙门—三门峡区间天然河川径流量减少最大，为 31.5 亿 m^3；兰州—头道拐区间次之，为 17.0 亿 m^3；三门峡—花园口区间减少最小，为 11.4 亿 m^3。2016 水平年龙门—三门峡区间天然河川径流量减少最大，为 37.7 亿 m^3；兰州—头道拐区间次之，为 29.6 亿 m^3；三门峡—花园口区间减少最小，为 15.3 亿 m^3。

表 5-2　主要干流断面多年平均天然河川径流量评价结果

情景	项目	天然河川径流量评价结果/亿 m^3					
		唐乃亥	兰州	头道拐	龙门	三门峡	花园口
历史系列	评价值	200.3	315.0	312.0	357.0	442.4	477.2
1956～1979 水平年	评价值	194.9	326.8	343.0	402.1	521.0	567.2
2000 水平年	评价值	201.9	320.0	319.3	364.8	452.2	486.9
	与 1956～1979 水平年情景差值	7.0	-6.7	-23.8	-37.3	-68.8	-80.2
2016 水平年	评价值	200.8	317.0	303.7	340.6	421.7	452.6
	与 1956～1979 水平年情景差值	6.0	-9.8	-39.3	-61.6	-99.3	-114.6

表 5-3　主要干流区间多年平均天然河川径流量评价结果

情景	项目	天然河川径流量评价结果/亿 m^3					
		唐乃亥以上	唐乃亥—兰州	兰州—头道拐	头道拐—龙门	龙门—三门峡	三门峡—花园口
历史系列	评价值	200.3	114.7	-2.9	45.0	85.4	34.8
1956～1979 水平年	评价值	194.9	131.9	16.3	59.1	118.9	46.2
2000 水平年	评价值	201.9	118.2	-0.8	45.6	87.3	34.8
	与 1956～1979 水平年情景差值	7.0	-13.8	-17.0	-13.5	-31.5	-11.4
2016 水平年	评价值	200.8	116.2	-13.4	36.9	81.2	30.8
	与 1956～1979 水平年情景差值	6.0	-15.7	-29.6	-22.2	-37.7	-15.3

表 5-4 和表 5-5 是主要干流断面和区间模型评价结果和三个对应的水资源调查评价成果的对比，从表中可以看出主要干流断面模型评价结果和水资源调查评价结果误差相对较小。从花园口断面来看，1956～1979 水平年模型评价结果与国务院“八七”黄河分水方案成果接近，2000 水平年模型评价结果比黄河流域第二次水资源调查评价成果小 45.9 亿 m^3，2016 水平年模型评价结果比本书第 2 章统计评价专题成果小 31.6 亿 m^3。分析各区间评价结果差异，可以发现在 1956～1979 水平年情景下，兰州—头道拐区间差值最大，三门峡—花园口区间次之，龙门—三门峡区间最小；在 2000 水平年情景下，龙门—三门峡区间差值最大，三门峡—花园口区间次之，头道拐—龙门区间最小；在 2016 水平年情景下，三门峡—花园口区间差值最大，龙门—三门峡区间次之，唐乃亥以上最小。

表 5-4　主要干流断面模型评价结果与调查评价成果对比

情景	项目	天然河川径流量评价结果/亿 m^3					
		唐乃亥以上	兰州	头道拐	龙门	三门峡	花园口
1956～1979 水平年	国务院“八七”黄河分水方案评价	—	322.6	312.6	385.1	498.4	559.2
	模型评价	—	326.8	343.0	402.1	521.0	567.2
	差值	—	4.2	30.4	17.0	22.6	8.0
2000 水平年	黄河流域第二次水资源调查评价	205.1	329.9	331.7	379.1	482.7	532.8
	模型评价	201.9	320.0	319.3	364.8	452.2	486.9
	差值	-3.2	-9.9	-12.4	-14.3	-30.5	-45.9

续表

情景	项目	天然河川径流量评价结果/亿 m^3					
		唐乃亥以上	兰州	头道拐	龙门	三门峡	花园口
2016 水平年	本书第 2 章统计评价专题	200.2	324.0	307.4	339.0	435.4	484.2
	模型评价	200.8	317.0	303.7	340.6	421.7	452.6
	差值	0.6	-7.0	-3.7	1.6	-13.7	-31.6

表 5-5　主要干流区间模型评价结果与调查评价成果对比

系列	项目	天然河川径流量评价结果/亿 m^3					
		唐乃亥以上	唐乃亥—兰州	兰州—头道拐	头道拐—龙门	龙门—三门峡	三门峡—花园口
1956～1979 水平年	国务院“八七”黄河分水方案评价	—	322.6	-10	72.5	113.3	60.8
	模型评价	—	328.7	16.3	59.1	118.9	46.2
	差值	—	6.1	26.3	-13.4	5.6	-14.6
2000 水平年	黄河流域第二次水资源调查评价	205.1	124.8	1.8	47.4	103.6	50.1
	模型评价	201.9	118.2	-0.8	45.6	87.3	34.8
	差值	-3.2	-6.6	-2.6	-1.8	-16.3	-15.3
2016 水平年	本书第 2 章统计评价专题	200.2	123.8	-16.6	31.6	96.4	48.8
	模型评价	200.8	116.2	-13.4	36.9	81.2	30.8
	差值	0.6	-7.6	3.2	5.3	-15.2	-18.0

5.2　多因素归因分析方法

5.2.1　方法原理

多因素归因分析方法主要用于分析多个影响因素对不同时期水循环过程变化的贡献率。主要根据研究目的将研究时期划分为两个时期（基准期和变化期），进一步分析两个时期不同影响因素（用x_1，x_2，x_3，…表示）对水文变量（径流、泥沙等，用 y 表示）的贡献量，即计算不同影响因素的变化（$\Delta x_i = x_i^1 - x_i^0$）对水文变量的变化（$\Delta y = y^1 - y^0$）的影响 [$\Delta y_1 = y(x_i^1, x_j^0, x_k^0, \cdots) - y(x_i^0, x_j^0, x_k^0, \cdots)$，$\Delta y_2 = y(x_i^0, x_j^1, x_k^0, \cdots) - y(x_i^0, x_j^0, x_k^0, \cdots)$，…]。贡献量计算的核心思想是只改变单一因素的状态，而保持其他因素状态不变，并认为水文变量的变化是该因素变化引起的。然而在进行多因素影响计算时，对某个因素而言，其他因素的状态也影响着最终结果，如 $\Delta y_1'=y(x_1^1, x_2^0, x_3^0, \cdots)-y(x_1^0, x_2^0, x_3^0, \cdots)$，$\Delta y_1''=y(x_1^1, x_2^1, x_3^0, \cdots)-y(x_1^0, x_2^1, x_3^0, \cdots)$，$\Delta y'''_1=y(x_1^1, x_2^0, x_3^1, \cdots)-y(x_1^0, x_2^0, x_3^1, \cdots)$，$\Delta y''''_1=y(x_1^1, x_2^1, x_3^1, \cdots)-y(x_1^0, x_2^1, x_3^1, \cdots)$，…均可以认为是因素 x_1 变化对 y 的影响量。这也是传统分析方法计算得出的各因素影响量之和并不完全等于总变化（即 $\sum \Delta y_i \neq \Delta y$）的原因。本方法将上述所有可能的影响量求和作为该因素的贡献量，则对某个因素而言，其贡献量唯一，且可证明各因素影响量之和等于总变化。

图 5-1 是两因素贡献量分解示意图。为了评估 y 由状态 P_0 变为 P_1 过程中，x_1 和 x_2 对其的贡献量，可以通过 $P_0—P'—P_1$ 和 $P_0—P''—P_1$ 两个过程进行计算，此时，因素 x_1 贡献量分别为 $\Delta y_1'$ 和 $\Delta y_1''$，结果不唯一且这两条线路并不能代表 $P_0—P_1$ 的过程。因此，采用 $\Delta y_1=(\Delta y_1'+\Delta y_1'')/2$ 作为 x_1 的唯一贡献量，则 $\Delta y_2=(\Delta y_2'+\Delta y_2'')/2$ 是 x_2 的唯一贡献量。可以推出 $\Delta y_1+\Delta y_2=\dfrac{(\Delta y_1'+\Delta y_1''+\Delta y_2'+\Delta y_2'')}{2}=y_{P_1}-y_{P_0}$。

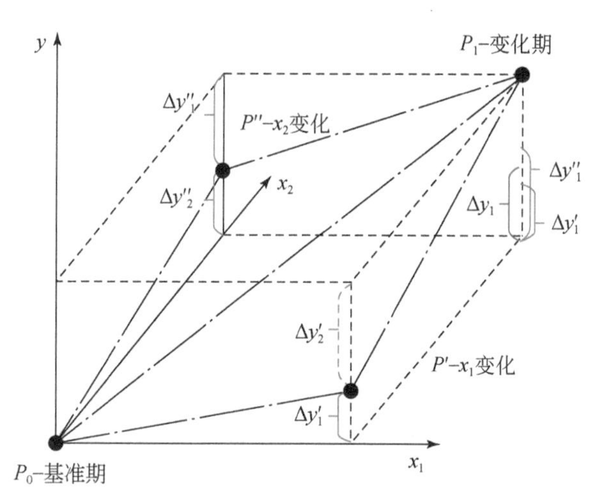

图 5-1　两因素贡献量分解示意图

进一步深入研究，可以得出通用的多因素计算公式。这里以 4 个因素为例进行阐述。表 5-6 是 4 个因素下，不同因素状态组合情景。通常情况下，如果有 n 个因素，则一定有 2^n 个情景。则根据定义，可以分别计算 4 个因素的贡献量，如式（5-1）~式（5-4）所示［这里为简化公式书写，认为情景编号 S_i 也表示第 i 个情形的 y 模拟值，如 S_2 表示 $y(x_1^1, x_2^0, x_3^0, x_4^0)$］。

表 5-6　4 因素情景各因素状态组合

因素	情景															
	S_1	S_2	S_3	S_4	S_5	S_6	S_7	S_8	S_9	S_{10}	S_{11}	S_{12}	S_{13}	S_{14}	S_{15}	S_{16}
x_1	0	1	0	1	0	1	0	1	0	1	0	1	0	1	0	1

续表

因素	情景															
	S_1	S_2	S_3	S_4	S_5	S_6	S_7	S_8	S_9	S_{10}	S_{11}	S_{12}	S_{13}	S_{14}	S_{15}	S_{16}
x_2	0	0	1	1	0	0	1	1	0	0	1	1	0	0	1	1
x_3	0	0	0	0	1	1	1	1	0	0	0	0	1	1	1	1
x_4	0	0	0	0	0	0	0	0	1	1	1	1	1	1	1	1

注：0 表示位于基准期，1 表示位于变化期

$$\delta x_1=\frac{1}{8}\{(S_2-S_1)+(S_4-S_3)+(S_6-S_5)+(S_8-S_7)+(S_{10}-S_9)+(S_{12}-S_{11})+(S_{14}-S_{13})+(S_{16}-S_{15})\} \tag{5-1}$$

$$\delta x_2=\frac{1}{8}\{(S_3-S_1)+(S_4-S_2)+(S_7-S_5)+(S_8-S_6)+(S_{11}-S_9)+(S_{12}-S_{10})+(S_{15}-S_{13})+(S_{16}-S_{14})\} \tag{5-2}$$

$$\delta x_3=\frac{1}{8}\{(S_5-S_1)+(S_6-S_2)+(S_7-S_3)+(S_8-S_4)+(S_{13}-S_9)+(S_{14}-S_{10})+(S_{15}-S_{11})+(S_{16}-S_{12})\} \tag{5-3}$$

$$\delta x_4=\frac{1}{8}\{(S_9-S_1)+(S_{10}-S_2)+(S_{11}-S_3)+(S_{12}-S_4)+(S_{13}-S_5)+(S_{14}-S_6)+(S_{15}-S_7)+(S_{16}-S_8)\} \tag{5-4}$$

式（5-1）~式（5-4），每个都使用了所有的 16 个情景模拟值，其差异在于每个模拟值前面具有不同的系数（+1 或者−1）。通过对比公式中每个情景模拟值前面的系数（+1 或者−1）和表 5-6 中各情景使用的基准期和变化期状态标志（1 或者 0），可以发现，对每个因素而言，其公式中各情景模拟值的系数和表 5-6 中的状态呈一一对应的关系，即，如果表 5-6 中某个因素对应情景的状态标识为“0”，则公式里的系数即为“−1”，否则为“1”。例如，公式 5-2 中对 *S*1 和 *S*3 而言，系数分别为−1 和+1，在表 5-6 中，*S*1 和 *S*3 情景下，x_2 因素的状态标识分别 0 和 1。因此，对所有因素的贡献计算公式可以统一为式（5-5）：

$$\delta_{x_i}=\frac{1}{2^{n-1}}\sum_{j=1}^{2^n} e_{i,j}\times S_j \quad i=1,\ \cdots,\ n \tag{5-5}$$

式中，δ_{x_i}为因素x_i的贡献量；$e_{i,j}$为第 i 个因素第 j 个情景模拟值的系数（即如果状态标识为 1 则等于+1，如果状态标识为 0 则等于−1）；S_j为第 j 个情景模拟值；n 为考虑的因素个数。

5.2.2 数学论证

方法综合考虑了所有模拟情景的模拟值，所以不再论证方法计算结果的唯一性。这里主要证明方法分解所得的各单因素影响贡献量之和恒等于所有因素变化所引起的综合影响量。根据式（5-5）分解得到各因素贡献率，计算所有因素贡献率之和，具体如下：

$$A_n = \sum_{i=1}^{n} \delta_{x_i} = \frac{1}{2^{n-1}} \sum_{j=1}^{2^n} \mathrm{sc}_n^j \times S_j , \qquad \mathrm{sc}_n^j = \sum_{i=1}^{n} e_{i,\,j} \tag{5-6}$$

式中，A_n为 n 个影响因素各贡献量之和；n 为考虑的因素个数；δ_{x_i}为因素x_i的贡献量；$e_{i,j}$为第 i 个因素第 j 个情景模拟值的系数（即如果状态标识为 1 则等于+1，如果状态标识为 0 则等于−1）；S_j为第 j 个情景模拟值；sc_n^j为第 j 个情景下 n 个因素模拟系数之和（即状态标识“1”的个数减去状态标识“0”的个数。例如，对应表 5-6，S_1的$\mathrm{sc}_4^1=-4$，S_8的 $\mathrm{sc}_4^8=2$）。

表 5-7 是一个 5 因素状态标识表，用于辅助定义一些概念。根据 sc 值，将所有情景划分为 $n+1$ 个区域（分区编号从 0 开始到 n 结束），推出每个分区拥有$C_n^i=\frac{n!}{i!\ (n-i)!}$（$i=0,\ 1,\ \cdots,\ n$）个情景。每个分区的第一个和最后一个情景编号分别为$p_g = 1 + \sum_{k=0}^{g-1} C_n^k (g=0,\ 1,\ \cdots,\ n)$和$q_g = \sum_{k=0}^{g} C_n^k (g=0,\ 1,\ \cdots,\ n)$。每个分区中所有情景模拟值之和可以表示为$T_g = \sum_{i=p_g}^{q_g} S_i (g=0,\ 1,\ \cdots,\ n)$。特别地，$T_0 = S_1$，$T_n = S_a$（其中 $a=2^n$）。每个分区的 sc 值分别为 $\mathrm{sc}=2\times g-n(g=0,\ 1,\ \cdots,\ n)$，而且，第 i 个分区和第 $n-i$ 个分区的 sc 绝对值相等，符号相反。定义$U_j=T_{n-j}-T_j$（$j=0,\ 1,\ \cdots,\ [n/2]$），其中 [$n/2$] 表示取结果的整数部分（即 [5/2] = 2 或 [6/2] = 3），则 $U_0 = T_n - T_0 = S_a - S_1$（其中 $a = 2^n$）。

表 5-7　5 因素状态标识

情景	因素					sc	分组
	x_1	x_2	x_3	x_4	x_5		
S_1	0	0	0	0	0	−5	G_0
S_2	1	0	0	0	0	−3	
S_3	0	1	0	0	0	−3	
S_4	0	0	1	0	0	−3	G_1
S_5	0	0	0	1	0	−3	
S_6	0	0	0	0	1	−3	
S_7	1	1	0	0	0	−1	
S_8	1	0	1	0	0	−1	
S_9	1	0	0	1	0	−1	G_2
S_{10}	1	0	0	0	1	−1	
S_{11}	0	1	1	0	0	−1	

续表

情景	因素					sc	分组
	x_1	x_2	x_3	x_4	x_5		
S_{12}	0	1	0	1	0	-1	G_2
S_{13}	0	1	0	0	1	-1	
S_{14}	0	0	1	1	0	-1	
S_{15}	0	0	1	0	1	-1	
S_{16}	0	0	0	1	1	-1	
S_{17}	1	1	1	0	0	1	G_3
S_{18}	1	1	0	1	0	1	
S_{19}	1	1	0	0	1	1	
S_{20}	1	0	1	1	0	1	
S_{21}	1	0	1	0	1	1	
S_{22}	1	0	0	1	1	1	
S_{23}	0	1	1	1	0	1	
S_{24}	0	1	1	0	1	1	
S_{25}	0	1	0	1	1	1	
S_{26}	0	0	1	1	1	1	
S_{27}	1	1	1	1	0	3	G_4
S_{28}	1	1	1	0	1	3	
S_{29}	1	1	0	1	1	3	
S_{30}	1	0	1	1	1	3	
S_{31}	0	1	1	1	1	3	
S_{32}	1	1	1	1	1	5	G_5

注：0 表示位于基准期，1 表示位于变化期；sc 是“1”的数量减去“0”的数量

首先，证明两个因素的情况。根据方法原理，只考虑两个因素时共有 4 种情景模拟值，分别假设为 $S_1=(0, 0)$、$S_2=(1, 0)$、$S_3=(0, 1)$ 和 $S_4=(1, 1)$，其中 0 表示基准期，1 表示变化期。根据式（5-6）可以得出式（5-7）~式（5-9），结果表明在两个因素情况下，分项贡献量之和等于总变化量。

$$\delta_{x_1}=\frac{1}{2}\{-S_1+S_2-S_3+S_4\} \tag{5-7}$$

$$\delta_{x_2}=\frac{1}{2}\{-S_1-S_2+S_3+S_4\} \tag{5-8}$$

$$A_2=\delta_{x_1}+\delta_{x_2}=S_4-S_1 \tag{5-9}$$

其次，讨论一般情况，假设有 n 个因素。根据式（5-6）可知：

$$A_n=\frac{1}{2^{n-1}}\sum_{g=0}^{n}\{(2\times g-n)\times T_g\}=\frac{1}{2^{n-1}}\sum_{j=0}^{[n/2]}\{(n-2\times j)\times U_j\} \tag{5-10}$$①

将具有相同状态标识的因素捆绑在一起作为一个因素进行处理，如表 5-7 中的 S_7 情景，将 x_1 和 x_2 捆绑视作一个因素，将 x_3、x_4 和 x_5 捆绑视作一个因素，按 2 因素归因计算则有

$$\delta_{X1}=\delta_{x_1}+\delta_{x_2}=\frac{1}{2}(-S_1+S_7-S_{26}+S_{32}) \tag{5-11}$$

$$\delta_{X_2}=\delta_{x_3}+\delta_{x_4}+\delta_{x_5}=\frac{1}{2}(-S_1-S_7+S_{26}+S_{32}) \tag{5-12}$$

类似上述处理，将所有可能的 2 因素捆绑处理情景进行归因计算，得到一系列类似式（5-11）和式（5-12）的公式，按等号左右全累加一起，即公式左边累加δ_{x_i}，公式右边累加S_i，得到式（5-13），并反解得出式（5-14）的U_j。

$$C_{n-1}^{j-1}\times A_n=\frac{(-C_n^j\times T_0+T_j-T_{n-j}+C_n^j\times T_n)}{2}=\frac{(C_n^j\times U_0-U_j)}{2}\quad j=0,\ 1,\ \cdots,\ [n/2] \tag{5-13}$$

$$U_j=C_n^j\times U_0-2\,C_{n-1}^{j-1}\times A_n\quad j=0,\ 1,\ \cdots,\ [n/2] \tag{5-14}$$

将式（5-14）的U_j代入式（5-10），得到式（5-15），并反解出式（5-15）的A_n/U_0

$$2^{n-1}\times A_n=n\times U_0+\sum_{j=1}^{[n/2]}\{(n-2j)\times(C_n^j\times U_0-2\,C_{n-1}^{j-1}\times A_n)\} \tag{5-15}$$

$$\frac{A_n}{U_0}=\frac{n+\sum_{j=1}^{[n/2]}(n-2j)\,C_n^j}{2^{n-1}+\sum_{j=1}^{[n/2]}(n-2j)2\,C_{n-1}^{j-1}} \tag{5-16}$$

如此，只要能够证明式（5-16）右边恒等于 1，则命题 $A_n=U_0=S_a-S_1$（其中 $a=2^n$）得证。证明如下。根据组合数学可以推导得出以下公式：

$$\begin{aligned}\sum_{k=b}^{a}\{C_a^k\cdot C_k^b\}&=\sum_{k=b}^{a}\left\{\frac{a!}{k!\ (a-k)!}\cdot\frac{k!}{b!\ (k-b)!}\right\}\\&=\sum_{k=b}^{a}\left\{\frac{a!}{b!\ (a-b)!}\cdot\frac{(a-b)!}{(a-k)!\ (k-b)!}\right\}\\&=\frac{a!}{b!\ (a-b)!}\sum_{k=b}^{a}C_{a-b}^{k-b}=C_a^b\sum_{k=0}^{a-b}C_{a-b}^k=2^{a-b}\cdot C_a^b\end{aligned} \tag{5-17}$$

$$\sum_{i=1}^{n}\{i\cdot C_n^i\}=\sum_{i=1}^{n}\{C_n^i\cdot C_i^1\}=n\cdot 2^{n-1} \tag{5-18}$$

$$\sum_{i=2}^{n}\{C_n^i\cdot C_i^2\}=\frac{1}{2}\sum_{i=2}^{n}\{(i^2-i)\cdot C_n^i\}=\frac{1}{2}\left\{\sum_{i=2}^{n}\{i^2\cdot C_n^i\}-\sum_{i=2}^{n}\{i\cdot C_n^i\}\right\}=2^{n-2}\cdot C_n^2 \tag{5-19}$$

① 式（5-10）中［n/2］表示整除，如［6/2］=3、［5/2］=2 等。

$$\sum_{i=0}^{n}\{i^2 \cdot C_n^i\} = C_n^1 + \sum_{i=2}^{n}\{i^2 \cdot C_n^i\} = \sum_{i=1}^{n}\{i \cdot C_n^i\} + 2^{n-1} \cdot C_n^2 = 2^{n-2} \cdot (n + n^2) \tag{5-20}$$

$$\begin{aligned}\sum_{j=1}^{[n/2]}\{(n-2j) \cdot C_n^j\} - \sum_{j=1}^{[n/2]}\{(n-2j) \cdot 2C_{n-1}^{j-1}\} + n &= \sum_{j=0}^{[n/2]}\frac{C_n^j \cdot (n-2j)^2}{n} \\ &= \frac{1}{2n}\sum_{j=0}^{n}\{C_n^j \cdot (n-2j)^2\} \\ &= \frac{1}{2n}\{n^2\sum_{j=0}^{n}C_n^j - 4n\sum_{j=0}^{n}j \cdot C_n^j + 4\sum_{j=0}^{n}j^2 \cdot C_n^j\} \\ &= \frac{1}{2n}\{n^2 \cdot 2^n - 4n \cdot n \cdot 2^{n-1} + 2^n \cdot (n+n^2)\} \\ &= 2^{n-1}\end{aligned} \tag{5-21}$$

根据式（5-21）可以得出，式（5-16）右边恒等于1，命题得证，即本方法在理论上能够保证所有单个因素贡献之和恒等于总变化量。

5.2.3 方法计算一般步骤

（1）根据归因分析要求，将研究期划分为两个时期：基准期和变化期（时间可重叠）。本方法不要求采用趋势分析或突变分析法查找时间序列的突变点，进而进行时期划分，而是根据研究目的人为指定。原因如下：①这些方法并不能完全确保划分出的基准期就完全没有人类活动影响，因为这些突变也可能是气候变化引起的。②这些方法可能会得出多个突变点，而且不同的方法会得出不同的突变点，无法确定准确的突变点。③不同因素（降水、土地利用、用水等）和水文变量（径流、泥沙等）的突变点并不完全一致，选取存在不确定性。④在相同的流域，如果对多个支流进行归因分析，这些支流的突变点也不完全一致，使得在确定全流域突变点时存在不确定性。⑤在有些实践问题中，可能我们只想知道不同因素在特定年份前后对径流减少的影响，但是特定时间并不能由上述分析方法得出。例如，在实践中，想知道渭河流域1980年前后气象因素和人类活动因素的贡献率，然而，根据文献研究，渭河流域华县站径流突变点在1968年（Gao et al.，2013）、1990年（Chang et al.，2015；Li et al.，2016）和1993年（Zuo et al.，2014），状头站的突变点在1992年（Li et al.，2016）、1994年（Gao et al.，2013；Zuo et al.，2014）和1995年（Chang et al.，2015），没有一个突变点在1980年。⑥并非所有学者进行归因分析时都采用突变点作为时期划分的依据，如Chang等（2015）使用1956～1970年作为基准期，使用1971～1980年、1981～1990年、1991～2000年、2001～2006年和1971～2006年作为5个变化期；Jiang等（2015）使用1960～1970年作为基准期，使用10年移动窗口作为变化期（如1970～1980年、1971～1981年等）。

（2）确定需要归因的影响因素，并设置情景表格（表5-6），该表格有n行，2^n列，n表示因素个数。实际操作中，可以快捷地设置情景表格。分析表5-6可以看出，将各因素的状态标识按照因素序号从大到小排列得到一个0和1组成的字符串，将这个字符串看作二进制数，则该二进制数值就是对应情景序号减一，如情景 S_6 的状态序列“0101”为数字 5 的二进制表示，情景 S_{14} 的状态序列“1101”为数字 13 的二进制表示。因此，在进行表格设置的时候，只需要根据各情景序号直接生成对应的 n 个因素的状态标识。

（3）确定需要归因的水文变量（如径流、泥沙等），并构建一个分布式水文模型，率定验证后，模拟 2^n 情景下水文变量的值。这里要求水文模型能够将考虑的归因因素数据作为模型输入，并能够模拟输出所考虑的水文变量。

（4）使用式（5-5）计算各因素的贡献量，再使用式（5-22）计算各因素贡献率

$$\beta_i = \frac{\delta_{x_i}}{\left|\sum_{j=1}^{n} \delta_{x_j}\right|} \times 100\% \quad i = 1, \cdots, n \tag{5-22}$$

5.2.4 方法特性及要求

本节提出的分解方法主要用于对多个因素同时变化所引起的综合影响量进行分解，计算各因素的影响贡献量，并确保分解后的分项之和等于综合影响量。因为方法采用所有可能的状态变化进行各因素贡献量计算，所以方法能够考虑不同因素之间的相互影响，且计算结果具有唯一性。这是本方法的最主要特性，已在 5.2.2 节进行了论证。

根据分解式（5-5）可知，本方法并不需要知道各影响因素是通过怎样的表达式或参数影响水循环过程的，只需要设置类似表 5-6 的情景，并采用模型模拟得到对应情景的模拟值即可进行计算。然后，可以使用式（5-22）或其他指标计算各因素对水循环要素改变的贡献率。

方法采用分布式水文模型获取不同情景下的水循环要素模拟值，因此各因素对水循环过程的影响关系主要通过分布式水文模型实现。此外，方法计算结果精度完全取决于水文模型对流域水循环过程的描述精度。如果水文模型不能够处理某些因素（如人工取用水），则无法使用该模型采用本方法计算相应因素对水循环的影响。而且，进行各情景模拟时，需要从相同的模型起始状态开始（即相同的起始土壤含水量、积雪量等），否则计算结果不能确保所有因素贡献量之和恰好等于综合影响量，因为不同的模型起始状态相当于引入了一个或多个新的影响因素。此外，方法本身并不严格要求模型进行率定，只要能给出所有情景模拟值即可。但是，率定后的模型显然能够更好地描述流域水循环过程。模型的率定期和验证期不要求同基准期和变化期相一致。水文模型可以模拟其他非径流性水循环过程，因此本方法也可用于不同水循环要素变化的贡献分解计算。

不同因素的情景状态对应着不同时期（基准期或者变化期）的模型输入数据，因此在选择影响因素时需要考虑各因素所关联的输入数据之间的关系，即不同的影响因素所关联的输入数据应该相互独立。例如，输入数据 X 属于因素 A 范畴，则因素 B 就不能包含输入数据 X，否则需要将 A 和 B 综合成一个因素进行考虑。因为，两个因素如果具有相同的输入数据，那在情景设置时就会发生状态冲突（如因素 A 要求 X 采用基准期输入数据，而因素 B 要求 X 采用变化期输入数据），无法给出合理的情景方案。

5.3 黄河流域天然径流演变归因分析

5.3.1 水循环影响因子变化分析

根据历史资料及模型模拟结果，近些年来黄河流域天然径流量呈比较大的减少趋势，主要受气候变化和人类活动双重影响，其中人类活动影响包括退耕还林、退耕还草、梯田建设、淤地坝建设、经济社会用水等。本研究主要考虑气候（x_1）、下垫面（包括植被、梯田、淤地坝）以及经济社会用水（x_3）3 个因素对主要干流断面天然径流量减少的影响，评价不同因素变化对主要干流断面天然径流量减少的贡献率，分析导致黄河干流断面天然径流量减少的主要原因。各因素年际变化趋势如图 5-2 ~ 图 5-9 所示。从图 5-2 ~ 图 5-9可以看出，黄河流域各主要干流断面年降水量变化趋势不明显，农田面积 2000 年后呈减少趋势，其他要素均呈增加趋势。

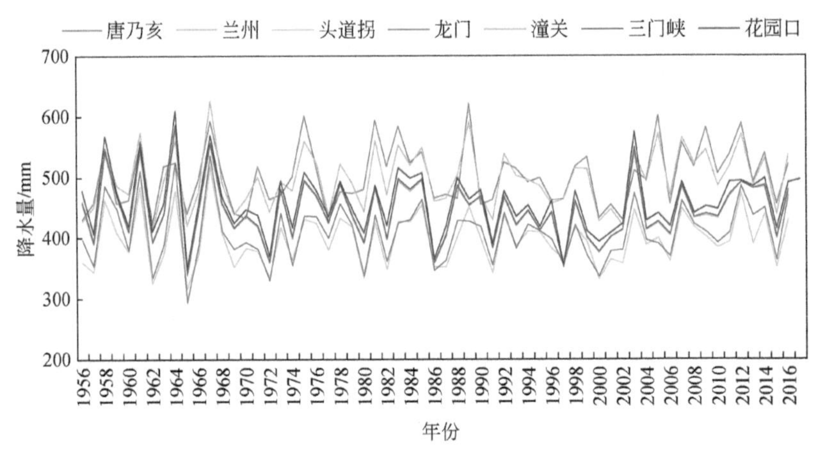

图 5-2 主要干流断面以上降水量变化

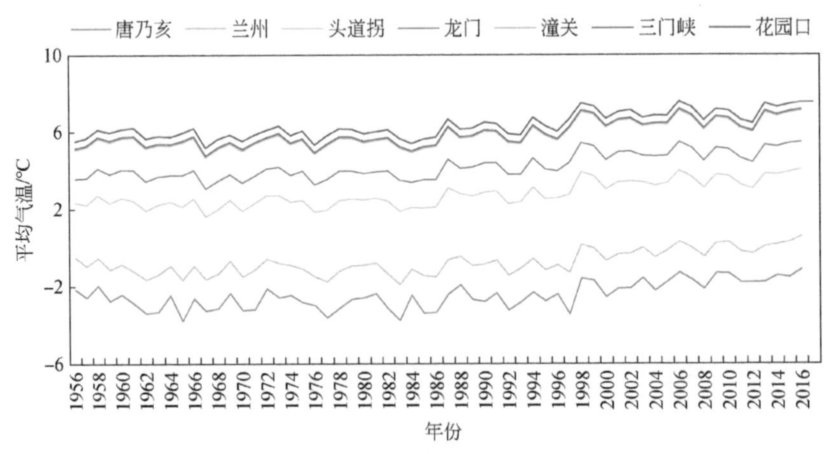

图 5-3 主要干流断面以上平均气温变化

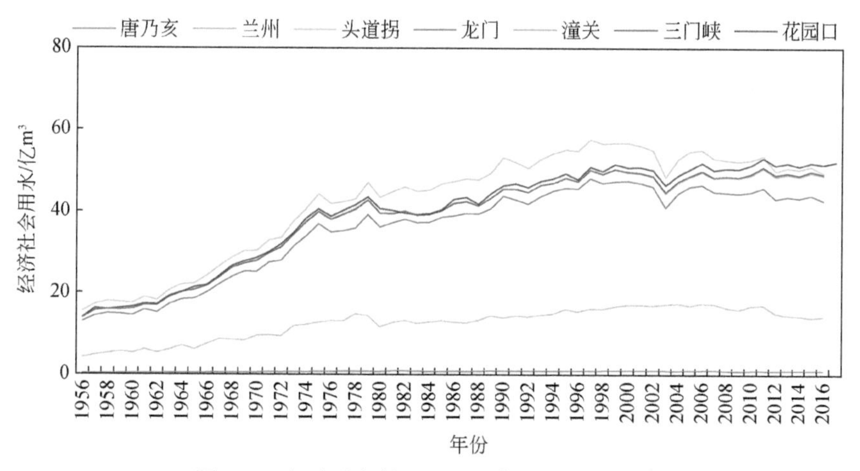

图 5-4　主要干流断面以上经济社会用水变化

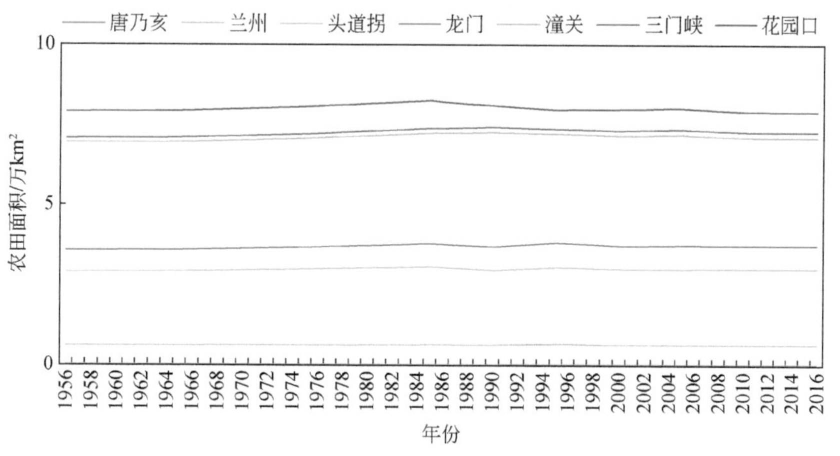

图 5-5　主要干流断面以上农田面积变化

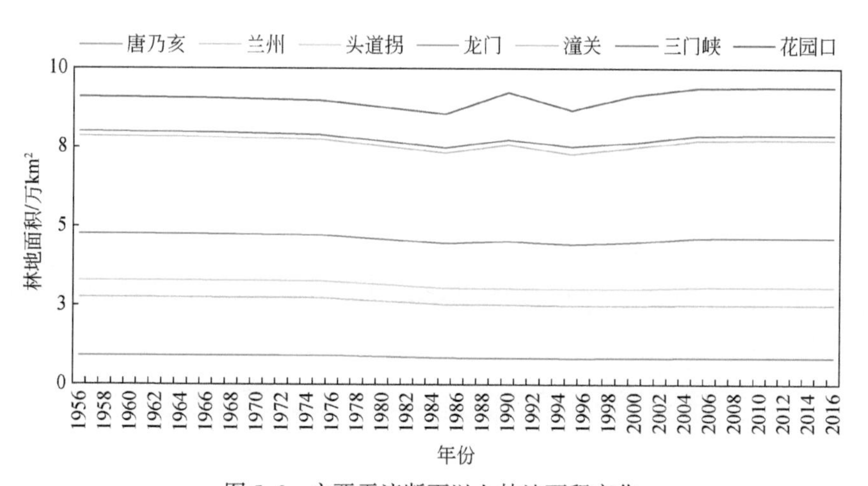

图 5-6　主要干流断面以上林地面积变化

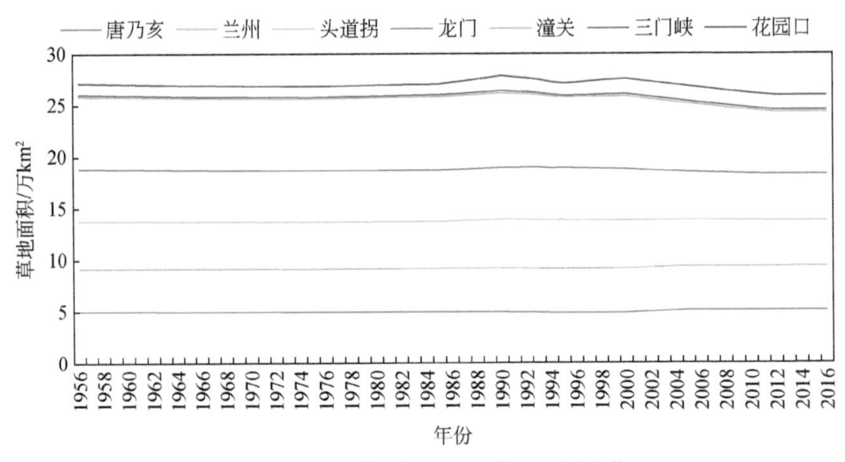

图 5-7　主要干流断面以上草地面积变化

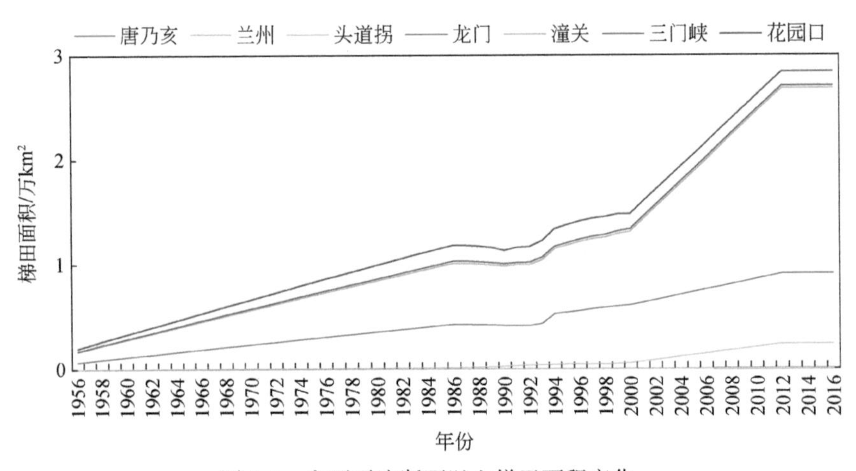

图 5-8　主要干流断面以上梯田面积变化

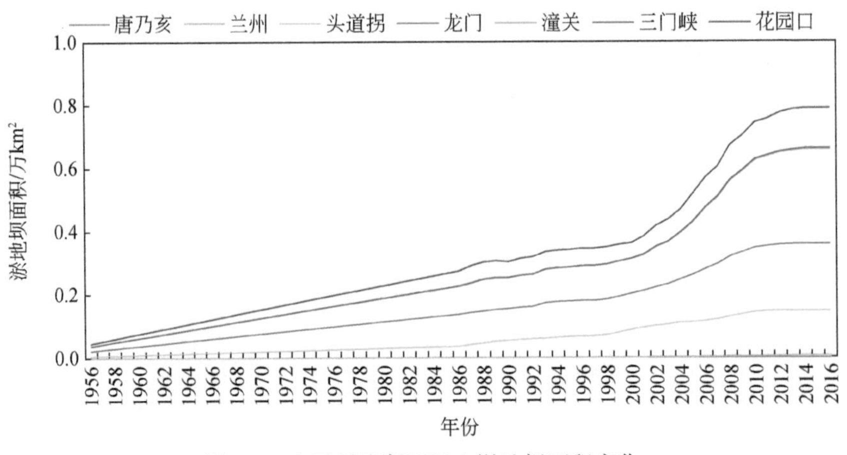

图 5-9　主要干流断面以上淤地坝面积变化

5.3.2 归因分析情景设置

本研究采用多因素归因分析方法，分析气候、下垫面（包括植被、梯田、淤地坝）以及经济社会用水（包括农业、工业、生活用水）3 个因素对 2016 水平年和 1956～1979 水平年天然河川径流量减少的贡献率。情景设置如表 5-8 所示，由于有 3 个因素，因此需设置 2^3 共 8 个情景。对每个情景而言，需要采用对应时期各因素的输入文件模拟计算逐年天然河川径流量，并统计多年平均值，用于后续归因分析。由于本研究主要探讨 2016 水平年对 1956～1979 水平年多年平均天然河川径流量变化进行归因，这两个时期有时间上的重叠，因此对不同因素基准期和变化期的输入文件设置有所不同，详细如表 5-9 所示。这里以情景 S_6 为例进行说明，该情景使用 1956～2016 年气象数据进行 61 年长系列模拟，每年都固定使用 20 世纪 70 年代土地利用和植被参数、梯田面积和淤地坝面积，以及 2016 年农业、工业、生活用水量作为相关输入，模型模拟结束后计算 1956～2016 年逐年天然河川径流量，求均值后得到情景 S_6 的值用于后续归因分析计算。

表 5-8　多因素归因分析法情景设置

情景	因素		
	气候	下垫面	经济社会用水
S_1	基准期	基准期	基准期
S_2	变化期	基准期	基准期
S_3	基准期	变化期	基准期
S_4	基准期	基准期	变化期
S_5	变化期	变化期	基准期
S_6	变化期	基准期	变化期
S_7	基准期	变化期	变化期
S_8	变化期	变化期	变化期

表 5-9　不同因素基准期和变化期情景文件设置

时期	因素		
	气候	下垫面	经济社会用水
基准期	1956～1979 水平年系列逐日气象数据	20 世纪 70 年代土地利用和植被参数、梯田面积、淤地坝面积	20 世纪 70 年代农业、工业、生活用水量
变化期	1956～2016 水平年系列逐日气象数据	2016 年土地利用和植被参数、梯田面积、淤地坝面积	2016 年农业、工业、生活用水量

主要干流断面以上不同时期各因素平均值见表 5-10。从表 5-10 中可以看出，对降水量而言，兰州以上主要呈增加趋势，兰州以下呈减小趋势，且越往下游减少量越大，其中，花园口断面以上平均年降水量变化期要较基准期减少 8.2mm；对气温而言，所有断面

均呈增加趋势，兰州以下要高于兰州以上，其中，花园口断面以上平均气温变化期较基准期增加0.44℃；对经济社会用水而言，所有断面均呈增加趋势，且绝大部分位于兰州以下区域，其中，花园口断面以上经济社会用水变化期较基准期增加154.1亿 m^3；对农田而言，各断面区间变化有增有减但幅度较小，其中，花园口断面以上农田面积变化期较基准期减少0.23万 km^2；对林地面积而言，除兰州和头道拐断面外，其他断面以上林地面积均呈增加趋势，其中，花园口断面以上林地面积变化期较基准期增加0.59万 km^2；对草地面积而言，头道拐以上呈增加趋势，以下呈增加趋势，且增加量要远大于减少量，其中，花园口断面以上草地面积变化期较基准期增加1.03万 km^2；对梯田面积和淤地坝面积而言，兰州以上基本没变化，兰州以下各站基本呈增加趋势，其中，花园口断面以上梯田和淤地坝面积变化期较基准期分别增加2.24万 km^2 和0.65万 km^2。

表5-10　主要干流断面以上不同系列各因素平均值

要素	系列	主要干流断面						
		唐乃亥	兰州	头道拐	龙门	潼关	三门峡	花园口
降水量/mm	基准期	489.6	490.9	398.2	412.3	452	453.6	466
	变化期	502.3	497.1	397.9	408.7	444.4	446	457.8
	差值	12.7	6.2	-0.3	-3.6	-7.6	-7.6	-8.2
气温/℃	基准期	-2.87	-1.18	2.26	3.72	5.35	5.42	5.82
	变化期	-2.51	-0.82	2.73	4.19	5.81	5.88	6.26
	差值	0.36	0.36	0.47	0.47	0.46	0.46	0.44
经济社会用水/亿 m^3	基准期	0.6	19.6	109.2	120.7	182.5	183.6	198.5
	变化期	1.2	31.3	179.7	206.6	313.4	317.8	352.6
	差值	0.6	11.7	70.5	85.9	130.9	134.2	154.1
农田面积/万 km^2	基准期	0.03	0.63	3.03	3.73	7.15	7.29	8.14
	变化期	0.04	0.64	3.02	3.74	7.11	7.28	7.91
	差值	0.01	0.01	-0.01	0.01	-0.04	-0.01	-0.23
林地面积/万 km^2	基准期	0.89	2.65	3.19	4.63	7.58	7.74	8.82
	变化期	0.95	2.51	3.08	4.65	7.74	7.9	9.41
	差值	0.06	-0.14	-0.11	0.02	0.16	0.16	0.59
草地面积/万 km^2	基准期	4.99	9.13	13.75	18.73	25.72	25.89	26.96
	变化期	5.06	9.38	13.81	18.32	24.29	24.51	25.93
	差值	0.07	0.25	0.06	-0.41	-1.43	-1.38	-1.03
梯田面积/万 km^2	基准期	0	0	0.01	0.22	0.51	0.52	0.6
	变化期	0	0	0.24	0.91	2.69	2.71	2.84
	差值	0	0	0.23	0.69	2.18	2.19	2.24

续表

要素	系列	主要干流断面						
		唐乃亥	兰州	头道拐	龙门	潼关	三门峡	花园口
淤地坝面积/万 km^2	基准期	0	0	0.02	0.07	0.11	0.11	0.14
	变化期	0	0	0.15	0.36	0.66	0.66	0.79
	差值	0	0	0.13	0.29	0.55	0.55	0.65

5.3.3 天然径流量变化归因分析

采用黄河模型对各情景分别进行模拟，并采用式（5-5）进行贡献率计算。主要干流断面 2016 水平年（相比于 1956～1979 水平年情景）天然河川径流量归因分析结果如表 5-11 所示。从表 5-11 中可以看出，对花园口以上流域而言，气候变化的贡献只占 24.4%，其余均为人类活动影响引起，其中经济社会用水贡献占 50.6%，下垫面变化贡献率占 25.0%。唐乃亥以上区域，因为人类活动少，气候变化是导致天然河川径流量增加的主要原因，降水增加是主要影响因素；唐乃亥以下区域由于人类活动剧烈，经济社会用水对天然河川径流量减少起主导作用，气候变化次之，下垫面变化的影响略次于气候变化。

表 5-11　主要干流断面天然河川径流量变化归因分析

项目		主要干流断面					
		唐乃亥	兰州	头道拐	龙门	三门峡	花园口
天然河川径流量变化		5.9	-9.7	-39.3	-61.7	-99.3	-114.6
各因素影响量/亿 m^3	气候变化	6.5	-3.0	-9.5	-17.1	-27.4	-28
	下垫面变化	-0.4	-1.4	-5.2	-12.6	-24.7	-28.6
	经济社会用水	-0.2	-5.3	-24.6	-32.0	-47.2	-58
各因素贡献率/%	气候变化	108.3	-30.9	-24.2	-27.7	-27.6	-24.4
	下垫面变化	-5.8	-14.8	-13.2	-20.4	-24.9	-25
	经济社会用水	-2.5	-54.3	-62.6	-51.9	-47.5	-50.6

经济社会取用水对天然径流量的影响主要体现在，大量取用水活动使得地下水位下降、土壤包气带增厚，降水入渗量更多储存于包气带，这部分水分主要消耗于蒸散发而不是补给地下水和抬高地下水位，最终导致地下径流产流量和饱和地面径流产流量减少。

对主要干流分区进行归因分析，结果如表 5-12 所示。从表中可以看出，唐乃亥—兰州区间，气候变化是最主要的影响因素，贡献占 60.5%，其次是经济社会取用水，贡献占 32.8%；兰州—头道拐区间，经济社会取用水是最主要的影响因素，贡献占 65.4%，其次是气候变化，贡献占 22.0%；头道拐—龙门区间，水土保持规模巨大，三项因素的贡献分别占 1/3 左右；龙门—三门峡区间，经济社会取用水量大，为引起天然河川径流量减少的主要因素，贡献占 40.4%，由于水土保持规模巨大，包括水土保持在内的下垫面变化因素造成的影响其次，贡献占32.1%；三门峡—花园口区间，经济社会取用水是引起天然河川径流量减少的主要因素，贡献占70.5%，其次是下垫面变化，贡献占25.9%，气候变化影响很小。

表5-12 主要干流分区天然河川径流量变化归因分析

项目		主要干流分区					
		唐乃亥以上	唐乃亥—兰州	兰州—头道拐	头道拐—龙门	龙门—三门峡	三门峡—花园口
天然河川径流量变化		5.9	-15.6	-29.5	-22.3	-37.7	-15.4
各因素影响量/亿 m^3	气候变化	6.5	-9.5	-6.5	-7.5	-10.4	-0.6
	下垫面变化	-0.4	-1.0	-3.7	-7.4	-12.1	-4.0
	经济社会用水	-0.2	-5.1	-19.3	-7.4	-15.2	-10.8
各因素贡献率/%	气候变化	108.3	-60.5	-22.0	-33.7	-27.5	-3.6
	下垫面变化	-5.8	-6.7	-12.6	-33.3	-32.1	-25.9
	经济社会用水	-2.5	-32.8	-65.4	-33.0	-40.4	-70.5

5.4 本章小结

本章主要采用构建的多因子驱动的黄河流域分布式水沙模型对主要干流站（唐乃亥、兰州、头道拐、龙门、三门峡、花园口）天然径流量的历史变化进行评价。结果表明，不同年代之间黄河各断面天然径流量除唐乃亥站之外，均呈减小趋势，且越往下游减小幅度越大。相比于1956～1979水平年，花园口断面2000水平年和2016水平年天然径流量衰减分别80.2亿 m^3 和114.6亿 m^3。

采用多因素归因分析方法，分析气候、下垫面（包括植被、梯田、淤地坝）以及经济社会用水3个因素对2016水平年和1956～1979水平年天然径流量减少的贡献率。结果表明，经济社会用水对天然径流量减少贡献率最大，气候变化对天然径流量减少贡献率次之。对花园口以上流域而言，气候变化贡献率只占24.4%，其余均为人类活动影响引起，其中经济社会用水贡献率为50.6%，下垫面变化贡献率为25.0%。其中，唐乃亥—兰州区间，气候变化是天然河川径流量减少的最主要的影响因素，贡献占60.5%，其次是经济社会取用水，贡献占32.8%；兰州—头道拐区间，经济社会取用水是最主要的影响因素，贡献占65.4%，其次是气候变化，贡献占22.0%；头道拐—龙门区间，水土保持规模巨大，三项因素的贡献分别占1/3左右；龙门—三门峡区间，经济社会取用水量大，为引起天然河川径流量减少的主要因素，贡献占40.4%，由于水土保持规模巨大，包括水土保持在内的下垫面变化因素造成的影响其次，贡献占32.1%；三门峡—花园口区间，经济社会取用水是引起天然河川径流量减少的主要因素，贡献占70.5%，其次是下垫面变化，贡献占25.9%，气候变化影响很小。

第6章 黄河流域未来30~50年气候预测与不确定性分析

气候变化是径流变化的主要因素，为了科学预估黄河流域未来径流及其不确定性，本书采用多种CMIP5模式进行比选，并分析了未来气候预估的不确定性，对未来气候变化的概率及其可信度进行了估计。

6.1 全球气候模式模拟评估和优选及空间降尺度

6.1.1 全球气候模式评估分析和优选

全球气候模式预估采用CMIP5模式的模拟数据。气候系统模式是研究气候变化机理和预测未来气候变化不可缺少的工具。参与CMIP系列计划的试验数据资料被广泛应用于未来气候变化预估等方面的研究。温室气体排放情景是描述未来气候变化的重要基础。CMIP5对未来的预估是基于代表性浓度路径（RCP）的排放情景，与过去采用IPCC排放情景特别报告（SRES）中的情景相比，其考虑了应对气候变化的各种政策对未来排放的影响。综合考虑逐月和逐日模式数据的完整性，最终选择18个全球气候模式（表6-1）。

利用格点化观测资料，对CMIP5提供的18个全球气候模式在黄河流域的模拟能力进行评估。模拟评估基于1961~2005年逐月的气温和降水资料。定量评估时，先将气候特征量分为三类，分别用于评估气温与降水在流域区域平均、流域空间分布、频谱分布三个方面的模拟性能。选取11个气候特征量，包括气候平均态、年际变率、季节循环，以及年际变化主要模态、概率密度函数等。

表6-1　CMIP5的18个全球气候模式基本信息

序号	模式名称	所属国家或地区	全球经向和纬向格点数
1	BCC-CSM1.1	中国	128×64
2	BNU-ESM	中国	128×64
3	CanESM2	加拿大	128×64
4	CCSM4	美国	288×192
5	CNRM-CM5	法国	256×128

续表

序号	模式名称	所属国家或地区	全球经向和纬向格点数
6	CSIRO-Mk3-6-0	澳大利亚	192×96
7	EC-EARTH	荷兰/爱尔兰	320×160
8	GFDL-ESM2G	美国	144×90
9	GFDL-ESM2M	美国	144×90
10	HadGEM2-ES	英国	192×145
11	IPSL-CM5A-LR	法国	96×96
12	MIROC-ESM	日本	128×64
13	MIROC-ESM-CHEM	日本	128×64
14	MIROC5	日本	256×128
15	MPI-ESM-LR	德国	192×96
16	MPI-ESM-MR	德国	192×96
17	MRI-CGCM3	日本	320×160
18	NorESM1-M	挪威	144×96

以流域平均气温的季节循环为例，分别对观测和CMIP5模式进行该气候特征量的计算（图6-1）。可以看出，CMIP5模式对气温季节循环的模拟性能较好，不仅能反映季节转换的位相变化，对年内冬夏季的气温差异也有较好的模拟。用相关性分析（COR）评估这一气候特征量，各个模式与观测的相关系数都很高，多数高于0.995（图6-2）。

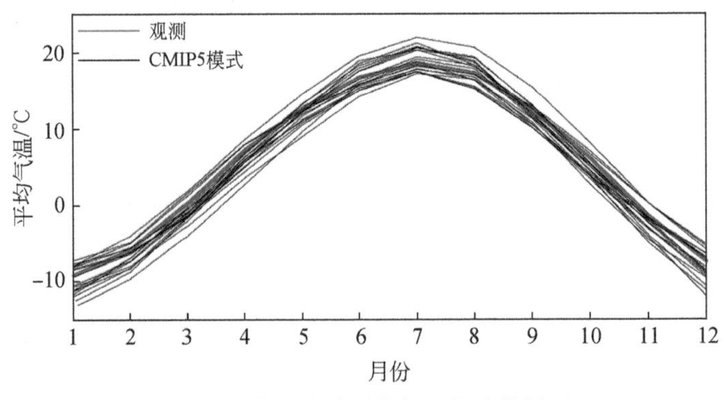

图6-1　黄河流域平均气温的季节循环

CMIP5模式对降水季节循环的模拟能力要低于气温，模拟的汛期降水与观测有较大偏差，且模式间差异很大，部分模式甚至无法模拟出汛期降水的峰值月份（图6-3）。计算相关系数得到，有两组CMIP5模式与观测的相关系数低于0.90（图6-4）。

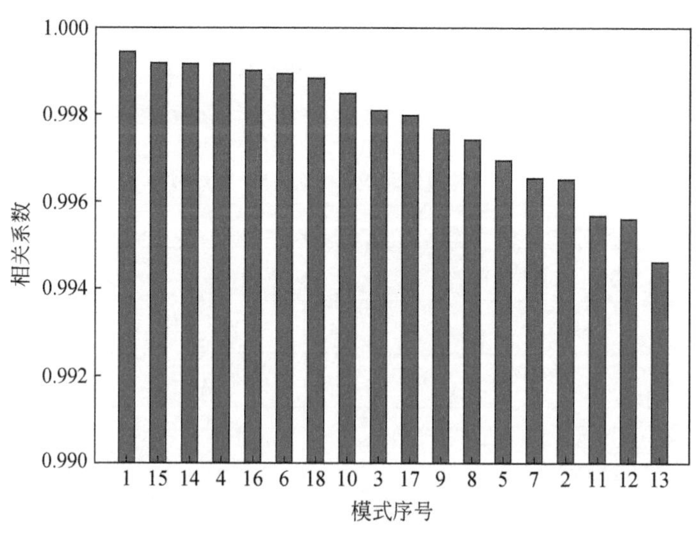

图 6-2 CMIP5 模拟黄河流域平均气温的季节循环与观测的相关系数

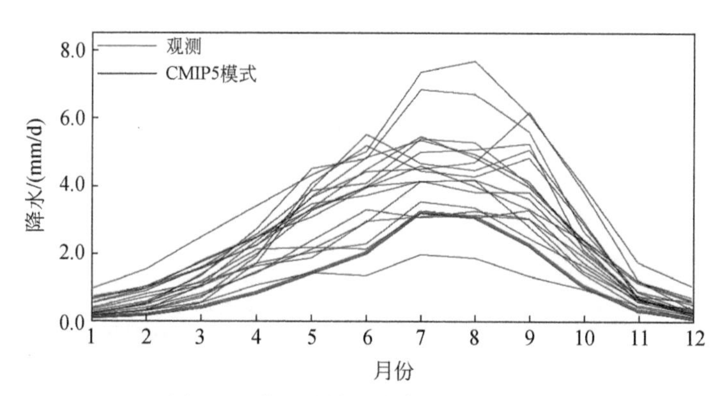

图 6-3 黄河流域平均降水的季节循环

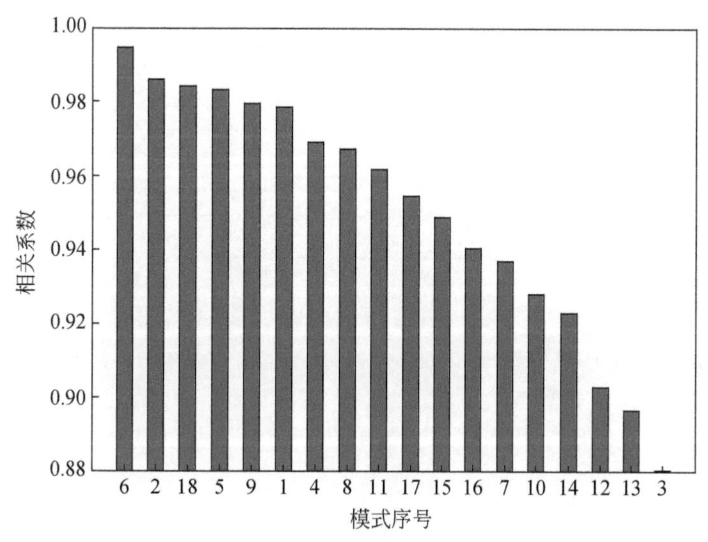

图 6-4 CMIP5 模拟黄河流域平均降水的季节循环与观测的相关系数

类似地，计算出气温和降水的各个气候特征量，然后用表 6-2 给定的评估方法计算各模式在每个量的评价打分，用综合评分办法就可以得到所有模式对气温和降水模拟能力的综合评分（图 6-5），排序后可以为剔除和选取模式提供客观依据（图 6-6）。

表 6-2　气候特征量及其评估方法和评分权重

气候特征量		评估方法	评分权重	缩写
流域区域平均	气候平均	MAE	—	Mean
	年际变率（标准差）	MAE	—	InterAnn
	季节循环	COR	—	SeaCycle
	趋势（Mann-Kendall test Z）	MAE	0.5	Trend
	趋势（斜率 β）	MAE	0.5	
流域空间分布	气候平均	RMSE	0.5	SpaceMean
		COR	0.5	
	年际变率（标准差）	RMSE	0.5	SpaceInterAnn
		COR	0.5	
	年际变化第一模态（EOF1）	RMSE	0.25	EOF
		COR	0.25	
	年际变化第二模态（EOF2）	RMSE	0.25	
		COR	0.25	
	趋势（Mann-Kendall test Z）	RMSE	0.25	SpaceTrend
		COR	0.25	
	趋势（斜率 β）	RMSE	0.25	
		COR	0.25	
频谱分布	概率密度函数（PDF）-月尺度	RMSE	0.5	PDFmon
		S	0.5	
	概率密度函数（PDF）-日尺度冬季	RMSE	0.5	PDFdayDJF
		S	0.5	
	概率密度函数（PDF）-日尺度夏季	RMSE	0.5	PDFdayJJA
		S	0.5	

综合考虑未来气温增暖速率的不确定性分布，最终选择的 5 个全球气候模式分别为 MIROC-ESM-CHEM、CSIRO-Mk3-6-0、NorESM1-M、CNRM-CM5 和 EC-EARTH。5 个全球气候模式综合评分较优，且基本可以覆盖 18 个 CMIP5 模式对黄河流域未来平均气温预估的不确定性分布，形成可用于黄河流域气候变化研究的多模式集合系统。

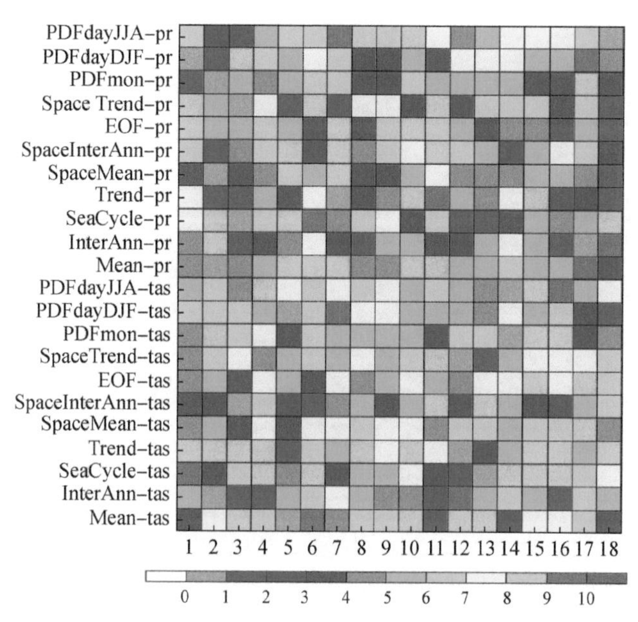

图6-5　基于气温和降水的各个气候特征量得到的每个CMIP5模式的RS评分

tas代表气温，pr代表降水

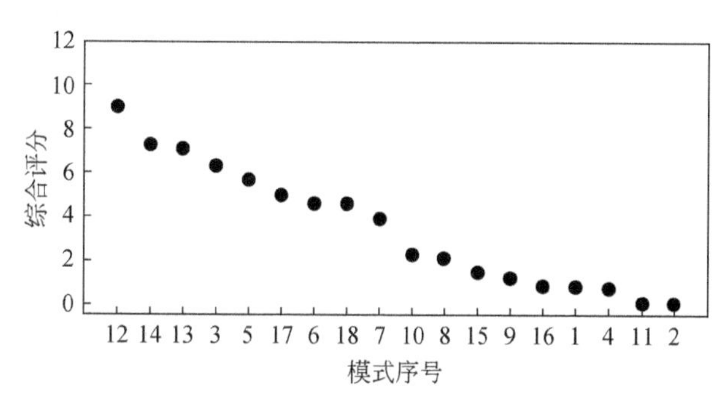

图6-6　基于所有气候特征量RS评分的EOF

降维后得到的CMIP5模拟评估排序

6.1.2　黄河流域气候模拟的空间降尺度

利用区域气候模式（RegCM4），进行区域气候变化降尺度模拟试验。在对RegCM4模式中多种物理参数化方案进行对比的基础上，本研究选择了对中国地区气候有较好模拟能力的参数化方案组合：辐射过程采用CCM3方案，行星边界层使用Holtslag方案，大尺度降水采用SUBEX方案，积云对流选择Emanuel方案，陆面过程使用CLM3.5。试验使用的中国区域内土地覆盖资料是基于中国1∶100万植被图得到的。

模式水平分辨率为25km，垂直方向为18层。驱动区域气候模式的初始场和侧边界值由CMIP5的全球气候模式EC-EARTH提供，全球气候模式的大气模式的水平分辨率为1°～2°，符合动力降尺度到25km的嵌套比要求（图6-7，模式更详细的信息请参见

https://pcmdi. llnl. gov/mips/cmip5/）。模拟试验中采用的温室气体排放方案是中等温室气体排放情景 RCP4. 5。

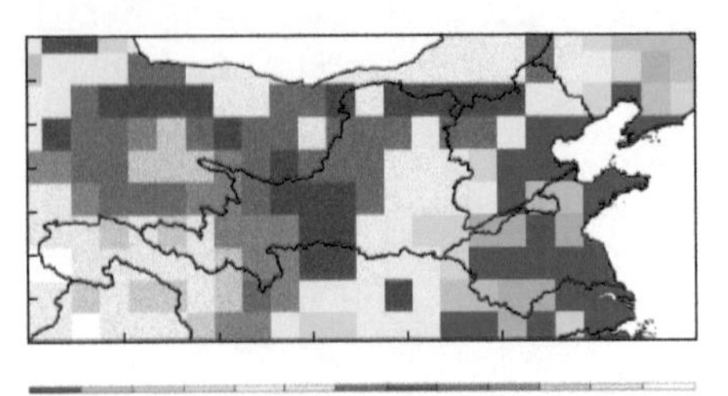

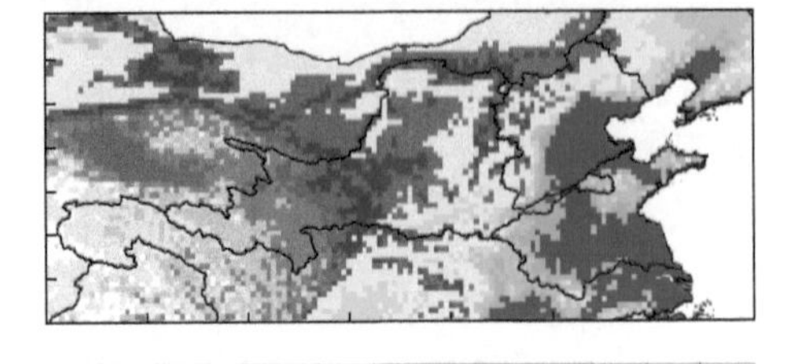

图 6-7　降尺度前后，黄河流域地形高度的在气候模式中的分布

基于概率分布（分位数映射）方法，对区域气候模式所模拟的中国区域逐日降水进行统计误差订正。在订正过程中，以模拟时段 1991 ~2010 年的前半段（1991 ~2000 年）作为参照时段，建立传递函数，对后半段（2001 ~2010 年）进行订正并检验其效果。首先，对使用参数和非参数建立的 6 种不同传递函数方法进行对比，发现 6 种方法均可明显减少降水模拟的误差，其中利用非参数转换建立传递函数的 RQUANT 方法效果更好（图 6-8）。然后，进一步分析采用该方法对模式模拟降水所做订正的效果，结果表明，该方法可以明显改善对平均降水，以及降水年际变率和极端事件的模拟结果。

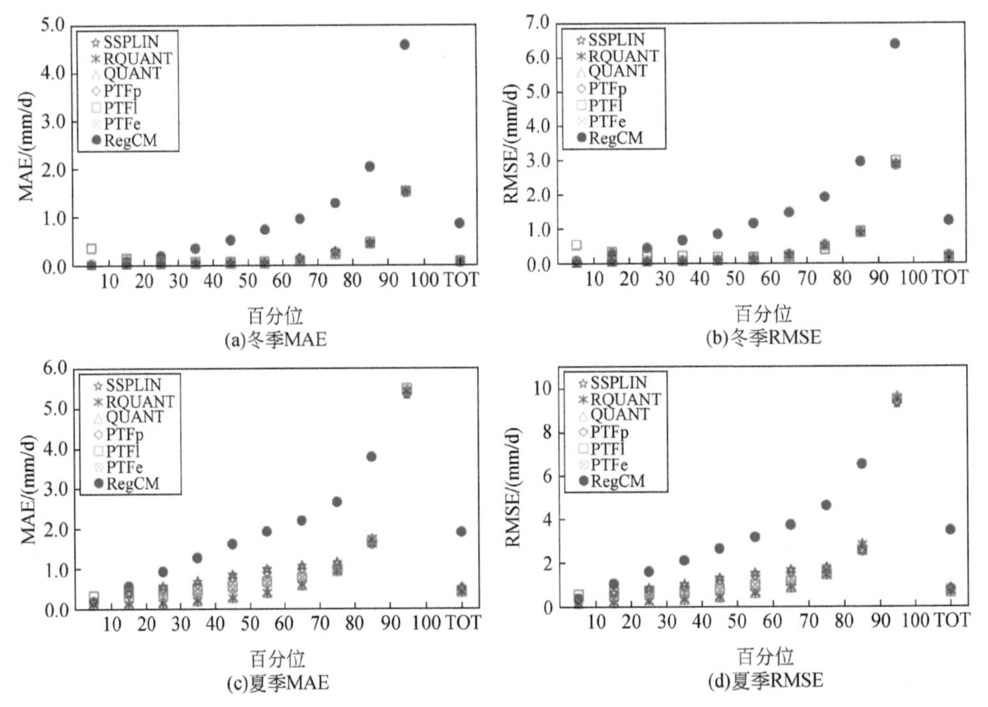

图 6-8　验证时段中，区域平均的冬、夏季不同百分位数区段（0%~100%）及总降水量（TOT）的模拟和不同订正方法结果与观测数据的平均绝对误差（MAE）及均方根误差（RMSE）

PTFe、PTFI、PIFp、QUANT、RQUANT 和 SSPLIN 是基于 6 种不同传递函数方法的订正结果，RegCM 是订正前的模拟结果；MAE 和 RMSE 在夏季 90%~100% 的模式模拟值 9. 4 和 16. 0，因超出现有纵坐标范围而未给出

同时从气候平均态、年际变率、极端气候及农业气候等多方面，评估了 RQUANT 方法对日平均气温、日最高气温和日最低气温模拟的订正效果。结果表明，该方法对模式模拟的日平均、日最高和最低气温气候平均态的订正效果都非常明显，中国大部分地区的订正结果与观测的偏差在±0.5℃。该方法在降低极端气温指数和农业气候相关指数的模拟误差方面也有显著的效果，但对气温年际变率的订正效果有限。对气温和降水订正的评估分析都表明，该方法对模式模拟结果有较好的订正效果，可以应用于区域气候模式的气候变化模拟预估中，为气候变化及相关影响评估研究提供更适用和更可靠的数据。

分位数映射（quantile mapping，QM）方法不仅可以用于误差订正，也可以用于统计降尺度。具体实施方案是：①低分辨率的全球模式（约 100km）模拟结果空间插值到高分辨率（25km）；②用高分辨率的格点观测资料（CN05.1）订正气候态，类似于 Delta 方法；③采用 QM 方法对逐日序列的 PDF 分布进行订正，对于未来模拟的序列，还要考虑 PDF 分布的未来变化。总体来看，QM 统计降尺度方法，基本保留低分辨率全球气候模式预估的平均气候的未来变化信号，但局地气候变化信号表现得更加细致，极端气候的未来变化也与全球气候模式的预估结果略有不同。

基于格点观测资料的模拟评估显示，降尺度结果模拟 1986 ~ 2016 年全流域、河源区及主要产沙区的区域平均年降水量的相对误差大多不超过 5%，模拟误差较降尺度前全球气候模式的模拟结果有明显的降低（表 6-3）。

表 6-3　1986 ~ 2016 年区域平均年降水量的相对误差　（单位：%）

气候模式	全流域		河源区		主要产沙区	
	全球气候模式	统计/动力降尺度	全球气候模式	统计/动力降尺度	全球气候模式	统计/动力降尺度
CNRM-CM5（CN）	36.33	0.60	65.12	-3.45	21.32	2.60
CSIRO-Mk3-6-0（CS）	38.15	-0.07	53.67	-2.35	35.71	1.62
MIROC-ESM-CHEM（MI）	97.64	0.01	115.27	-1.82	78.75	1.25
NorESM1-M（NO）	142.54	-3.32	154.94	-7.61	128.85	-1.05
EC-EARTH（EC）	36.20	-1.09	32.98	-3.54	35.00	-0.59
	36.20	-1.46	32.98	-2.15	35.00	-1.36

6.2　未来气候变化多模式预估及不确定性

6.2.1　黄河流域历史降水演变规律分析

通过流域多年平均降水量 MK 检验可知（图 6-9），1990 ~ 2008 年流域平均降水量呈明显的上升趋势，2012 年为疑似转折点，但具体还需要进一步验证。然后分析流域各格点降水量变化情况，从观测降水的变化趋势图（图 6-10）可以看出，大部分区域降水无明显变化，南部区域存在明显的下降趋势，上游区域（龙羊峡—兰州，龙羊峡以上南部等）有明显的上升趋势。在本研究选取的10个典型子流域中，无定河有轻微增加趋势，渭河呈现明显的下降趋势。对比分析三种气候模式（CN、CS、MI）发现（图6-11～图6-13），三种气候模式的MK检验结果差别较大，均不接近观测值。

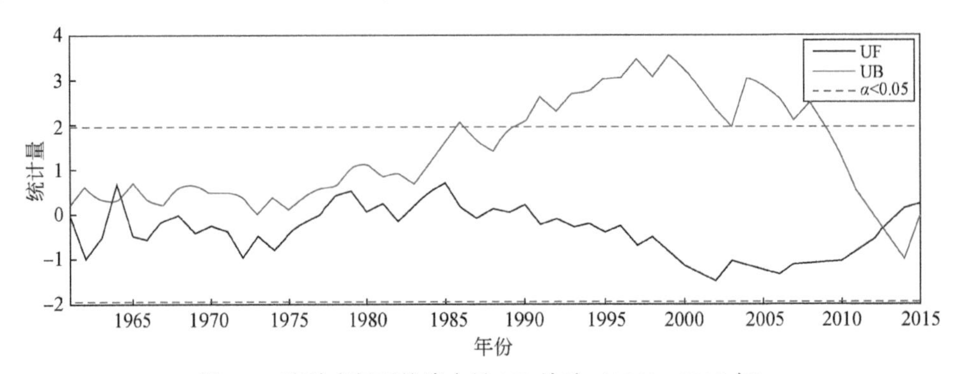

图6-9　流域多年平均降水量MK检验（1961～2015年）

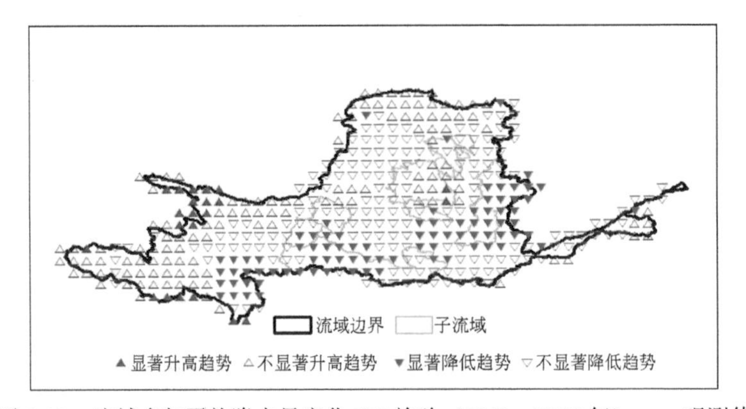

图6-10　流域多年平均降水量变化MK检验（1961～2015年）——观测值

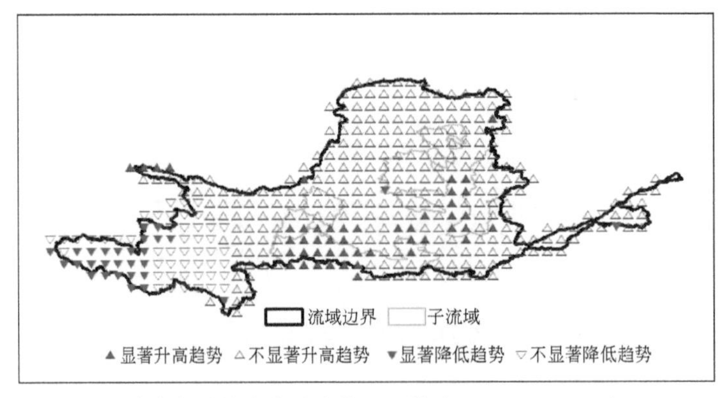

图6-11　流域多年平均降水量变化MK检验（1961～2015年）——CN

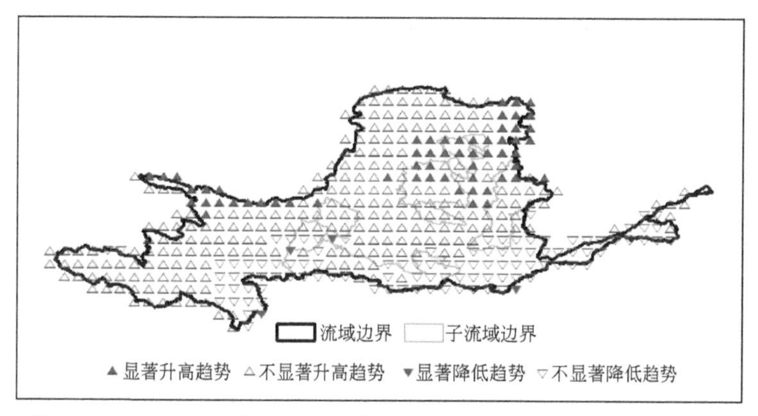

图 6-12　流域多年平均降水量变化 MK 检验（1961 ~ 2015 年）——CS

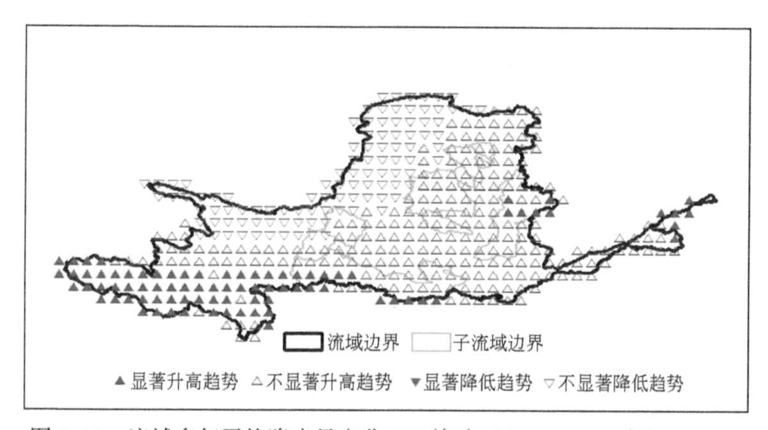

图 6-13　流域多年平均降水量变化 MK 检验（1961 ~ 2015 年）——MI

为进一步说明流域的年降水量变化趋势，图 6-14 给出了多年平均降水量的年代际变化，从图中可以看出，相比 1961 ~ 1990 年，1991 ~ 2015 年呈现的变化趋势的区域与 MK 检验结果基本吻合。

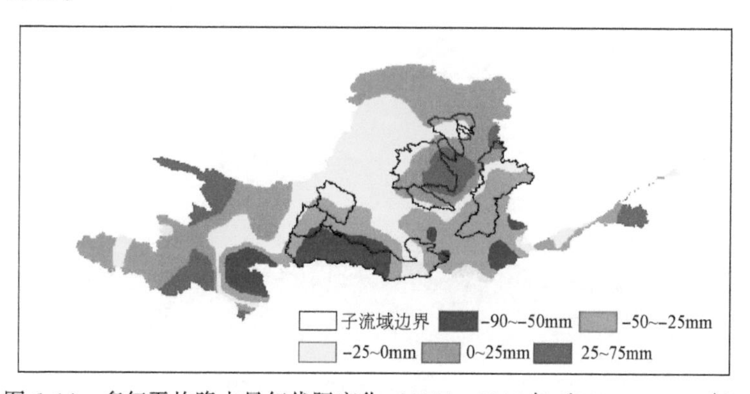

图 6-14　多年平均降水量年代际变化（1991 ~ 2015 年 和 1961 ~ 1990 年）

图 6-15 给出了流域降水极值的空间分布情况，相比 1961 ~ 1990 年，1991 ~ 2015 年最大日降水量的发生位置有往西北偏移的倾向，但降水量级并没有明显的变化趋势（图 6-16）。400mm 等雨量线存在明显的往西北偏移趋势（图 6-17），这对黄河流域的生态、农业等将造成重要影响，具体原因还需进一步分析。

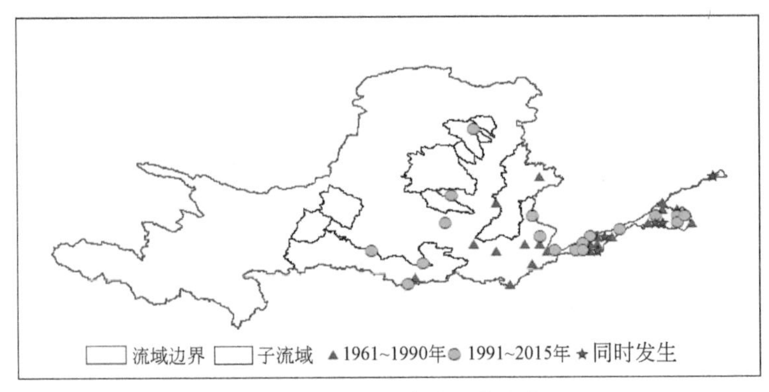

图 6-15　最大日降水极值变化

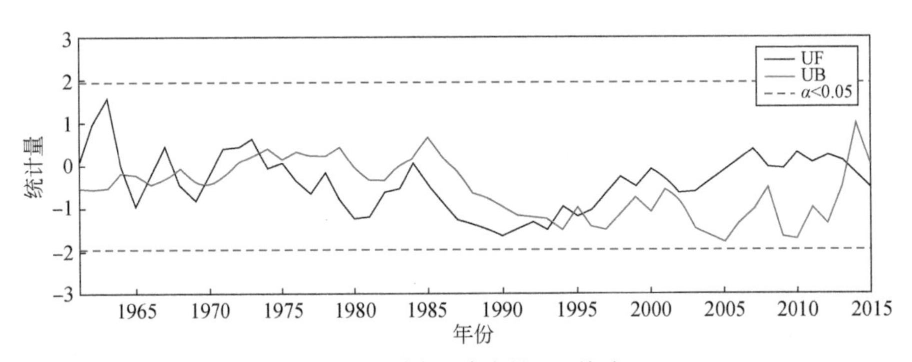

图 6-16　最大日降水量 MK 检验

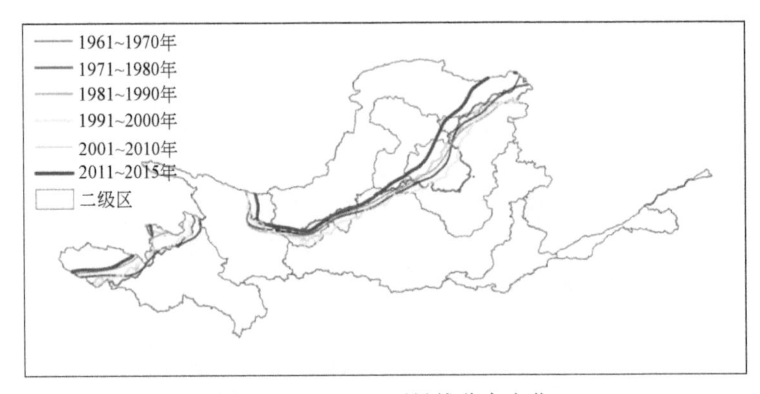

图 6-17　400mm 雨量线分布变化

为进一步分析 400mm 雨量线的位移情况，通过地理加权平均，求得历年 400mm 雨量线的中心点坐标，其经纬度变化情况如图 6-18 所示，将该结果与 2000 年以前的研究结果（王浩等，2005）进行比较分析。从图 6-18 可以看出，1961 ~ 2000 年的 400mm 雨量线的中点往东和往南移动，但是从 1961 ~ 2015 年的整个系列长度来说，经度上往东移动的趋势是减弱的，纬度上往南移动的趋势渐止。图 6-18 还给出了 2001 ~ 2015 年中心点经纬度变化情况，中心点经度位置明显向西移动，纬度上并没有明显的趋势。2001 ~ 2015 年的变化趋势整体上与 1961 ~ 2000 年相反。Hurst 指数的分析结果表明，1961 ~ 2000 年中心点经度的 Hurst 指数为 0. 63，表明该趋势将持续，但整个系列（1961 ~ 2015 年）400mm 雨量线的中心点经度系列的 Hurst 指数降为 0. 52，表明 400mm 雨量线的中心点经度已变为随机系列，这也解释了为什么两个系列长度下中心点经度的变化趋势不同。中心点纬度上的 Hurst 指数由 1961 ~ 2000 年的 0. 54 升为 1961 ~ 2015 年的 0. 64（表 6-4），表现出微弱上升趋势（亦即往北移动）。

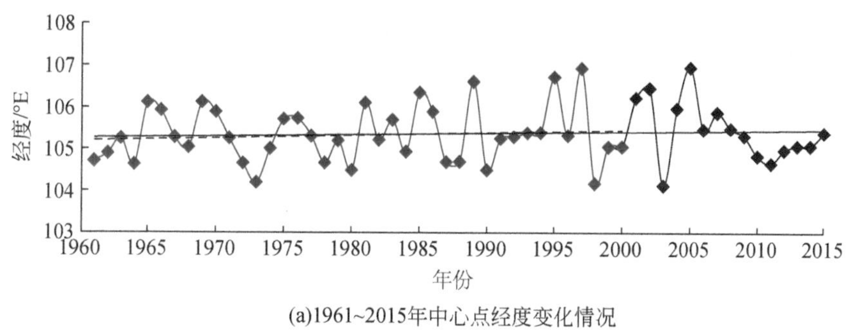

(a)1961~2015年中心点经度变化情况

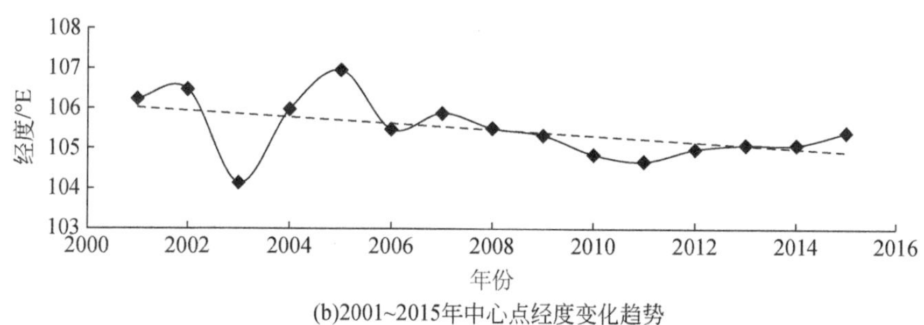

(b)2001~2015年中心点经度变化趋势

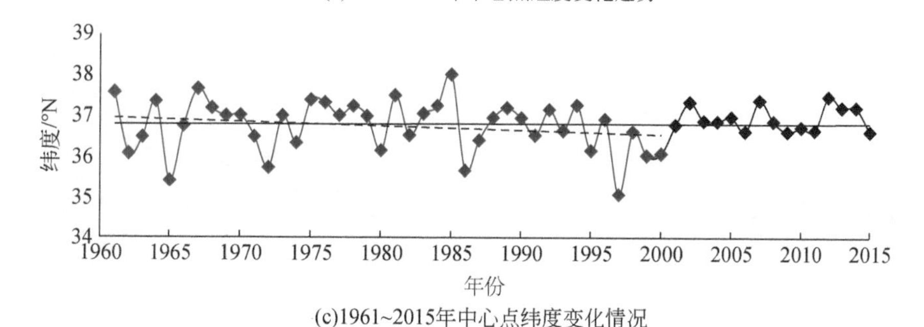

(c)1961~2015年中心点纬度变化情况

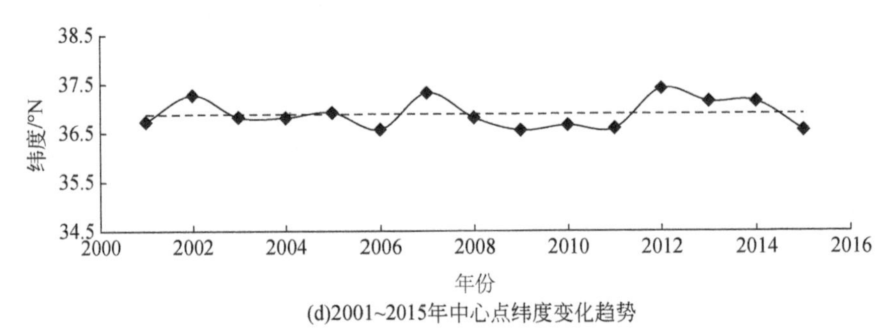

(d)2001~2015年中心点纬度变化趋势

图 6-18 400mm 雨量线中心点位置变化情况

1961 ~ 2015 年（黑色实线和黑色趋势线）；1961 ~ 2000 年（蓝色实线，黑色点划趋势线）

表 6-4 不同系列经纬度 Hurst 指数

系列	Hurst 指数（经度）	Hurst 指数（纬度）
1961 ~ 2000 年	0. 63	0. 54
1961 ~ 2015 年	0. 52	0. 64

6. 2. 2 黄河流域未来气候演变趋势

基于对全球气候模式模拟结果的评估，对 MI、CS、NO、CN 和 EC5 个全球气候模式的预估结果进行统计降尺度。加上 1 组对 EC-EARTH 动力降尺度的预估结果，最终形成 6 个样本的中等温室气体排放情景下的高分辨率未来预估数据，格点大小为 0. 25°×0. 25°。分别以 2050 年（以2041 ~ 2060年均值表示）和 2070 年（以 2061 ~ 2080 年均值表示）为中间年，采用 6 个样本的集合预估结果表示未来 30 ~ 50 年的气候变化。气温预估结果表明（图 6-19），在中等排放情景下，未来 30 ~ 50 年黄河流域年均气温都将增加，各区域增幅接近，且增幅和不确定范围都随时间增大。未来 30 年增暖 1. 8 ~ 1. 9℃（±0. 5℃），未来 50 年增暖 2. 3 ~ 2. 4℃（±0. 7℃）（图 6-19）。

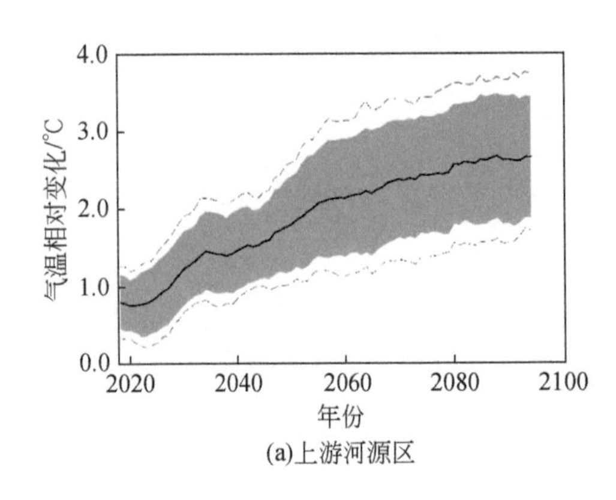

(a)上游河源区

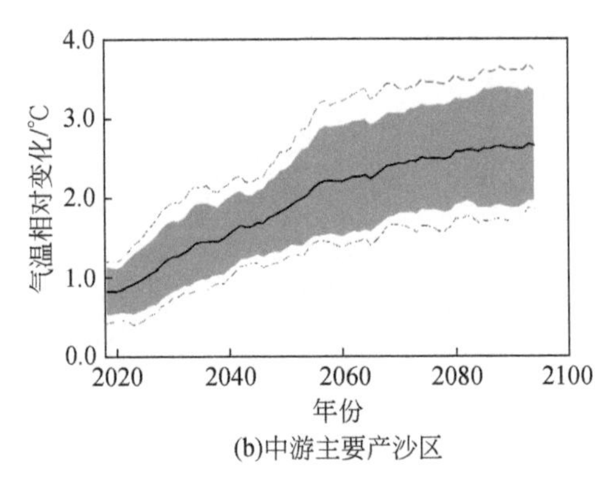

(b)中游主要产沙区

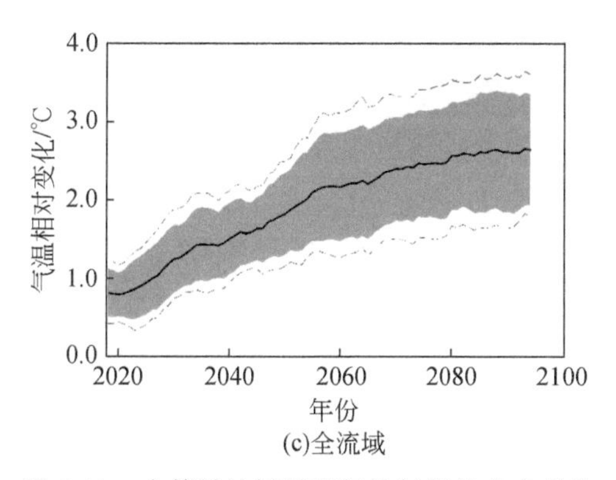

图 6-19 中等排放情景下年均气温的未来变化

相对于 1986 ~ 2005 年。黑实线是全部 6 个降尺度预估结果的集合平均，黑虚线是集合成员的最大、最小范围，填色是集合样本间的标准差

未来黄河流域平均降水都将增加，且增幅随时间增大，但增加的量值存在较大的不确定性（图 6-20）。集合样本间标准差较大，甚至接近和超过变幅值。未来 30 年（2041 ~ 2060 年平均），黄河上游河源区、中游主要产沙区和全流域的年降水量分别增加 6.37%、3.83% 和 5.06%，集合样本间标准差在 5% ~ 6%。未来 50 年（2061 ~ 2080 年平均），黄

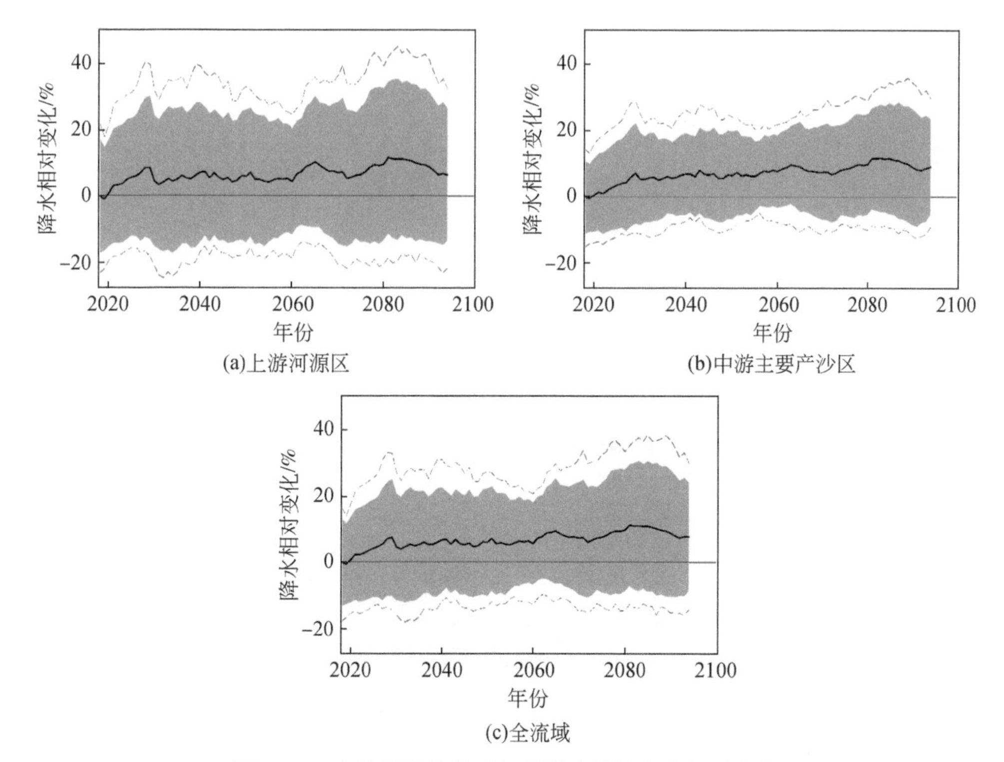

图 6-20 中等排放情景下年总降水量的未来相对变化

相对于 1986 ~ 2005 年。黑实线是全部 6 个降尺度预估结果的集合平均，黑虚线是集合成员的最大、最小范围，填色是集合样本间的标准差

河上游河源区、中游主要产沙区和全流域的年降水量分别增加 7.54%、7.82% 和 7.54%，集合样本间标准差在 4.5%~6.5%（表 6-5）。从局地分布来看，未来 30～50 年黄河流域大部分区域的年降水量都将增加，且通过集合同号率的检验，集合平均的增幅多在 15% 以内（图 6-21 和图 6-22）。

表 6-5　中等排放情景下未来 30～50 年黄河流域主要分区的降水变化

分区	上游河源区	主要产沙区	全流域
2041～2060 年平均年降水增加/%	6.37（5.94）	3.83（5.66）	5.06（5.31）
2061～2080 年平均年降水增加/%	7.54（4.57）	7.82（6.38）	7.54（4.81）

注：所示结果为 6 个模式降尺度预估结果的集合平均，括号内为集合样本间的标准差

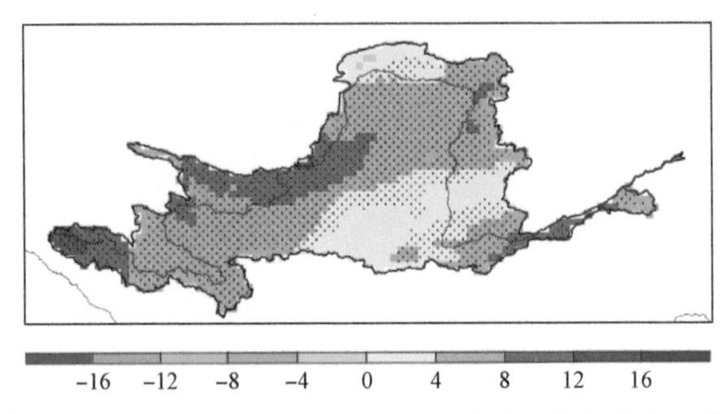

图 6-21　中等排放情景下，未来 30 年（2041～2060 年平均）年总降水量的未来相对变化（%）
相对于 1986～2005 年；所示结果为 6 个模式降尺度预估结果的集合平均；打点表示集合成员中超过 2/3 的成员与集合平均同号

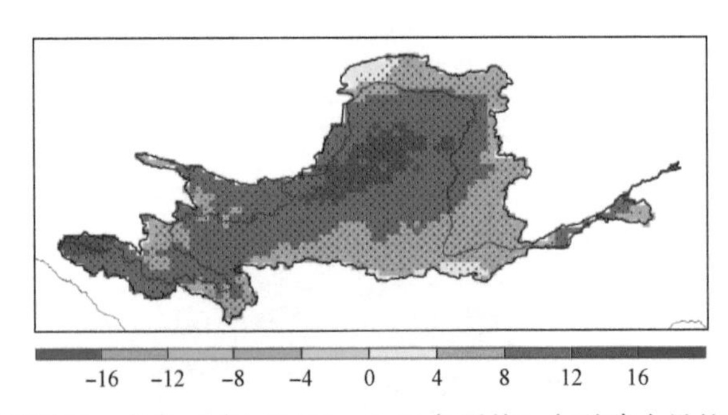

图 6-22　中等排放情景下，未来 50 年（2061～2080 年平均）年总降水量的未来相对变化（%）
相对于 1986～2005 年；全部 6 个降尺度预估结果的集合平均；打点表示集合成员中超过 2/3 的成员与集合平均同号

未来强降水量和频次在多数地区增多，且随时间推移增幅扩大。侵蚀性降水日数（日降水量大于 12mm 的日数）的增幅相对较小，在未来 30 年和 50 年分别增加 0.7d 和 1.1d；极端强降水量（R95p，日降水强度高于 95% 阈值的总降水量）分别增加 20% 和 29%。从增幅的空间分布来看，强降水量的相对增幅都在上游相对较大。

6.2.3 多模式模拟的偏差分析

收集整理了基于国家气象信息中心 2400 余全国国家级台站（基本、基准和一般站）的 1961 ~ 2015 年日降水观测数据，空间分辨率为 0.25°×0.25°，该系列数据在黄河流域共有 4747 个格点。

收集整理了 5 个 CMIP5 气候模式数据：CN、CS、MI、NO、EC，分别为 RCP2.6、RCP4.5、RCP8.5 排放情景。数据空间分辨率为 0.5°×0.5°，该系列数据在黄河流域共有 415 个格点。

为初步了解各模式对黄河流域历史降水模拟的精度，计算了各模式对历史时期 1986 ~ 2005 年多年平均降水模拟的偏差。如图 6-23 所示，总体上各模式的偏差大多在-50 ~ 50mm，

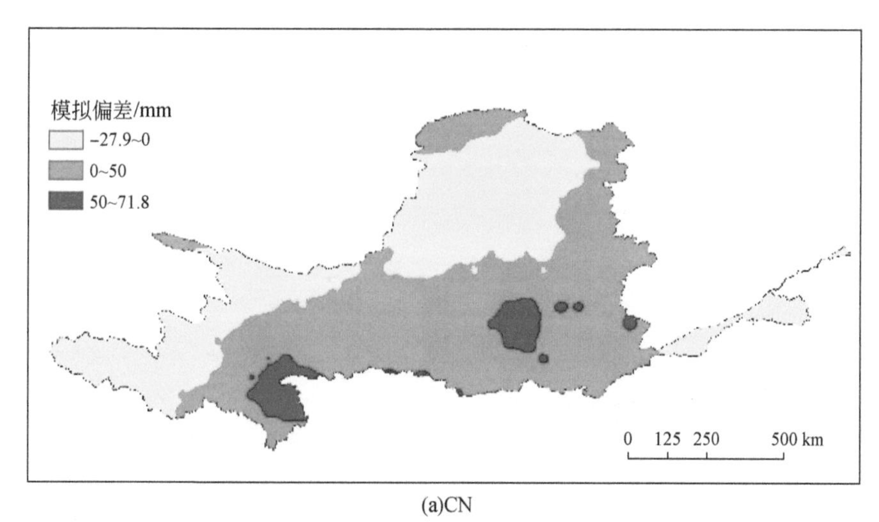

(a)CN

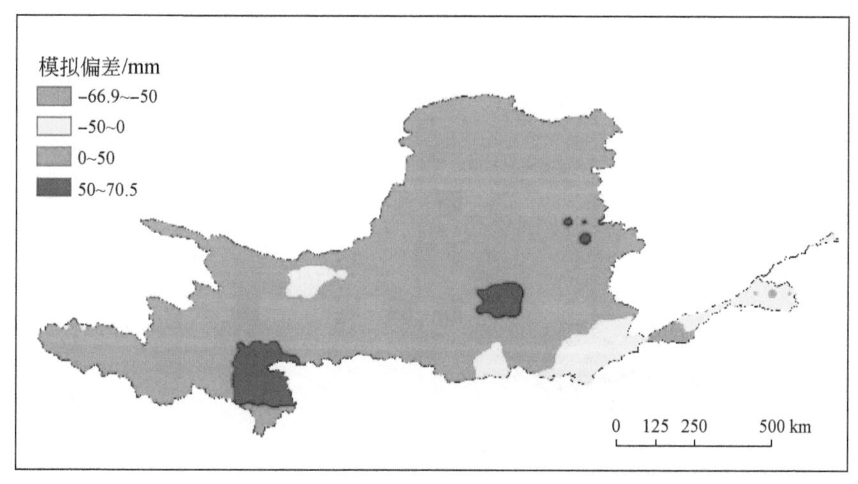

(b)CS

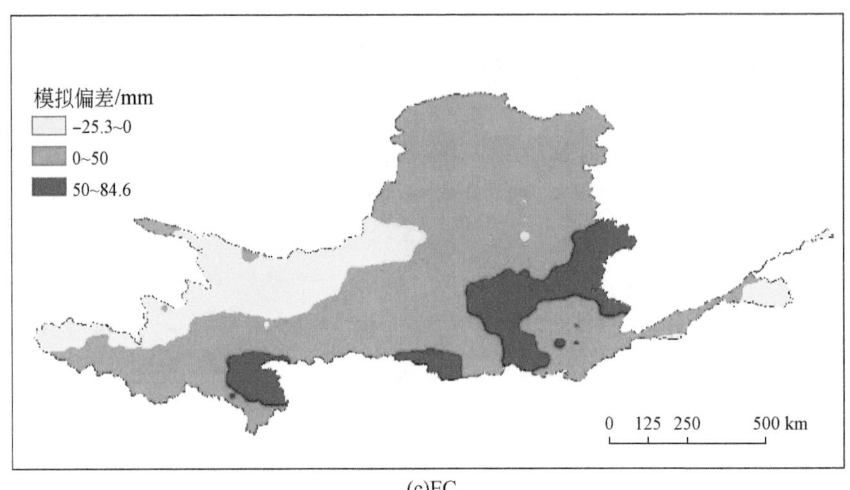

(c)EC

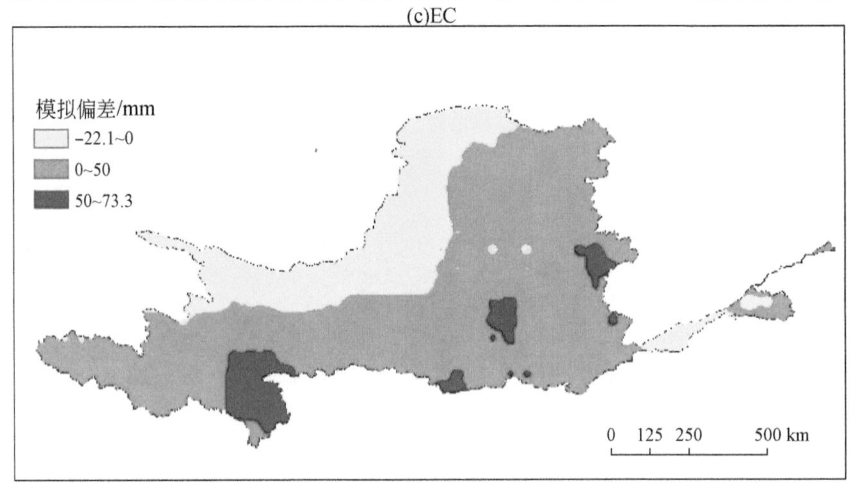

(d)MI

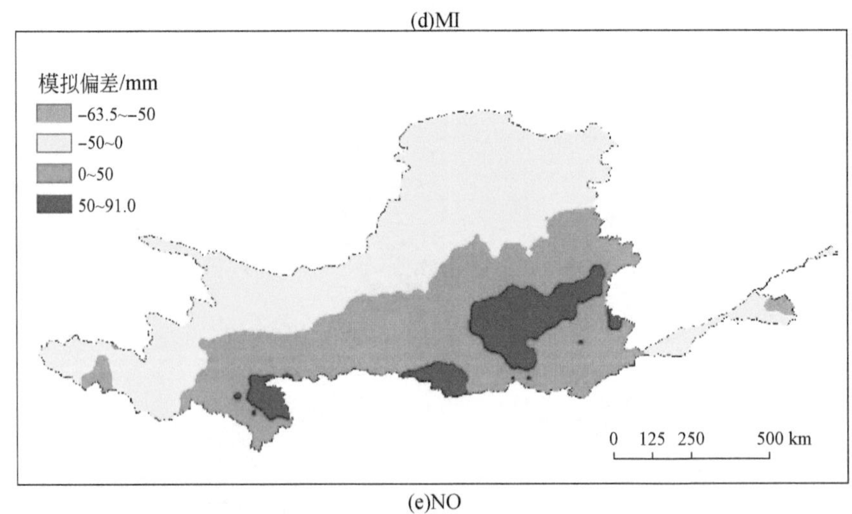

(e)NO

图 6-23　各模式对历史多年（1986 ~ 2005 年）平均降水量模拟的偏差

正偏差表示高估，负偏差表示低估

从偏差的空间格局来看，MI、NO、CN 和 EC 模式的模拟结果均呈现西北低、东南高的现象，MI、CS、CN 和 EC 模式对大部分地区的模拟偏差为 0 ~ 50mm，且各模式正偏差较高的部分出现的位置主要在秦岭山脉西部和太行山脉西部的局部地区。因此，各模式对黄河流域降水的模拟能力存在较大差异，难以采用单一模式对降水量进行预估。

分析黄河流域 1961 ~ 2015 年多年平均降水量空间分布（图 6-24），发现大部分区域年降水量在 800mm 以下，黄河流域属于干旱半干旱气候区。同时对比分析三种气候模式（CN、CS、MI）的同时段的多年平均降水量空间分布，结果表明（图 6-25 ~ 图 6-27），各模式与历史实测数据均存在明显偏差，其中 CN 与实测模式相对吻合较好。

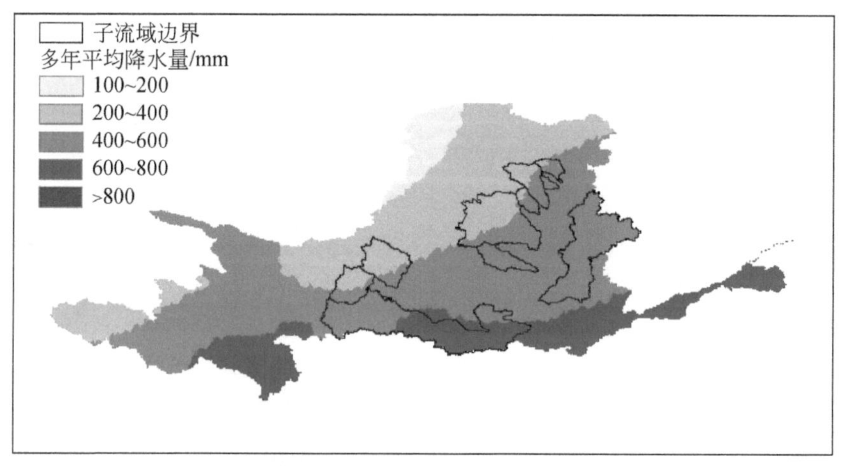

图 6-24　多年平均降水量空间分布（1961 ~ 2015 年）——观测值

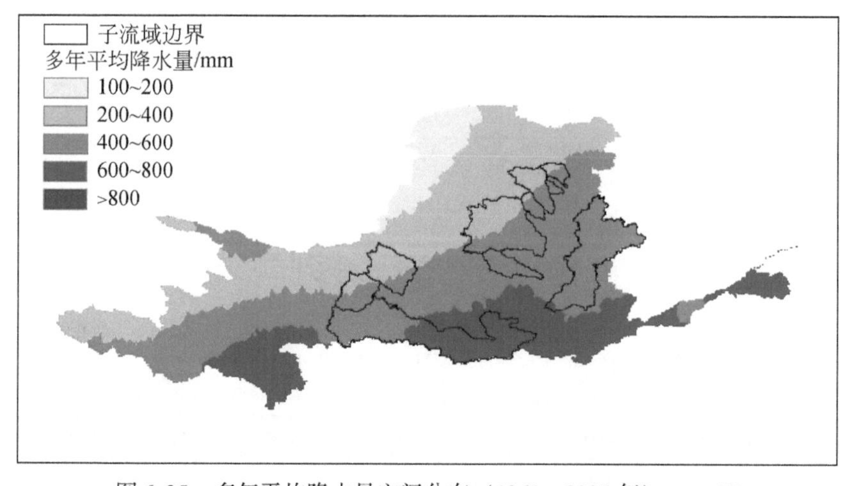

图 6-25　多年平均降水量空间分布（1961 ~ 2005 年）——CN

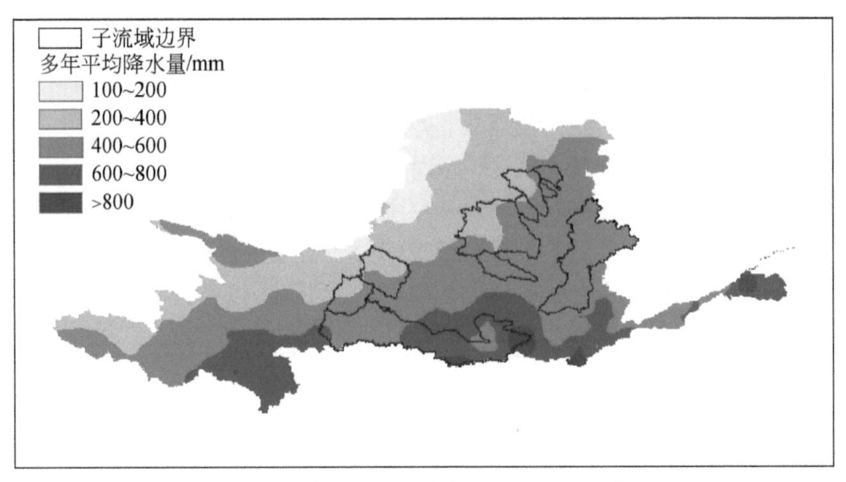

图 6-26　多年平均降水量空间分布（1961 ~ 2005 年）——CS

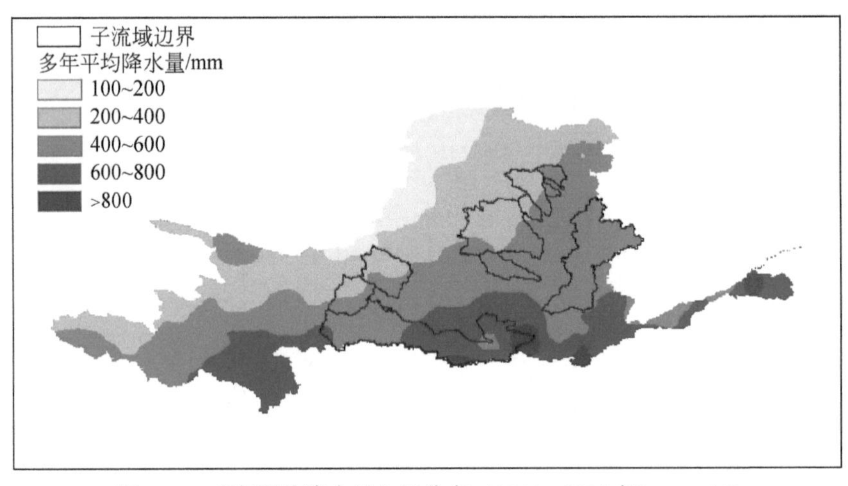

图 6-27　多年平均降水量空间分布（1961 ~ 2005 年）——MI

6.2.4　未来降水变化趋势及不确定性分析

根据国家气候中心提供的模拟数据（CMIP5、RCP 4.5 和 RCP 8.5 排放情景下的 5 个模式 CN、CS、EC、MI 和 NO），分析未来 2020 ~ 2070 年不同气候情景下黄河流域的降水量分布情况。其中，图 6-28 和图 6-29 分别为 RCP4.5、RCP8.5 排放情景下不同气候模式的未来流域平均降水量分布情况。总体上看，各模式的降水量分布存在较大差距，其中 CN、CS 和 EC 模式较为接近，MI 和 NO 模式较为接近。不同排放情景 RCP4.5 和 RCP8.5 的降水量差距并不大，降水量的不确定性主要体现在不同的气候模式上。

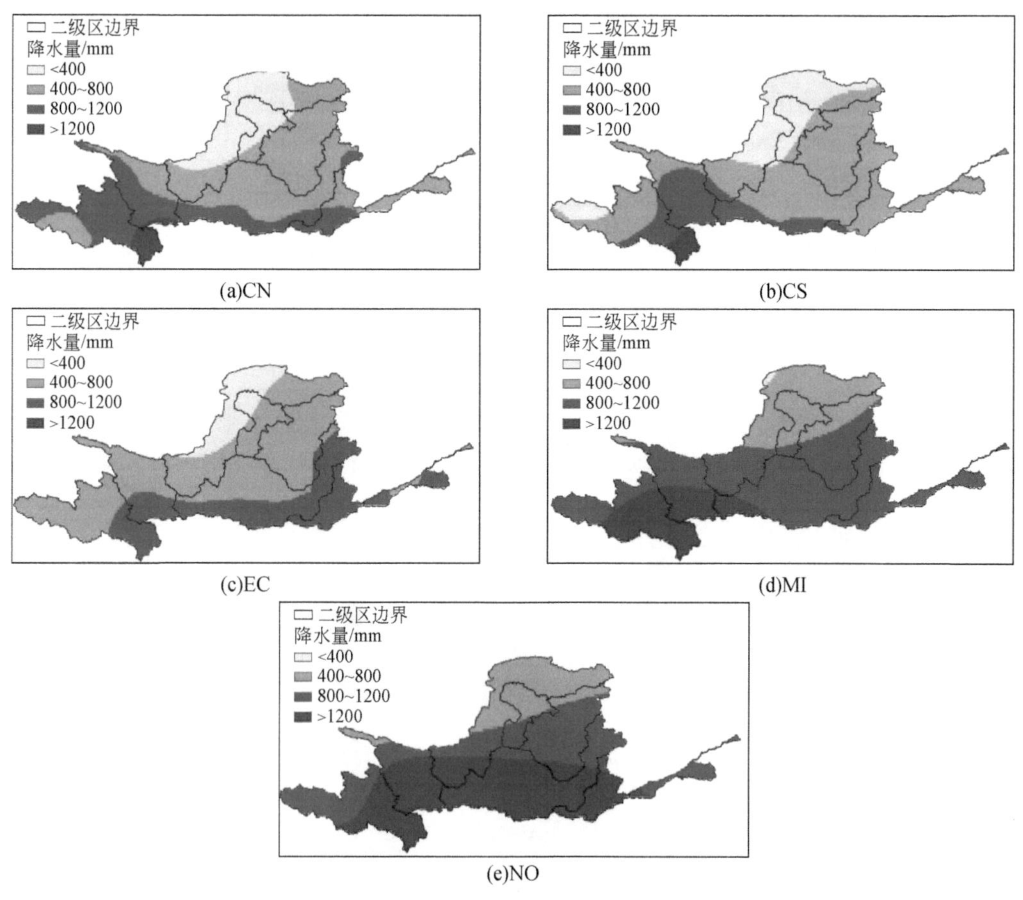

(a)CN (b)CS (c)EC (d)MI (e)NO

图 6-28 RCP4. 5 排放情景下不同模式黄河流域未来降水趋势分布情况

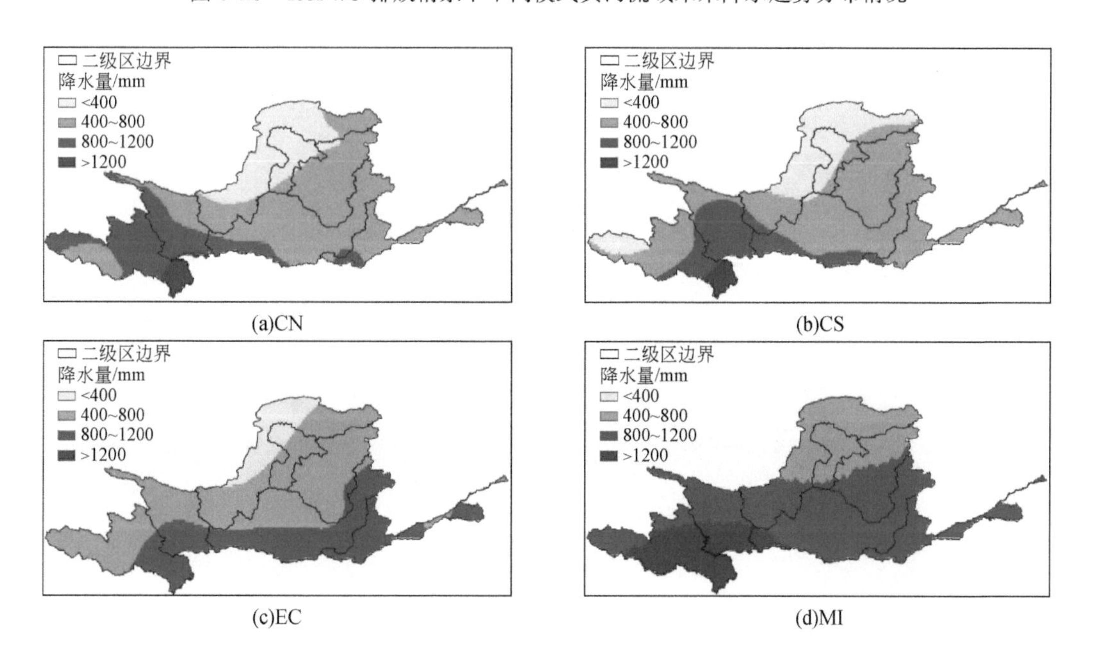

(a)CN (b)CS (c)EC (d)MI

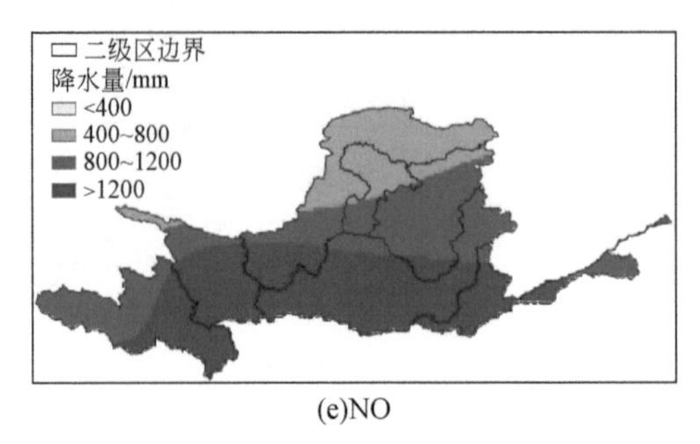

(e)NO

图 6-29　RCP8.5 排放情景下不同模式黄河流域未来降水趋势分布情况

采用 PQ95（强降水阈值——95%分位的降水量值）指数分析未来极端降水变化情况。结果表明，未来 30 年流域大部分地区 PQ95 指数为减少，北部减少比南部多，见图 6-30。

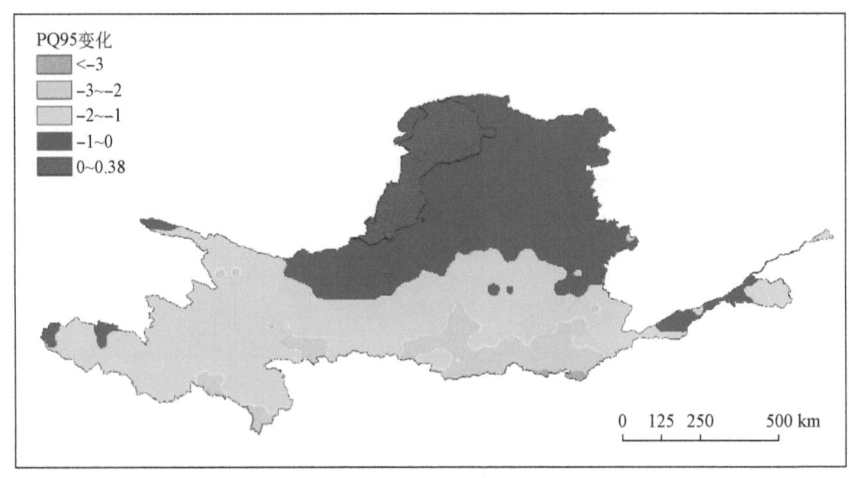

(a)2021~2050年

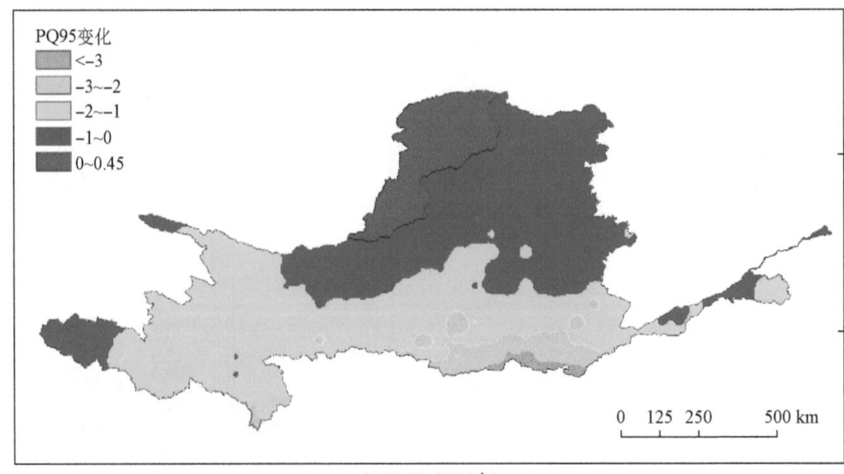

(b)2061~2090年

图 6-30　未来 30 年相对历史时期 PQ95 变化分布

根据历史实测和集合平均日降水过程格点序列，计算各年格点降水指数，得到降雨指数的多年平均值，并采用 PAV（气候平均降水量——年总降水量/年雨日数）指数计算未来均值相对历史时期的变化差值。结果表明，全流域 PAV 指数均为减少，其中东南部地区减少更多，见图 6-31。

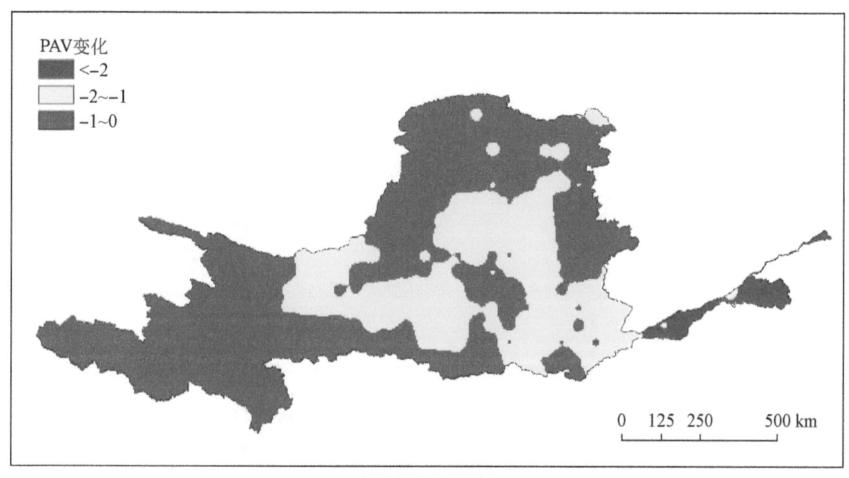

(a)2021~2050年

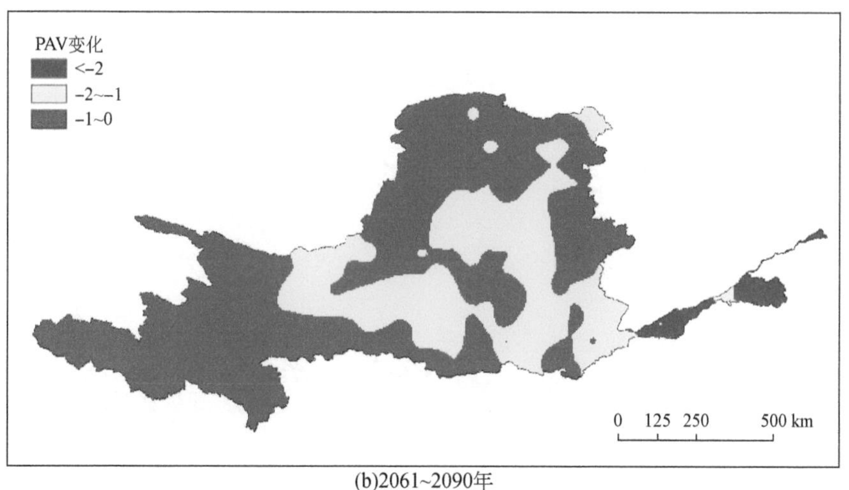

(b)2061~2090年

图 6-31　未来 30 年相对历史时期 PAV 指数变化

6.3　未来气候变化下气候预估的概率预测体系

6.3.1　多模式降水预估的权重

贝叶斯模型平均（BMA）方法的本质是对不同模型预报值的加权平均，集合结果综合了各成员模型结果的预报信息。实际上，在贝叶斯概率预报值中，各模式权重就是各模式预估结果的后验概率，模式预估结果就是其后验分布的期望，因此 BMA 集合预估结果表达式为

$$p[P \mid D] = \sum_{k=1}^{K} p(f_k \mid D) \cdot p(P \mid f_k) \tag{6-1}$$

$$E[P \mid D] = \sum_{k=1}^{K} w_k f_k = \sum_{k=1}^{K} p(f_k \mid D) \cdot E[p(P \mid f_k, \sigma_k^2)] \tag{6-2}$$

式中，P 为预估降水量；D 为实测降水量；E 为均值；w_k 为各模式权重；f_k 为各模式预估结果；p 为后验概率；σ_k^2 为各模式的方差。

对于权重的计算可采用 EM 算法进行迭代求解，逐步试算和修正，最终得到各模式的权重最优估算值，各模式的 BMA 权重见表 6-6。

基于 1986 ~ 2005 年月降雨格点平均序列，采用泰勒图对各模式和集合平均结果进行评估，其中 BMA 序列为各月集合序列的格点均值，实测序列为月序列的格点均值。图 6-32的结果表明 BMA 序列对历史模拟评估结果优于单模式。

同时采用 RMSE（均方根误差）和 TD（多年平均总偏差）对各模式和 BMA 的历史多年平均降水模拟能力进行评估，结果表明，BMA 在 RMSE 指标上均优于单个模式，在 TD 指标上优于大部分模式（表 6-6）。因此 BMA 可显著提高未来降水预估精度。

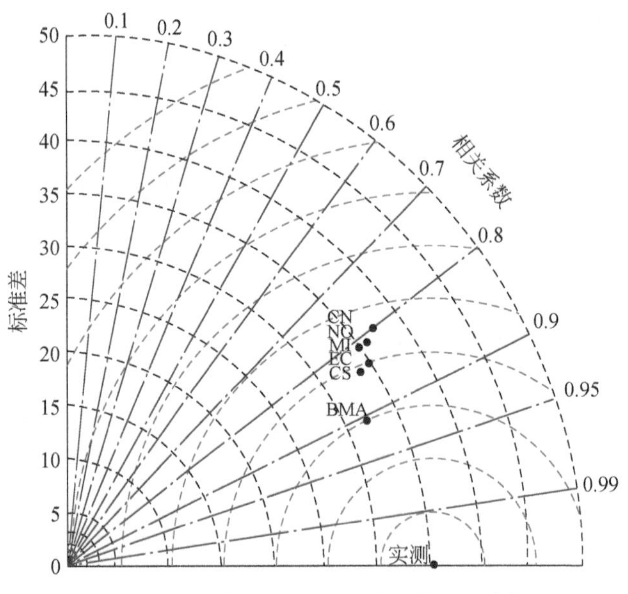

图 6-32　不同模式及 BMA 平均预估系列泰勒图

表 6-6　不同模式对历史多年平均降水模拟能力

模式名称	CN	CS	EC	MI	NO	BMA
RMSE/mm	65.9	63.9	69.5	85.2	83.2	51.7
TD/mm	4.2	11.1	12.1	8.6	0.4	7.8
BMA 权重	0.144	0.258	0.149	0.233	0.216	/

为了评估各模式对不同降水指标历史多年平均水平的模拟能力，对比了各模式模拟结果与指标历史实测结果的偏差，结果表明（图 6-33），BMA 结果均优于单个模式，提高了气候模式对历史降水的再现能力。其中，PY 为年降水量，PS 为夏季降水，R10 为日降水超过 10mm 的暴雨发生天数，PI 为年平均降水强度。

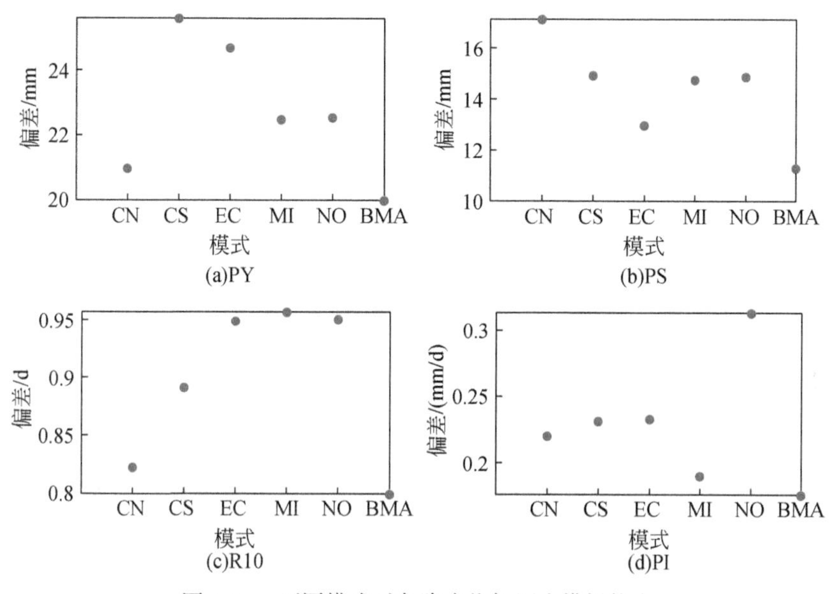

图 6-33　不同模式对各降水指标历史模拟能力

从理论上说，BMA 集合权重实则是对不同气候模式算法的衡量，因此认为采用上述权重对各模式未来降水预估结果进行加权，可以得到与历史模拟集合平均结果相同的效果。采用表 6-6 中的权重对各模式的未来降水预估结果进行集合，计算得到黄河流域未来 30 年平均降水的空间分布（近期情景为 2021～2050 年，远期情景为 2061～2090 年），如图 6-34 所示。

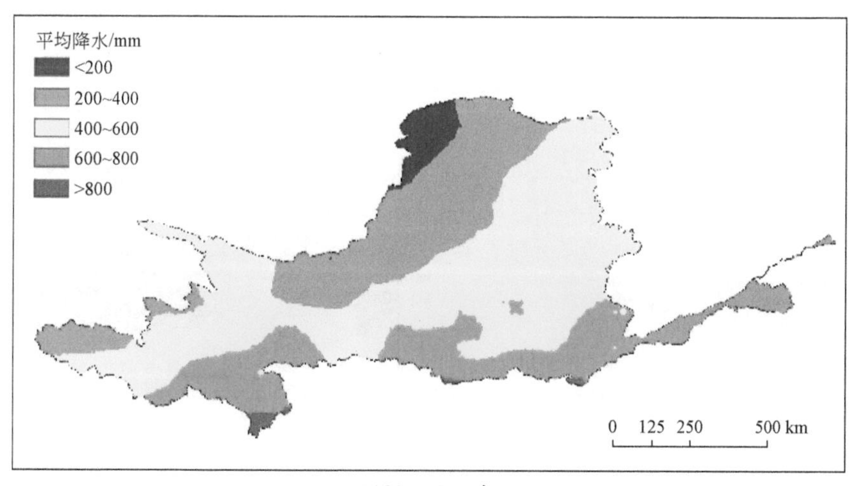

(a)2021~2050年

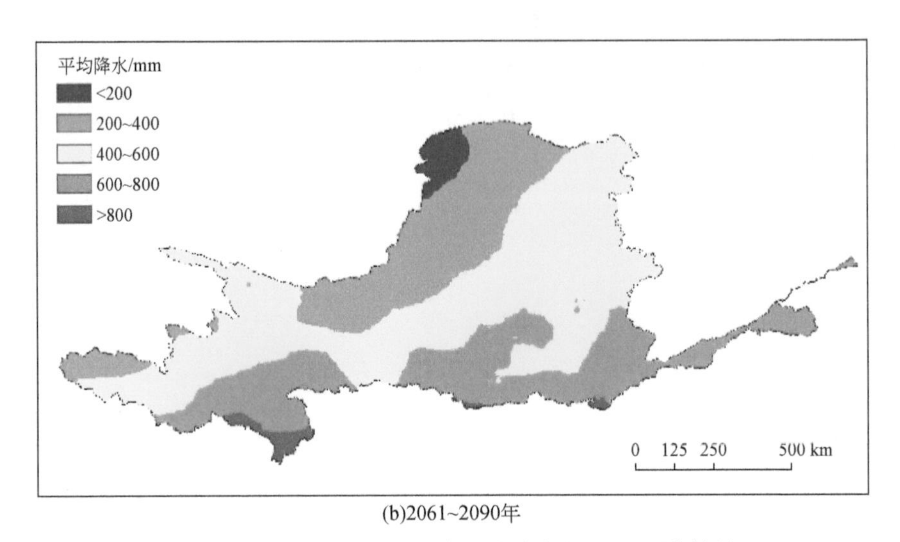

(b)2061~2090年

图 6-34 黄河流域未来 30 年平均降水的 BMA 预估结果

同样地，根据各模式对降水指标预估结果及各模式的 BMA 权重，计算了各降水指标在未来时期相对历史多年平均水平的变化情况（图 6-35）。总体来说，各指标增加趋势较大，在绝大部分地区表现为增加，仅在局部地区表现为减少。在时间上，远期情景（2061～2090 年）比近期情景（2021～2050 年）增加更多。

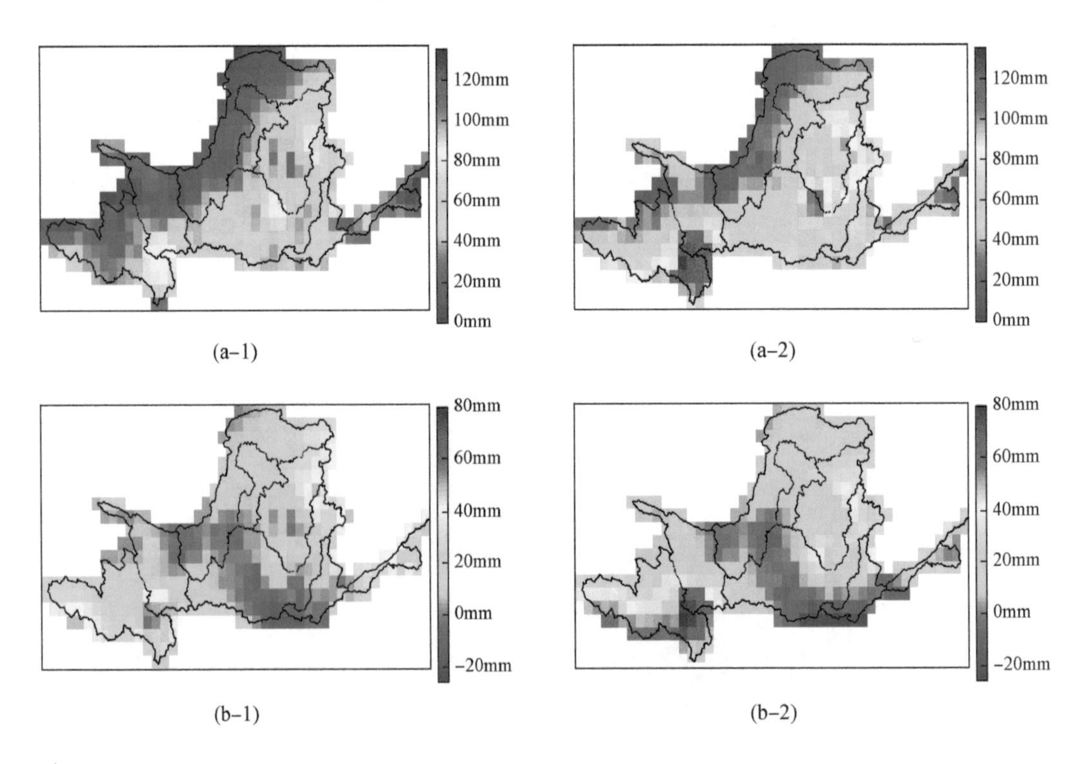

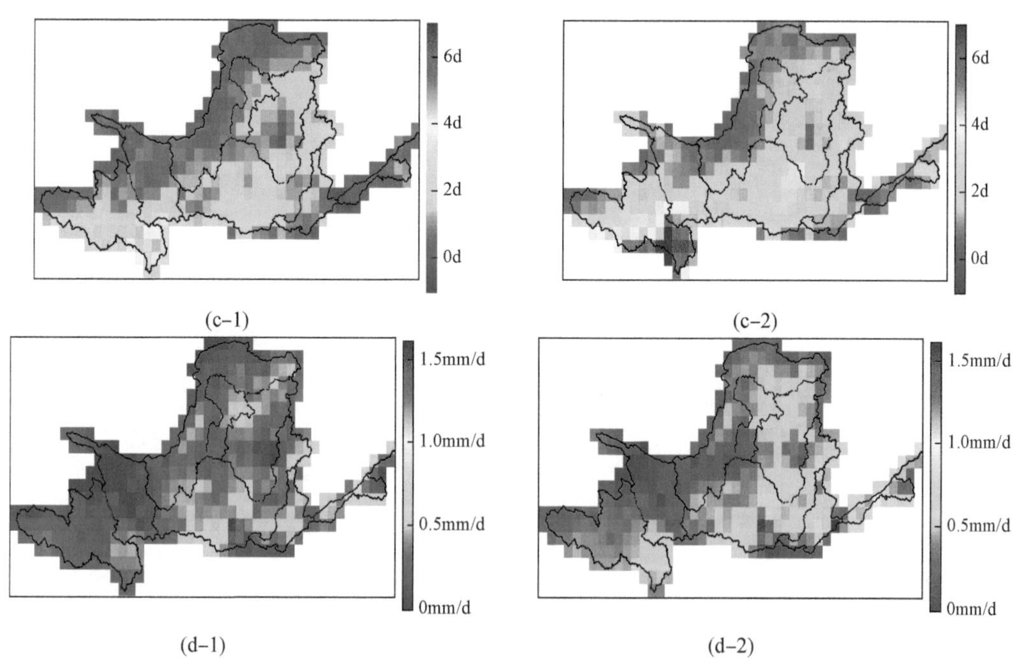

图 6-35　各降水指数平均值未来变化预估

a、b、c 和 d 分别表示 PY、PS、R10 和 PI；1 和 2 分别表示 2021 ~ 2050 年和 2061 ~ 2090 年

6.3.2　降水预估的概率置信区间估计

根据 1986 ~ 2005 年各模式和历史实测月降水格点均值序列，计算 CN、CS、EC、MI、NO 模式集合平均权重分别为 0.233、0.258、0.216、0.144、0.149，见图 6-36。

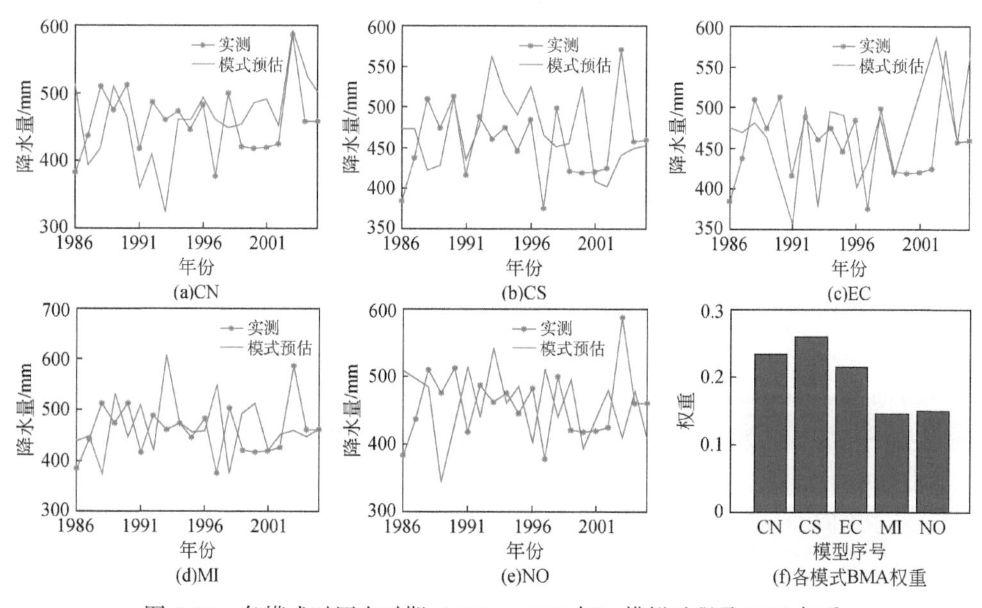

图 6-36　各模式对历史时期（1986 ~ 2005 年）模拟过程及 BMA 权重

采用蒙特卡洛随机抽样方法计算了未来 2006～2099 年流域年平均降雨的 90% 置信区间，见图 6-37。黄河流域未来降水整体呈微弱增加趋势。

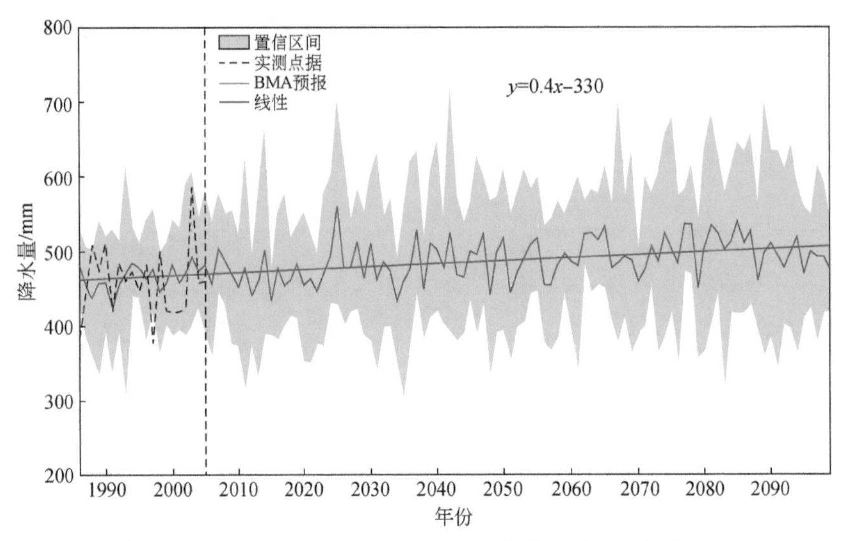

图 6-37　未来 2006～2099 年流域年平均降水的 90% 置信区间

由于各模式的预估结果具有一定的不确定性，因此可采用基于不确定性思想的指标对未来降水变化进行描述，即计算未来降水变化范围的概率。本书所用概率是基于 BMA 权重结果，将给定阈值降水变化对应模式的权重之和作为其发生的概率 L，满足不同阈值条件降水概率之差即为降水变化范围的概率：

$$L^{\Delta\bar{P} > \Delta P_i} = \sum_{\Delta P_k > \Delta P_i} w_k \tag{6-3}$$

式中，ΔP_i 为降水变化阈值；$\Delta\bar{P}$为未来降水相对历史均值的变化；ΔP_k 为模式的预估值；$\Delta\bar{P}>\Delta P_i$ 为未来降水达到阈值条件；$\Delta P_k>\Delta P_i$ 为单个模式降水预估达到阈值条件。

根据各模式未来 30 年和历史实测序列的降雨多年平均值和各模式对未来降水预估结果，根据发生概率较大的原则，计算未来时期相对历史时期降水分别增加 0～25mm、25～50mm、50～100mm 的概率空间分布，即以上述降雨区间为阈值，寻找满足该条件的模式及相应 BMA 权重，以权重之和为条件发生的概率，估算各格点在未来时期相对历史时期发生相应降水变化的概率（图 6-38 和图 6-39）。

结果表明，流域西北部地区降水增加 0～25mm 的概率大于 0.4，东南大部地区小于 0.4。流域东部地区降水增加 25～50mm 的概率小于 0.4，西部局部地区大于 0.4。流域东部地区降水增加 50～100mm 的概率为 0.4～0.6，西部局部地区概率较大，其他地区小于 0.2。

采用上述概率计算方法，分别计算了各降水指标的未来变化概率（图 6-40）。考虑到各指标的实际变化量级，制定了对应的变化范围阈值（表 6-7）。在计算未来变化概率时，逐个选取相邻阈值即可得到相应的变化范围。从各指标的未来变化来看，降水总体呈现大概率增加的趋势。对于同一指标的同一变化来说，远期情景降水增加的概率明显大于近期情景。

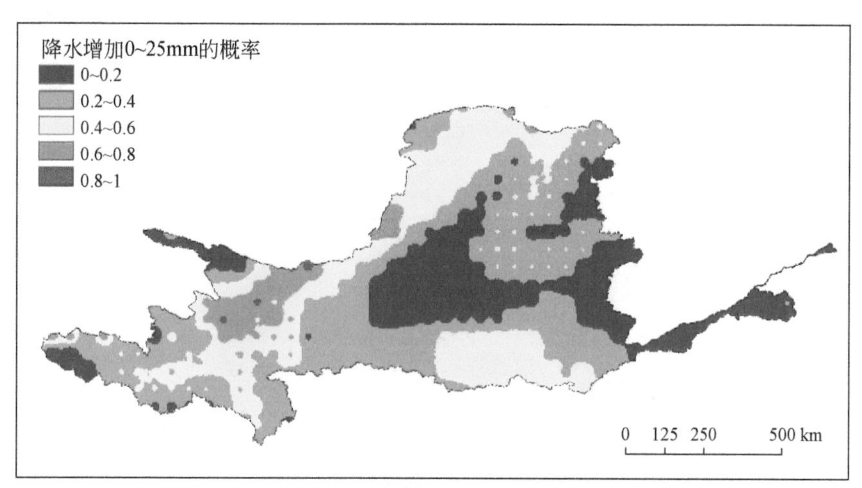

(a) 降水增加0~25mm

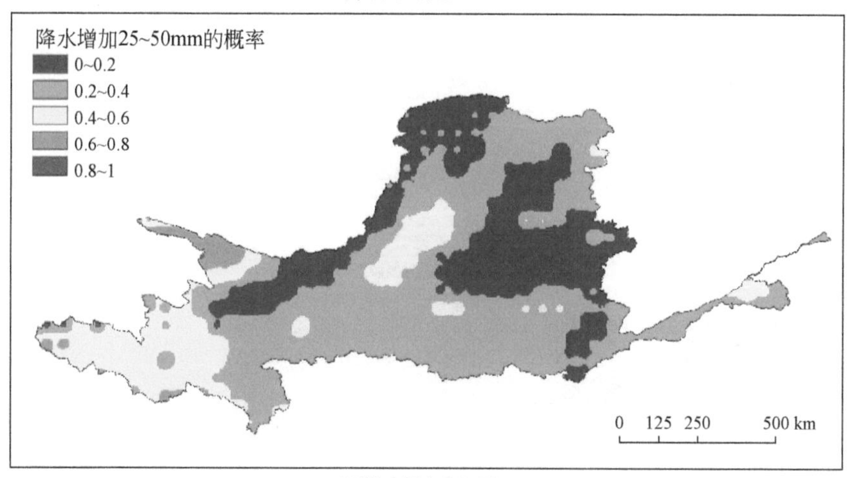

(b)降水增加25~50mm

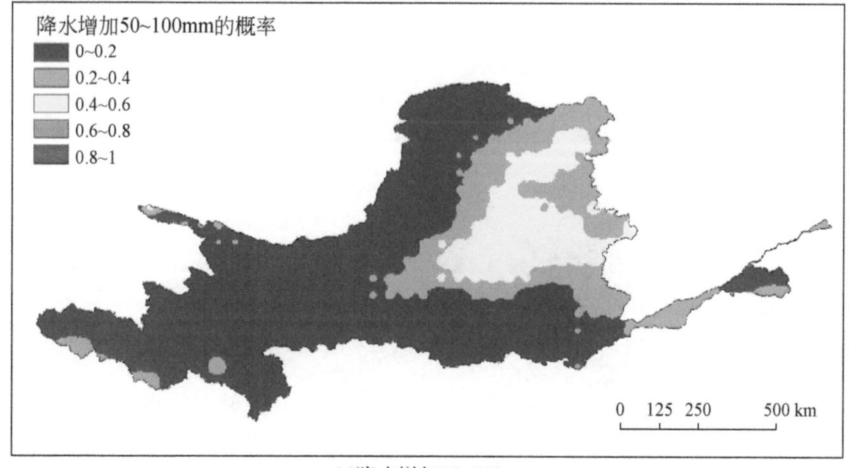

(c)降水增加50~100mm

图 6-38 近期情景（2021 ~ 2050 年）平均降水变化概率空间分布图

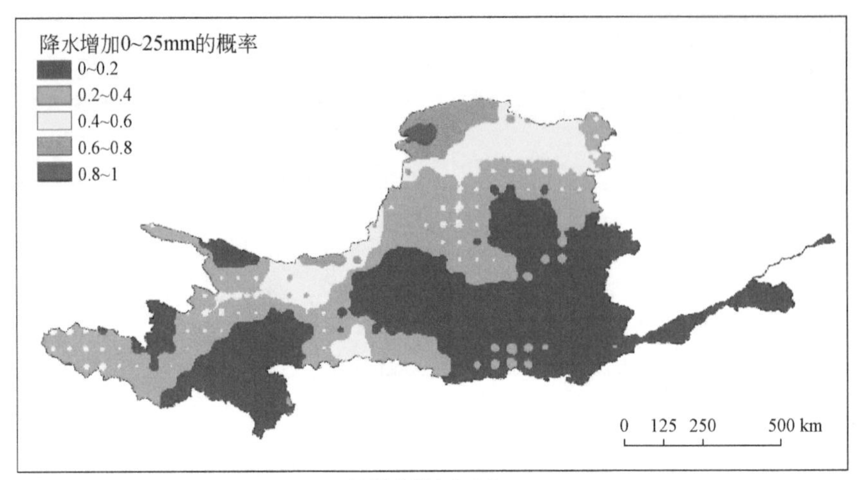

(a)降水增加0~25mm

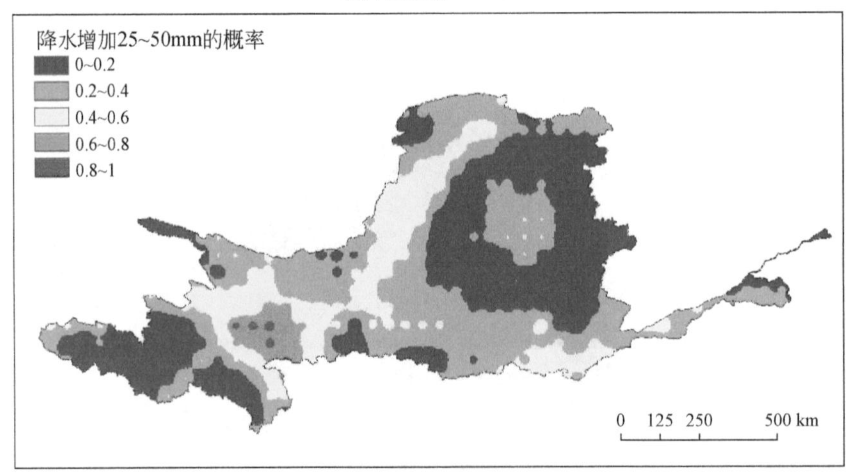

(b)降水增加25~50mm

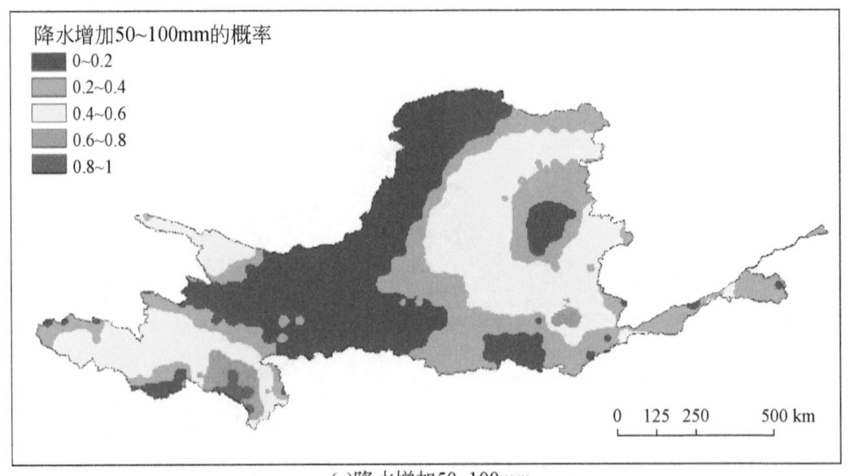

(c)降水增加50~100mm

图 6-39 远期情景（2061 ~ 2090 年）平均降水变化概率空间分布图

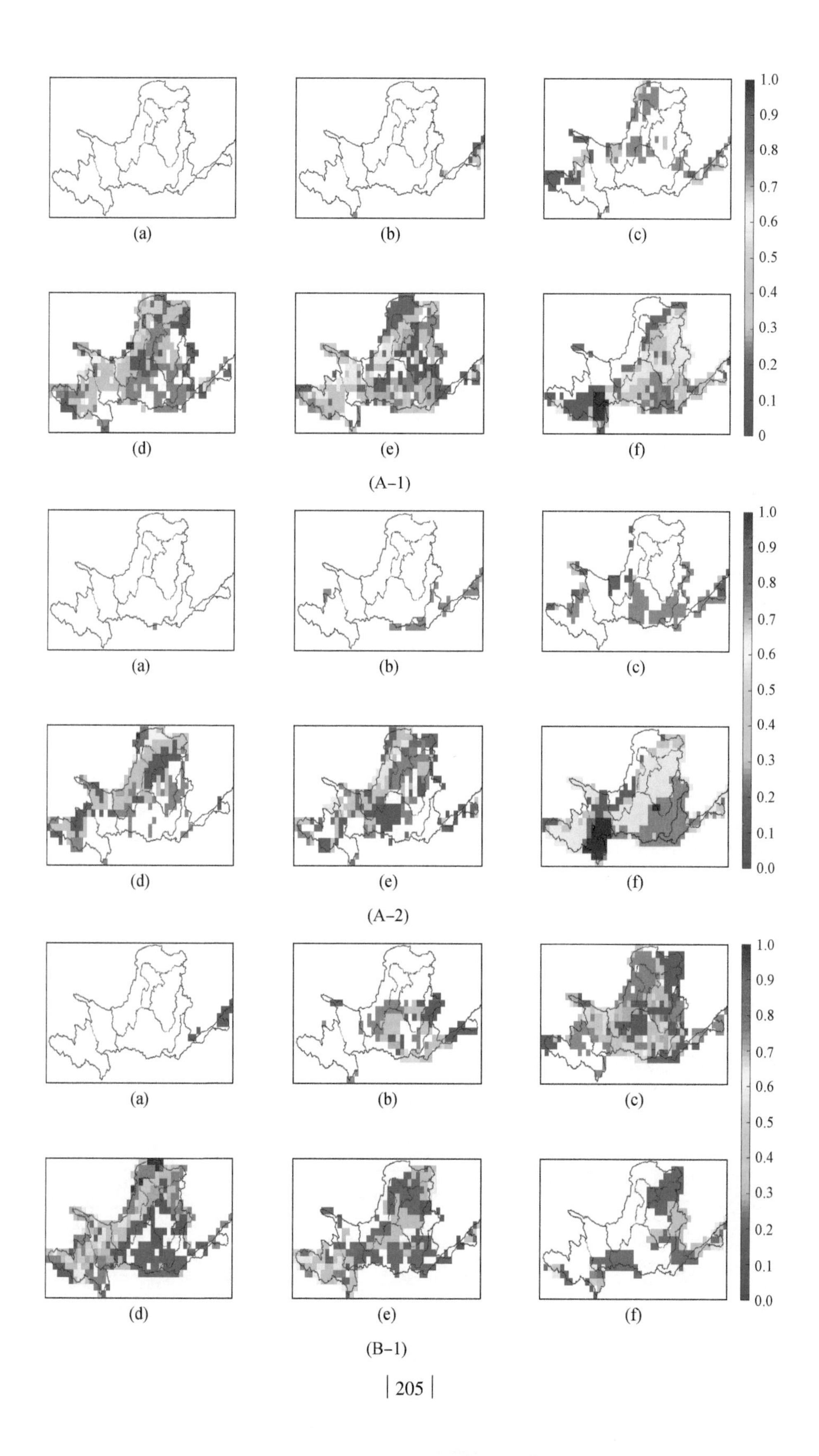

(A-1)

(A-2)

(B-1)

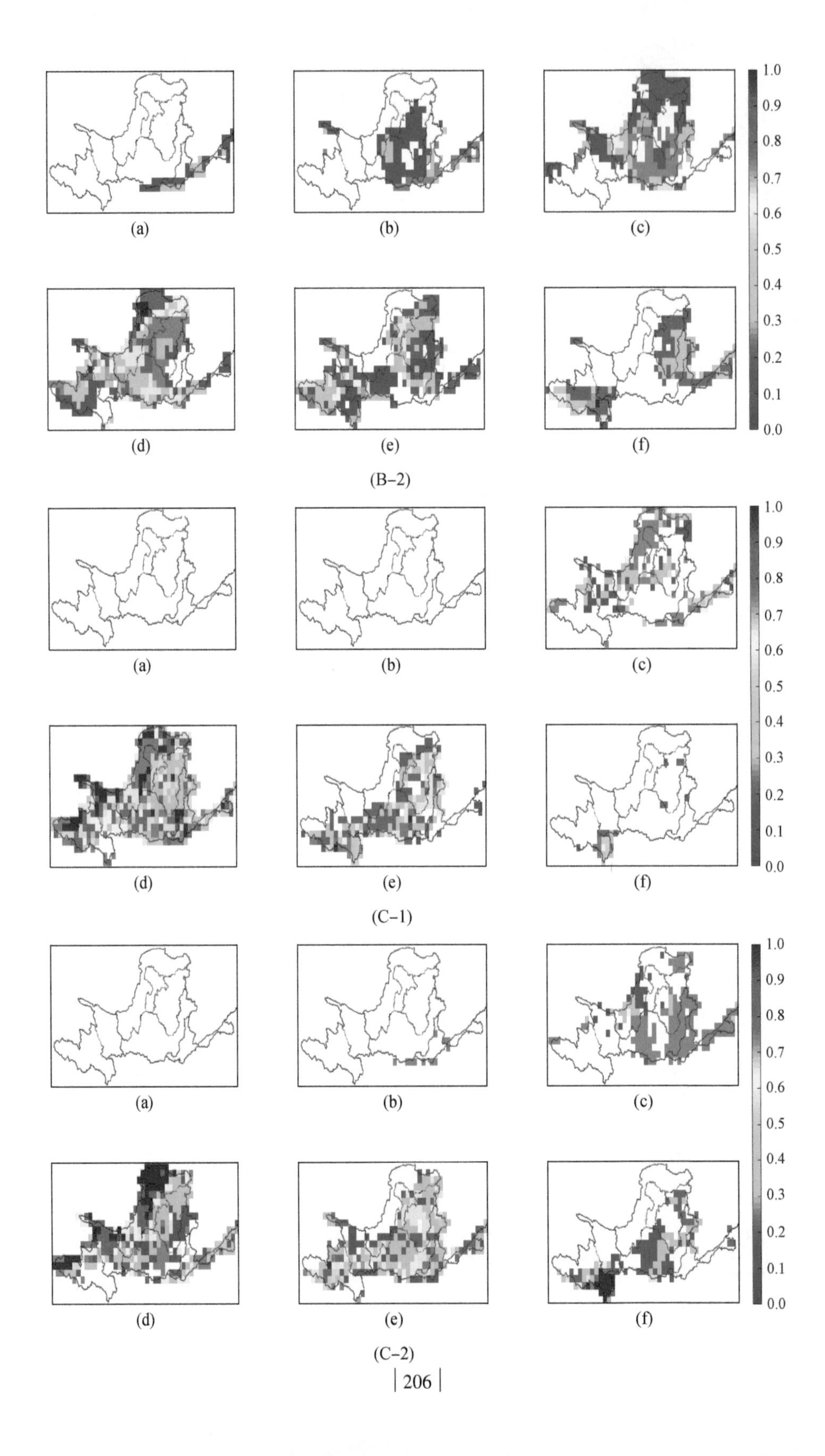
1.0
0.9
0.8
0.7
0.6
0.5
0.4
0.3
0.2
0.1
0.0
(a)
(b)
(c)
(d)
(e)
(f)
(B-2)
(a)
(b)
(c)
(d)
(e)
(f)
(C-1)
(a)
(b)
(c)
(d)
(e)
(f)
(C-2)

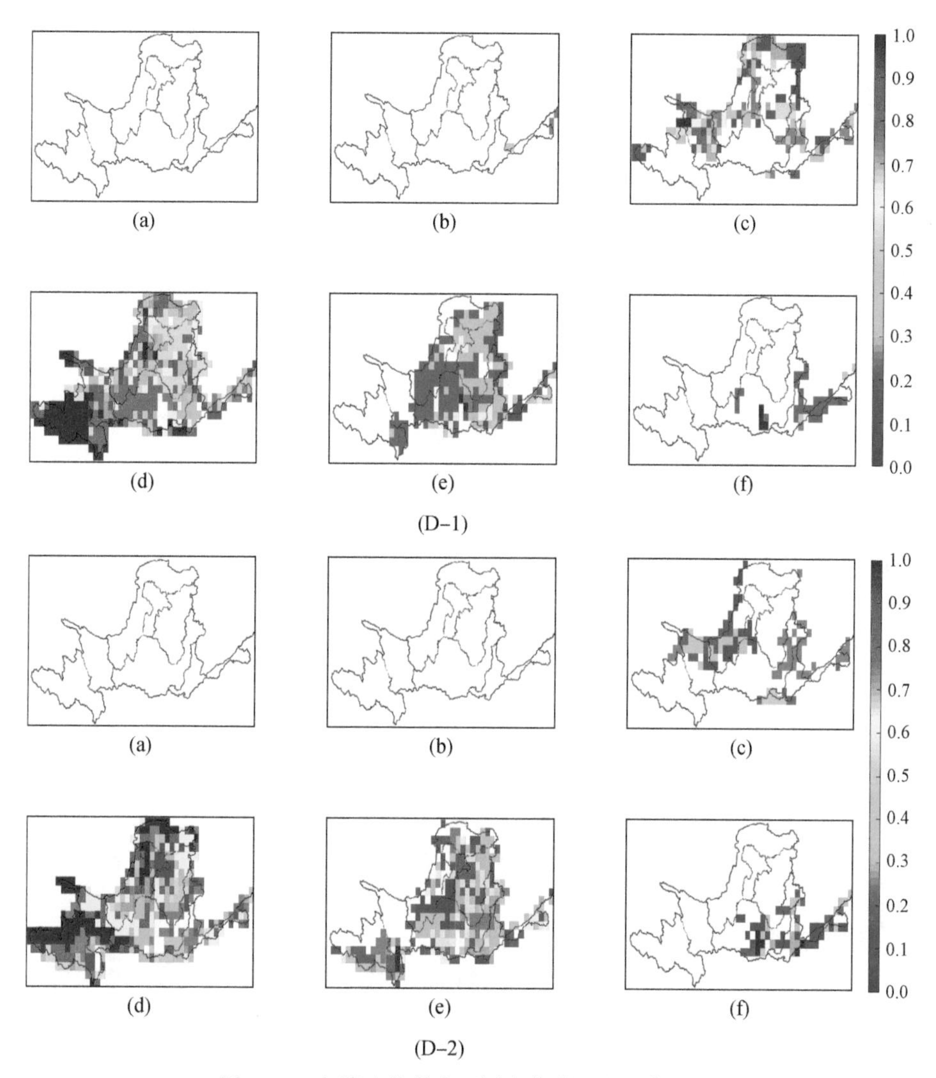

图 6-40 各降水指数在不同变化范围的概率预估

A、B、C 和 D 分别表示 PY、PS、R10 和 PI；1 和 2 分别表示 2021 ~ 2050 年（近期情景）和 2061 ~ 2090 年（远期情景）；a、b、c、d、e 和 f 分别表示不同的变化范围；白色表示概率为 0

表 6-7 各降水指数变化范围阈值

指数名称	CP 1	CP 2	CP 3	CP 4	CP 5	CP 6	CP 7
PY	-Inf.	-50	-25	0	25	50	Inf.
PS	-Inf.	-50	-25	0	25	50	Inf.
R10	-Inf.	-4	-2	0	2	4	Inf.
PI	-Inf.	-1	-0. 5	0	0. 5	1	Inf.

注：Inf. 表示正无穷；-Inf. 表示负无穷

6.4 气候预估的共识性与可信度

6.4.1 降水预估的可信度划分

专题针对气候变化不确定性构建了以下可信度评估方法（图 6-41）：

(1) 对每个格点，设观测值系列为 O，气候模式预测值系列为 S，则误差系列为 $E=S-O$。

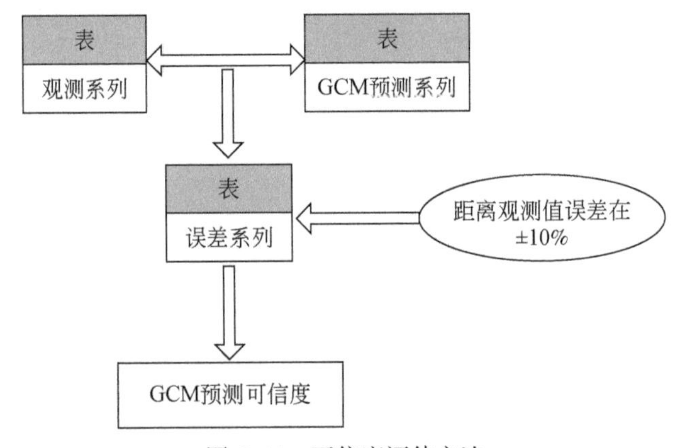

图 6-41 可信度评估方法

(2) 统计计算距离观测值的误差在±10%的概率（古典概型），该概率即该气候模式的可信度。

(3) 分类得出整个流域的预测可信度分布。

图 6-42 ~ 图 6-44 给出了三个气候模式的可信度分析，总体上可信度并不高，针对兰州—河口镇区域，三个模式的可信度都在 0.4 以下，十个典型流域的可信度都在 0.4 以上。

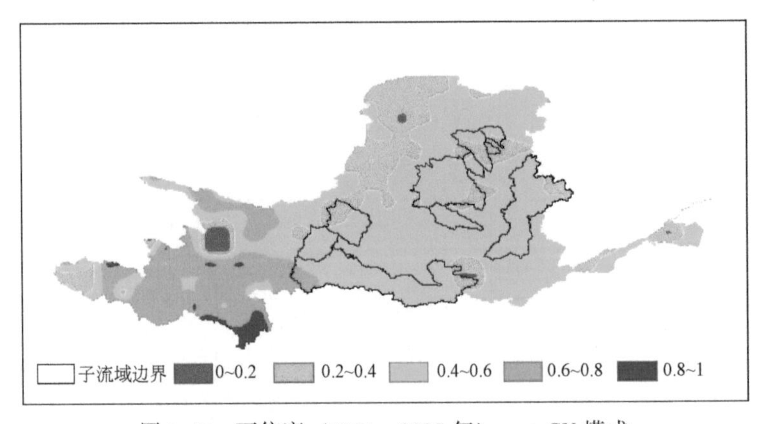

图 6-42 可信度（1961 ~ 2005 年）——CN 模式

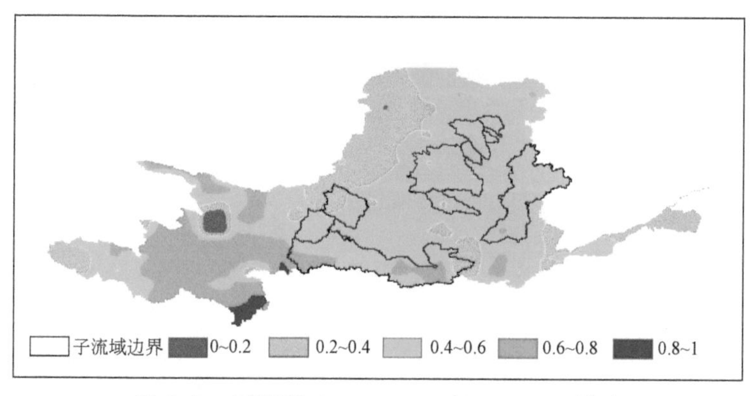

图 6-43　可信度（1961 ~ 2005 年）——CS 模式

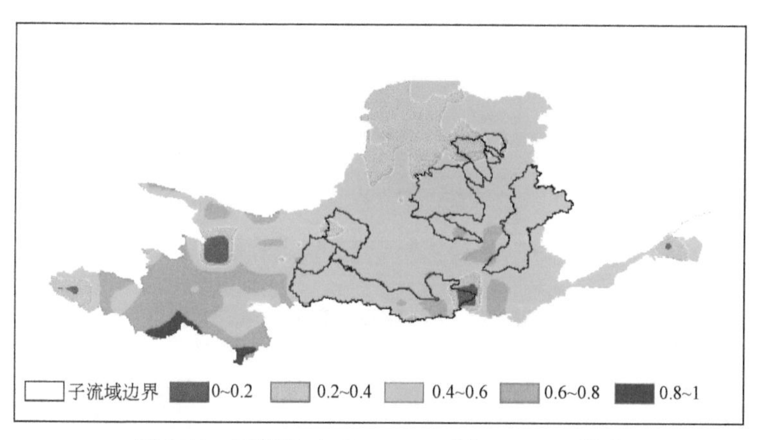

图 6-44　可信度（1961 ~ 2005 年）——MI 模式

在各降水指标的未来预估的可信度方面，以各模式及 BMA 对历史降水指标的相对模拟偏差来描述，采用均值和均方差对偏差系列进行评估，从而得到可信度的空间分布，因此可信度表示为各模式对降水模拟的精度和稳定性。

从图 6-45 中历史模拟偏差均值来看，各模式对不同指标的模拟能力存在一定的空间共同性。对年降水、夏季降水和年降水强度的模拟偏差呈现西部小、北部大的特征，而暴雨发生次数的模拟偏差在西北部较大、东部和南部较小。

图 6-46 中展示了模拟偏差系列均方差的空间分布，各指标之间差异较大。年降水和年降水强度的均方差分布类似均值分布，即西部小而东部大。夏季降水和暴雨发生次数的分布较均匀，大部分地区的值较小，仅有局部地区的值较大。

对比模拟偏差的均值和均方差中各模式和 BMA 结果，总体来说，BMA 结果降低了模拟偏差，尤其是偏差峰值区域的降低幅度显著。因此，结合均值和均方差来看，BMA 结果对各降水指标的预估偏差范围更小，偏差序列更稳定。

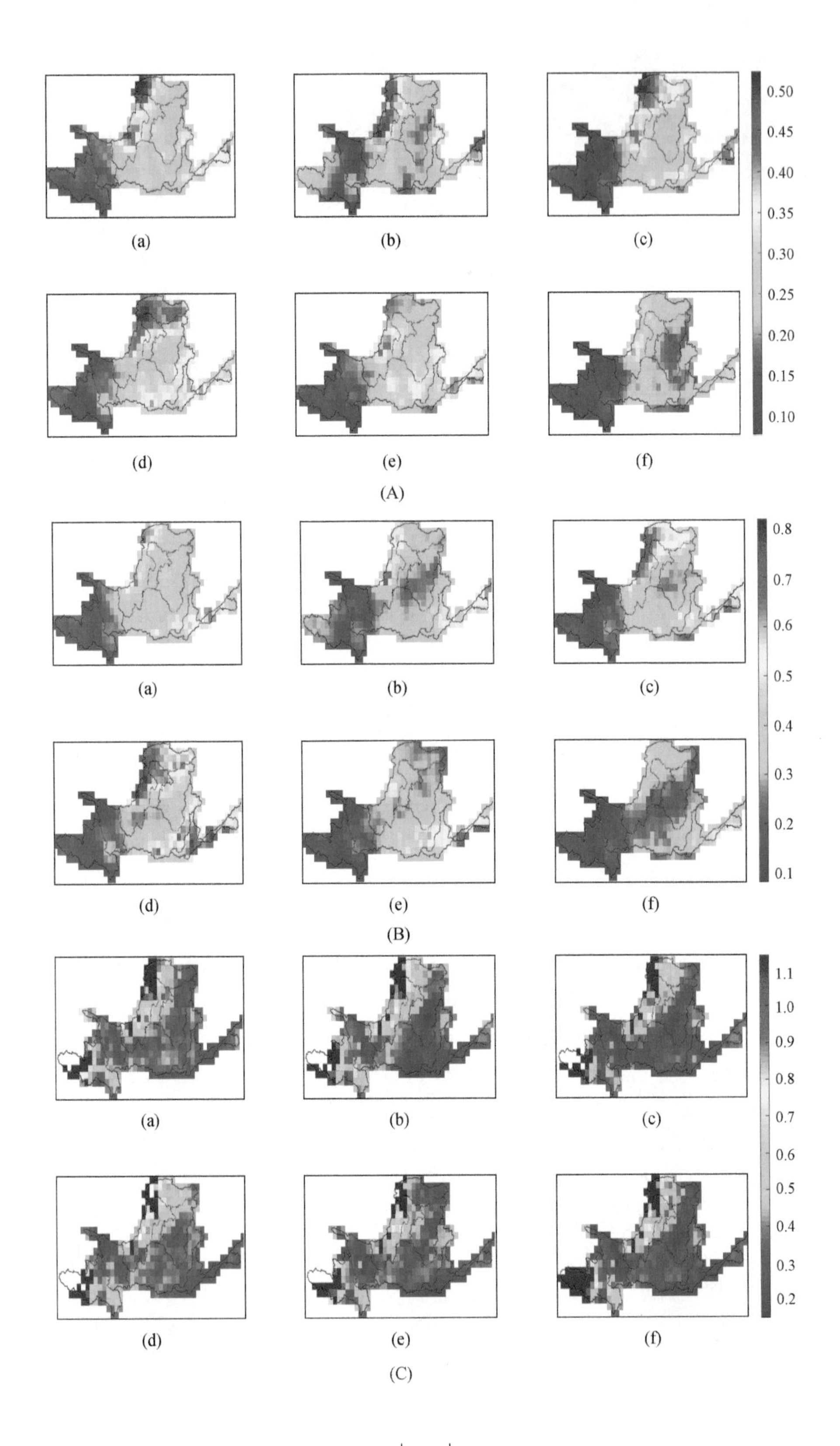
0.50
0.45
0.40
0.35
0.30
0.25
0.20
0.15
0.10
(a)
(b)
(c)
(d)
(e)
(f)
(A)
0.8
0.7
0.6
0.5
0.4
0.3
0.2
0.1
(a)
(b)
(c)
(d)
(e)
(f)
(B)
1.1
1.0
0.9
0.8
0.7
0.6
0.5
0.4
0.3
0.2
(a)
(b)
(c)
(d)
(e)
(f)
(C)

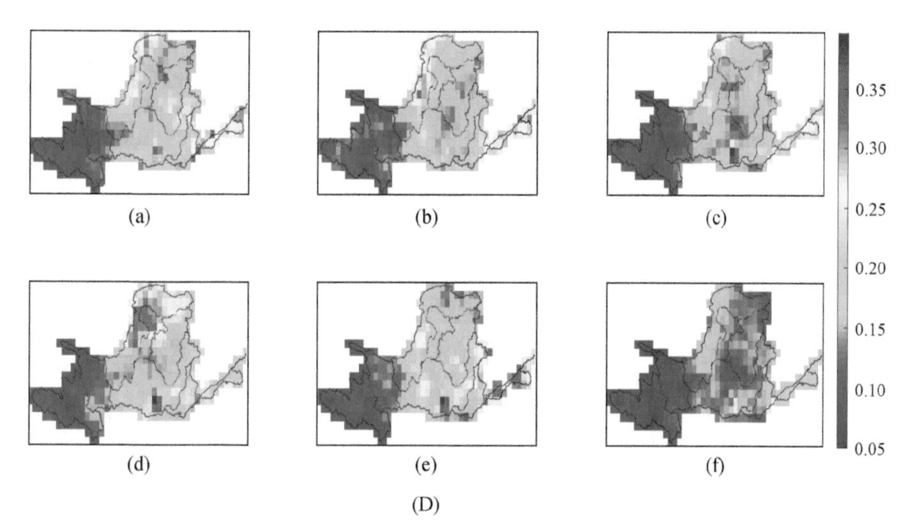

图6-45 各模式模拟历史降水相对偏差百分比的均值分布

A、B、C和D分别表示PY、PS、R10和PI；a、b、c、d、e和f分别表示CN、CS、EC、MI、NO和BMA

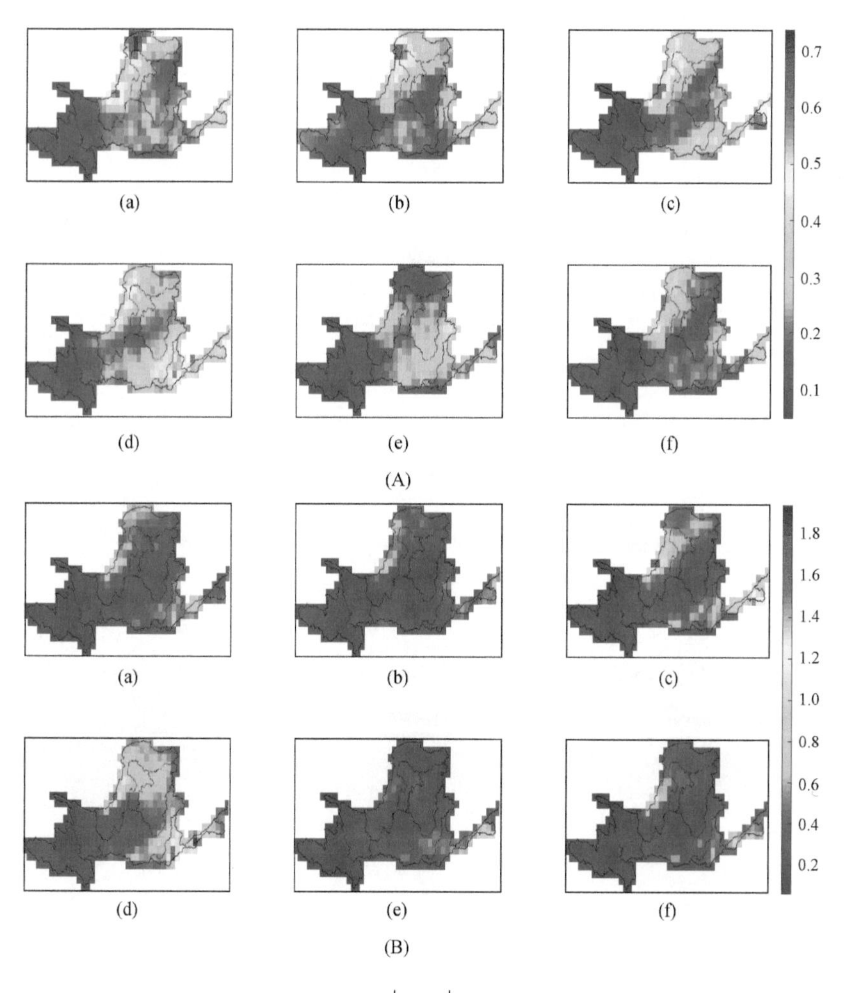

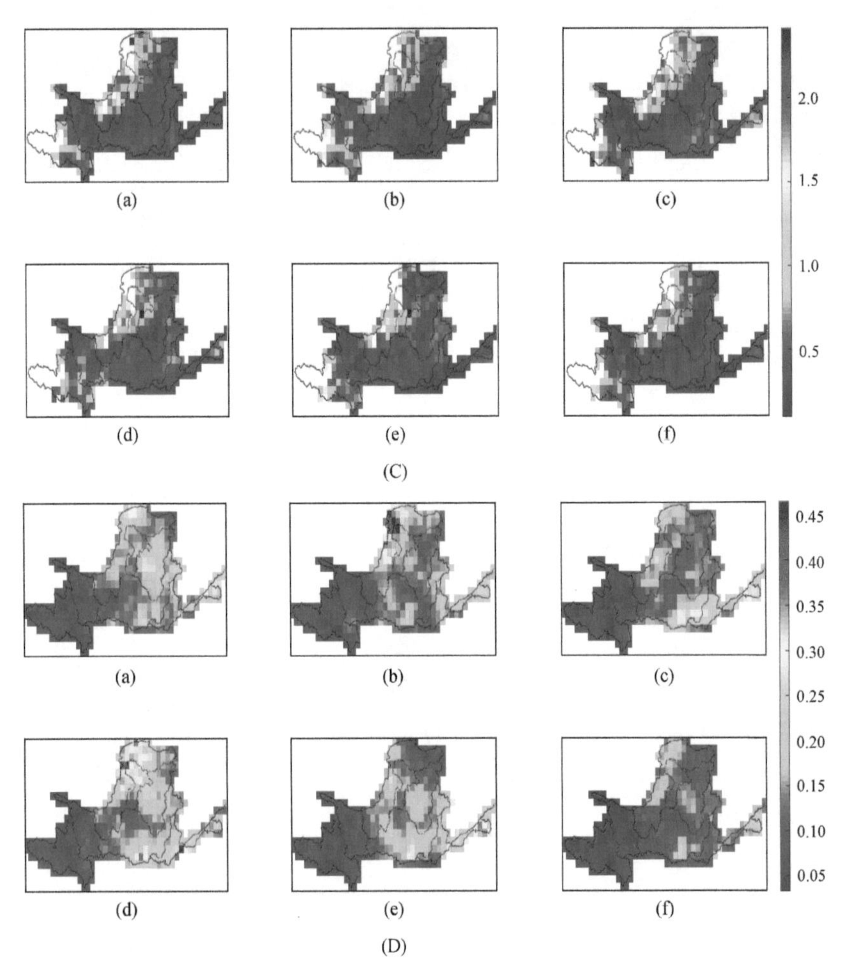

图 6-46　各模式模拟历史降水相对偏差百分比的标准差分布

A、B、C 和 D 分别表示 PY、PS、R10 和 PI；a、b、c、d、e 和 f 分别表示 CN、CS、EC、MI、NO 和 BMA

6.4.2　降水预估的共识性研究

为了评估 BMA 集合预估降水的一致性，采用信噪比指标 R_{sn} 对其进行定量描述，通过对比 BMA 成员模式的信号和噪音的相对大小来反映 BMA 预估结果的共识性，其中信号是指模式集合预估值，噪音是指各模式预估值的离差，R_{sn} 的计算方法如下：

$$R_{sn} = \frac{\overline{P}}{\delta_P} \tag{6-4}$$

$$\overline{P} = \sum_{k=1}^{K} w_k P_k \tag{6-5}$$

$$\delta_P = \sqrt{\sum_{k=1}^{K} w_k (P_k - \overline{P})^2} \tag{6-6}$$

式中，$\overline{P}$为集合平均预估值；δ_P 为各模式间的离差；P_k为各模式预估值；w_k为各模式的集合权重；K 为模式总数。

同时，采用信噪比方法对未来 2021 ~ 2050 年、2061 ~ 2090 年两个时段降水预估的共识性进行分析（图 6-47）。结果表明，流域西北部地区信噪比较高（大于 1 表示一致性较高），用信噪比分析的可信度和上述建立的可信度分析方法有较大差别，还需要进一步分析。

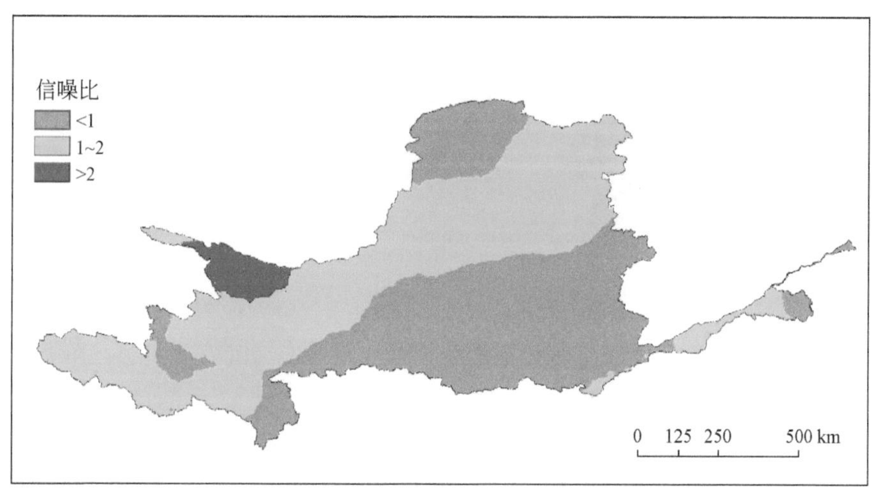

(a)2021~2050年

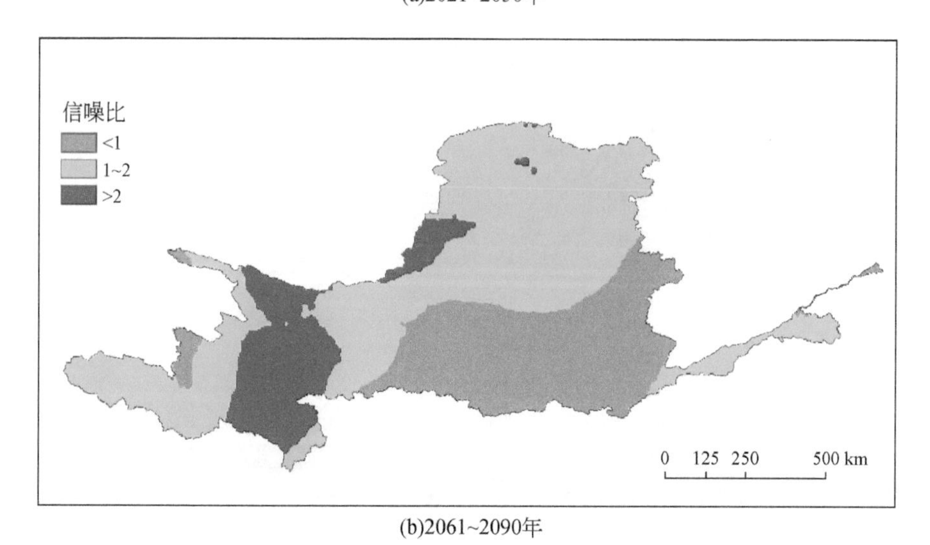

(b)2061~2090年

图 6-47 基于 BMA 权重的未来 30 年降水预估信噪比

采用各模式格点和实测格点匹配重合的 415 个格点数据，以历史实测格点均值为基准，计算未来两个时期各模式预估结果的格点均值相对基准值的一致性指数（图 6-48）。结果表明，未来流域绝大部分地区一致性指数为正，2021～2050 年，大部分地区一致性指数介于 0.6～1.0，局部地区为负；2061～2090 年，绝大部分地区一致性指数介于 0.6～1.0，说明各模式对未来降水预估一致性较好，相对历史时期，总体为降水增加。

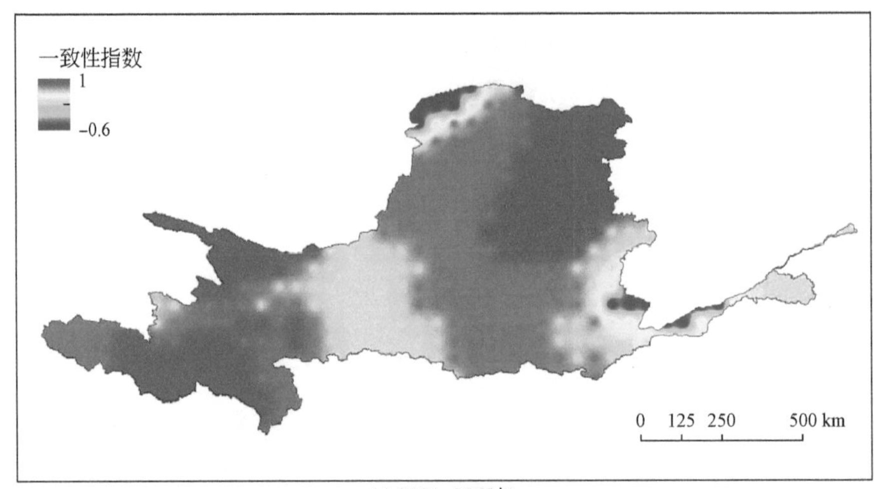

(a) 2021~2050年

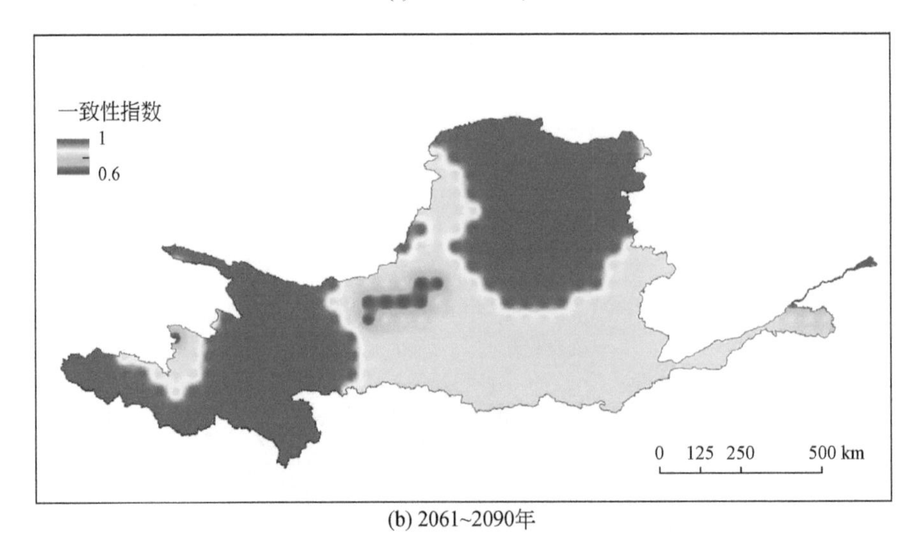

(b) 2061~2090年

图 6-48 未来 30 年气候模式预估降水一致性指数

6.5 本章小结

使用的气候变化预估数据，为中等温室气体排放情景（RCP4.5）下对历史和未来时段的模拟结果，时间分辨率是逐日。预估分析方法为，首先对低分辨率（300～100km）的 18 个 CMIP5 全球气候模式在黄河流域的模拟能力进行综合评估，这些模式是 IPCC 第五次评估报告所采用的逐日数据较为完备的模式。基于评估结果，选择合适数量的全球模式。评估要素包括气候平均态、年际变率、季节循环、年际变化主要模态及概率密度函数等方面。选择原则是，既能较好描述黄河流域的气候特征，又能合理反映气候敏感度不同所造成的未来不同的升温幅度。对于区域级气候变化研究，全球气候模式的预估结果分辨率不足，且存在一定系统性误差，继续采用动力和统计降尺度两种方法对选择的 5 个全球气候模式进行空间降尺度，将分辨率提高到 25km。最终，用 6 组高分辨率模拟结果的集合平均预估黄河流域的未来气候变化，并给出预估结果的模式间差异。降尺度结果模拟 1986 ~ 2016 年全流域、河源区及主要产沙区的区域年平均降水量的相对误差不超过 5%。

在预估未来气候变化时，采用 IPCC 第五次评估报告的通用分析方法，选取 1986 ~ 2005 年作为当代的基准时段；分别以 2050 年和 2070 年为中间年，计算 2041 ~ 2060 年平均和 2061 ~ 2080 年平均，代表未来 30 年和未来 50 年。集合预估显示，在中等排放情景下，未来 30 ~ 50 年黄河流域年均气温都将增加，各区域增幅接近，且增幅和不确定范围都随时间增大。未来 30 年增暖 1.8 ~ 1.9℃（±0.5℃），未来 50 年增暖 2.3 ~ 2.4℃（±0.7℃）。未来 30 ~ 50 年黄河流域平均降水都将增加，这与 IPCC 第五次评估报告的相关结论一致。未来降水增幅随时间增大，但增加的量值存在较大的不确定性。集合样本间标准差较大，甚至接近和超过变幅值。未来 30 年（2041 ~ 2060 年平均），黄河上游河源区、中游主要产沙区和全流域的年降水量分别增加 6.37%、3.83% 和 5.06%，集合样本间标准差在 5%~6%。未来 50 年（2061 ~ 2080 年平均），黄河上游河源区、中游主要产沙区和全流域的年降水量分别增加 7.54%、7.82% 和 7.54%，集合样本间标准差在 4.5% ~ 6.5%。从局地分布来看，未来 30 ~ 50 年黄河流域大部分区域的年降水都将增加，且通过集合同号率的检验，集合平均的增幅多在 15% 以内。未来强降水量和频次在多数地区增多，且随时间推移增幅扩大。

分析了未来气候预估的不确定性，建立了未来气候预估的概率预测体系，并定量分析了未来降水预估的可信度和共识性。在气候预估不确定性方面，分析了历史降水的演变规律，计算了未来多模式模拟历史降水的偏差分布，并基于多模式预估数据定性分析了未来降水变化及其不确定性，结果表明各模式对黄河流域未来降水预估差异较大，从历史模拟效果来看，各模式均无法准确模拟历史降水，未来降水预估具有较大不确定性。

在气候概率预测体系方面，优化了一套模式集合权重，并采用了一套未来气候预估概率计算方法，分别计算了未来不同变化阈值的分数概率空间分布。对多种降水指标（年降水量、夏季降水、日降水超过 10mm 的暴雨发生天数、年平均降水强度）的未来变化分析表明，2021 ~ 2050 年和 2061 ~ 2090 年各指标在全流域绝大部分地区均为增加，年降水量增加 20mm 以上，部分地区高达 100mm。在变化概率方面，流域西北部地区降水增加 0 ~ 25mm 的概率大于 0.4，东南大部地区小于 0.4。流域东部地区降水增加 25 ~ 50mm 的概率小于 0.4，西部局部地区大于 0.4。流域东部地区降水增加 50 ~ 100mm 的概率为 0.4 ~ 0.6，西部局部地区降水增加 50 ~ 100mm 的概率较大，其他地区降水增加 50 ~ 100mm 的概率小于 0.2。

在气候预估的可信度和共识性方面，建立了模式可信度评估方法和 BMA 集合可信度评估方法，定量评估了各模式及集合模式的可信度空间分布，流域大部分地区降水预估可信度在 0.6 以上。采用信噪比指标和一致性指数定量评估了 BMA 集合成员模式预估的共识性分布，未来西北部地区的大部分地区一致性指数在 0.6 以上。研究结果表明，采用模式集合方法可显著优化历史降水模拟效果，提高未来气候预估可信度。

第7章　黄河流域未来30～50年径流预测及其不确定性分析

黄河流域未来30～50年径流预测需要综合考虑未来气候的演变、下垫面的变化、水利工程、经济社会用水等因素。因此，本章采用多气候模式、多因子驱动的分布式水文模型来开展未来多情景下的径流预测。

7.1　径流集合预估方法

7.1.1　集合预估流程

采用多模式集合预估的方法开展黄河流域未来径流预测研究，其中气候边界为6组降尺度后的降水、气温系列，计算工具为第4章开发的黄河流域多因子水循环模型，考虑未来下垫面变化和用水过程，在得到6组径流系列的基础上，进一步采用BMA算法进行加权平均集合预估，见图7-1。

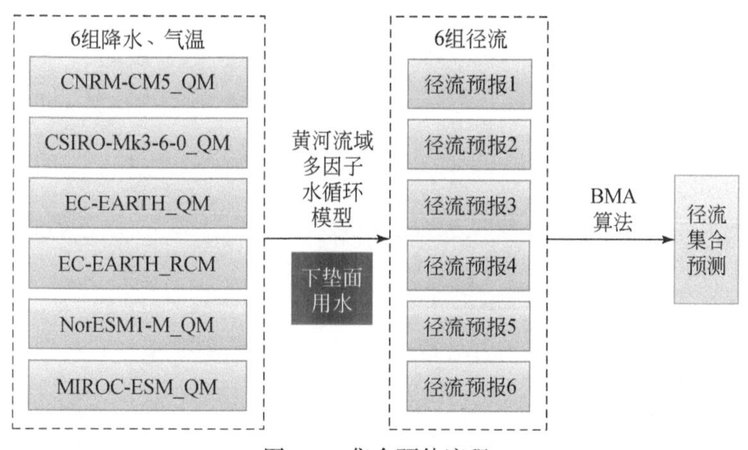

图7-1　集合预估流程

该计算流程中，第二个环节BMA集合预估需要划分率定期、验证期和预估期进行计算，通过在率定期确定各组径流系列的权重，并在验证期进行精度评价，判断权重是否能满足预测的要求，进而再用于未来预估，见图7-2。

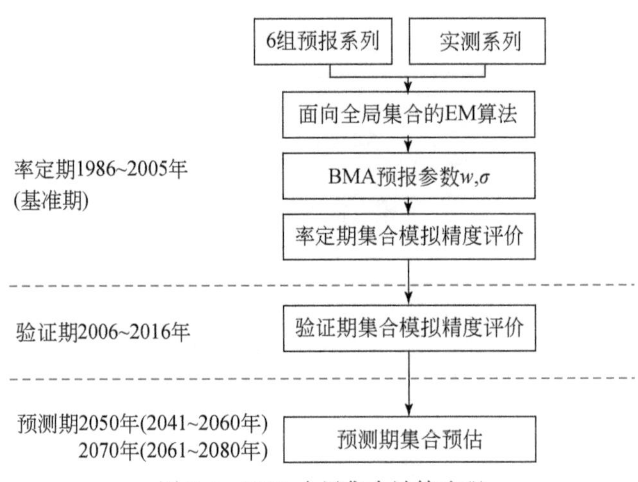

图 7-2　BMA 全局集合计算流程

需要指出的是，气候模式作为输入条件驱动水文模型开展未来径流计算虽然可以给出未来逐日的降水、蒸发、径流等结果，但是气候模式本身对未来年代纪及以上尺度的结果是一种演化趋势及可能性的判断，因此最终模拟得到的径流只是一种趋势的研判，计算得到的未来径流逐月过程只能作为参考。而模拟结果中的统计值，如多年平均值，在充分降低不确定性后对流域管理是具有实际意义的（Taylor et al.，2012）。

7.1.2　全局 BMA 算法

BMA 算法是一个通过加权平均不同模型的预报值得到更可靠的综合预报值的数学方法。该方法不仅可以用于模型组合，而且可以用于计算单个模型和模型组合的不确定性。其基本原理简介如下。

假设 Q 为预报量，$D=[X,\ Y]$ 为实测数据（其中 X 为输入资料，Y 为实测流量资料），$f=[f_1,\ f_2,\ \cdots,\ f_k]$ 是 k 个模型预报的集合。BMA 的概率预报表示如下：

$$p(Q \mid D) = \sum_{k=1}^{K} p(f_k \mid D) \cdot p_k(Q \mid f_k,\ D) \tag{7-1}$$

式中，$p(f_k \mid D)$ 为给定实测数据 D 第 k 个模型预报 f_k 的后验概率，它反映了 f_k 与实测流量 Y 的匹配程度，实际上，$p(f_k \mid D)$ 就是 BMA 的权重 w_k，预报精度越高的模型得到的权重越大，并且所有的权重都是正值，加起来等于 1；$p(Q \mid f_k,\ D)$ 为在给定模型预报 f_k 和数据 D 的条件下预报量 Q 的后验分布。

BMA 的平均预报值是单个模型预报值的加权平均结果。如果单个模型预报值和实测流量均服从正态分布，BMA 平均预报值公式如下：

$$E[Q \mid D] = \sum_{k=1}^{K} p(f_k \mid D) \cdot E[g(Q \mid f_k,\ \sigma_k^2)] = \sum_{k=1}^{K} w_k f_k \tag{7-2}$$

进一步采用期望最大化（EM）算法计算得权重 w_k 和模型预报误差 σ_k^2，并采用蒙特卡罗组合抽样方法来产生BMA任意时刻t的集合预报值的不确定性区间。

在本书中，对于未来多年平均径流的预估成果，设定等效相对误差指标W来较为直观地反映预估的不确定性，即

$$W = CI_{90}/2Q \tag{7-3}$$

式中，CI_{90}为90%置信区间；Q为径流集合预报结果。

7.2 预测边界确定

7.2.1 未来气候边界

基于IPCC中等排放情景RCP4.5模拟试验的6组参数方案集（2006~2099年），根据水文模型计算单元对气象参数进行空间展布，生成6组未来降水、气温系列驱动水沙模型（表7-1）。在中等排放情景下，相比1956~2016年，2050水平年黄河全流域年均气温增加2.02℃，兰州以上区域增加2.06℃；2070水平年黄河全流域年均气温增加2.55℃，兰州以上区域增加2.54℃。未来降水均呈现增加趋势，且不同气候模式之间存着明显差异。相比1956~2016年，2050水平年黄河全流域年均降水量增加6.1%，兰州以上区域增加7.4%；2070水平年黄河全流域年均降水量增加9.2%，兰州以上区域增加9.3%。

表7-1 黄河流域未来气候相对1956~2016年的变化

序号	未来气候情景	2050水平年（2041~2060年）		2070水平年（2061~2080年）	
		降水量变化/%	气温变化/℃	降水量变化/%	气温变化/℃
cs 1	CnrmQm	10.1	1.69	10.5	2.16
cs 2	CsiroQm	-1.8	2.37	0.3	3.02
cs 3	EcQm	8.3	1.63	15.8	2.03
cs 4	EcRcm	6.9	2.03	6.8	2.54
cs 5	NoresmQm	2.3	1.96	8.7	2.51
cs 6	MirocQm	11.7	2.44	10.7	3.04
平均		6.1	2.02	9.2	2.55

7.2.2 下垫面参数预测

7.2.2.1 未来植被预测

基于项目课题1“黄河流域水沙多时空演变及其分异规律”提供植被数据，将1986~2005年黄河流域植被覆盖度数据分别与1986~2005年的气温、降水数据建立二元回归模

型。基于回归模型，根据6种气候模式下2041～2060年和2061～2080年的气温、降水数据预测得出2041～2060年和2061～2080年的植被覆盖度数据，以此作为未来2050水平年和2070水平年的植被指数。预测结果见图7-3。

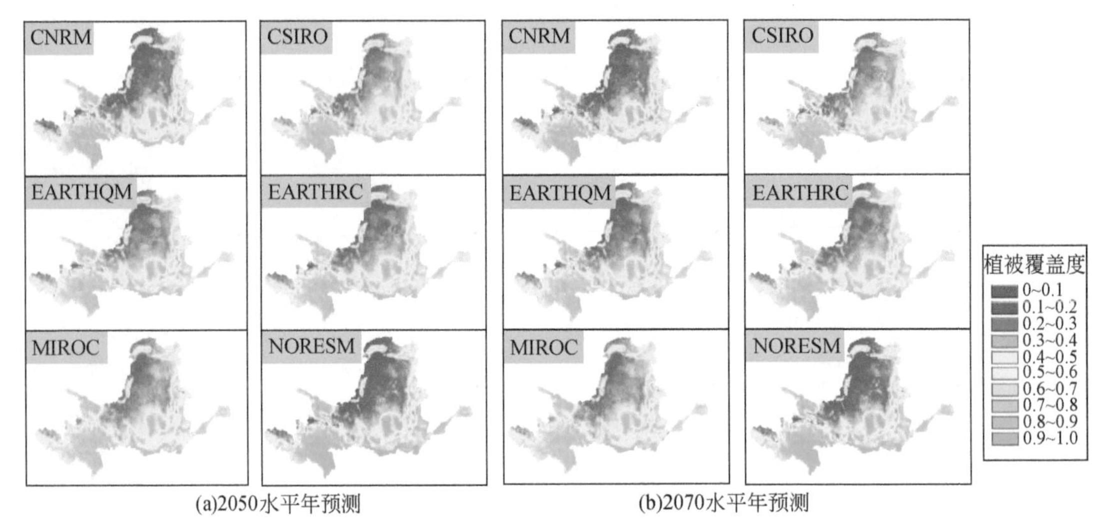

图7-3　未来植被覆盖度预测

以2016年的植被覆盖度作为基准，计算6种气候模式下2050水平年及2070水平年的植被覆盖度增减趋势。趋势见图7-4。

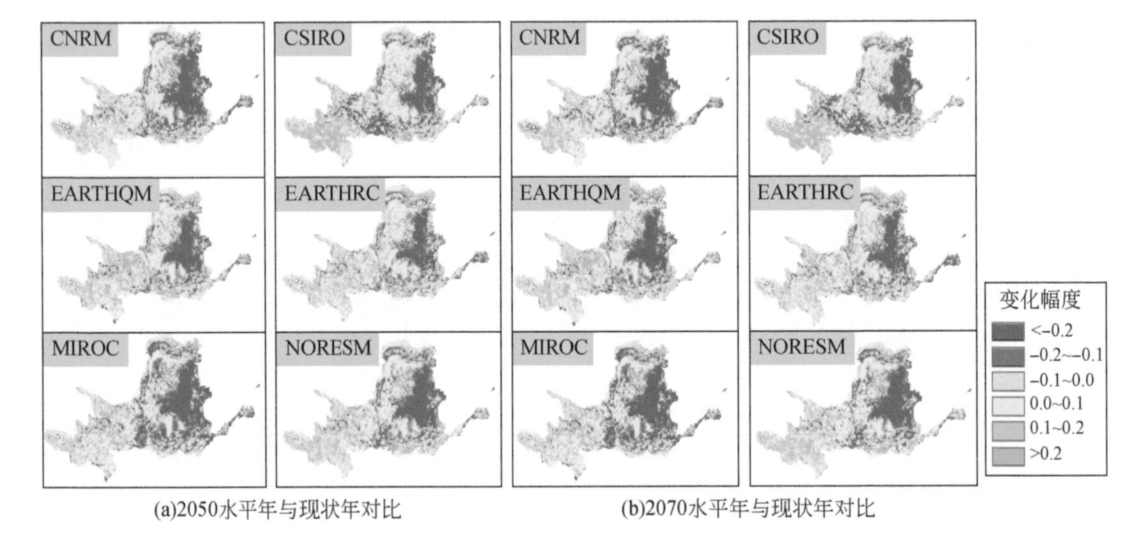

图7-4　未来植被覆盖度变化幅度

7.2.2.2　水土保持措施预测

通过项目课题9“黄河水沙变化基础数据仓库与挖掘分析”提供的数据得到2012年

黄河流域的梯田分布图，按照省（自治区）进行统计，得出各省（自治区）现状年遥感面积。根据《黄河流域综合规划》中各省（自治区）梯田建设规模表预测得出各省（自治区）2030 水平年的梯田面积，插值得出中间年份梯田面积数据，再空间展布到等高带上。考虑到大规模水土保持建设在 2030 年之前结束，可以认为 2050 水平年、2070 水平年水土保持面积与 2030 水平年相同。黄河流域各时期的梯田分布见图 7-5。

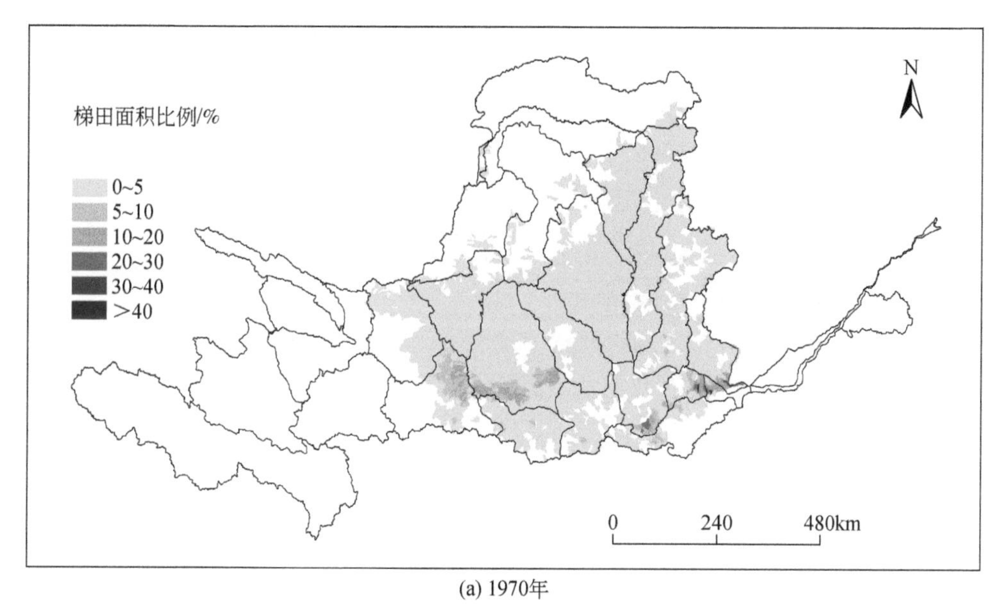

(a) 1970年

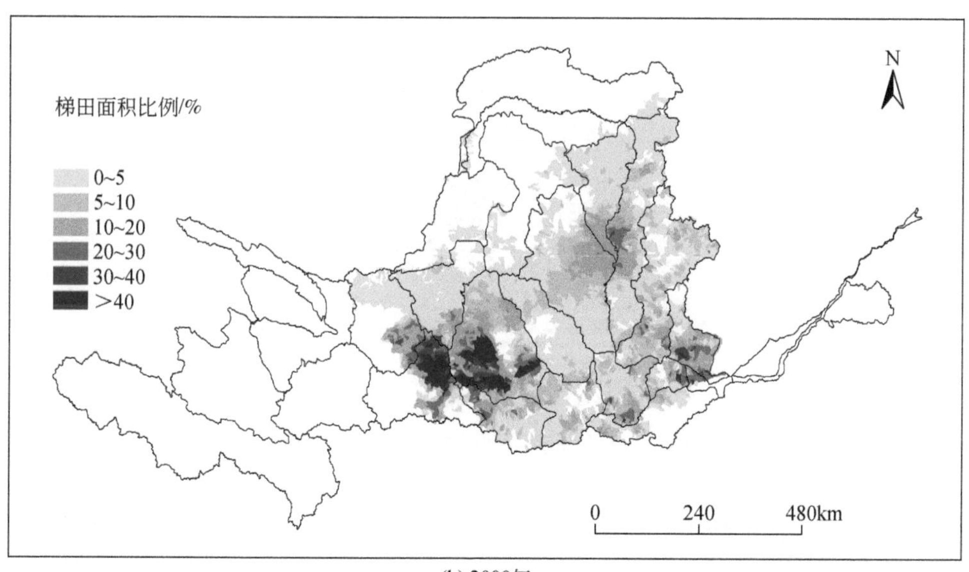

(b) 2000年

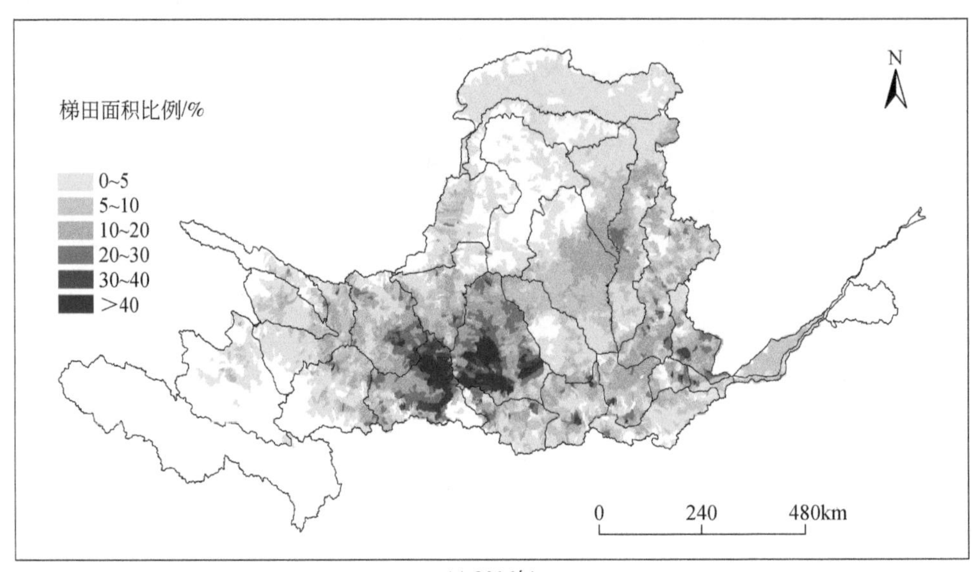

(c) 2016年

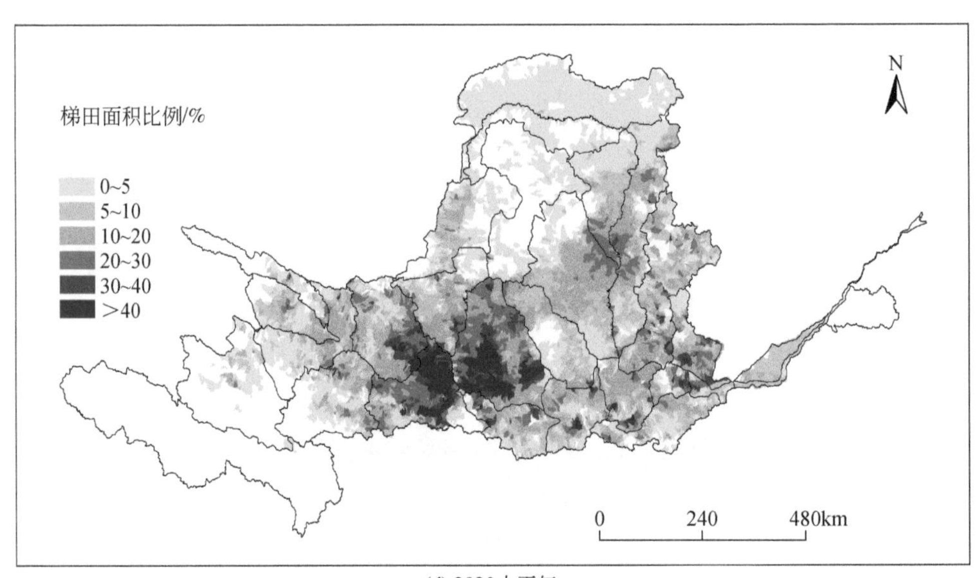

(d) 2030水平年

图 7-5　各时期梯田面积占土地面积的比例

黄河流域各时期坝地分布见图 7-6。

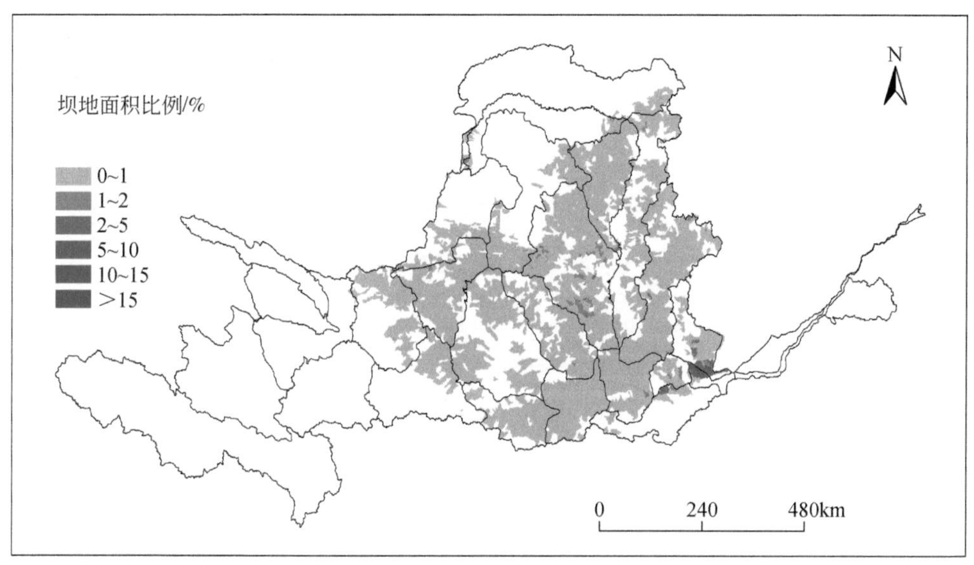

(a) 1970年

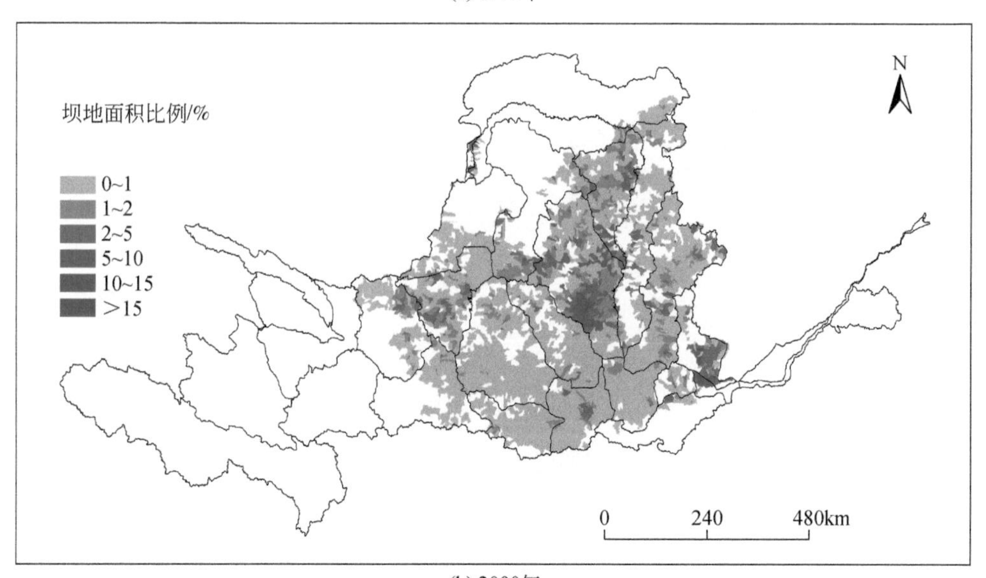

(b) 2000年

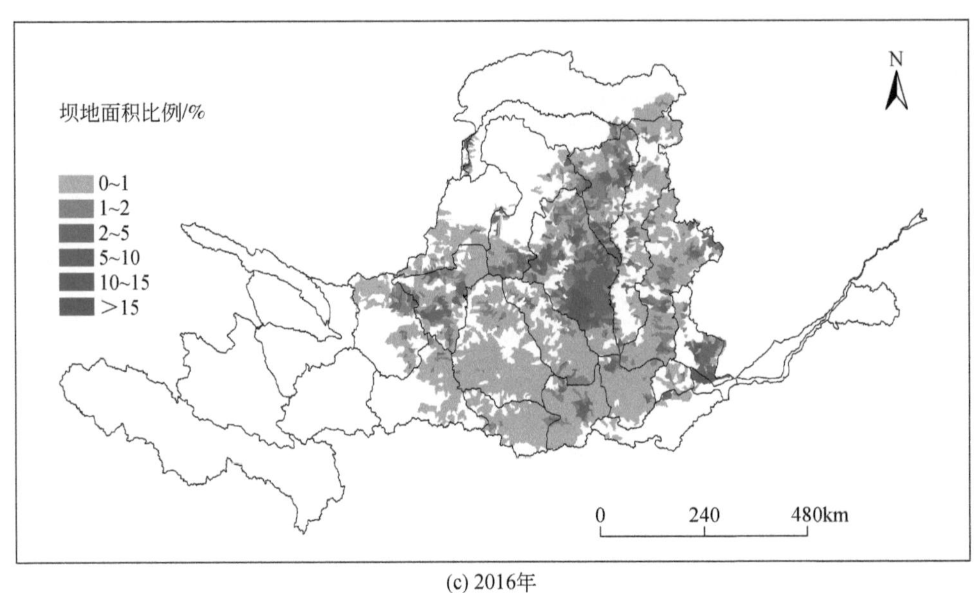

(c) 2016年

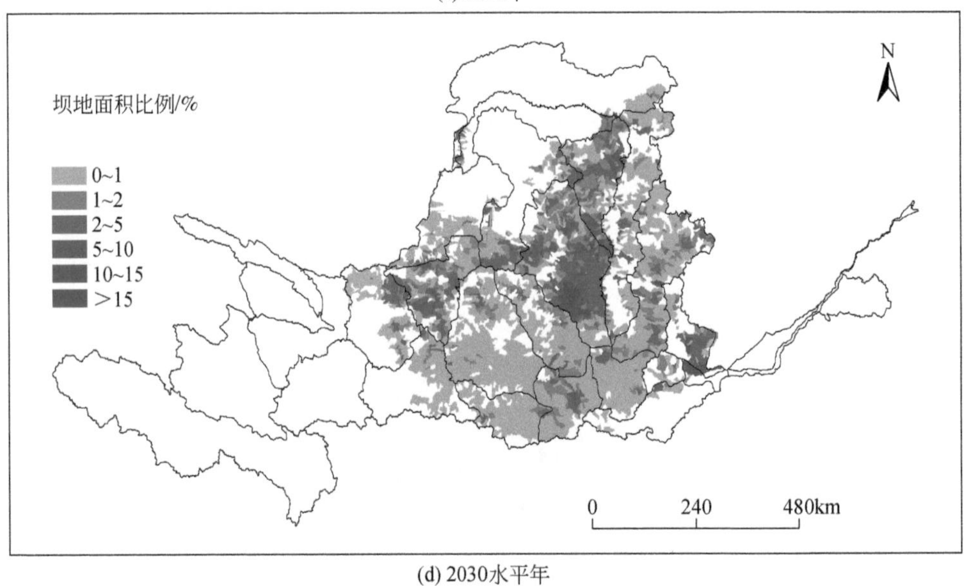

(d) 2030水平年

图 7-6　各时期坝地面积占土地面积的比例

7.2.3　经济社会用水预测

未来经济社会用水量预测数据主要来源于《黄河流域水资源综合规划报告》。根据报告，共有 4 套用水预测方案：2020 水平年无外调水方案、2020 水平年有“引汉济渭”调水方案、2030 水平年无外调水方案以及 2030 水平年有“南水北调”西线和“引汉济渭”调水方案。考虑到“南水北调”西线工程及其水量分配方案有较大不确定性，本研究采用 2030 水平年无调水的方案作为未来经济社会用水的预测结果。

未来预测用水量结果如表 7-2 所示，相对 2016 年比例如表 7-3 所示。从表 7-2 和表 7-3 可以看出，相对 2016 年用水量，2020 水平年地表供用水量增加 13%、地下供用水量增加 2%，2030 水平年地表供用水量增加 8%、地下供用水量增加 4%，预测结果符合一般用水增长规律。

在模型中使用的是等高带尺度的分用户的地表和地下用水量，而预测的结果是各省（自治区）的地表和地下用水总量，因此需要对 2030 水平年预测用水量进行空间降尺度处理。本研究认为各省（自治区）2030 水平年各用户不同水源用水量的空间分布同 2016 年保持一致，只是在总量上存在一定的差异。因此，这里采用 2016 年等高带各用户（水田灌溉、水浇地灌溉、林草灌溉、鱼塘灌溉、工业用水、城镇生活用水、农村生活用水）不同水源（地表、地下）用水量结果直接乘以表 7-3 中对应的各省（自治区）各水源比例系数得到未来 2030 水平年各等高带不同用水量，并采用线性插值得到其他年份用水量。

表 7-2　未来规划经济社会用水量及增长情况　　（单位：亿 m^3）

省（自治区）	地表供用水量			地下供用水量		
	2016 年	2020 水平年	2030 水平年	2016 年	2020 水平年	2030 水平年
山西	29.98	39.30	40.31	20.65	21.11	21.06
内蒙古	62.36	63.92	63.45	26.90	23.76	25.08
山东	7.65	7.90	7.96	7.81	11.55	11.44
河南	29.70	34.67	35.92	23.33	21.77	21.55
四川	0.25	0.29	0.33	0.01	0.02	0.02
陕西	37.01	41.70	38.60	29.25	28.87	29.51
甘肃	35.04	38.69	34.31	4.40	5.67	5.68
青海	11.48	16.59	16.77	3.03	3.26	3.27
宁夏	61.12	66.62	59.88	5.65	7.68	7.68
合计	274.59	309.69	297.54	121.03	123.69	125.29

表 7-3　未来规划经济社会供用水量相对 2016 年比例

省（自治区）	比例系数			
	2020 水平年相对 2016 年比例		2030 水平年相对 2016 年比例	
	地表供用水量	地下供用水量	地表供用水量	地下供用水量
山西	1.31	1.02	1.34	1.02
内蒙古	1.03	0.88	1.02	0.93
山东	1.03	1.48	1.04	1.46
河南	1.17	0.93	1.21	0.92
四川	1.16	2.00	1.32	2.00
陕西	1.13	0.99	1.04	1.01
甘肃	1.10	1.29	0.98	1.29
青海	1.45	1.08	1.46	1.08
宁夏	1.09	1.36	0.98	1.36
合计	1.13	1.02	1.08	1.04

7.3 径流集合预估与不确定性分析

7.3.1 径流集合预估模型率定与验证

采用 BMA 算法计算 1986～2005 年 6 组径流系列的权重。由图 7-7 可知，MirocQm 模拟权重最大。基于该权重，根据 7.1.1 节的预估流程，首先分别计算得到率定期和验证期黄河主要断面天然径流量模拟的相对误差。

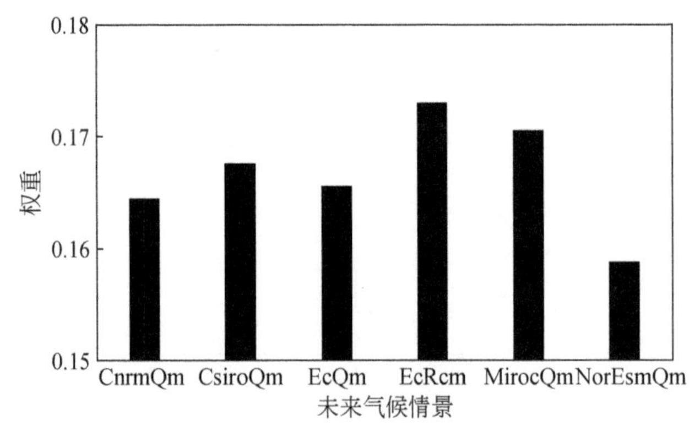

图 7-7 率定期径流模拟权重

由表 7-4 可以看出，BMA 算法对于率定期和验证期年径流集合预估结果模拟较好，相对误差基本控制在 16% 以下。

表 7-4 率定期和验证期黄河干流主要断面径流集合模拟相对误差 （单位：%）

断面	率定期（1986～2005 年）相对误差	验证期（1986～2016 年）相对误差
唐乃亥	6	-7
兰州	11	-9
头道拐	19	-1
龙门	6	5
潼关	5	12
三门峡	11	15

7.3.2 径流集合预估结果

以 1986～2005 年 6 个模式的权重为基础，开展唐乃亥、兰州、头道拐、龙门、三门峡和花园口 6 个主要断面 2050 水平年和 2070 水平年天然径流集合预估。径流预估过程见图 7-8 和图 7-9。

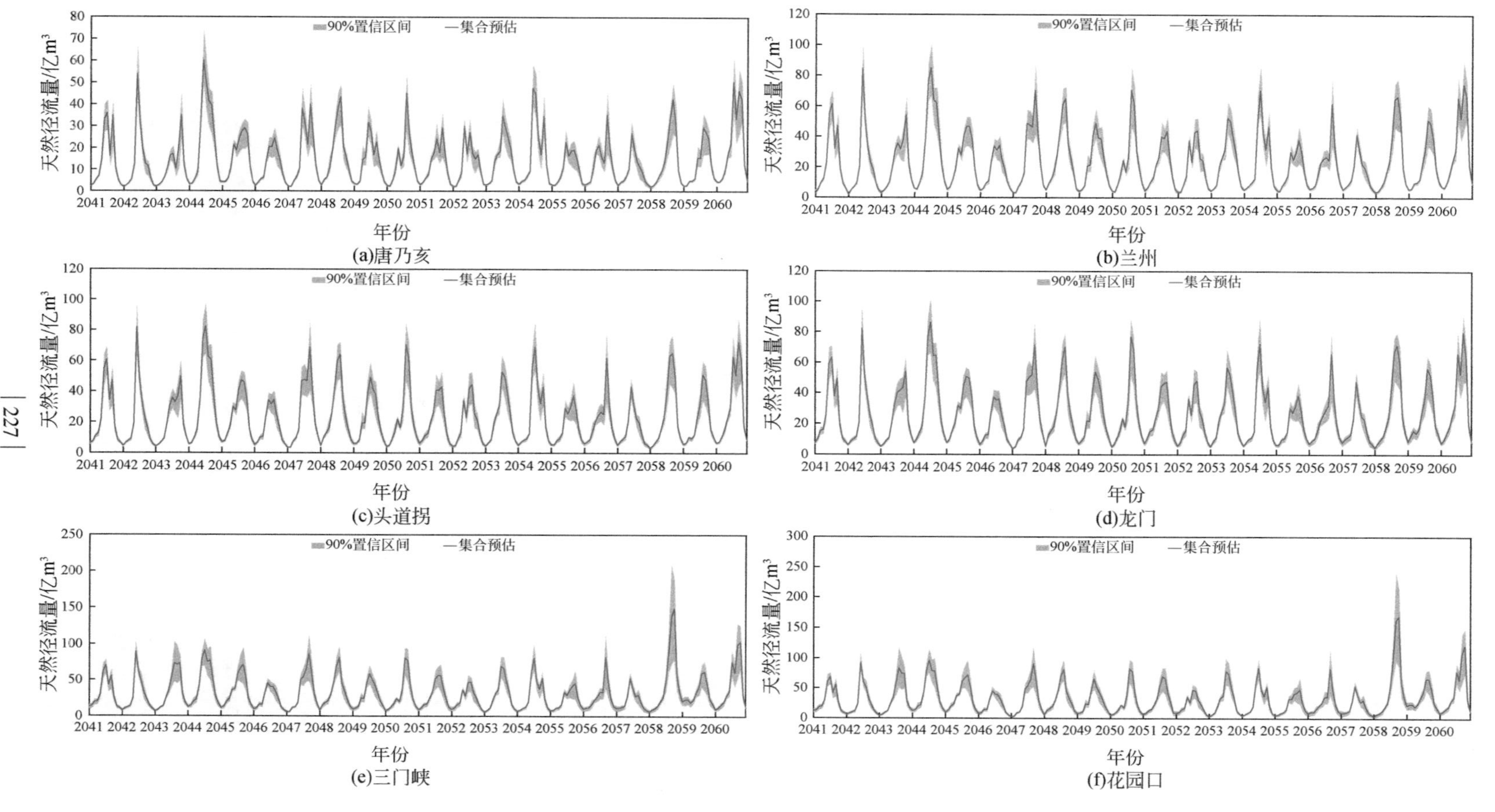

图7-8　2050水平年主要黄河干流断面天然流量集合预测

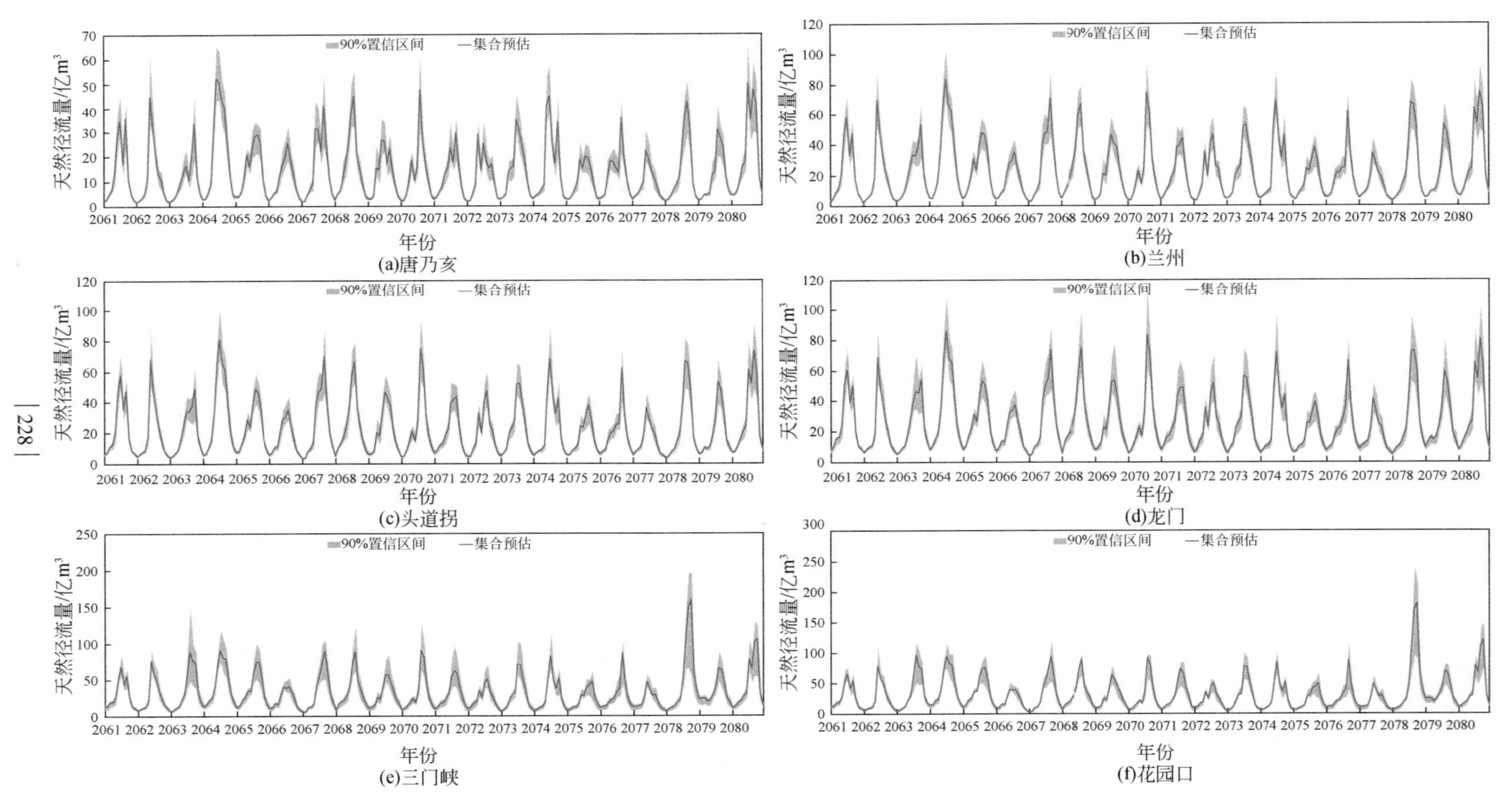

图7-9 2070水平年主要黄河干流断面天然流量集合预测

在规划水土保持措施和用水方案下，随着降水增加、气温升高，相比基准年，2050 水平年和 2070 水平年径流量较基准期均有减少。2050 水平年和 2070 水平年各断面天然径流量如表 7-5 所示。

表 7-5 黄河干流主要断面天然径流量集合预测结果 （单位：亿 m^3）

断面	2016 水平年	2050 水平年	2070 水平年
唐乃亥	201	177	172
兰州	317	285	278
头道拐	304	279	273
龙门	341	311	312
三门峡	422	382	395
花园口	453	425	434

未来水平年各个断面不同频率年天然径流均呈现减少趋势，意味着未来的工程设计参数将有较大的变化（图 7-10）。这一结果对于流域内开展水利工程规划设计有非常重要的参考意义。

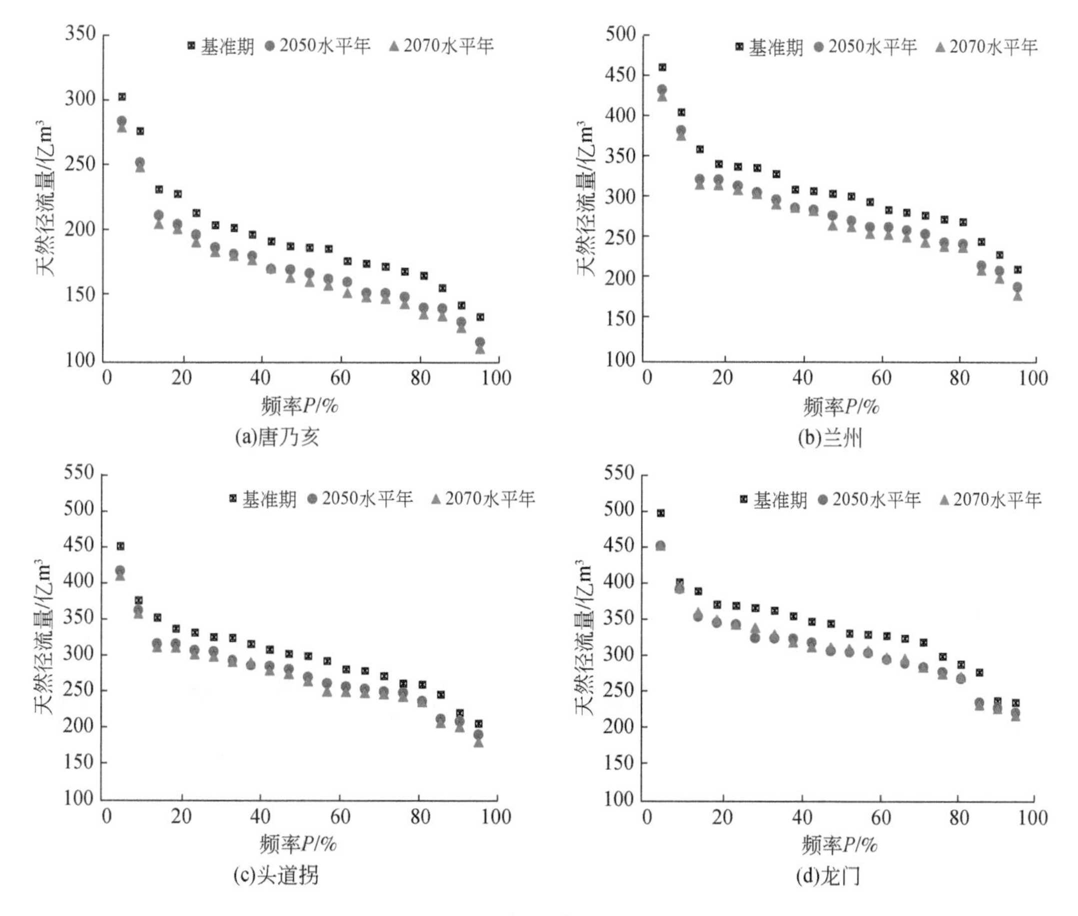

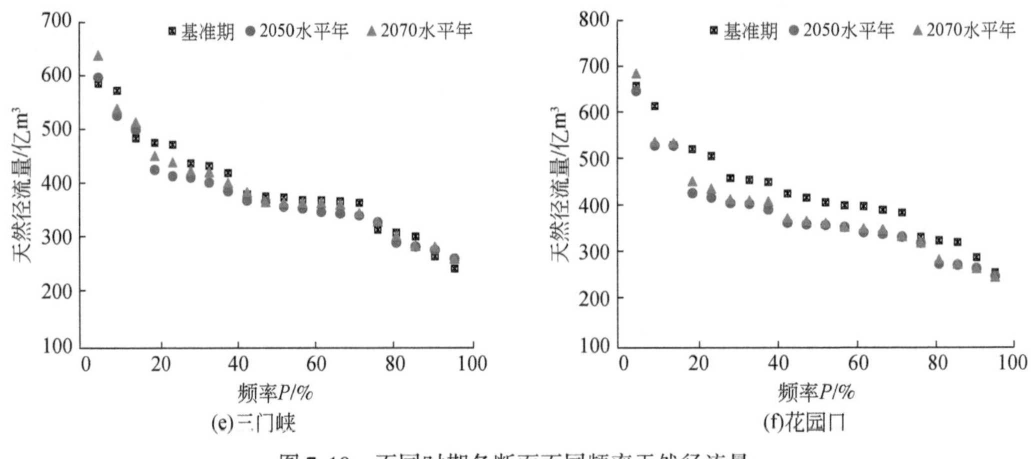

图 7-10 不同时期各断面不同频率天然径流量

7.3.3 径流集合预估不确定性分析

7.3.3.1 径流集合预估与基于单气候模式预估的比较

为了进一步证明 BMA 算法在集合预估中的作用，图7-11 还展示了基准年和2050 水平年不同来水频率下基于6 组气候模式的 6 组径流预估结果以及径流集合结果的频率散点图。可以看出，基于分布式水文模型和基准年气候数据，基准年各个气候模式驱动得到的径流结果频率曲线过程相差不大。但是对于未来水平年，多个气候模式的差异逐渐增加，导致未来水平年6 组气候模式驱动得到的 6 组径流结果存在很大的差异，必须借助 BMA 集合算法才能够得到相对确定的径流预估结果。

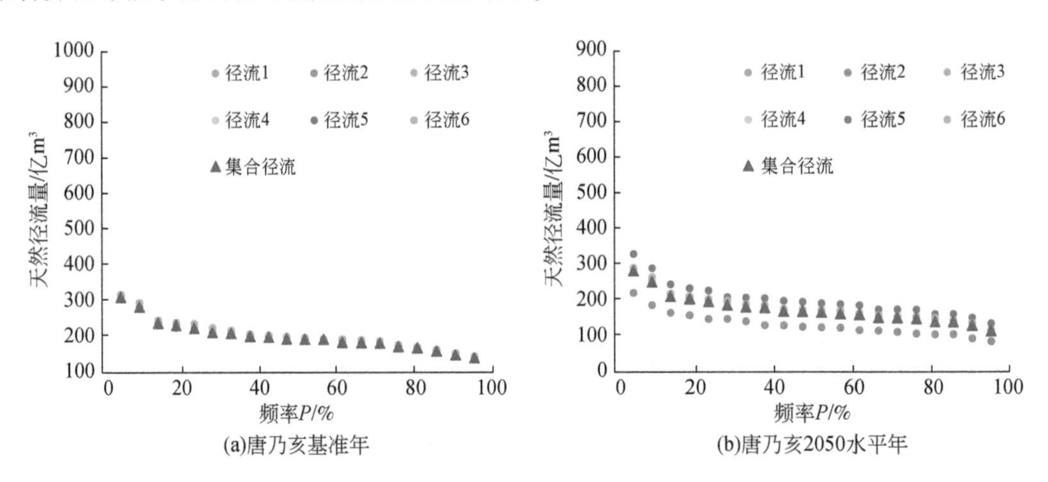

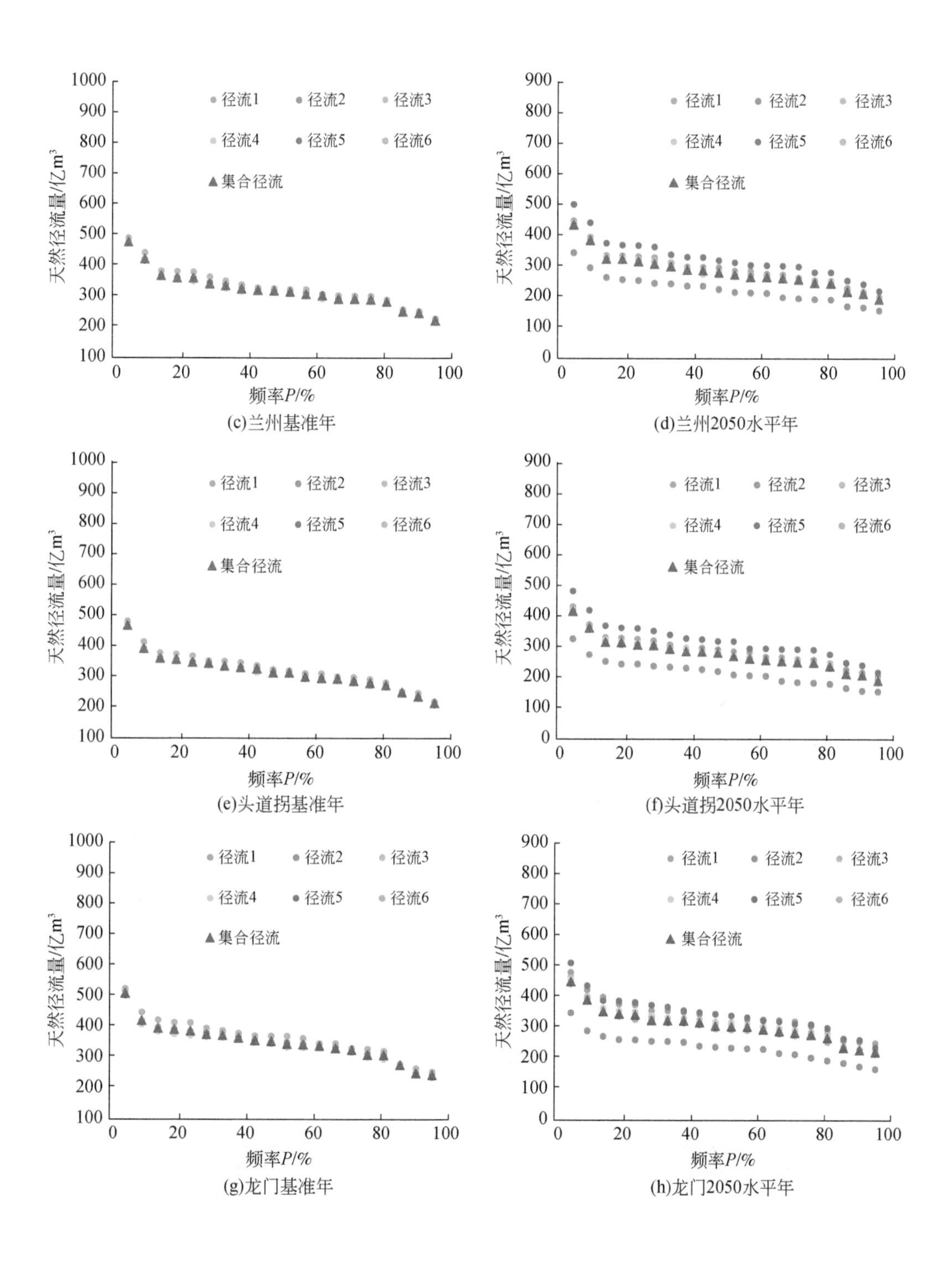

(c)兰州基准年
(d)兰州2050水平年
(e)头道拐基准年
(f)头道拐2050水平年
(g)龙门基准年
(h)龙门2050水平年

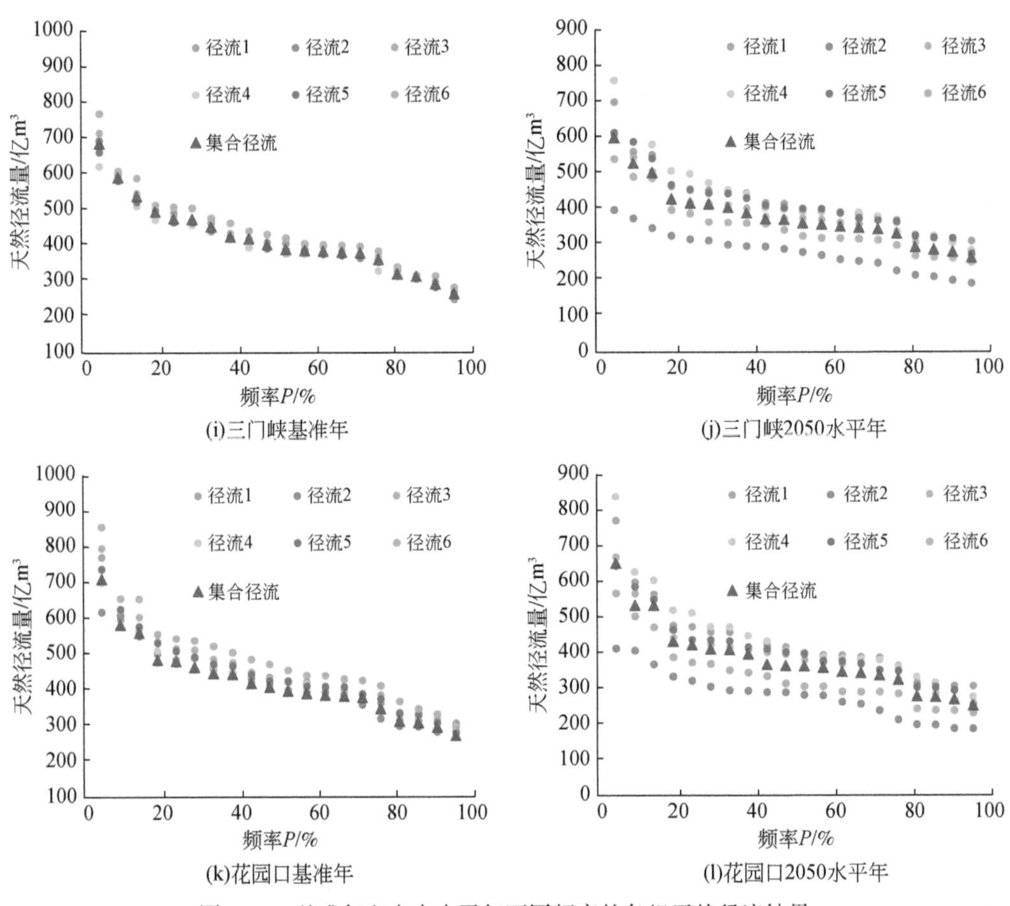

图 7-11 基准年和未来水平年不同频率的各组天然径流结果

7.3.3.2 径流集合预估误差分析

基于 BMA 集合预估算法，可以给出 2050 水平年和 2070 水平年黄河流域各个断面径流预估的 90% 置信区间，如表 7-6 所示。其中，越往下游断面，置信区间越窄，反映出模型在各个断面模拟不确定性的差异。

表 7-6 天然河川径流量预测结果及其置信区间

断面	2016 水平年	2050 水平年（2041～2060 年平均）		2070 水平年（2061～2080 年平均）	
		天然径流预测	90% 置信区间	天然径流预测	90% 置信区间
唐乃亥	201	177	[155，192]	172	[150，192]
兰州	317	285	[254，308]	278	[247，306]
头道拐	304	279	[247，301]	273	[242，300]
龙门	341	311	[273，334]	312	[275，347]

续表

断面	2016 水平年	2050 水平年（2041 ~ 2060 年平均）		2070 水平年（2061 ~ 2080 年平均）	
		天然径流预测	90% 置信区间	天然径流预测	90% 置信区间
三门峡	422	382	[329，420]	395	[331，444]
花园口	453	425	[360，475]	434	[365，486]

进一步，采用等效相对误差［式（7-3）］作为集合预估不确定性的集中反映。根据第 4 章中黄河流域分布式水循环模型率定验证结果，采用 1956 ~ 2016 年模型模拟相对误差作为模型本身的误差，该相对误差也代表了水文模型自身参数、结构等要素对径流集合预估的误差贡献，则由多模式气候预估的差异带来的预测就可由等效相对误差与模型误差相减得到（表 7-7）。如表 7-7 所示，在采用多模式集合预估的情况下，气候模式之间的差异带来的不确定性要远大于水文模型自身的不确定性，在误差中占 82%~84% 的贡献。

表 7-7　断面天然径流集合预估误差组成分析　　（单位：%）

断面	2050 水平年（2041 ~ 2060 年平均）			2070 水平年（2061 ~ 2080 年平均）		
	等效相对误差	模型误差	气候误差	等效相对误差	模型误差	气候误差
唐乃亥	19	3. 1	16	22	3. 1	19
兰州	18	0. 4	17	19	0. 4	19
头道拐	18	2	16	19	2	17
龙门	18	4. 2	14	21	4. 2	17
三门峡	22	4. 1	18	25	4. 1	21

7. 3. 4　径流变化原因分析

对于各个断面来说，虽然 2050 水平年和 2070 水平年降水持续增加，但在综合因素（气温、用水、水土保持措施）影响下的蒸发量也在持续增加，由此导致断面水资源量较基准期均有减少，图 7-12 展示了未来水平年各个水量平衡要素相对基准年的变化。

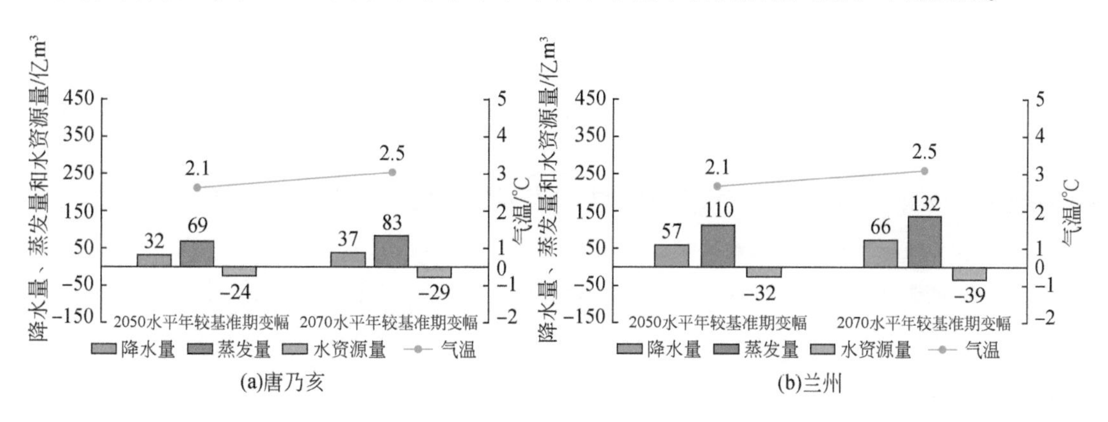

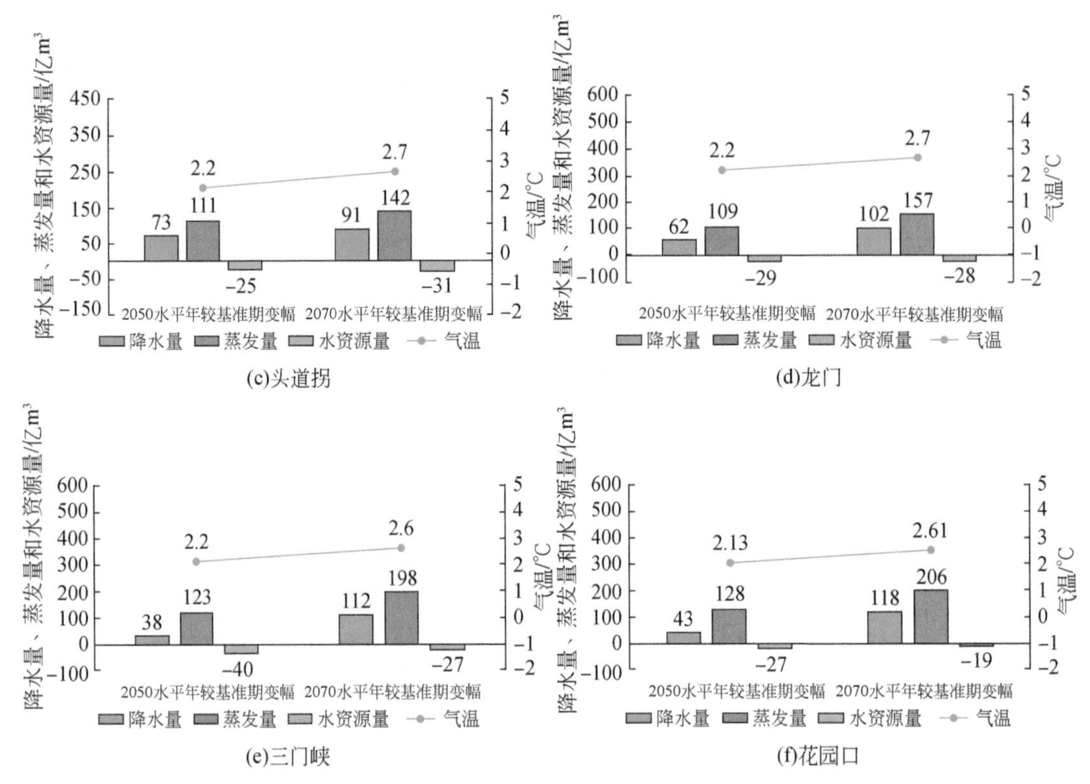

图 7-12　未来水平年降水量、蒸发量、水资源量相比基准年变化幅度

7.4　本章小结

本章综合了流域水循环模拟、气候预估及不确定性分析，建立了一套能够普遍应用的未来径流集合预估的框架。由于在计算框架中加入了气候模式优化筛选、未来多模式预估不确定性分析及 BMA 加权平均等技术环节，计算结果的可靠性大大提高。本章提出的全局 BMA 算法，是针对大尺度流域对 BMA 加权平均算法的改进，旨在体现不同气候模式在流域内预估的差异，对于在大尺度流域开展未来水文预估具有重要意义。

对于断面天然径流量来说，虽然降水持续增加，但在下垫面改变以及气温增温影响下的蒸发量增加幅度更大，导致 2050 水平年和 2070 水平年天然径流量总体上较 2016 水平年有所减少。2050 水平年花园口断面天然径流量 425 亿 m³，较 2016 水平年减少 28 亿 m³，其中唐乃亥以上区间减少 24 亿 m³，唐乃亥—兰州区间减少 8 亿 m³，兰州—头道拐区间增加 7 亿 m³，头道拐—龙门区间减少 5 亿 m³，龙门—三门峡区间减少 10 亿 m³，三门峡至花园口区间增加 12 亿 m³；至 2070 水平年，花园口断面天然径流量 434 亿 m³，较 2016 水平年减少 19 亿 m³，其中唐乃亥以上区间减少 29 亿 m³，唐乃亥—兰州区间减少 10 亿 m³，兰州—头道拐区间增加 8 亿 m³，头道拐—龙门区间增加 3 亿 m³，龙门—三门峡区间增加1 亿 m³，三门峡至花园口区间增加 8 亿 m^3。总体来讲，未来黄河天然径流量的衰减主要发生在产水区（兰州以上），气候变化将是产水区径流衰减的主导因素。

根据集合预估 90% 置信区间，天然径流量集合预测的等效相对误差在 20% 左右，其中气候模式之间的差异带来的不确定性要远大于水文模型自身的不确定性，在误差中占 82%~84% 的贡献。

第8章　结论与建议

8.1　主要成果

8.1.1　多因子驱动的黄河流域分布式水沙模型

针对黄河流域源区冻土广泛分布、黄土高原沟壑纵横、水保工程规模巨大、全流域水利工程众多等特征，在WEP-L二元水循环模型基础上进行改进，构建了多因子驱动的黄河流域分布式水沙模型（MFD-WESP）。通过耦合黄河源区基于“积雪-土壤-砂砾石层”连续体水热耦合模拟模块、黄土高原基于三级汇流结构的水沙耦合模拟模块、考虑水库调度规则的水库调蓄模拟模块，提高了模型对黄河流域不同分区水循环过程模拟的精度。此外，为了提高模型计算速度和效率，还基于OpenMP架构提出了产汇流并行算法。

收集并整理黄河流域地形、水文气象、植被、土壤以及社会用水等数据，构建了黄河流域分布式水沙模型，采用黄河干支流主要水文站实测月流量和输沙量对模型进行率定。结果表明，对径流过程而言，除个别支流外，Nash效率系数均在0.6以上，相对误差在5%以内；对源区冻土过程而言，典型年冻结深度模拟Nash效率系数大部分都在0.9以上，均方误差大部分都小于20cm；对输沙量模拟而言，大部分站点的相对误差在10%以内。说明模型模拟结果基本合理，能够比较准确地描述黄河流域水沙过程。

8.1.2　黄河流域水资源评价及演变归因

采用构建的多因子驱动的黄河流域分布式水沙模型，对黄河主要干流控制断面（唐乃亥、兰州、头道拐、龙门、三门峡、花园口）天然径流量的历史变化进行动态评价。结果表明，除唐乃亥站之外，黄河各断面天然河川径流量均呈减小趋势，且越往下游减小幅度越大。对花园口断面而言，相比于1956～1979水平年，2000水平年和2016水平年天然河川径流量分别衰减80.2亿m^3和114.6亿m^3。

采用多因素归因分析方法，分析气候、下垫面（包括植被、梯田、淤地坝）以及经济社会用水3个因素对2016水平年和1956～1979水平年天然径流量减少的贡献率。结果表明，对花园口以上区域而言，气候变化贡献率只占24.4%，经济社会取用水占50.6%，下垫面变化占25.0%。其中，唐乃亥以上区域天然河川径流量呈小幅增加趋势，气候变化的贡献占主导，唐乃亥以下天然河川径流量呈大幅减少趋势。唐乃亥—兰州区间气候变化对河川径流量的减少的贡献占主导，兰州—头道拐区间、三门峡—花园口区间经济社会用水的贡献占主导，头道拐—龙门区间三项因素的贡献分别占1/3左右，龙门—三门峡区间经济社会取用水的贡献占40.4%、下垫面变化的贡献占32.1%。

8.1.3 黄河流域未来30～50年气候预测与不确定性

基于对5个较优的CMIP5全球气候模式的空间降尺度，形成6组中等温室气体排放情景（RCP4.5）下的高分辨率未来气候变化预估结果。降尺度结果模拟1986～2016年全流域、河源区及主要产沙区的区域平均年降水量的相对误差大多不超过5%。集合预估显示，相对于1986～2005年，在中等排放情景下，未来30～50年（2041～2060年平均和2061～2080年平均）黄河流域年均气温都将增加，各区域增幅接近，且增幅和不确定范围都随时间增大。未来30年增加1.8～1.9℃（±0.5℃），未来50年增加2.3～2.4℃（±0.7℃）。未来30～50年黄河流域平均降水都将增加，这与IPCC第五次评估报告的相关结论一致。未来降水增幅随时间增大，但增加的量值存在较大的不确定性。集合样本间标准差较大，甚至接近和超过变幅值。未来30年（2041～2060年平均），黄河上游河源区、中游主要产沙区和全流域的年降水量分别增加6.37%、3.83%和5.06%，集合样本间标准差在5%～6%。未来50年（2061～2080年平均），黄河上游河源区、中游主要产沙区和全流域的年降水量分别增加7.54%、7.82%和7.54%，集合样本间标准差在4.5%～6.5%。从局地分布来看，未来30～50年黄河流域大部分区域的年降水都将增加，且通过集合同号率的检验，集合平均的增幅多在15%以内。未来强降水量和频次在多数地区增多，且随时间推移增幅扩大。

对比发现，各模式对历史降水模拟偏差较大，且模式间差异较大，单一模式难以得出较好的降水模拟与预估。采用BMA多模式集合方法对未来降水进行预估，计算了各模式集合权重和不确定性区间，并计算了未来多种降水指标不同变化的概率。建立可信度评估方法体系，从历史模拟偏差的角度定量描述了降水预估的可信度，采用信噪比和一致性指标描述了各模式降水预估的共识性。

8.1.4 黄河流域径流集合预估与不确定性

根据《黄河流域综合规划》确定未来水土保持和经济社会用水的水平，以6组气候模式的预测结果为气候边界，对未来水平年黄河流域径流量进行长系列计算，通过贝叶斯加权获取集合预估结果和置信区间。对于天然径流量来说，虽然降水持续增加，但在下垫面改变以及气温增温影响下的蒸发量增加的幅度较降水更大，导致2050水平年和2070水平年天然径流量较现状继续减少。计算分析表明，2050水平年花园口断面天然径流量425亿m^3，较2016水平年减少28亿m^3，其中唐乃亥以上区间减少24亿m^3，唐乃亥—兰州区间减少8亿m^3，兰州—头道拐区间增加7亿m^3，头道拐—龙门区间减少4亿m^3，龙门—三门峡区间减少10亿m^3，三门峡至花园口区间增加12亿m^3；至2070年，花园口断面天然径流量434亿m^3，较2016水平年减少19亿m^3，其中唐乃亥以上区间减少29亿m^3，唐乃亥—兰州区间减少10亿m^3，兰州—头道拐区间增加8亿m^3，头道拐—龙门区间增加3亿m^3，龙门—三门峡区间增加1亿m^3；三门峡至花园口区间增加8亿m^3。总体来讲，未来黄河天然径流量的衰减主要发生在产水区（兰州以上区域），气候变化将是产水区径流衰减的主导因素。根据集合预估90%置信区间，天然径流量集合预测的等效相对误差在20%左右，其中气候模式之间的差异带来的不确定性要远大于水文模型自身的不确定性，在误差中占82%~84%的贡献。

8.2 结　　论

8.2.1 黄河流域气候暖湿化是趋势

随着全球气候变化加剧，近几十年来黄河流域气温持续升高，1956~2016年全流域升温约0.29℃/10a，作为黄河主要产水区，兰州以上区域1956~2016年升温约0.27℃/10a。根据全球气候模式，至2050水平年全流域将增加2.02℃（相比1956~2016年，下同），兰州以上区域平均增加2.06℃；2070水平年全流域增加2.55℃，兰州以上区域增加2.54℃。对于降水来说，近几十年来降水呈现丰枯丰变化，1956~1980年均降水量468mm，1981~2000年均降水量442mm，2001~2016年均降水量461mm。但无论是黄河流域整体，还是主要产水区兰州以上区域，以及中游头道拐至花园口区间，都没有明显的变化趋势。根据全球气候模式模拟结果，至2050水平年黄河全流域的年降水量将比1956~2016年增加6.1%，至2070水平年增加9.2%。兰州以上区域，2050水平年降水量增加7.4%，至2070水平年增加9.3%。

8.2.2 黄河流域水资源衰减是常态

随着气候变化和人类活动影响加剧，黄河流域天然河川径流量呈持续减少趋势。根据本研究成果，黄河流域花园口断面1956~1979水平年天然河川径流量为567.2亿m^3，2000水平年天然河川径流量为486.9亿m^3，2016水平年天然河川径流量为452.6亿m^3。2016水平年相对1956~1979水平年天然河川径流量衰减114.6亿m^3，其中，主要产水区（兰州以上区域）只有小幅减少，衰减主要发生在兰州以下地区，占总衰减量的90%以上。总体上讲，对花园口断面而言，历史上天然河川径流量的减少主要受到人类活动（取用水、水土保持、水利工程建设）的影响，贡献率为75.6%，气候变化在众多影响因素中的贡献仅占24.4%。根据预测，未来30~50年花园口断面天然河川径流量将继续衰减至425.0亿~434.0亿m^3，衰减主要发生在兰州以上区域，气候变化将是未来衰减的主导因素。

8.3 建　议

针对气候变化和人类活动影响下黄河流域水资源持续衰减的趋势，建议采取以下六个方面的措施，以支撑黄河流域生态保护和高质量发展重大战略的实施。

（1）遏制减水。深入实施最严格水资源管理制度，严控地表、地下用水总量，加快地下水超采治理，因地制宜合理确定生态建设的规模，避免人为造成水资源进一步衰减。

（2）深度节水。坚持“节水优先”，大力推进农业节水，强化城镇和工业节水，加快节水产品和技术研发，健全节水机制，推动全社会节水。

（3）刚性控水。以水资源作为最大的刚性约束，坚持“以水定城、以水定地、以水定人、以水定产”，合理规划人口、城市和产业发展，严控城镇河湖水域面积，坚决抑制不合理用水需求。

（4）适度增水。加大非常规水源利用力度，增强流域水量配置调度能力，合理调整流域分水方案和输沙水量，加快推进南水北调西线等后续工程。

（5）强化管水。继续深化黄河水资源管理制度，加强黄河流域水资源统一调度，在管理上下工夫。

（6）立法护水。加快出台黄河法，为黄河生态保护与高质量发展、建设幸福黄河提供法律保护。

参考文献

蔡静雅，周祖昊，刘佳嘉，等. 2020. 基于三级汇流和产输沙结构的分布式侵蚀产沙模型［J］. 水利学报，51（2）：140-151.

曹丽娟，董文杰，张勇 . 2013. 未来气候变化对黄河和长江流域极端径流影响的预估研究［J］. 大气科学，37（3）：634-644.

陈利群，刘昌明 . 2007. 黄河河源区气候和土地覆被变化对径流的影响［J］. 中国环境科学，27（4）：559-565.

陈晓晨，徐影，许崇海，等 . 2014. CMIP5 全球气候模式对中国地区降水模拟能力的评估［J］. 气候变化研究进展，10（3）：217-225.

程春田，李向阳 . 2007. 三水源新安江模型参数不确定性分析 PAM 算法［J］. 中国工程科学，9（9）：47-51.

丁相毅 . 2010. 变化环境下流域水资源演变及其归因研究［D］. 北京：中国水利水电科学研究院 .

费祥俊，邵学军 . 2004. 泥沙源区沟道输沙能力的计算方法［J］. 泥沙研究，（1）：1-8.

郭靖，郭生练，张俊，等 . 2009. 汉江流域未来降水径流预测分析研究［J］. 水文，29（5）：19-22

郭生练，熊立华，杨井，等 . 2000. 基于 DEM 的分布式流域水文物理模型［J］. 武汉水利电力大学学报，（6）：1-5.

郝春沣，贾仰文，龚家国，等 . 2010. 海河流域近 50 年气候变化特征及规律分析［J］. 中国水利水电科学研究院学报，8（1）：39-43，51.

郝春沣，贾仰文，王浩 . 2012. 气象水文模型耦合研究及其在渭河流域的应用［J］. 水利学报，43（9）：1042-1049.

郝振纯，王加虎，李丽，等 . 2006. 气候变化对黄河源区水资源的影响［J］. 冰川冻土，28（1）：1-7.

江志红，陈威霖，宋洁，等 . 2009. 7 个 IPCC AR4 模式对中国地区极端降水指数模拟能力的评估及其未来情景预估［J］. 大气科学，33（1）：109-120.

鞠琴，郝振纯，余钟波，等 . 2011. IPCC AR4 气候情景下长江流域径流预测［J］. 水科学进展，22（4）：462-469

雷晓辉，廖卫红，蒋云钟，等 . 2010. 分布式水文模型 EasyDHM（I）：理论方法［J］. 水利学报，41（7）：786-794.

雷志栋，杨诗秀，谢森传 . 1988 土壤水动力学［M］. 北京：清华大学出版社 .

李明亮 . 2012. 基于贝叶斯统计的水文模型不确定性研究［D］. 北京：清华大学 .

林朝晖，杨笑宇，吴成来，等 . 2018. CMIP5 模式对中国东部夏季不同强度降水气候态和年代际变化的模拟能力评估［J］. 气候与环境研究，23（1）：1-25.

林壬萍，周天军 . 2015. 参加 CMIP5 计划的四个中国模式模拟的东亚地区降水结构特征及未来变化［J］. 大气科学，39（2）：338-356.

刘吉峰，李世杰，丁裕国 . 2008. 基于气候模式统计降尺度技术的未来青海湖水位变化预估［J］. 水科学进展，19（2）：184-191.

刘佳嘉 . 2013. 变化环境下渭河流域水循环分布式模拟与演变规律研究［D］. 北京：中国水利水电科学研究院 .

刘建军，王全九，王春霞，等 . 2010. 土石混合介质水分运动规律研究［J］. 灌溉排水学报，29（1）：109-112.

刘绿柳，刘兆飞，徐宗学 . 2008. 21 世纪黄河流域上中游地区气候变化趋势分析［J］. 气候变化研究进展，4（3）：167-172.
任立良 . 2000. 流域数字水文模型研究［J］. 河海大学学报，28（4）：1-7.
桑燕芳，王栋 . 2008. 水文时间序列周期识别的新思路与两种新方法［J］. 水科学进展，19（3）：412-417.
舒畅，刘苏峡，莫兴国，等 . 2008. 新安江模型参数的不确定性分析［J］. 地理研究，27（2）：343-352.
王国庆，张建云，贺瑞敏 . 2006. 环境变化对黄河中游汾河径流情势的影响研究［J］. 水科学进展，17（6）：853-858.
王国庆，张建云，金君良，等 . 2014. 基于 RCP 情景的黄河流域未来气候变化趋势［J］. 水文，34（2）：8-13.
王国庆，张建云，刘九夫，等 . 2008. 气候变化和人类活动对河川径流影响的定量分析［J］. 中国水利，（2）：55-58.
王浩，严登华，秦大庸，等 . 2005. 近 50 年来黄河流域 400mm 等雨量线空间变化研究［J］. 地球科学进展，20（6）：649-655.
王林，陈文 . 2013. 误差订正空间分解法在中国的应用［J］. 地球科学进展，28（10）：1144-1153.
卫晓婧，熊立华，万民，等 . 2009. 融合马尔科夫链-蒙特卡洛算法的改进通用似然不确定性估计方法在流域水文模型中的应用［J］. 水利学报，40（4）：464-473.
吴普特，周佩华 . 1992. 坡面薄层水流流动型态与侵蚀搬运方式的研究［J］. 水土保持学，6（1）：19-24.
夏军，王纲胜，吕爱锋，等 . 2003. 分布式时变增益流域水循环模拟［J］. 地理学报，（5）：789-796.
谢瑾博，曾毓金，张明华，等 . 2016. 气候变化和人类活动对中国东部季风区水循环影响的检测和归因［J］. 气候与环境研究，21（1）：87-98.
谢平，陈广才，雷红富，等 . 2010. 水文变异诊断系统［J］. 水力发电学报，29（1）：85-91.
谢平，刘媛，杨桂莲，等 . 2012. 乌力吉木仁河三级区水资源变异及归因分析［J］. 水文，32（2）：40-43，39.
谢平，唐亚松，李彬彬，等 . 2014. 基于相关系数的水文趋势变异分级方法［J］. 应用基础与工程科学学报，22（6）：1089-1097.
徐影，丁一汇，赵宗慈 . 2003. 人类活动影响下黄河流域温度和降水变化情景分析［J］. 水科学进展，14（增刊）：34-40.
许崇海，沈新勇，徐影 . 2007. IPCC AR4 模式对东亚地区气候模拟能力的分析［J］. 气候变化研究进展，3（5）：287-292.
许吟隆，Richard Jones. 2004. 利用 ECMWF 再分析数据验证 PRECIS 对中国区域气候的模拟能力［J］. 中国农业气象，25（1）：5-9.
杨肖丽，郑巍斐，林长清，等 . 2017. 基于统计降尺度和 SPI 的黄河流域干旱预测［J］. 河海大学学报（自然科学版），45（5）：377-383.
姚文艺，冉大川，陈江南 . 2013. 黄河流域近期水沙变化及其趋势预测［J］. 水科学进展，24（5）：607-616.
尹雄锐，夏军，张翔，等 . 2006. 水文模拟与预测中的不确定性研究现状与展望［J］. 水力发电，32（10）：27-31.
张红武，张清 . 1992. 黄河水流挟沙力的计算公式［J］. 人民黄河，（11）：7-9.
张世法，顾颖，林锦 . 2010. 气候模式应用中的不确定性分析［J］. 水科学进展，21（4）：504-511.
赵利红 . 2007. 水文时间序列周期分析方法的研究［D］. 南京：河海大学 .
赵天保，李春香，左志燕 . 2016. 基于 CMIP5 多模式评估人为和自然因素外强迫在中国区域气候变化中的相对贡献［J］. 中国科学（地球科学），46（2）：237-252.
周蓓蓓 . 2009. 土石混合介质水分溶质运移的试验研究［D］. 杨凌：西北农林科技大学 .
周林，潘婕，张镭，等 . 2014. 气候模拟日降水量的统计误差订正分析——以上海为例［J］. 热带气象学报，30（1）：137-144.
朱悦璐，畅建霞 . 2015. 基于气候模式与水文模型结合的渭河径流预测［J］. 西安理工大学学报，31（4）：400-408
Abbott M B，Bathurst J C，Cunge J A，et al. 1986. An introduction to the European hydrological system-systeme Hydrologique Europeen，SHE，2. Structure of a physically-based distributed modeling system［J］. Journal of Hydrology，87：61-77.
Ajami N K，Duan Q Y，Gao X G，et al. 2006. Multimodel combination techniques for analysis of hydrological simulations：application to distributed model intercomparison project results［J］. Journal of Hydrometeorology，7（4）：755-768.
Ajami N K，Duan Q Y，Sorooshian S. 2007. An integrated hydrologic bayesian multimodel combination framework：confronting input，parameter，and model structural uncertainty in hydrologic prediction［J］. Water Resources Research，43（3）：377-378.
Allen M R，Ingram W J. 2002. Constraints on future changes in climate and the hydrologic cycle［J］. Nature，419（6903）：224-232.
Arnold J G，Allen P M. 1992. A comprehensive surface-groundwater flow model［J］. Journal of Hydrology，142：47-69.
Arnold J G，Williams J R，Maidment D R. 1995. Continuous-time water and sediment-routing model for large Basins［J］. Journal of Hydraulic Engineering，121（2）：171-183.
Bao Z，Zhang J，Wang G，et al. 2012. Attribution for decreasing streamflow of the Haihe River Basin，northern China：climate variability or human activities?［J］. Journal of Hydrology，460-461：117-129.
Barnett T P，Pierce D W，Hidalgo H G，et al. 2008. Human-induced changes in the hydrology of the western United States［J］. Science，319（5866）：1080-1083.
Bergstorm S. 1995. The HBV model［A］// Singh V. Computer Models of Watershed Hydrology. Littleton，Colorado：Water Resources Publication.
Beven K J，Binley A M. 1992. The future of distributed hydrological models［J］. Hydrological Processes，6：279-298.
Beven K J，Freer J. 2001. Equifinality，data assimilation，and uncertainty estimation in mechanistic modeling of complex environmental systems［J］. Journal of Hydrology，249：11-29.
Beven K J，Kirkby M J. 1979. A physically based variable contributing area model of basin hydrology［J］. Hydrological Bulletin，（24）：43-69.
Blasone R S，Vrugt J A. 2008. Generalized likelihood uncertainty estimation（GLUE）using adaptive Markov Chain Monte Carlo sampling［J］. Advances in Water Resources，31（4）：630-648.
Burn D H，Elnur M A H. 2002. Detection of hydrologic trends and variability［J］. Journal of Hydrology，255（1-4）：107-122.
Cannon A J，Sobie S R，Murdock T Q. 2015. Bias correction of GCM precipitation by quantile mapping：how well do methods preserve changes in quantiles and extremes?［J］. Journal of Climate，28（17）：6938-6959.
Cao Z，Qiu Y，Zhou Z，et al. 2010. Water Distribution of Songliao Basin in Time and Space［M］//Proceedings of the 9th International Conference on Hydroinformatics 2010. Beijing，China：Chemical Industry Press.

Chang J X, Wang Y M, Istanbulluoglu E, et al. 2015. Impact of climate change and human activities on runoff in the Weihe River Basin, China [J]. Quaternary International, 380-381: 169-179.

Chen R S, Kang E S, Lu S H, et al. 2008. A distributed water-heat coupled model for mountainous watershed of an inland river basin in Northwest China (II) using meteorological and hydrological data [J]. Environmental Geology, 55 (1): 17-28.

Christensen N S, Lettenmaier D P. 2007. A multimodel ensemble approach to assessment of climate change impacts on the hydrology and water resources of the Colorado River Basin [J]. Hydrology and Earth System Sciences, 11 (4): 1417-1434.

Cui X, Zhou Z, Qin D, et al. 2010. Simulation and Analysis of Agricultural Irrigation in Songliao Basin [M]// Proceedings of the 9th International Conference on Hydroinformatics 2010. Beijing, China: Chemical Industry Press.

Decoursey D G. 1982. ARS small watershed model [J]. IIASA Collaborative Paper. IIASA, Laxenburg, Austria: CP-82-089.

Dong L H, Xiong L H, Yu K X. 2013. Uncertainty analysis of multiple hydrologic models using the Bayesian model averaging method [J]. Journal of Applied Mathematics, 1-11. https://doi.org/10.1155/2013/346045.

Duan Q Y, Ajami N K, Gao X G, et al. 2007. Multi-model ensemble hydrologic prediction using Bayesian model averaging [J]. Advances in Water resources, 30 (5): 1371-1386.

Edwin P M. 2007. Uncertainty in hydrologic impacts of climate change in the Sierra Nevada, California, under two emissions scenarios [J]. Climatic Change, 82 (3/4): 309-325.

Ellis A W, Hawkins T W, Balling R C, et al. 2008. Estimating future runoff levels for a semi-arid fluvial system in central Arizona, USA [J]. ClimateResearch, 35 (3): 227-239.

Gao P, Geissen V, Ritsemn C J, et al. 2013. Impact of climate change and anthropogenic activities on stream flow and sediment discharge in the Wei River Basin, China [J]. Hydrology and Earth System Sciences, 17 (3): 961-972.

Gao P, Mu X M, Wang F, et al. 2011. Changes in streamflow and sediment discharge and the respons to human activities in the middle reaches of the Yellow River [J]. Hydrology and Earth System Sciences, 15: 1-10.

Gao X J, Giorgi F. 2017. Use of the RegCM system over east Asia: review and perspectives [J]. Egineering, 3 (5): 766-772.

Gao X J, Shi Y, Zhang D F, et al. 2012. Uncertainties of monsoon precipitation projection over China: results from two high resolution RCM simulations [J]. Climate Research, 52 (1): 213-226.

Gao X J, Wang M L, Giorgi F. 2013. Climate change over China in the 21st century as simulated by BCC_CSM1.1-RegCM4.0 [J]. Atmospheric and Oceanic Science Letters, 6 (5): 381-386.

Gao X J, Zhao Z C, Ding Y H, et al. 2001. Climate change due to greenhouse effects in China as simulated by a regional climate model [J]. Advances in Atmospheric Sciences, 18 (6): 1224-1230.

Gudmundsson L, Bremnes J B, Haugen J E, et al. 2012. Technical Note: downscaling RCM precipitation to the station scale using statistical transformations- a comparison of methods [J]. Hydrolgy and Earth System Sciences, 16 (9): 3383-3390.

Hao C F, Jia Y W, Niu C W, et al. 2014. Impacts of water consumption structure adjustment on social-economic development and water cycle [J]. Advanced Materials Research, 962-965: 2051-2054.

Held I M, Soden B J. 2006. Robust responses of the hydrological cycle to global warming [J]. Journal of Climate, 19 (21): 5686-5699.

Hewlett J D, Nutter W L. 1970. The varying source area of streamflow from upland basins [J]. In Proceedings of the Symposium on Interdisciplinary Aspects of Watershed Management held in Bozeman, MT: 65-83.

Hidalgo H G, Das T, Dettinger M D, et al. 2009. Detection and attribution of streamflow timing changes to climate change in the Western United States [J]. Journal of Climate, 22 (13): 3838-3855.

Hoeting J A, Madigan D, Raftery A E, et al. 1999. Bayesian model averaging: a tutorial [J]. Statistical Science, 14 (4): 382-417.

Huber W C, Dickinson R E. 1998. Storm Water Management Model User's Manual [M]. EPA .

IPCC (Intergovernmental Panel on Climate Change) . 2010. Meeting report of the IPCC expert meeting on detection and attribution related to anthropogenic climate change [R]. Bern: IPCCWGI Technical Support Unit, University of Bern.

IPCC (Intergovernmental Panel on Climate Change) . 2013. Climate change 2013: The physical science basis [A] //Stocker T F, Qin D, Plattner G K, et al. Contribution of Working Group I to the Fifth Assessment Report of the Intergovernmental Panel on Climate Change. Cambridge and New York: Cambridge University Press.

Jia Y, Ding X, Wang H, et al. 2012. Attribution of water resources evolution in the highly water- stressed Hai River Basin of China [J]. Water Resources Research, 48 (2): 419-420.

Jia Y, Tamai N. 1997. Modeling infiltration into a multi-layered soil during an unsteady rain [J]. Annual Journal of Hydraulic Engineering, 41 (41): 31-36.

Jia Y, Wang H, Zhou Z, et al. 2006. Development of the WEP-L distributed hydrological model and dynamic assessment of water resources in the Yellow River basin [J]. Journal of Hydrology, 331 (3-4): 606-629.

Jiang C, Xiong L, Wang D, et al. 2015. Separating the impacts of climate change and human activities on runoff using the Budyko-type equations with time-varying parameters [J]. Journal of Hydrology, 522: 326-338.

Jiang D, Tian Z. 2013. East Asian monsoon change for the 21st century: Results of CMIP3 and CMIP5 models [J]. Chinese Science Bulletin, 58 (12): 1427-1435.

Koutsoyiannis D. 2003. Climate change, the Hurst phenomenon, and hydrological statistics [J]. Hydrological Sciences Journal, 48 (1): 3-24.

Krzysztofowicz R. 1999. Bayesian theory of probabilistic forecasting via deterministic hydrologic model [J]. Water Resources Research, 35 (9): 2739-2750.

Kuczera G, Kavetski D, Franks S, et al. 2006. Towards a bayesian total error analysis of conceptual rainfall-runoff models: characterising model error using storm-dependent parameters [J]. Journal of Hydrology, 331: 167-177.

Kuczera G, Kavetski D, Franks S, et al. 2006. Towards a Bayesian total error analysis of conceptual rainfall-runoff models: Characterising model error using storm-dependent parameters [J]. Journal of Hydrology, 331, 167-177.

Kuczera G, Parent E. 1998. Monte Carlo assessment of parameter uncertainty in conceptual catchment models: the metropolis algorithm [J]. Journal of Hydrology, 221 (1-4): 69-85.

Li Y, Chang J, Wang Y, et al. 2016. Spatiotemporal impacts of climate, land cover change and direct human activities on runoff variations in the Wei River Basin, China [J]. Water, 8 (6): 220.

Liang X, Lettenmaier D P. 1994. A simple hydrologically based model of land surface water and energy fluxes for general circulation models [J]. Journal of Geophysical Research, 99 (7): 14415-14428.

Liu J J, Zhou Z H, Yan Z Q, et al. 2019. A new approach to separating the impacts of climate change and multiple human activities on water cycle processes based on a distributed hydrological model [J] . Journal of Hydrology, 578 (11): 1-13.

Liu L, Liu Z , Ren X , et al. 2011. Hydrological impacts of climate change in the Yellow River Basin for the 21st century using hydrological model and statistical downscaling model [J]. Quaternary International, 244 (2): 211-220.

Liu Z. 2002. Toward a comprehensive distributed/lumped rainfall- runoff model: analysis of available physically based model sand proposal of a new TOPKAPI model [D]. Bologna: The University of Bologna.

Madigan D, Andersson S A, Perlman M D, et al. 1996. Bayesian model averaging and model selection for Markov equivalence classes of acyclic digraphs [J]. Communications in Statistics- Theory and Methods, 25 (11): 2493-2519.

Maurer E P. 2007. Uncertainty in hydrologic impacts of climate change in the Sierra Nevada, California, under two emissions scenarios [J]. Climatic Change, 82 (3/4): 309-325.

Mondal A, Mujumdar P P. 2012. On the Basin-scale detection and attribution of human-induced climate change in monsoon precipitation and streamflow [J]. Water Resources Research, 48 (10): 188-190.

Montanari A. 2005. Large sample behaviors of the generalized likelihood uncertainty estimate (GLUE) in assessing the uncertainty of the rainfall-runoff simulations [J]. Water Resources Research, 41 (8): W08406.

Monteith J L. 1973. Principles of Environmental Physics [M]. London: Edward Arnold.

Montgomery J M, Nyhan B. 2010. Bayesian model averaging: theoretical developments and practical applications [J]. Political Analysis, 18 (2): 245-270.

Nijssen B, O'Donnell G M, Hamlet A F, et al. 2001. Hydrologic sensitivity of global rivers to climate change [J]. Climatic Change, 50 (1/2): 143-175.

Noilhan J, Planton S. 1989. A simple parameterization of land surface processes for meteorological models [J]. Monthly Weather Review, 117 (3): 536-549.

Oki T, Kanae S. 2006. Global hydrological cycles and world water resources [J]. Science, 313 (5790): 1068-1072.

Ozkul S. 2009. Assessment of climate change effects in Aegean river Basins: the case of Gediz and Buyuk Menderes Basins [J]. Climatic Change, 97 (1-2): 253-283.

Penman H L. 1948. Natural evaporation from open water, bare soil and grass [J]. Proceedings of the Royal Society of London. Series A. Mathematical and Physical Sciences, 193 (1032): 120-145.

Pettit A N. 2011. A non-parametric approach to the change point problem [J]. Revista De La Academia Colombiana De Ciencias Exactas Físicas Y Naturales, 35 (5): 213-224.

Piao S, Ciais P, Huang Y, et al. 2010. The impacts of climate change on water resources and agriculture in China [J]. Nature, 467 (7311): 43-51.

Raftery A E, Gneiting T, Balabdaoui F, et al. 2005. Using Bayesian model averaging to calibrate forecast ensembles [J]. Monthly Weather Review, 133 (5): 1155-1174.

Raftery A E, Zheng Y Y. 2003. Discussion: performance of bayesian model averaging [J]. Journal of the American Statistical Association, 98 (464): 931-938.

Raftery A E. 1995. Bayesian model selection in social research [J]. Sociological Methodology, 25: 111-163.

Renard B, Kavetski D, Kuczera G, et al. 2010. Understanding predictive uncertainty in hydrologic modeling: the challenge of identifying input and structural errors [J]. Water Resources Research, 46 (5): 1-22.

Rogers C C M, Beven K J, Morris E M, et al. 1985. Sensitivity analysis calibration and predictive uncertainty of the institute of hydrology distributed model [J]. Journal of Hydrolgy, 81: 179-191.

Sevinc O. 2009. Assessment of climate change effects in Aegean river basins: The case of Gedizand Buyuk Menderes Basins [J]. Climatic Change, 97 (1-2): 253-283.

Stocker T F, Qin D, Plattner G K, et al. Contribution of working group I to the fifth assessment report of the intergovernmental panel on climate change [A] //IPCC. Climate Change 2013: the Physical Science Basis. Cambridge: Cambridge University Press.

Stott P A, Gillett N P, Hegerl G C, et al. 2010. Detection and attribution of climate change: a regional perspective [J]. Wiley Interdisciplinary Reviews Climate Change, 1 (2): 192-211.

Taylor K E, Stouffer R J, Meehl G A. 2012. An overview of CMIP5 and the experiment design [J]. Bulletin of the American Meteorological Society, 94 (4): 485-498.

Thiemann M, Trosset M, Gupta H, et al. 2001. Sorooshian. Bayesian recursive parameter estimation for hydrologic models [J]. Water Resources Research, 7 (10): 21-35.

Thyer M, Renard B, Kavetski D, et al. 2009. Critical evaluation of parameter consistency and predictive uncertainty in hydrological modeling : a case study using Bayesian total error analysis [J]. Water Resources Research, 45 (W00B14): 1-22.

USACE-HEC. 2006. HEC-HMS User's Manual [M]. Davis, CA: US Army Corps of Engineers.

Vrugt J A, Robinson B A. 2007. Treatment of uncertainty using ensemble methods: Comparison of sequential data assimilation and Bayesian model averaging [J]. Water Resources Research, 43 (W01411): 1-15.

Wang G Q, Zhang J Y, Pagano T C, et al. 2013a. Identifying contributions of climate change and human activity to changes in runoff using epoch detection and hydrologic simulation [J]. Journal of Hydrologic Engineering, 18 (11): 1385-1392.

Wang H, Jia Y W, Yang G Y, et al. 2013b. Integrated simulation of the dualistic water cycle and its associated processes in the Haihe River Basin [J]. Chinese Science Bulletin, 58 (27): 3297-3311.

Wang G Q, Zhang J Y, Jin J L, et al. 2017. Impacts of climate change on water resources in the Yellow River Basin and identification of global adaptation strategies [J]. Mitigation and Adaptation Strategies for Global Change, 22 (1): 67-83.

Wierenga P A, Meinders M B J, Egmond M R, et al. 2003. Protein exposed hydrophobicity reduces the kinetic barrier for adsorption of ovalbumin to the Air-water interface [J]. Langmuir, 19 (21): 8964-8970.

Wilcox B P, Wood M K, Tromble J M. 1988. Factors influencing infiltrability of semiarid mountain slopes [J]. Journal of Range Management, 41 (3): 197-206.

Xu H, Taylor R G, Xu Y. 2011. Quantifying uncertainty in the impacts of climate change on river discharge in sub-catchments of the Yangtze and Yellow River Basins, China [J]. Hydrology and Earth System Sciences, 15 (1): 333-344.

Yang D, Herath S, Musiake K. 1998. Development of a Geomorphology-Based Hydrological Model for LargeCatchments [J]. Annual Journal of Hydraulic Engineering, JSCE, 42: 169-174.

Yu E T, Wang H J, Sun J Q. 2010. A quick report on a dynamical downscaling simulation over China using the nestedmodel [J]. Atmospheric and Oceanic Science Letters, 3 (6): 325-329.

Yue S, Pilon P, Cavadias G. 2002. Power of the Mann-Kendall and Spearman's rho tests for detecting monotonic trends in hydrological series [J]. Journal of Hydrology, 259 (1-4): 254-271.

Zhang X B, Zwiers F W, Hegerl G C, et al. 2007. Detection of human influence on twentieth- century precipitation trends [J]. Nature, 448 (7152): 461-465.

Zhang X S, Srinivasan R, Bosch D. 2009. Calibration and uncertainty analysis of the SWAT model using genetic algorithms and bayesian model averaging [J]. Journal of Hydrology, 374 (3-4): 307-317.

Zheng C. 2008. MIKE SHE: software for integrated surface water/ground water modeling [J]. Ground Water, 46 (6): 797-802.

Zhou Z H, Jia Y W, Qiu Y Q, et al. 2018. Simulation of dualistic hydrological processes affected by intensive human activities based on distributed hydrological model [J]. Journal of Water Resources Planning and Management, 144 (12): 1-16.

Zuo D, Xu Z, Wu W, et al., 2014. Identification of streamflow response to climate change and human activities in the Wei River Basin, China [J]. Water Resources Management, 28: 833-851.

Zou L W, Zhou T J. 2013. Near future (2016-40) summer precipitation changes over China as projected by a regional climate model (RCM) under the RCP8.5 emissions scenario: comparison between RCM downscaling and the driving GCM [J]. Advances in Atmospheric Science, 30 (3): 806-818.